Claudia Thonet

Agiler Coach: Skills und Tools

Kompetenzensammlung für die Team- und Mitarbeiterentwicklung auf dem Weg zur agilen Transformation

managerSeminare Verlags GmbH – Edition Training aktuell

Claudia Thonet
Agiler Coach: Skills und Tools
Kompetenzensammlung für die Team- und Mitarbeiterentwicklung auf dem Weg zur agilen Transformation

Endenicher Str. 41, D-53115 Bonn
Tel.: 0228-977910
info@managerseminare.de
www.managerseminare.de/shop

Printed in Germany

ISBN: 978-3-949611-27-8

Herausgeber der Edition Training aktuell:
Ralf Muskatewitz, Jürgen Graf, Nicole Bußmann

Lektorat: Jürgen Graf
Cover: Kati Meden
Druck: Druckkontor Emden, Emden

Der Inhalt des Buchs wurde gedruckt auf Vivus 100. Das Papier erfüllt die Auflagen der Umweltzeichen „Blauer Engel (RAL-UZ 72)“ und „EU-Umweltzeichen (ECO-Label)“. Die mit dem Druck verbundenen CO_2-Emissionen werden vom Verlag kompensiert und fließen in unterschiedliche Aufforstungsprojekte zum Klimaschutz. Nähere Informationen finden Sie unter: www.managerseminare.de/verlag/umwelt

Inhalt

Vorwort 7

1. Der agile Coach als zentrale Rolle im Wandel 8

Wozu braucht die Arbeitswelt agile Coachs? 8
Anforderungen an die neue Arbeitswelt 9
Agiles Grundverständnis und Definitionen 12
Die Kernelemente der Agilität 14
Was ist ein agiler Coach? 20
Der agile Coach und die weiteren agilen Rollen 24
Wie wird man zum agilen Coach? 30

2. Wie unterscheiden wir Mindset, Skillset, Toolset? 34

Mindset, Skillset, Toolset 34
Das agile Mindset 36

Mindset 43

3. Mindset und Prinzipien agiler Coachs 44

Wie entwickeln wir als Coach ein agiles Mindset? 44
Zehn Grundannahmen des agilen Coachs 49
Das agile Manifest 60
Agile Prinzipien als Coach 65
Agile Werte 79

Skillset 83

4. Skillset zu Veränderungsdynamiken 84

Vorab 84
Die Veränderungs-Waage oder: Bewahren versus Verändern austarieren 85
Das Veränderungs-Paradoxon 87
Run frisst Change 89

Veränderungstypen nach Rogers: Wie gehen Menschen mit Veränderungen um? 92
Psychodynamik für agile Coachs 94

Skillset Organisationsdynamik 98

Vorab 98
Typische Organisationsdynamiken 99
Gruppendynamische Gesetzmäßigkeiten 102
Typische Teamdynamiken 107

Skillset Kulturwandel 124

Vorab 124
Kultur erkennen mit dem Seerosenmodell 127
Das Kulturwandelhaus 130
Kulturebenen einschätzen mit Graves-Modell und 7S-System 139
Agile Transformationsphasen und ihre Gestaltung 147
Checkliste zur Klärung bei Transformationsprozessen 152
Herausforderungen beim Coaching von Transformationsvorhaben begegnen 154
Dualität der Agilität oder: Die drei Seiten 157

Skillset zum Coaching Einzelner und Gruppen/Teams 162

Auftragsklärung 162
Der Coaching-Prozess als Ausgangspunkt 165
Eine Arbeitsgrundlage schaffen 167
Start und Ablauf des Coachings klären 169
Anliegen verstehen und Ziele klären 173
Durch wirkungsvolle Fragen Lösungen entwickeln 180
Feedback geben 184
Transfer ermöglichen 186
Spezielle Coaching-Methoden für spezielle Situationen 189
Coaching von Teams: Grundlagen, hilfreiche Schritte und Methoden 195

Skillset zum Coaching der Führung 197

Vorab 197
Die fünf Handlungsfelder agiler Führung 199
Die fünf Level von agiler Führung 203
Die acht typischen Führungs-Dilemmata 207

Skillset zum Umgang mit Spannungen und Hindernissen 211

Vorab 211
Typische Spannungsfelder agiler Teams – und Lösungsansätze 212

Typische Hindernisse erkennen und nutzen ... 214
Mit den fünf typischen Widerständen umgehen ... 216
Mit Spannungen und Konflikten umgehen ... 222

10. Skillset agile Methoden ... 230

Vorab ... 230
Die Stacey-Matrix: einfach, kompliziert oder komplex? ... 231
Cynefin-Framework ... 233
Zusammenhänge verstehen mit der Baum-Metapher ... 235
Der agile Kreislauf ... 237
Kanban ... 241
Scrum & Scrumban ... 245
Design Thinking Framework ... 251
Objectives and Key Results: OKRs ... 255

Toolset ... 261

11. Toolset an Canvas und Boards ... 262

Team-Canvas ... 262
Rollen-Canvas ... 266
Leadership-Canvas ... 269
Business-Model-Canvas ... 273
Vision-Canvas ... 275
Kulturwandel-Canvas ... 278

12. Toolset Modelle/Checklisten zur Einschätzung der Agilität ... 283

Agilitätsgrad von Teams/Bereichen – Selbsttest ... 283
Agile Flughöhe einschätzen ... 286
Reflexionsbogen Agiles Mindset ... 290
Fragebogen Agiler führen ... 292
Prinzipien-Checkliste ... 295

13. Toolset Entscheidungen ... 298

Delegation Board und Delegation Poker ... 298
Entscheidungsmatrix & Co. ... 301

14. Toolset zu Hindernissen und Abhängigkeiten ... 305

Vorab ... 305
Hindernisse beschreiben mit der Impediment Map ... 306
Mit Dependency Boards Abhängigkeiten transparent machen ... 309

15. **Toolset agile Meetings ... 311**

Grundsätzliches zur Meeting-Moderation ... 311
Der agile Meeting-Zyklus ... 313
Meeting Board ... 316
Dailies/Weeklies moderieren ... 322
Plannings moderieren ... 324
Reviews moderieren ... 326
Retrospektiven ... 329
Retro-Tools für die Forming-Phase ... 332
Retro-Tools für die Storming-Phase ... 340
Retro-Tools für die Norming-Phase ... 349
Retro-Tools für die Performing-Phase ... 360

Anhang ... 369

Literatur/Quellen ... 370
Stichwortverzeichnis ... 372

Download-Ressourcen

Das nebenstehende Icon weist im Buch auf Arbeitshilfen hin, die als Download-Ressource zur Verfügung stehen. Der Link dazu befindet sich in der hinteren Umschlagklappe des Buchs (Print) bzw. unter den bibliografischen Angaben (E-Book). Hier die Arbeitshilfen im Überblick:

- Schnelltest statisches und dynamisches Mindset (S. 41 und S. 291)
- Checkliste zum Framing für agile Projekte (S. 153)
- Checkliste zur Auftragsklärung (S. 162)
- Matrix zur Einschätzung agiler Führung (S. 202)
- Aufbau eines Team-Canvas (S. 263)
- Aufbau eines Rollen-Canvas (S. 267)
- Aufbau eines Leadership-Canvas (S. 270)
- Aufbau eines Business-Model-Canvas (S. 274)
- Aufbau eines Vision-Canvas (S. 275)
- Aufbau eines Kulturwandel-Canvas (S. 279)
- Fragebogen zum Agilitätsgrad von Teams & Organisationen (S. 284)
- Checkliste zur agilen Flughöhe einer Organisation (S. 288)
- Fragebogen zum Agilitätsgrad der Führung (S. 293)
- Checkliste agile Prinzipien (S. 297)
- Impediment Map (S. 306)
- Der Weg zum passenden Meeting-Format (S. 312)

Vorwort

Meiner Meinung nach ist der agile Coach eine der wichtigsten Rollen, die uns neben den Organisationsentwicklern und modernen Führungsrollen auf dem Weg in eine sich ständig verändernde Arbeitswelt begleiten können. Nachdem wir selbst seit über acht Jahren agile Coachs in unseren offenen Kursen und inhouse bei Kunden ausbilden und gleichzeitig in der Rolle als externe agile Coachs in Organisationen unterwegs sind, hatte ich das Bedürfnis, dieses Wissen mit einer größeren Gemeinschaft zu teilen. Außerdem habe ich durch meine vorherigen Bücher gelernt, dass ich mein Wissen durch die intensive Auseinandersetzung mit den Themen während des Schreibens vertiefe und neue Erkenntnisse gewinne, was wiederum den Ausbildungen zugutekommen wird.

Ich bin überzeugt, mit der Rolle des Coachs haben wir einen stetigen Kreislauf aus Lernen und Verlernen, Selbstreflexion und Selbstverwirrung sozusagen für uns gepachtet, der uns immer wieder selbst herausfordert und an eigene Grenzen bringt. Das ist nicht immer angenehm, aber heilsam, um in keine Selbstüberschätzung hineinzugeraten, sondern Demut vor dem Unbekannten und dem Unwissen zu bewahren. In diesem Sinne teile ich nicht nur mein Wissen, sondern automatisch auch mein Unwissen, auch wenn sich das nicht so gut verkaufen lässt.

Ich danke meinem Team aus so tollen Beraterinnen und Coachs für die vielen Erfahrungen und gemeinsamen Reflexionen und ich danke all den Teilnehmenden aus unseren Ausbildungen: Ohne euch wäre das Wissen nie so gediehen und gewachsen.

Claudia Thonet

An dieser Stelle noch ein wichtiger Hinweis: Wir nutzen in diesem Buch „du" und „ihr", wenn wir uns an die Leserinnen und Leser richten. In Workshops und Trainings ist dies inzwischen üblich, um auf Augenhöhe miteinander zu arbeiten, und auch in der Arbeitswelt setzt sich das „Du" inzwischen zunehmend durch. Und zum Thema „Gendern": Wir verzichten weitestgehend auf Sonderzeichen und umständliche Satzkonstruktionen, die den Lesefluss erschweren. Stattdessen sprechen wir wechselweise mal in der weiblichen und mal in der männlichen Form bzw. von Teilnehmenden, womit immer ausnahmslos *alle* angesprochen sind. Mit Kompromissen, die das mit sich bringt, gehen wir entspannt um.

1. Der agile Coach als zentrale Rolle im Wandel

Wozu braucht die Arbeitswelt agile Coachs?

Ist der agile Coach ein ernst zu nehmendes neues Berufsbild oder nur eine Modeerscheinung?

Erfahrene agile Coachs gehören zu den begehrtesten Berufsbildern am Arbeitsmarkt. Meine Kollegen und ich bekommen fast täglich Angebote als interner oder externer agiler Coach und als Inhouse-Ausbilder für agile Coachs. Das ist nicht verwunderlich, denn Kundenzentrierung, Anpassungsfähigkeit und Innovationskraft sind schon längst keine Modeerscheinung mehr, sondern fester Bestandteil jeder Organisation, die morgen noch erfolgreich sein möchte. Schon im Zuge der Digitalisierung, die den Informationsfluss massiv beschleunigte, waren Organisationen dazu gezwungen, schneller und flexibler zu arbeiten. Das Thema „Agilität" im Allgemeinen, aber auch speziell im Zusammenhang mit agilem Projektmanagement, verspricht hier Lösungsansätze. Design Thinking, Scrum oder Kanban sind als neue und agile Arbeitsmethoden seitdem mehr und mehr gefragt, doch lange noch nicht überall tatsächlich angekommen.

Selbst in der Politik ist die agile Transformation zur Chefsache erklärt worden und ein fester Bestandteil der Koalitionsvereinbarung. Unter dem Titel „Mehr Fortschritt wagen" will die Regierung in den Verwaltungen zukünftig auf „interdisziplinäre Problemlösung setzen" und dafür sorgen, dass „konsequent aus Nutzerperspektive heraus" gedacht wird. Außerdem hat die Koalition zum Ziel erklärt, das Silodenken zu überwinden und „feste ressort- und behördenübergreifende agile Projektteams und Innovationseinheiten mit konkreten Kompetenzen" auszustatten. Das klingt verlockend und zaubert jedem Agilisten ein Lächeln ins Gesicht. Doch die Kehrseite ist leider genauso stark vertreten: Unternehmen und Berater erleben haufenweise missglückte Versuche, agile Methoden on top zum üblichen operativen Dauerlauf in Linienorganisationen einzuführen und scheitern dabei reihenweise an den alten Strukturen und der tief verankerten Kultur. Eine Studie von Porsche Consult (M. Zacherl, W. Freibichler, S. Pannes & N. Dersch (2020): Change Management Kompass) stellt bei strategischen Transformationen eine Erfolgsquote von nur 20 Prozent fest, bei denen die gewünschten Ergebnisse erreicht werden. Einer der relevantesten Faktoren für den Erfolg, resümieren die Berater, ist das Vorleben des Top-Managements und ein einheitliches Zielbild. Erst wenn die Voraussetzungen stimmen und der Kulturwandel die notwendige Pflege und Aufmerksamkeit erhält, kann die Arbeit agiler Coachs Früchte tragen.

Anforderungen an die neue Arbeitswelt

Globale Pandemie, Klimakatastrophen, politische Unsicherheiten, Digitalisierung und künstliche Intelligenz sind nur einige Beispiele von Gegebenheiten, die unseren Alltag prägen. Wir befinden uns im Zeitalter der Komplexität und des Chaos. Vorhersagbarkeit gehört nur noch in die Glaskugeln von Wahrsagern, denn dauerhaft stabile Strukturen zu erkennen, wird mehr und mehr unmöglich. Da kommt ein beschreibender Rahmen gerade richtig. In den 80er-Jahren wurde deswegen das Akronym VUCA in der Militärschule der USA verwendet, um die neuen Herausforderungen zu beschreiben. Die Abkürzung VUCA beschreibt unsere zunehmend volatilere, unsicherere, komplexere und mehrdeutigere Welt.

- **Volatility:** Volatil könnte man auch mit flüchtig übersetzen und es beschreibt die zunehmende Geschwindigkeit sowie unberechenbare Entwicklung, mit der wir täglich konfrontiert sind. Unsere Gegenwart und Zukunft sind unbeständig, unberechenbar und weniger planbar geworden.
- **Uncertainty:** Unsicherheit beschreibt die ungewisse und höchst unsichere Umgebung, in der wir uns bewegen müssen. Unser Leben ist undurchschaubarer, unwägbarer, unvorhersehbar, aber auch abwechslungsreicher geworden.
- **Complexity:** Komplex ist unser Kontext. Alles ist miteinander verwoben und vernetzt. Dadurch sind Auswirkungen unseres Handelns nicht mehr absehbar, weil alles von mehreren, sich gegenseitig beeinflussenden Faktoren abhängig ist. Unser Leben ist vielschichtiger, verflochtener, unübersichtlicher, komplexer, aber auch differenzierter und vielfältiger geworden.
- **Ambiguity:** Mehrdeutigkeit beschreibt das Ende der Eindeutigkeit und Polarität des Lebens. Es gibt kein Falsch und Richtig, Gut und Böse, Schwarz und Weiß mehr. So viele Graustufen liegen dazwischen. Unser Leben ist dadurch mehrdeutiger, unklarer, widersprüchlicher, aber auch voller Möglichkeiten geworden.

BANI ist das neue VUCA

2020 prägte der amerikanische Zukunftsforscher und Autor Jamais Cascio einen neuen Begriff für eine Welt, die in den 30 Jahren seit VUCA noch chaotischer geworden ist. Er bietet eine neue Erklärung für unsere aktuelle Welt, in der auch Volatilität oder Komplexität als Begriffe nicht mehr ausreichen, um zu beschreiben, was vor sich geht und wie darauf angemessen zu reagieren ist.

BANI liest sich englisch als brittle, anxious, nonlinear, incomprehensible und steht somit für brüchig, ängstlich, nicht linear und sogar unbegreiflich.

- **Brittle:** Brüchig, spröde oder porös steht für alles, was ehemals stabil war, weil es nicht flexibel oder elastisch sein musste. Stabile Systeme erweisen sich im Inneren aber zunehmend als schwach und morsch. Durch ihre fehlende Flexibilität können sie schlagartig zerbrechen, obwohl sie die ganze Zeit nach außen scheinbar verlässliche Stabilität signalisieren. Diese Brüchigkeit entsteht oft aus dem Bestreben, die Effizienz zu maximieren und einem System wie einem Unternehmen oder einer Gemeinschaft das Optimum an Wert, Geld, Macht, Leistung abzuringen. Ein Beispiel sind landwirtschaftliche Monokulturen, auf denen der Anbau einer einzigen Kulturpflanze auf maximalen Ertrag getrimmt wird, bis der Boden komplett ausgelaugt ist und der Ertrag schlagartig einbricht.

- **Anxious:** Angst bringt ein Gefühl der Hilflosigkeit mit sich, weil nichts mehr entscheidbar scheint. Egal was wir tun, es könnte immer das Falsche sein. In einer ängstlichen Welt scheint jede Entscheidung potenziell gefährlich oder mit katastrophalen Folgen verknüpft zu sein. Angst lähmt und kann Passivität oder Verzweiflung hervorrufen. Unsere sozialen Medien sind ein gutes Beispiel, wie Angst geschürt wird. Nicht nur Kinder entwickeln durch die vielen und oftmals einseitigen oder unwahren Informationen mehr und mehr Zukunftsängste. Die mediale Darstellung von Informationen konzentriert sich auf das Negative und Angstauslösende und berichtet selten über Hoffnungsvolles und Gutes in der Welt. Zusätzlich sind wir durch Social Media umgeben von dem, was man als Fake News bezeichnet: Unwissen, Fehlinformationen, Lügen, Übertreibungen, Pseudowissenschaften, gefälschte Nachrichten und vieles mehr. Und das löst Ängste aus.

- **Nonlinear:** Nicht linear bedeutet, dass Kausalitäten nicht mehr gegeben sind. Aktion und Reaktion stimmen nicht überein oder bedingen sich gar nicht. Kleine Aktionen können massive Reaktionen auslösen – mit positiven wie negativen Ausprägungen, aber immer mit schlecht vorhersehbarem Ausgang. In einer nicht linearen Welt sind Ursache und Wirkung scheinbar unzusammenhängend und nicht verhältnismäßig. Verzögerungen zwischen sichtbarer Ursache und sichtbarer Wirkung machen die Zusammenhänge nicht mehr nachvollziehbar. COVID ist ein drastisches Beispiel einer Krise der Nichtlinearität. Das

Ausmaß und der Umfang dieser Pandemie erschütterten die Welt, viele Experten versuchten sich vergeblich in Vorhersagen und Erklärungen. Der Klimawandel ist ein weiteres nicht lineares Problem. So wie ein Schmetterlingsflügelschlag das Klima beeinflussen kann, so überfordern nicht lineare Themenstellungen unsere Vorstellungskraft. Wir haben Schwierigkeiten, exponentiell zu denken.

- **Incomprehensible** lässt sich mit unfassbar oder unverständlich übersetzen. In einer unbegreiflichen, unfassbaren Welt sind Ereignisse oder Entscheidungen nicht nachvollziehbar. Entweder liegen die Ursachen dafür zu weit zurück oder sie sind zu komplex, um korrekt eingereiht zu werden. Selbst mehr Informationen garantieren kein besseres Verständnis. In der Informationsflut ist das Grundrauschen vom eigentlichen Signal kaum mehr zu unterscheiden.

Festzuhalten ist, dass heutige Probleme weder einfach noch kompliziert oder komplex, sondern chaotisch zu verstehen sind.

Fazit für Coachs

Wie VUCA will auch BANI helfen, die Herausforderungen der Zeit besser zu verstehen. Folgende Chancen liegen im Umgang mit BANI:

- Brüchigkeit lässt sich als Aufforderung verstehen, mit höherer Flexibilität und Lockerheit zu agieren.
- Angst erfordert Achtsamkeit und Einfühlungsvermögen sowie einen Glauben an alles, was Hoffnung auslöst.
- Nichtlineares verlangt nach iterativem Handeln und agilen Denk- und Handlungsweisen.
- Unverständliches kann mit Transparenz nachvollziehbarer werden und die Intuition stärken.

Quelle: https://fh-hwz.ch/news/was-bedeutet-bani

Agiles Grundverständnis und Definitionen

Agilität ist der Gegenpol von Rigidität und Stillstand. Es bedeutet nichts anderes, als dass ein Unternehmen flexibel und schnell auf Anforderungen des Marktes und der Kunden eingehen kann. Agiles Arbeiten im Unternehmen kann in unterschiedlichen Formen daherkommen. Überall wo schnelle Anpassungen und neue Denkweisen gefragt sind, ist die alte Pyramidenstruktur, in der ganz oben entschieden wird und ganz unten die dafür erforderliche Fachkompetenz und Kundenbindung sitzt, einfach zu langsam und eindimensional. Für einfache und stabile Märkte mit Routineaufgaben ist diese Struktur passend, für unbeständige wechselhafte und komplexe Anforderungen hingegen sind crossfunktionale, selbstorganisierte Kreise die richtige Antwort.

Feste Strukturen vermitteln Sicherheit

Die alte Organisationswelt ist oftmals wie ein Tanker, sie ist vertraut und gibt den Mitarbeitern und Kunden Stabilität. Deswegen wird in Krisen oftmals wieder die alte Hierarchiestruktur eingefordert: Sie vermittelt vielen Sicherheit durch die unbeweglichere Form. Schnellboote hingegen sind für die Exploration, die Erkundung neuer Märkte und Ausweitung der Angebote viel effektiver. Viele Organisationen brauchen beides: Tanker mit Schnellbooten, die nach ihren Erkundungsfahrten das Wissen immer wieder an Bord des Tankers bringen und dort implementieren.

Wichtig ist und bleibt, dass die alte Tankermentalität und -kultur nicht die agilen Schnellbootbereiche schluckt.

Laut der Studie von Bearing Point aus 2022 sind bereits bei 28 Prozent der beteiligten Unternehmen agile Praktiken die Regel, bei 44 Prozent überwiegen agile Zustände bereits den Arbeitsalltag und nur noch bei 28 Prozent dominieren klassische Arbeitsweisen. 96 Prozent der befragten Unternehmen gehen davon aus, dass die Relevanz agiler Methoden in Zukunft steigen wird.

Die Vorreiter sind dabei Unternehmen aus der IT- und Technikbranche, die Schlusslichter bilden öffentliche Verwaltungen und Versicherungen. Die Unternehmensberatung resümiert folgende Katalysatoren für den Transformationserfolg:

Führungskräfte: Die wahrgenommene Unterstützung von Führungskräften moderiert den ganzheitlichen Transformationserfolg. Mitarbeitende, die ihre Führungskräfte nicht als Treiber der Transformation wahrnehmen, liegen hinsichtlich der gemessenen agilen Reife klar zurück. Vorstände und Führungskräfte sollten zu Botschaftern für Agilität werden. Dies erfordert einen Mindset-Shift in Bezug auf die Machtverhältnisse und die Verteilung der Verantwortung. In beiderlei Hinsicht muss von oben mehr nach unten abgegeben werden: Die Teams brauchen mehr Verantwortung, um Entscheidungen für ihre Kunden treffen zu können und insofern auch mehr Ermächtigung.

Führungskräfte müssen Treiber der Transformation sein

Mitarbeitende: Die Qualifikation der Mitarbeitenden wird als große Herausforderung agiler Transformationen wahrgenommen. Gleichzeitig steigt mit der agilen Reifestufe die Zufriedenheit des Einzelnen – es lohnt sich folglich, die Herausforderungen des kulturellen Wandels anzunehmen. Vorstände und Führungskräfte sollten ihren Mitarbeitenden die individuelle und bedarfsgerechte Unterstützung geben, die es ihnen ermöglicht, nachhaltig in ihre agile Rolle hineinzuwachsen.

Agile Reife erhöht Zufriedenheit

Für ein gemeinsames agiles Grundverständnis

Agilität: Die Fähigkeit, mit wendiger Beweglichkeit zu agieren und proaktiv mit jetzigen und zukünftigen Anforderungen und unvorhersehbaren Ereignissen umzugehen.

Agiles Team: Ein Team, welches gemeinsame Ziele selbstorganisiert und crossfunktional mit End-to-End-Verantwortung umsetzt.

Agile Führung: Eine Führung, die rollenbezogen den Rahmen so gestaltet, dass Agilität gestärkt, Hindernisse beseitigt und Entwicklung gefördert wird.

Agiles Mindset: Eine Denk- und Handlungslogik, die auf ein dynamisches Mindset ausgerichtet ist und Agilität durch Reflexion und Entwicklung stärkt.

Agiles Coaching: Begleitung, die den Auftrag erfüllt, anschlussfähige Methoden mit dem Ziel zu implementieren, die Zusammenarbeit von Teams effektiver zu machen, das agile Mindset zu stärken und Botschafter und Berater in agilen Transformationen zu sein.

Die Kernelemente der Agilität

Die Henne-Ei-Thematik: Zuerst die Struktur oder die Kultur verändern?

Die unzähligen Definitionen und Interpretationen über den Begriff Agilität haben mit dazu beigetragen, dass der Begriff in vielen Organisationen bereits verbrannt ist. Hinzu kommt, dass Erlebnisse und Ergebnisse aus unterschiedlichen Gründen nicht nur ernüchternd, sondern frustrierend waren. Oftmals wurde Agilität lediglich als Synonym für Veränderungsdruck und das daraus entstandene Chaos benutzt. Fast immer fehlt in diesen Fällen die Basisarbeit an der Kultur und an der Struktur. Die einen arbeiten gerne an den Strukturen und verändern damit den Kontext und ernten als Ergebnis des Prozesses idealerweise eine veränderte Kultur. Andere Coachs vertreten den Standpunkt, erst an der Kultur und dem Mindset als Basis der Veränderung zu arbeiten. Das ist letztlich eine klassische Henne-Ei-Thematik und damit eine philosophische Frage. Im besten Falle arbeiten wir gleichermaßen an der Struktur wie an der Kultur und begünstigen erwünschtes Verhalten – und wirken damit auf das Mindset ein.

Eine agile Arbeitsweise ist in der Regel an fünf Kernelemente geknüpft:

1. Kundenzentrierung

Das Herzstück jeder agilen Arbeitsweise ist der Kunde, der ins Zentrum unserer Überlegungen und Handlungen gestellt wird. Er ist unser heutiger und zukünftiger Arbeitgeber und entscheidet über die Existenz jeder Organisation. Seine jetzigen Bedürfnisse zu verstehen und zu erfüllen und seine zukünftigen Bedürfnisse zu erspüren und zu explorieren, ist der Sinn und Zweck all unserer Handlungen. Konkret bedeutet das zum einen im operativen Geschäft mit Stakeholder Maps, Personas, Empathy Maps und Customer Journeys zu arbeiten, sich kontinuierlich Feedback von Kunden einzufordern und dieses umzusetzen. Zum anderen werden Trends beobachtet und zukünftige Kundenbedürfnisse exploriert.

2. Selbstorganisierte Teams

Um die komplexen Anforderungen des Umfelds zu erfüllen, brauchen Unternehmen crossfunktionale Teams, die die Kompetenzen innehaben, um sich im Sinne der Wertschöpfung für den Kunden selbst zu organisieren und schnelle Entscheidungen zu treffen. Das heißt aber noch lange nicht,

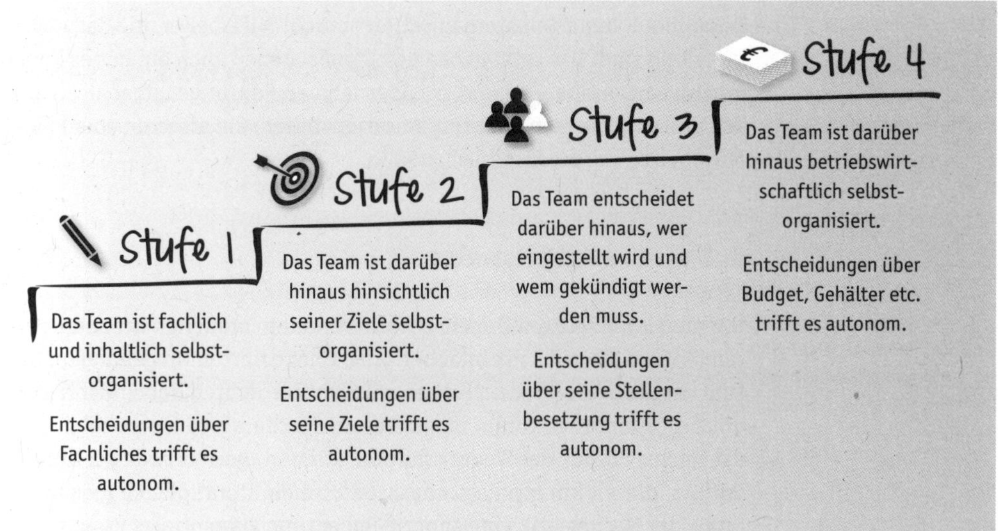

Abb. 1: Stufen der Selbstorganisation

dass damit eine totale Autonomie sinnvoll oder gar nützlich wäre. Selbstorganisation bedeutet, dass ein Team sich zu einem gewissen Grad selbst managt und gemeinsame Entscheidungen treffen kann – welche das sind, obliegt dem „Rahmengeber", der den Begriff sehr weit und sehr breit auslegen kann. Hier lassen sich vier Stufen unterscheiden (siehe Abb. 1): Selbstorganisation bezogen auf fachliche und inhaltliche Aufgaben (Stufe 1), Selbstorganisation, die neben Stufe 1 auch die Zielsetzung beinhaltet (Stufe 2), Selbstorganisation, die neben 1 und 2 auch beinhaltet, dass man über Einstellung und Kündigung von Personal entscheidet (Stufe 3), sowie die höchste Stufe 4, die neben allen vorherigen Punkten das betriebswirtschaftlich autonome Agieren einschließt.

Was Selbstorganisation nicht ist

Es gibt Teams, die nennen sich selbstorganisiert und haben noch nicht einmal die Spielräume der Stufe 1. Sie entscheiden vielleicht über bestimmte Vorgehensweisen oder fachliche Themen, müssen sich aber bereits dabei ständig rechtfertigen und rückversichern. Das ist keine Selbstorganisation.

Erst wenn es keine Einmischung gibt und auch die Schnittstellen die Selbstorganisation befördern, statt sie zu behindern, können wir von Selbstorganisation sprechen. Fortgeschrittene Selbstorganisation beinhaltet die Einstellung von Personal und das Treffen wirtschaftlicher Entscheidungen. Das hängt sehr stark auch an der Crossfunktionalität. Je mehr betriebswirtschaftliche Kompetenzen in einem Team verankert sind, desto weitreichender kann es auch entscheiden – sofern dies in der Organisation abgebildet werden kann. Die Voraussetzung für ein wirkliches Funktionieren dieser vier Stufen ist aber immer der Reifegrad der

Beteiligten, denn Selbstorganisation braucht Mitarbeiter, die dazu wirklich fähig sind. Das setzt neben dem Mindset eben auch ein hohes Kompetenzniveau voraus. Frameworks übernehmen Führungsaufgaben zu einem Teil und sind deshalb Selbstorganisationshilfen. Sie ersetzen aber keine Mitarbeiter, die diese mit Leben füllen.

3. Iterative Arbeitsweise

Um uns im komplexen Umfeld zurechtzufinden, brauchen wir andere Herangehensweisen als in einfachen oder komplizierten Umgebungen. Sie sind vergleichbar mit dem Fahren auf Sicht im dichten Nebel: Wir tasten uns Stück für Stück voran, immer bereit, den Kurs zu ändern, sobald wir das nächste Stück des Weges erblicken können. Dazu nutzen wir kurze Sprints, die wir kurzzyklisch anpassen können. Iterationen haben im Sinne der Mathematik eine enorme Bedeutung als zentrales Prinzip der Selbstorganisation: Sie stehen für das Navigieren auf Sicht, das Lernen aus Feedback-Schleifen, die ständige Anpassung und Innovation und damit auch für den Kreislauf der Lebendigkeit.

Die Eigendynamik als Ordnungsmuster nutzen

Iteration im mathematischen Sinne ist das Wiedereinspeisen des Ergebnisses einer Regelanwendung in die Regel und führt zu eigendynamischen Ordnungsbildungen. Der Organisationspsychologe und Trendforscher Peter Kruse (Peter Kruse (2004): Next Practice) leitete daraus zwei Hypothesen ab, die für das Management von komplexen Systemen entscheidend sind:

1. Die Iteration einfacher Regeln führt eigendynamisch zu komplexen Ordnungsmustern; Iteration erzeugt stabile Zustände.
2. Über iterative Schleifen werden in Systemen wirkende Ordnungstendenzen sichtbar. Iteration erzeugt Intelligenz der vielen.

So betrachtet, ist eine iterative Arbeitsweise in vielfacher Hinsicht geeignet, um den komplexen Anforderungen einer Organisationsentwicklung zu begegnen. Denn durch Iteration wird eine neue Ordnung über Regel und Zufall hergestellt, die sich stetig weiterentwickelt und trotzdem stabil ist.

Agile Iterationen durchlaufen in der Regel fünf Phasen. Der erweiterte Demming-Zyklus startet mit dem „Think New" aus Kundensicht:

Think New

Der agile Kreislauf beginnt mit der Vision und den zukünftigen Angeboten aus Kundensicht. Folgende Fragestellungen werden in crossfunktionalen Teams durchdacht und „hands-on" entwickelt:

Die fünf Phasen des agilen Kreislaufs: Think New – Plan – Do – Check – Act

- Welchen Nutzen wollen wir dem Kunden in Zukunft bieten?
- Was ist das einmalige Kundenerlebnis der Touchpoints (Kontaktpunkte)?
- Welche Schmerzen wird der Kunde zukünftig haben, wie können wir diese lindern und den Nutzen für jeden Kontaktpunkt stärken?
- Welche Innovationen werden den Kunden begeistern?
- Welche neuen Produkte und Dienstleistungen binden den Bestandskunden und erschließen neue Zielgruppen?
- Wie werden wir die Wertschöpfung effektiv umsetzen? Welche Strukturen und Methoden brauchen wir dazu?

Hierzu eignen sich innovative Frameworks wie Design Thinking und Service Design Thinking.

Plan

Um die Ideen umzusetzen, werden Arbeitspakete bzw. User Stories formuliert und mit dem gesamten Team geplant. Umsetzungszeit, Priorisierung und Kapazitäten werden im Planning Meeting mit dem Team gemeinsam geschätzt, entschieden und transparent gemacht.

Do

Iterativ wird die Umsetzung durch Frameworks strukturiert. Der tägliche Austausch über Bearbeitungsstände und der Fokus auf die Aufgaben hilft dem Team, seine Arbeitspakete schnell und effektiv zu erledigen. Ich warne dabei immer vor falschen Erwartungen an agile Methoden: Sie werden nicht unbedingt schneller sein, doch in jedem Fall anpassungsfähiger und somit besser für den Kunden. Durch das frühzeitige Einbinden und Feedback des Kunden wird das angebotene Produkt oder die Dienstleistung in jeder Arbeitsphase besser.

Check

Nach einer möglichst kurzen Umsetzungsphase überprüft das Team mit dem Kunden oder Stakeholder gemeinsam die Ergebnisse und passt diese an die Anforderungen der Nutzer an. Die Review ist das passende Meeting-Format für diese Phase des agilen Kreislaufs. Anschließend werden die Aufgaben dem Feedback entsprechend optimiert und angepasst.

Act

Nicht nur auf der Produktseite, sondern auch auf der Interaktionsseite wird vor der nächsten Umsetzungsphase reflektiert. „Check and Adapt" – Prüfen und Anpassen – ist das Motto. Die Retrospektive ist das ideale Meeting-Format, um mit dem Team die Kooperation untereinander und über das Team hinaus zu reflektieren und weiterzuentwickeln.

4. Agiles Mindset

Unter einem agilen Mindset verstehen wir eine flexible und auf Entwicklung und Wachstum ausgerichtete Denk- und Handlungslogik. Diese Geisteshaltung hilft Individuen und Organisationen, wendig und anpassungsfähig auf das Umfeld zu reagieren, und ist auf lebenslanges Lernen und persönliche bzw. organisationale Weiterentwicklung ausgerichtet. Der Neurobiologe Gerald Hüther (Gerald Hüther (2016): Mit Freude lernen ein Leben lang) sieht eine natürliche Begeisterung der Menschen am Entdecken und Gestalten. Dieser kostbare Rohstoff verschwindet allerdings augenblicklich bei Druck, Misstrauen und Entmutigung. Die gute Nachricht ist: Entdeckerlust und Gestaltungsfreude sind nachwachsende Rohstoffe, und das ein Leben lang. Die Hirnforschung hat in den vergangenen Jahren viele neue Erkenntnisse geboten, wie Menschen lernen und sich ein Leben lang entwickeln. Eine der vielen spannenden Erkenntnisse lautet: Ein Mensch erwirbt nur neues Wissen, Fähigkeiten und Fertigkeiten, wenn er emotional berührt ist. Wenn die emotionalen Zentren in seinem Gehirn aktiviert werden, bilden sich an den weit verzweigten Fortsätzen des Mittelhirns neuroplastische Botenstoffe. Diese wirken wie Dünger und stimulieren das Auswachsen weiterer Fortsätze und Vernetzungen. Wir können also nur Neues als Verschaltungsmuster im Gehirn verankern, wenn wir uns darüber freuen oder begeistern. Das, was es zu lernen gibt, muss wirklich bedeutsam für uns sein. Dazu kann man Mitarbeiter nicht zwingen, man kann sie nur einladen, ermutigen und inspirieren

Emotionen sind der Treibstoff für die Wissensaneignung

Das agile Mindset ist die innere Grundhaltung oder auch die Wurzel, um die agilen Werte und Prinzipien zu verkörpern (siehe auch: Das agile Mindset, S. 36 ff.).

5. Agile Werte und Prinzipien

Schon Abraham Maslow hat 1943 (A Theory of Human Motivation) in seiner Bedürfnispyramide nach den physiologischen Existenzbedürfnissen die Sicherheit als zweitwichtigstes Bedürfnis des Menschen deklariert. Bedürfnisse erschaffen Werte – und Werte sind unsere inneren Motivatoren. Wenn in unserem Umfeld eine Handlung gegen wichtige Werte verstößt, reagieren wir nicht nur rational, sondern auch emotional darauf. Ist zum Beispiel Pünktlichkeit ein hoher Wert im Unternehmen, wird auf Zuspätkommen in Meetings missmutig reagiert. Stehen hingegen flexible Arbeitszeiten und eigenverantwortliches Handeln höher im Kurs, kann mit der entsprechenden Erklärung ein Mitarbeiter auch mal zu spät kommen, wenn etwas Wichtiges dazwischengekommen ist.

Das Gute an Werten: Sie geben uns Sicherheit und dienen der Orientierung. Das Gefährliche an ihnen: Wer Werte ausruft und nicht mit Leben füllt, richtet großen Schaden an. Dadurch wird die Basis für gute Zusammenarbeit, das Vertrauen, zerstört. Vertrauen ist wie das rote Schirmchen von Reiseleitern. Die Reisegruppe läuft dem roten Schirm der Reiseleiterin hinterher, denn er gibt Orientierung. Ohne Vertrauen hast du kein Schirmchen mehr und keiner wird folgen.

Klare Prinzipien ermöglichen Handlungsspielräume

Auch Prinzipien bieten einen – wenn auch deutlich kleineren – Rahmen, der Orientierung gibt. Durch die Definition von Prinzipien kann das Management den Spielraum gestalten, den Mitarbeiter nutzen dürfen. Dies können sowohl Entscheidungs- wie auch Handlungsprinzipien sein, wobei es Überschneidungen zwischen diesen Kategorien geben kann. Nach welchen Kriterien entscheide ich? Wonach handle ich? So steckt in dem Satz „Wir realisieren Ideen, die vom Vertrieb kommen, sofort und ohne diese zu bewerten" sowohl ein Entscheidungsprinzip als auch ein Handlungsaspekt.

Prinzipien stärken die Selbstverantwortung. Mitarbeitende erhalten dadurch einen Filter, durch den sie all die Tausende kleinen Entscheidungen des Alltags vorsortieren können. Auch die zwölf agilen Prinzipien sind in dieser Hinsicht Entwicklungsinstrumente: Sie schulen Denken – wenn es in organisationales Lernen eingebettet ist.

Prinzipien sind Strukturelemente für den Geist. Eingebettet in Reflexion sind sie deshalb geeignet, Denken in kleinen Schritten zu fördern, die Sicht auf anderes zu lenken und damit auch zu weiten (siehe auch: Agile Prinzipien als Coach, S. 65 ff.).

Was ist ein agiler Coach?

Die vier Hauptaufgaben des agilen Coachs

Trotz der Relevanz ist gerade die Rolle des agilen Coachs häufig sehr unklar und wird oftmals mit anderen Rollen durcheinandergebracht. Die einen sagen, der agile Coach ist der neue Organisationsentwickler, die anderen verstehen darunter einen Sammelbegriff für alle Scrum- oder OKR-Master. Für uns ist der agile Coach ähnlich dem Business-Coach ein Begleiter von Teams und Einzelnen im agilen Kontext. Dabei nimmt er je nach Bedarf die Rolle des Begleiters, des Beraters oder des Moderators ein und hilft in seinem Einsatzbereich, Hindernisse zu erkennen und zu adressieren, um kundenzentrierter und anpassungsfähiger auf dem Markt agieren zu können. Somit lassen sich vier Hauptaufgaben identifizieren, mit denen es der agile Coach zu tun hat.

1. Business-Coach

Bereits zum Business-Coaching gibt es völlig unterschiedliche Definitionen. Unser Verständnis orientiert sich an der Definition des Deutschen Bundesverbands Coaching e.V. (DBVC): „Coaching ist die professionelle Beratung, Begleitung und Unterstützung von Personen mit Führungs-/ Steuerungsfunktionen und von Experten in Unternehmen/Organisationen. Zielsetzung von Coaching ist die Weiterentwicklung von individuellen oder kollektiven Lern- und Leistungsprozessen bezüglich primär beruflicher Anliegen. Durch die Optimierung der menschlichen Potenziale soll die wertschöpfende und zukunftsgerichtete Entwicklung des Unternehmens/ der Organisation gefördert werden." *(Quelle: www.dbvc.de)*

Auch der agile Coach ist unserer Erfahrung nach als Berater, Begleiter und Unterstützer von Führungsrollen oder einzelner Teammitglieder gefragt, doch das ist nur ein kleinerer Aspekt seiner typischen Aufgaben.

2. Teamcoach

Agiles Arbeiten basiert auf interdisziplinärer Teamarbeit. Folglich ist der agile Coach viel mehr Team- als Einzelcoach. Doch auch hier gibt es Verwirrungen: Was ist Teamentwicklung, was unterscheidet Teambuilding vom Teamcoaching? Wir betrachten diese Begriffe als Synonyme, wobei Teamcoaching im Vergleich zu Teambuilding eher einen Entwicklungsprozess über einen längeren Zeitraum bedeutet und in der Regel keine einmalige Intervention darstellt. Das Coaching-Magazin definiert Teamcoaching treffend:

„Teamcoaching ist eine teambasierte Lern- und Entwicklungsmaßnahme, bei der das Team als System betrachtet und die gemeinsam auf das gesamte Team angewendet wird. Der Fokus liegt auf der Teamleistung und dem Erreichen eines gemeinsamen Teamziels (oder Teilziels). Das Lernen im Team wird durch spezifische Teamcoaching-Aktivitäten zur Selbst- und Teamreflexion ermöglicht, die vom Teamcoach (oder mehreren) durch die Anwendung von Coaching-Techniken wie effektives, reflexives Fragen erleichtert werden, die das Reflexionsvermögen stärken, vertrauensvolle Beziehungen aufbauen und die Kommunikation verbessern. Ein Teamcoach gibt dem Team keine Ratschläge oder Lösungen. Teamcoaching erfordert vom Coach erweiterte Coaching-Fähigkeiten wie das gleichzeitige Betrachten mehrerer Perspektiven und das Beobachten und Interpretieren dynamischer Interaktionen. Es wird in der Regel über eine Reihe von Sitzungen und nicht als einmalige Intervention angeboten." *(Quelle: www.coaching-magazin.de)*

3. Agiler Botschafter/Experte

Doch es gibt noch einen weiteren wesentlichen Unterschied zum Business- und Teamcoach: Der agile Coach ist nämlich zusätzlich auch sehr stark in der Beratung und Wissensvermittlung gefragt: Insofern könnte man ihn sogar als Trainer bzw. Fachexperten für agile Arbeitsweisen bezeichnen. Zumindest braucht er Wissen zu den diversen Frameworks, nicht unbedingt in der Tiefe wie der Scrum Master oder der OKR Coach. In der Breite jedoch muss er sich auskennen und seine Kunden beraten, wann welches Framework wie wirkt und wo es zielführend eingesetzt werden kann. Das macht die Rolle sehr komplex: Nicht nur Coaching-Kompetenz von Einzelpersonen und Teams ist gefragt, auch Wissenskompetenz bezüglich der Frameworks, Methoden und Skalierungsmodelle braucht der agile Coach im Gepäck.

4. Laterale Führung

Auch die laterale Führung wird oftmals im Zusammenhang mit der Rolle genannt. Laterale Führung bedeutet eine Führung von der Seite her, sie ist weder disziplinarisch noch hierarchisch, sondern eine Verantwortungsübernahme zum Zweck der Agilitätssteigerung. Immer wieder begegnet uns die irrige Annahme (allerdings nur in Bereichen, die noch wenig Berührungspunkte mit echten agilen Teams hatten), agile Teams seien chaotisch oder gar undiszipliniert. Wenn es besonders „wirr" zugeht, wird das als „agil" bezeichnet. Echte agile Teams, die nach Scrum oder Kanban arbeiten, sind genau das Gegenteil: diszipliniert, stringent, stetig im Austausch und klar ausgerichtet auf den Kunden. Im agilen Kontext wird mehr geführt, disziplinierter gehandelt und konsequenter entschieden als in klassischen Teams. Führungskräfte, die vorher klassisch geführt haben und sich jetzt als agiler Coach weiterentwickeln, stöhnen: Sie haben wesentlich mehr Führungsarbeit als vorher – nur in anderer Form. Laterale Führung geschieht auf Augenhöhe innerhalb selbstorganisierter Teams. Raus aus der Komfortzone heißt es so auch für die laterale Führungsrolle: Fehler machen und ständig Neues ausprobieren, das erfordert Mut und eine gehörige Portion Selbstreflexion und Veränderungsfreude. Gleichzeitig ist diese Art von Führung viel befriedigender und effektiver, weil sie Selbstaktualisierung in dem Sinne erfordert, sich ständig selbst zu hinterfragen und die eigenen Hypothesen

Die Herausforderung lateraler Führung: Sie geschieht auf gleicher Augenhöhe

Case Study: Vom Teamleiter zum agilen Coach

Bei der Transformation eines Vertriebsbereichs haben die acht Teamleiter die Wahl: Entweder sie wechseln den Bereich und bewerben sich dort auf eine Teamleiterfunktion, oder sie lassen sich umschulen zum agilen Coach in ihrem Bereich. Wenn sie beides nicht wollen, können sie mit entsprechender Abfindung das Unternehmen verlassen. Sechs Teamleiter entscheiden sich für die neue Rolle des agilen Coachs; zwei verlassen das Unternehmen. Nach anfänglicher Euphorie für die neue laterale Führungsrolle ohne disziplinarische Funktion kämpfen alle sechs mit den neuen Anforderungen: Statt Ansagen zu machen, müssen sie die Teamdynamiken nicht nur lenken, sondern in Retrospektiven die Teams weiterentwickeln. In Einzelgesprächen sind sie gefordert, Beobachtungen auszusprechen und die Kollegen stärkenorientiert zu entwickeln. Und darüber hinaus müssen sie selbst Kanban als Framework verstehen und die Workshops und Meetings moderieren. Außerdem gilt es, Hindernisse zu erkennen, zu visualisieren und an der passgenauen Stelle in der Organisation zu eskalieren, wenn dies erforderlich erscheint. Nach einem Jahr geben zwei Kollegen auf und entscheiden sich, Teammitglied zu werden, statt die Coach-Rolle weiterzuführen: Der eine ist schlicht und einfach überfordert mit den Moderationen und den vielen Anforderungen an die Rolle und die andere wird vom Team gebeten, ihre Rolle abzulegen. Sie begrenzt das Team zu stark durch ihre dominante Art und lässt dadurch dem Team zu wenig Freiraum für Selbstorganisation: Sie kann die alte Führungsrolle nicht abstreifen.

konsequent wieder neu zu denken. Das ist unbequem und erzeugt Unsicherheiten, hält aber geistig beweglich und gibt letztlich die Sicherheit, sich selbst anpassen zu können. Somit ist diese Form der Führung das perfekte Training, um sich selbst in ein wahrhaft agiles Mindset „hineinzustretchen".

Eine wichtige Aufgabe der Führung besteht darin, Hürden zu identifizieren und zu überwinden. Im agilen Arbeitsleben werden Hürden und Hindernisse offensichtlicher und verstecken sich nicht länger unter dem Teppich der Gepflogenheiten. Hinzu kommt die Aufgabe, dem Team und Einzelnen zuzuhören, Fragen zu stellen und die Menschen so zu befähigen, wie es ihnen entspricht. Konsequente Reflexion anzuregen sowie prüfendes und vergleichendes Nachdenken kann nicht verordnet werden, aber die Führung kann den Raum schaffen und mit gutem Beispiel voranschreiten. Das gelingt nur auf der Basis von Vertrauen und psychologischer Sicherheit.

Diese Form der Wissensvermittlung gepaart mit Team- und Mitarbeiterentwicklung nimmt auf dem Weg zur agilen Transformation eine zentrale, aber nicht im klassischen Sinne „führende" Rolle ein.

Fazit: Der agile Coach ist die optimale Besetzung, um Selbstorganisation, Innovation und ein neues Rollenverständnis zu implementieren. Denn er hat neben der Befähigung von Teams und der Einführung agiler Arbeitsweisen vor allem die Aufgabe, Hindernisse aus dem Weg zu räumen, damit Teams störungsfrei Ergebnisse erzielen können.

Der agile Coach und die weiteren agilen Rollen

Je nach Selbstverständnis und eigener Schwerpunktsetzung nimmt der agile Coach natürlich auch Einfluss auf die Arbeit des Scrum-Teams. Hier liegt sein Augenmerk vor allem darauf, die Rahmenbedingungen zu schaffen, damit die Akteure in ihren jeweiligen Rollen effektiv arbeiten können.

Scrum Master

Der Scrum Master: Hüter des Frameworks

Scrum Master und agiler Coach werden oftmals gleichgesetzt. Im Gegensatz zum agilen Coach, der unabhängig von Framework Teams und Organisationen in der Steigerung der Agilität coacht, ist der Scrum Master der Coach des Scrum-Teams und auf dieses Framework spezialisiert. Er ist Hüter des Frameworks und sorgt dafür, dass die Regeln eingehalten werden. Er schützt das Team während des Sprints, sodass sich alle auf die vereinbarten Ergebnisse fokussieren können. Außerdem unterstützt der Scrum Master das Team, sich kontinuierlich zu verbessern, indem er Hindernisse erkennt und beseitigt, zur Selbstreflexion anregt und den Reifegrad des Teams erhöht. Er sorgt für das Ressourcenmanagement und moderiert Events wie die Retrospektiven. Er sorgt für einen effektiven Informationsfluss zwischen Team und Product Owner sowie anderen Stakeholdern.

Der Scrum Master ...

- hilft allen, die Scrum-Theorie und -praxis zu verstehen (im Team und der Organisation)
- ist ergebnisverantwortlich für die Effektivität des Scrum-Teams
- hilft dem Team, seine Praktiken innerhalb von Scrum zu verbessern
- ist Führungspersönlichkeit, die dem Team und der Organisation „dient"
- hilft dem Team des Weiteren durch:
  - Coaching in Selbstmanagement und interdisziplinärer Zusammenarbeit
  - die Fokussierung beim Erstellen qualitativ hochwertiger Increments (Definition of Done)
  - die Beseitigung von Hindernissen („Impediments"), um den Fortschritt sicherzustellen
  - Sicherstellen, dass alle Events stattfinden (positiv, proaktiv, timeboxed)

Anregungen zur erfolgreichen Implementierung des Scrum Masters

- Achte auf die Einhaltung aller Scrum-Events zu den gleichen Zeitpunkten (timeboxed)

- Achte auf die Rahmenbedingungen für die Developer (Räume, Arbeitsmaterialien etc.)
- Verhindere externe Eingriffe ins Team
- Verhindere, dass der Scrum Master selbst als „Prozess-Prediger“ wahrgenommen wird
- Suche nach Verbündeten in der Organisation, um Scrum weiter zu etablieren
- Achte darauf, „IT sprechen zu können“ (Begriffe wie „Clean Code“, „Technical Debt“ oder „Versionierung“)
- Verfüge über eine Impediment-Liste und mache diese öffentlich sichtbar
- Nutze offene Fragen: „Wie können wir noch effektiver zusammenarbeiten?“, „Was müssen wir tun, um das Feature in zwei Wochen fertigstellen zu können?“
- Beherzige Servant Leadership, Coaching des Scrum-Teams sowie Konfliktbewältigung

Product Owner

Der Product Owner: Hüter der Wertschöpfung

Der Product Owner vertritt die Interessen der Kunden und Stakeholder und hat stets die Wertschöpfung im Blick. Ehemals war die Rolle auf Scrum begrenzt, doch heutzutage ist die Rolle auch unabhängig von Scrum verbreitet. Zur kundenzentrierten Wertschöpfung sammelt, formuliert und strukturiert der Product Owner alle Anforderungen, die zu erfüllen sind, um das Produkt zu erstellen. Das sogenannte Product Backlog wird von ihm immer so priorisiert, dass maximaler Nutzen und kontinuierlicher Mehrwert erzeugt wird. Er ist verantwortlich für die Plannings (Planungsmeetings, in denen mit dem Team die Aufgaben und Aufwände festgelegt werden) und die Reviews (Meetings mit den Kunden, in denen die Teilergebnisse vorgestellt werden, um Feedback zu erhalten).

Der Product Owner ...

- ist ergebnisverantwortlich für die Maximierung des Produktwertes
- ist ergebnisverantwortlich für das Product Backlog Management; das umfasst:
  - Produkt-Ziel entwickeln und kommunizieren
  - Product-Backlog-Einträge erstellen und kommunizieren
  - Reihenfolge der Product-Backlog-Einträge festlegen
  - Sicherstellen, dass Product Backlog transparent, sichtbar und verstanden ist
- kann die Umsetzungsverantwortung delegieren, bleibt aber ergebnisverantwortlich
- kann Bedürfnisse mehrerer Stakeholder berücksichtigen
- ist als Einziger befugt, das Product Backlog zu ändern

Anregungen zur erfolgreichen Implementierung des Product Owners (PO)

- Sorge dafür, dass der PO selbstbestimmt und unabhängig entscheiden kann
- Fördere und unterstütze ihn vonseiten des Unternehmens
- Sorge als PO von Anfang an für die Pflege des Product Backlog (wöchentliche Backlog Refinements)
- Habe als PO stets den Markt und die Konkurrenz im Blick und vor allem das Endprodukt vor Augen (Vision = Grundlage für Projekt- und damit Produkterfolg)
- Orientiere deine Arbeit als PO stets an folgenden Punkten: Fokus, Fähigkeit zu priorisieren, Anforderungen deutlich machen, das große Ganze sehen, Produktentscheidungen verteidigen
- Achte auf eine enge Zusammenarbeit mit dem Scrum Master/agilen Coach

Agiles Team / Developer

Das agile Team: gemeinsame Verantwortung für das Ergebnis

Die Developer sind das agile Team, welches nach Scrum die Software entwickelt. Das agile Team ist von Software und dem Framework unabhängig. Es ist crossfunktional und selbstorganisiert und erstellt Produkte oder Dienstleistungen möglichst mit End-zu-End-Verantwortung (das Team ist fachlich autonom in seinen Entscheidungen und hat die Verantwortung für das Ergebnis). Das Team hat ein gemeinsames Ziel und ist crossfunktional so aufgestellt, dass alle Kompetenzen zur Ergebniserreichung im Team vorhanden sind. Es besteht aus 5 bis 9 Teammitgliedern, die ihre Aufgaben eigenverantwortlich in Abstimmung miteinander erledigen. Das Team plant und steuert seine Aufgaben in einem iterativen Zyklus: Es plant seine Aufgaben im Planning, stimmt sich in Dailies kontinuierlich ab und zeigt in der Review dem Kunden sein Teilergebnis, um sich anschließend in der Retrospektive bezüglich der Zusammenarbeit zu reflektieren und zu verbessern.

Das agile Team ...

- verfügt über alle spezifischen Fähigkeiten, die für die Aufgabenerfüllung benötigt werden
- ist ergebnisverantwortlich für die Planung und die geforderte Qualität (= Einhaltung der Definition of Done), wobei es
  - täglich den Plan zur Erreichung der Ergebnisse anpasst, wenn erforderlich, und
  - sich gegenseitig als Experten zur Verantwortung zieht
- arbeitet selbstbestimmt
- hilft sich gegenseitig

Anregungen zur erfolgreichen Implementierung eines agilen Teams

- Vermeide Eingriffe in die Selbstorganisation des Teams

- Unterstütze das Team, eigene Entscheidungen zu treffen
- Achte auf die Crossfunktionalität des Teams – und ziehe bei Bedarf Spezialisten hinzu
- Separiere keine Aufgabenbereiche nach Fähigkeiten im Team – jeder innerhalb des Teams ist für die gelieferten Inkremente gleichermaßen verantwortlich
- Achte und unterstütze die Teamplayer im Team
- Sorge dafür, dass im Team auftretende Probleme klar und lösungsorientiert angesprochen werden, das Team die Anpassung an neue Gegebenheiten akzeptiert und kontinuierlich (dazu-)lernen will
- Habe Verständnis, wenn das Tuckman-Teambuilding-Modell mehrfach durchlaufen wird
- Lasse das Team nicht zu groß werden (max. 10 Mitglieder)
- Achte als Product Owner darauf, dem Team ausreichend für Fragen zur Verfügung zu stehen
- Achte als Coach darauf, das Team – abhängig von der Seniorität – ausreichend zu unterstützen

OKR Coach

Ähnlich wie der Scrum Master fungiert auch der OKR Coach als Hüter des strategischen Frameworks „Objektives and Key Results (OKR)". OKR Coachs sorgen für eine sorgsame Implementierung des Frameworks durch eine wirkungsvolle Vision, attraktive Moals (Mid Term Goals) und effektive Formulierungen der qualitativen (Objectives) sowie der quantitativen Ziele (Key Results). Außerdem koordinieren und orchestrieren OKR Coachs die Ziele der unterschiedlichen Bereiche im Sinne der gemeinsamen Ausrichtung auf die Strategie hin zur Vision. Sie moderieren die Events wie Visions-Workshops, Moals-Workshops, Plannings, Weeklies, Reviews und Retrospektiven. Ein Fokus ist dabei die gemeinsame Ausrichtung aller Teams und das Lernen aus den Zyklen.

Der OKR Coach: Fokus auf die gemeinsame Ausrichtung

Der OKR Coach ...

- hilft allen, die OKR-Theorie und -praxis zu verstehen (im Management und in den Teams)
- moderiert mit der Führung die Visions- und Moals-Workshops
- synchronisiert alle OKRs und macht diese durch entsprechende Tools transparent
- moderiert die Plannings und hilft, wirksame OKRs zu formulieren
- moderiert die Weeklies zur Synchronisation
- moderiert die Reviews, um Ergebnisse zu reflektieren und bessere OKRs für den nächsten Zyklus abzuleiten
- moderiert die Retrospektiven, um als Team in der Zusammenarbeit zu lernen

- hilft der Organisation unter anderem:
  - durch Ausrichtung auf wirkungsvolle Visionen, Moals
  - bei der Fokussierung auf die Strategie und den Outcome
  - bei der Beseitigung von Hindernissen („Impediments"), um den Fortschritt sicherzustellen
  - bei der Sicherstellung, dass alle Events stattfinden (positiv, proaktiv und timeboxed)
  - bei der Orchestrierung der strategischen Ziele in der gesamten Organisation

Anregungen zur erfolgreichen Implementierung des OKR Coachs
- Unterstütze die Ausbildung der OKR Coachs zu Beginn mit externer Begleitung
- Achte auf die Rahmenbedingungen für die beteiligten Teams (Schutzräume für strategische Ziele)

Kanban Owner

Kanban Owner: Visualisierer des Workflows

Der Kanban Owner ist der Coach des Teams, welches mit Kanban arbeitet, und auf dieses Framework spezialisiert. Er ist Hüter des Frameworks zum Workflow-Management und sorgt dafür, dass die Prinzipien eingehalten werden. Kanban Owner koordinieren und pflegen das Kanban-Board als zentrales Element und können auch Boards zur Koordination mit anderen Teams erstellen (siehe „Kanban", S. 241 ff.), sodass die Zusammenarbeit und die gemeinsamen Aufgaben sichtbar gemanagt werden können.

Der Kanban Owner ...
- hilft allen, die Kanban-Prinzipien zu verstehen (im Team und in der Organisation)
- ist ergebnisverantwortlich für die Erstellung der Boards mit der passenden Software
- hilft dem Team, seinen Durchfluss zu verbessern
- hilft den Teams des Weiteren durch:
  - Coaching in Selbstmanagement und interdisziplinärer Zusammenarbeit
  - Fokussierung auf Ergebnisse
  - Erkennen und Beheben von Bottlenecks (Staus)
  - die kontinuierliche Verbesserung bestehender Prozesse
  - Fokussierung auf die Wertschöpfung

Anregungen zur erfolgreichen Implementierung des Kanban Owners
- Achte auf die freiwillige Übernahme der Rolle
- Lege Wert auf die gute Qualifikation des Kanban Owners bei der Erstellung von Kanban Boards und unterschiedlichen Software-Lösungen

- Sorge für die enge Zusammenarbeit mit dem Top-Management, um Staus und fehlende Koordination im Sinne der Wertschöpfung zu thematisieren und zu beseitigen
- Nutze und stelle offene Fragen: „Wie können wir noch effektiver zusammenarbeiten?“, „Was müssen wir tun, um gemeinsam effektivere Prozesse und Ergebnisse zu erzielen?“
- Sorge für Servant Leadership, Coaching des Teams sowie Konfliktbewältigung

Typische Einsatzbereiche agiler Coachs

Agile Coachs haben vielfältige Einsatzbereiche, man gewinnt bisweilen den Eindruck, der agile Coach wird zum Zukunfts-, Team- und Organisationsentwickler in einer Person. Agile Frameworks einzuführen und gleichzeitig das Mindset von Individuen und Organisationen weiterzuentwickeln, ist nicht selten die Erwartungshaltung der Auftraggebenden. Weil das ein komplexes Unterfangen und nicht von einer Person zu leisten ist, plädieren wir neben der Auftragsklärung für eine klarere Ausdifferenzierung der Einsatzbereiche und eine entsprechend spezifische Aus- und Weiterbildung der Rolleninhaber. Ein agiler Moderator braucht andere Stärken, Kompetenzen und Herangehensweisen als ein Scrum Master oder gar ein Transformationsbegleiter. In der Praxis schälen sich vier Einsatzfelder heraus:

- **Agiles Projektmanagement:** Der agile Coach begleitet ein Projekt durch alle Phasen: Vom „Neu-Denken“ mithilfe von Design Thinking oder strategischer Ausrichtung durch OKRs bis zum Umsetzen mit Kanban oder Scrum werden Projekte begleitet und das crossfunktionale Team gecoacht.
- **Agile Transformationsbegleitung:** Der agile Coach berät und begleitet die Organisation bzw. ein Kernteam durch die Phasen der Transformation. Dabei ist er je nach Flughöhe der Transformation als Berater, Coach und Teamentwickler gefragt.
- **Agile Teamentwicklung:** Der agile Coach entwickelt Teams durch die Phasen vom Forming über das Storming hin zum Norming und Performing. Erst in der Performing-Phase kann ein Team wirklich eigenständig und selbstorganisiert arbeiten.
- **Agile Moderation:** Der agile Coach moderiert die Workshops und Meetings, um die Kommunikation und das gemeinsame Lernen im Unternehmen zu gestalten.

Wie wird man zum agilen Coach?

Die Berufsbezeichnung agiler Coach ist nicht geschützt und im Vergleich zu anderen Rollen wie dem Scrum Master oder Product Owner darf sich jeder so bezeichnen, ohne einen Nachweis erbringen zu müssen. Auch Zertifikate stellen allein noch keinen Qualitätsbeweis dar, jedoch ist eine gewisse Qualifikationsbasis für eine so verantwortungsvolle Rolle unseres Erachtens zum Schutz der Kunden und auch zum eigenen Schutz der agilen Coachs empfehlenswert. Eine Zertifizierung befähigt noch lange nicht zum erfahrenen agilen Coach, sondern bestätigt erst einmal den Status eines Auszubildenen. Wie bei jeder Ausbildung wäre danach eine Phase der Praxisbegleitung durch erfahrene agile Coachs sinnvoll und eine Spezialisierung auf eines der verschiedenen Einsatzgebiete.

Aktuell tummeln sich agile Coachs, Scrum-Master, Product Owner und andere Rollenbilder auf dem Arbeitsmarkt. Das hat mit der steigenden Nachfrage zu tun, doch führt es auch dazu, dass sich Menschen nach einer dreitägigen Fortbildung mit komplexen Veränderungsdynamiken konfrontiert sehen, denen sie nicht gewachsen sein können.

Schon ein Begriff wie Master impliziert eine Expertise und Erfahrung, die mit der Realität nichts zu tun hat. Ein Meister aus einem Schüler zu machen, setzt eine lange Lernreise mit unterschiedlichen Entwicklungsstufen voraus, die von erfahrenen Meistern begleitet und supervidiert gehören.

Halbwissen sorgt dafür, dass agile Arbeitsweisen verbrannt werden

Das wiederum führt unter anderem dazu, dass agile Arbeitsweisen verbrannt werden, weil gefährliches Halbwissen und fehlende Erfahrung in Veränderungspsychologie auf bewahrungskonditionierte Organisationen treffen. Dann erleben die frischgebackenen Rolleninhaber, dass die singulär erworbene Methode wie Scrum oder OKR etc. auf Biegen und Brechen in jeder sich anbietenden Situation eingesetzt werden soll, weil es gerade der „heiße Scheiß“ ist, ohne geklärt zu haben, welches Problem damit gelöst werden soll bzw. wie die Stimmigkeit zum Ziel sichergestellt wird. Das in Verbindung mit viel zu hohen Erwartungen führt zum Verbrennen oder Entstellen der eigentlich so wirkungsvollen Methoden. So wird aus SCRUM sehr schnell MURCS und aus OKRs werden ORKs.

Das manifestiert sich in Aussagen wie: „Nach drei Iterationen hat der Scrum-Prozess immer noch keine Effizienzsteigerung gebracht.“ Nach drei Iterationen (bei einem Sprint von zwei Wochen wären das nur sechs Wochen) bahnbrechende Veränderungen zu erwarten und diese dann auch noch ausgerechnet an Effizienz messen zu wollen, ist an sich schon unsinnig und macht klar, dass hier völlig falsche Erwartungen vorherrschen.

Immer mehr Organisationen wie beispielsweise die Schweizer Post gehen dazu über, die Ausbildungen nach dem Shu-Ha-Ri-Prinzip aus der japanischen Kampfkunst zu konzipieren.

Die Entwicklungsstufen nach dem Shu-Ha-Ri-Prinzip

Die japanische Kampfkunst unterscheidet drei Lernphasen, die ein Schüler von den Anfängen bis zur Meisterschaft durchläuft.

Auch aus agilem Denken muss erst Können werden

„Shu" ist die erste Phase der Entwicklung. Shu bedeutet übersetzt „gehorchen" oder „einhalten". In dieser Phase befolgt der Schüler die gelernten Regeln und Schritte ausnahmslos. In der agilen Coach-Ausbildung geht es im Shu darum, die Theorie zu lernen, erste Praxisschritte zu üben und sich mit den anderen Teilnehmenden und der Trainerin intensiv zu allen Lerninhalten auseinanderzusetzen. Wie die Hirnforschung bestätigt, ist Freude und Neugier die wesentliche Basis, damit Menschen bereit sind, zu lernen und sich zu entwickeln. Unter Lernen verstehen wir die Weiterentwicklung bereits vorhandener Denk- und Handlungsmuster. Wenn die Teilnehmerin einer Ausbildung beispielsweise danach in ihrem Team einen Impuls über agile Meetings hält, dann hat sie was gelernt. Wenn ein

Abb. 2: Entwicklungsstufen nach dem Shu-Ha-Ri-Prinzip

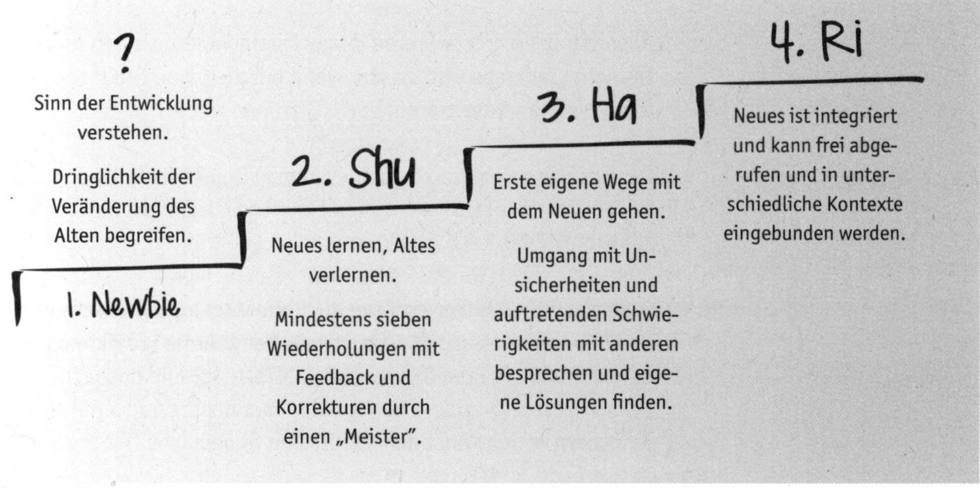

Teilnehmer anfängt, in seinem Team die Meetings nach den agilen Werten und Prinzipien zu moderieren und sich dabei zu Beginn von einem erfahrenen Coach begleiten und feedbacken lässt, dann hat er sich entwickelt und das kann er noch nicht in der Shu-Entwicklungsstufe. Unter Entwicklung verstehen wir die Verschaltung eines neuen Denk- und Handlungsmusters. Es verändert sich das grundlegende Schema, mit dem wir etwas aufnehmen und daraus Handlung ableiten.

Ausbildungsteilnehmerinnen werden sich nur dann entwickeln, wenn sie die Ausbildung nachhaltig begeistert, wenn sie darin einen wirklichen Nutzen und Sinn erkennen.

Die zweite Stufe: das Gelernte variieren

„Ha" ist die zweite Phase der Entwicklung und lässt sich übersetzen mit „(auf-)brechen, frei werden, abschweifen". Wenn ein Schüler die Regeln und Schritte wirklich beherrscht, dann darf er anfangen, sie zu interpretieren und auf den Kontext abgestimmt zu variieren. Er hat in der ersten Phase den Nutzen kennengelernt und die Bedeutung der Regeln verinnerlicht. Im „Ha" hat er die Kompetenz erworben, sie für sich neu zu deuten. In der nächsten Entwicklungsstufe werden die Themen unter Anleitung und mit Feedback ausprobiert, auf eigene Kontexte übertragen und

Wie können Agile-Coach-Ausbildungen wirksamer werden?

- Ausbildungsinstitute machen ihre Inhalte und ihre Spezialisierungen auf Einsatzgebiete transparent, sodass sich der Interessent gezielt eine Ausbildung aussuchen kann, die seinen Talenten und Interessen entspricht.
- Ausbildungsinstitute bieten längerfristig Supervisionen für die Teilnehmenden an und lassen, wenn möglich, auch an ihren aktuellen Fällen hospitieren.
- Organisationen bieten Newbies auf dem Gebiet Praktika an und lassen sie bei erfahrenen agilen Experten mitlaufen, die sie persönlich unterstützen.
- Organisationen differenzieren die Rolle ihrer agilen Coachs und qualifizieren diese auch dementsprechend: Agile Projektmanager werden in Frameworks spezialisiert, agile Teamcoachs in Gruppendynamiken und Reifegraden qualifiziert und agile Moderatoren in der Kunst der Facilitation fit gemacht.

leicht angepasst. Weitergedacht, wird das Team die neue Meeting-Kultur und -Struktur nicht gleich übernehmen, es wird Rückfälle in alte Muster geben und es werden Widerstände auftauchen, mit denen der Moderator umzugehen lernt. Ein wenig verankert hat sich die neue Moderationsfähigkeit als Erweiterung der vorhandenen Kompetenz nach sechs Wochen, so richtig aber erst nach Monaten des Trainings.

Die eigentliche Meisterschaft: unabhängig von der Methode agieren

„Ri" als dritte Phase des Lernens und höchste Stufe der Kunst bedeutet „verlassen, trennen, abschneiden". Hier ist der Schüler zum Meister geworden. Er kann die Muster und Strukturen verlassen und eigene Dinge entwickeln. Im „Ri" ist alles so verinnerlicht, dass man unabhängig von der Methode wird. Die Moderatorin ist dann beispielsweise so geübt, dass sie auch in anderen Teams Meeting-Moderationen übernehmen kann und sich auf die unterschiedlichen Anforderungen einstellt.

Mindset, Skillset, Toolset

Mindset

Das Mindset beschreibt, wie wir die Welt betrachten und interpretieren. Ganz nach dem Motto: So wie du die Welt betrachtest, so erscheint sie dir!

Gerade in rasanten Veränderungen und wenn wir Herausforderungen begegnen, zeigt sich unsere Grundhaltung: Geben wir auf oder bleiben wir dran und glauben an unsere Selbstwirksamkeit? In der agilen Transformation mit unzähligen Herausforderungen in einem unsicheren Umfeld brauchen Führungskräfte und Teams eine dynamische Denk- und Handlungslogik, die sich selbst hinterfragt und ständig aktualisiert.

Hier fällt mir meine Mutter als Vorbild ein: Sie ist Therapeutin und wollte mit 70 Jahren noch eine Weiterbildung in Körpertherapie machen. Diese gab es nur in Amsterdam und damit auf Holländisch. Dazu muss man wissen, dass meine Mutter aufgrund alter Erfahrungen Angst hat, allein zu reisen. Es kostete sie enorme Überwindung, weil alles in ihr gegen dieses Abenteuer rebellierte. Trotz aller Ängste und Katastrophenfantasien in ihrem Kopf entschied sie sich für die Weiterbildung, was nicht nur bedeutete, zehnmal nach Amsterdam zu reisen, sondern auch Holländisch zu lernen.

Am ersten Termin verstand sie höchstens die Hälfte, weil das sprachliche Niveau bei einer Therapieausbildung sehr hoch ist. Zusätzlich begegnete sie historisch gewachsenen Vorurteilen den „Deutschen" gegenüber. Meine Mutter blieb trotz ihrer Unsicherheit und dem Unwohlsein in der Gruppe dabei, lernte diszipliniert die Sprache, konfrontierte die Holländer mit ihren Gefühlen und ihrer eigenen Geschichte, konnte nach einem Jahr fließend Holländisch und hatte gute Freunde gefunden, die sie heute noch regelmäßig in Amsterdam besuchen geht. Reisen ist für sie mittlerweile zur Leidenschaft geworden und Bücher liest sie am liebsten von holländischen Autoren, auf Holländisch versteht sich.

Das Mindset beschreibt also die Einstellung des Denkens als Basis für neue Gedanken und neues Handeln. Es entsteht, weil Menschen in ein Umfeld geraten oder sich auch bewusst begeben, dass diese oder jene Einstellung des Denkens fördert. Das Mindset ist also immer auch umfeld- und prägungsabhängig.

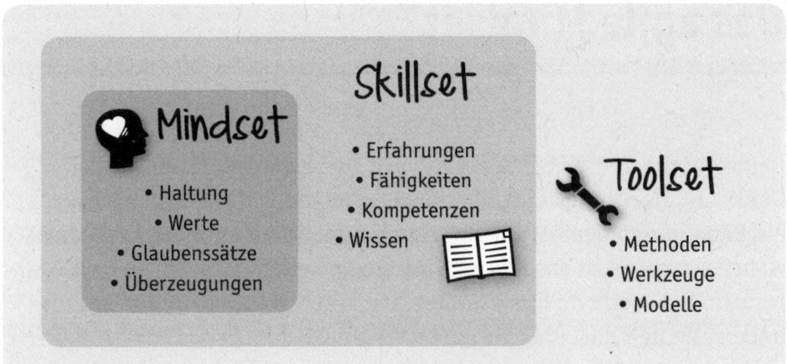

Abb. 3: Die Ebenen Mindset, Skillset und Toolset

Skillset

Ein Skillset beschreibt den Umfang an Kenntnissen und Fähigkeiten, die wir erwerben oder uns aneignen. Für jeden Beruf oder jede Rolle bedarf es eines bestimmten Skillsets, also eine Mischung aus Soft und Hard Skills, die unsere persönlichen Kompetenzen bilden. Im agilen Kontext brauchen wir Wissen über Veränderungspsychologie, Organisationsentwicklungstheorien und Gruppendynamiken, um hier als Coach wirksam handeln zu können.

Im beschriebenen Beispiel meiner Mutter hat sie ihr Skillset erweitert, indem sie sich die Sprache angeeignet hat, therapeutische Interventionen gelernt und darüber hinaus Erfahrungen mit dem Reisen gesammelt hat.

Toolset

Die agile Welt bietet ein schier unendliches Repertoire an neuen Tools, Methoden und Werkzeugen. Angefangen mit den Frameworks wie Scrum, Kanban, Design Thinking oder OKRs, weiterführend mit einzelnen Praktiken aus den Frameworks wie einzelne Meeting-Formate bis hin zu Canvas-Formen wie Rollen- oder Team-Canvas.

Auf das Beispiel meiner Mutter bezogen, hat sie folgende digitale Tools zu nutzen gelernt: die Bahn-App für ihre Reiseplanung, Google-Maps zur Orientierung, Booking-Apps für Hotels und Sprach-Apps zum Lernen und zur Übersetzung. Ohne das entsprechende Mind- und Skillset können Tools keinen Mehrwert stiften. Die digitalen Tools hätten meine Mutter nicht weitergebracht, wenn sie nicht ihre Angst überwunden und damit ihre Haltung zum Reisen verändert hätte.

Das agile Mindset

Der englische Begriff Mindset lässt sich am besten mit Haltung oder Denk- und Handlungslogik übersetzen. Das Mindset wirkt in uns wie ein Filter, durch den wir alles interpretieren, was wir in unserem Umfeld wahrnehmen. Es ist das Ergebnis unserer bisherigen Erlebnisse und Erfahrungen und bestimmt unser Fühlen, Denken und Handeln. Der Filter ist unbewusst und hilft uns, die vielen Eindrücke des Lebens zu verarbeiten und in innere Schubladen einzusortieren. Sowohl Organisationen als auch Menschen haben ein Mindset, es gibt also ein individuelles und organisationales Mindset.

Das Mindset von Individuen und Organisationen

Individuell zeigt sich das Mindset in den Fragen: Was nimmst du auf? Was nimmst du nicht auf? Was leitest du aus dem Aufgenommenen ab und übersetzt es wie selbstverständlich in Handlung? Organisational manifestiert sich das Mindset an den – formalen wie informalen – Entscheidungen: Welche Handlung leitet sich aus welchen Gegebenheiten ab? Die Menschen passen sich in der Regel sehr schnell und häufig unbewusst dem organisationalen Mindset an.

Unternehmenskultur: das Mindset der Organisation

In Organisationen ist das Mindset eng mit der Unternehmenskultur verzahnt, die zu diesen oder jenen Handlungen führt. Dabei gibt es reife und weniger reife Unternehmen. Reife Unternehmen sind Organisationen, die viel über sich selbst reflektiert haben und deren Grundannahmen dadurch immer wieder aktualisiert in kollektives Bewusstsein überführt werden. Im Gegensatz zu unreiferen Unternehmen verändern sie ihre Grundannahmen über die Zeit, weil sie ständig hinterfragt und aktualisiert werden.

Auch bei Einzelpersonen ist das Mindset geprägt von der Reife und der damit verbundenen Art und Weise, etwas auf- und wahrzunehmen. Je reifer ein Mensch ist, desto mehr Aspekte erkennt er. Er versteht sich selbst besser, kann Feedback souveräner annehmen und wird irgendwann selbstaktualisierend, kann sich also Updates aufspielen – seine Grundannahmen transformieren –, ohne sich selbst zu verlieren. Dadurch kann er besser mit Widersprüchen umgehen und Unterschiedlichkeit leichter annehmen.

Er besitzt ein stabiles Selbst, einen inneren Kern. Der Mensch kann sich abgrenzen und mit dem Außen produktiv umgehen.

Reflexion als Treiber des Mindsets

Je mehr eine Person auf eigene Grundannahmen zugreifen kann, desto bewusster kann sie mit diesen umgehen und sie reflektieren. Reflexion – auch die nonverbale durch Meditation oder körperliche Übungen – ist ein zentraler Schlüssel, um das Mindset zu entwickeln. Reflexivität ist das Ergebnis tiefer Nachdenklichkeit, konstruktivistischer Perspektivität und fluiden Wissens.

Je höher die Reflexivität einer Organisation, desto produktiver kann sie mit Veränderungen umgehen. Oft entdecken wir dabei erhebliche Unterschiede gerade unter den Führungskräften, je nachdem, für welche Branche sie tätig sind. So ist eine hohe Selbstreflexion im psychologischen oder sozialen Bereich häufiger als im Produktionsbetrieb.

Richtungsweisend ist dabei die Art der Reflexion: Geht es um Anpassung an das Unternehmen oder um Öffnung über den engen Organisationskontext hinaus? Wird über Bewertung oder Beobachtung reflektiert? In welche Richtung geht das Nachdenken?

Tiefe Reflexion ist offen und nicht auf Anpassung ausgerichtet. Sie bringt uns zu uns selbst und öffnet uns für die Zukunft.

Das Mindset – dynamisch oder statisch?

Agilität setzt ein Growth Mindset voraus

Unter einem agilen Mindset verstehen wir eine flexible und auf Entwicklung und Wachstum ausgerichtete Denk- und Handlungslogik. Diese Geisteshaltung hilft Individuen und Organisationen, wendig und anpassungsfähig auf das Umfeld zu reagieren, und ist auf lebenslanges Lernen und persönliche bzw. organisationale Weiterentwicklung ausgerichtet. Es ist die innere Grundhaltung oder auch die Wurzel, um die agilen Werte und Prinzipien zu verkörpern. Insofern ist das agile Mindset ein Synonym für eine Haltung, die Carol Dweck als „Growth Mindset" oder „Dynamisches Mindset" beschreibt.

Die amerikanische Psychologin Carol Dweck erforscht die menschliche Motivation verbunden mit der Frage, warum Menschen erfolgreich sind (oder nicht), und was wir tun können, um den Erfolg zu fördern.

In ihren Worten: „In meiner Arbeit verbinde ich Entwicklungspsychologie, Sozialpsychologie und Persönlichkeitspsychologie und untersuche die Selbstkonzepte (oder Mindsets), die Menschen verwenden, um ihr Selbst zu strukturieren und ihr Verhalten zu steuern. Meine Forschung befasst sich mit den Ursprüngen dieser Denkweisen, ihrer Rolle bei Motivation und Selbstregulierung und ihren Auswirkungen auf Leistung und zwischenmenschliche Prozesse."

Dabei unterscheidet Dweck zwei Mindset-Stufen: das Growth oder auch dynamische Mindset und das Fixed oder auch statische Mindset.

Wie das Fixed Mindset/statische Mindset entsteht

Wenn wir eine negative Erfahrung machen und beispielsweise bei unserer ersten Präsentation Kritik oder gar Spott ernten, lernt unser Gehirn, dass Präsentationen gefährlich für uns sind und will diese fortan vermeiden. So geprägte Denkmuster helfen uns dabei, schneller Entscheidungen zu fällen und zukünftige Situationen besser einzuschätzen. Sie werden durch die Verknüpfung neuer Informationen zu bereits existierenden Neuronen-Netzwerken gebildet. Je häufiger ein Neuronen-Netzwerk stimuliert wird, desto einfacher kann dieses Netzwerk aktiviert werden. Je häufiger wir den Gedanken denken, desto stabiler wird diese Verbindung. Wer in seiner Vergangenheit häufig gehört hast, dass er dieses oder jenes ist, und wem vermittelt wurde, was er alles nicht erreichen und werden kann, wird schließlich mehr und mehr daran glauben, bis es zu seiner

Abb. 4: Beispiele für Fixed und Growth Mindset – organisational

Interpretationen der organisationalen Mindset-Stufen

Situation	Interpretation Fixed Mindset	Interpretation Growth Mindset
Projekt gescheitert	Unsere Mitarbeiter haben zu schlecht performt.	Scheitern schmerzt, aber das ermöglicht uns, zu lernen und zu wachsen.
Kompetente Mitarbeiterin kündigt	Verrat an der Organisation oder am Team	Wir wünschen ihr gute Weiterentwicklung und freuen uns, wenn sie wieder zurückkommt.
Team will mehr entscheiden	Die wollen ihre eigenen Interessen durchsetzen.	Große Chance der Reifung von Führung und Teams
Vorstand beschließt tiefgreifende Veränderungen	Wir sind nicht mehr gut so, wie wir sind.	Wir entwickeln uns weiter und sind lernfreudig.
Hindernisse auf dem Weg zu einem Ziel	Das funktioniert bei uns nicht.	Wichtige Botschaft zum Lernen
Meinungsverschiedenheiten	Das bedroht unsere Ausrichtung.	Jede Perspektive ist richtig und wichtig.
Konflikte zwischen zwei Konfliktparteien	Das stört die Performance und darf nicht sein.	Win-win-Lösungen suchen, da beide recht haben
Scheinbar unlösbare Herausforderung	Das schaffen wir nicht.	Wir können von anderen lernen, die so etwas schon gelöst haben.

inneren Überzeugung wird. Die Person entwickelt ein sogenanntes Fixed Mindset, also eine starre Haltung zu sich selbst und zu anderen. Dieses wirkt wie ein überdimensionaler und gleichzeitig unsichtbarer Filter, mit dem alle Wahrnehmungen gesiebt werden und der nur das übrig lässt, was den eigenen Glaubenssätzen und inneren Mustern adäquat erscheint. Alle neuen oder anders gearteten Informationen werden aussortiert, bevor sie das Bewusstsein und die Gefühle erreichen. Damit bleibt die innere Logik und das eigene Selbst stabil in der Begrenzung.

Woran das Fixed Mindset/statische Mindset glaubt

Menschen mit einem Fixed Mindset sind der Überzeugung, dass Intelligenz und Talente oder Kompetenzen angeboren sind und sich das auch nicht ändern lässt. Kennzeichnend für Personen mit einem Fixed Mindset sind dabei folgende Eigenschaften:

- Sie glauben, dass es vom Talent abhängt, ob man etwas kann oder nicht.
- Sie lernen, um positive Rückmeldung zu erhalten (zum Beispiel ein Lob).
- Sie sehen Fehler als Bedrohung und persönliche Schmach.
- Sie denken bei Hindernissen, dass sei ein Zeichen, um besser aufzugeben.

Abb. 5: Beispiele für Fixed und Growth Mindset – persönlich

Interpretationen der persönlichen Mindset-Stufen

Situation	Interpretation Fixed Mindset	Interpretation Growth Mindset
Prüfung nicht bestanden	Ich bin zu schlecht.	Ich kann das besser.
Partner trennt sich	Ich bin es nicht wert oder er war der Falsche.	Wir werden beide daraus lernen.
Kündigung	Ich bin nicht gut genug.	Ich werde mich dadurch weiterentwickeln.
Kritik vom Vorgesetzten	Meine Leistung ist schlecht.	Ich bekomme die Chance, mich/meine Leistung zu verbessern.
Hindernisse auf dem Weg zu einem Ziel	Es soll nicht sein. Das ist ein Zeichen, aufzugeben.	Herausforderungen zu meistern, stärken mein Ziel.
Meinungsverschiedenheiten	Die anderen verstehen mich nicht oder passen nicht zu mir.	Interessant und lehrreich, wie unterschiedlich wir Dinge betrachten.
Konflikte zwischen zwei Konfliktparteien	Nur eine Partei hat recht: Durchsetzen oder Unterordnen oder Vermeiden ist die Lösung.	Win-win-Lösungen suchen, da beide recht haben.
Sitzen bleiben	Ich bin zu dumm.	Ich will/muss mich mehr engagieren.
Scheinbar unlösbare Herausforderung	Ich gebe besser auf, sonst blamiere ich mich.	Ich darf um Hilfe bitten, um das zu schaffen.

Eine typische Einstellung könnte so lauten: „Meine Intelligenz, Talente und Kompetenzen sind beschränkt. Ein alter Hund lernt keine neuen Tricks. Falls ich danach gefragt werde, verfolge ich zwei Strategien: Entweder stelle ich meine Kompetenz unter Beweis oder ich gehe potenziell peinlichen Situationen aus dem Weg."

Wir alle filtern ständig alle Eindrücke analog zu unseren möglichen Sichtweisen. Der größte Unterschied beginnt damit, dass Menschen mit einem dynamischen Mindset diese Tatsache zumindest bewusst ist und sie ihre Beschränkungen dadurch hinterfragen können.

Woran das Growth Mindset/dynamische Mindset glaubt

„Talente, Intelligenz und Fähigkeiten sind nicht in Stein gemeißelt. Ich habe den Glauben, dass Gewohnheiten, Lernstrategien, Übung und Hilfe durch andere darüber entscheiden, ob und wie schnell ich mich verbessere. Ich habe den Glauben, dass sich Menschen zwar in ihren initialen Talenten, Interessen und in ihrem initialen Temperament und ihrer Haltung unterscheiden, jedoch durch Feedback und Erfahrung wachsen werden."

Im Unterschied zum Fixed Mindset befinde ich mich mit dem Growth Mindset auf einer Lernreise. Ich entwickle mich stetig weiter, statt beweisen zu müssen, dass ich bereits der oder die Beste bin. Niederlagen werden nicht als Unzulänglichkeit, sondern als Unvollkommenheit verstanden. Menschen mit einem Growth Mindset

- sehen Fehler als Chance, sich weiterzuentwickeln.
- sind wissbegierig, um mehr über Dinge zu erfahren, die sie noch nicht kennen.
- sind überzeugt, dass sie ihre Fähigkeiten weiterentwickeln können.

Komplexität: Stretching für unser Mindset

Ebenso wie keine Pflanze ohne ein gutes Wurzelwerk gedeiht und wächst, so gelingt auch keine Veränderung in Richtung selbstorganisiertes und innovatives – sprich: agiles – Handeln ohne das entsprechende Mindset. Führungskräfte und Teams in agilen Veränderungsprozessen brauchen eine bestimmte Denk- und Handlungslogik, um die erforderliche Organisations- und Selbstentwicklung zu bewältigen, die eine Transformation jedem abverlangt. Komplexität und Ungewissheit fordern uns psychisch heraus und schubsen uns sozusagen in eine Stretching-Zone.

Woran zeigt sich typischerweise ein dynamisches Mindset?

- **Welt- und Selbstsicht:** Menschen mit dynamischem Mindset sind überzeugt, dass der Charakter und die Eigenschaften bzw. Verhaltensweisen jedes Menschen zum großen Teil veränderbar sind. Menschen mit dynamischem Mindset entwickeln dementsprechend sich und ihre Eigenschaften stetig weiter – unabhängig von äußeren Umständen.

- **Umgang mit Herausforderungen:** Dynamisches Denken sieht Herausforderungen als wahre Chancen, auch wenn der Weg zum Ziel unklar ist.
- **Durchhaltevermögen:** Für ein dynamisches Mindset ist es charakteristisch, trotz Schwierigkeiten dranzubleiben und Anstrengungen zu nutzen, um effektivere Wege zu suchen.
- **Fehler und Feedback:** Fehler werden als Lernchancen genutzt und kritisches Feedback aktiv eingefordert.

Im Kapitel 12 findet sich eine ausführliche Übung zum in Abb.4 dargestellten Schnelltest, um die eigenen Anteile an statischem und dynamischem Mindset zu reflektieren und erste Schritte zu einer wachstumsorientierteren Haltung zu entwickeln (siehe „Reflexionsbogen Agiles Mindset, S. 290 f.).

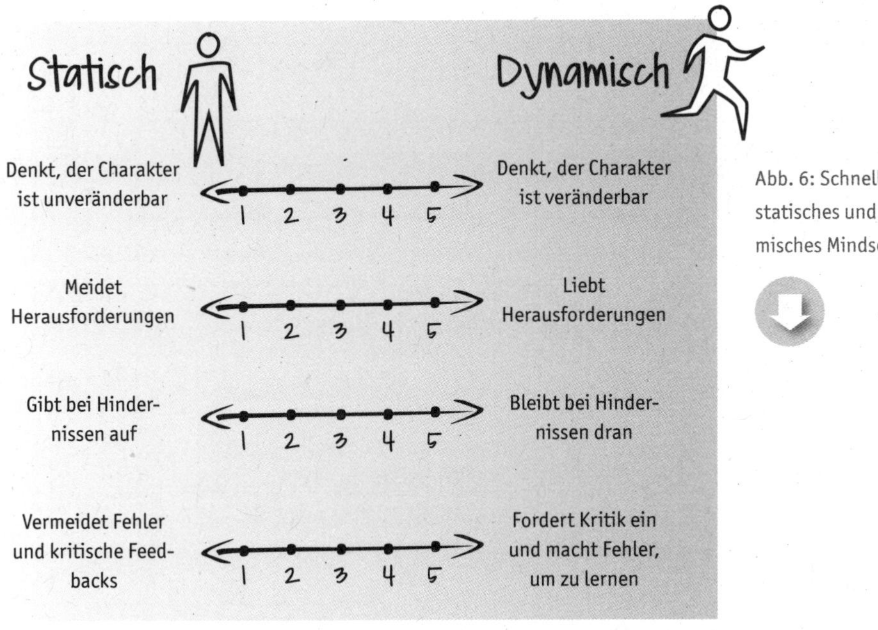

Abb. 6: Schnelltest – statisches und dynamisches Mindset

Mindset

Mindset und Prinzipien agiler Coachs ... 44

Wie entwickeln wir als Coach ein agiles Mindset?

Angelehnt an den vier im vorherigen Kapitel beschriebenen Merkmalen eines agilen Mindsets können wir uns überlegen, wie sich diese Geisteshaltung in uns selbst und in anderen fördern lässt. Dabei können wir immer nur bei uns selbst beginnen. Gerade als Coach gehört es zu unserer eigenen Psychohygiene, uns mit der eigenen Blindheit zu beschäftigen, um diese zumindest nicht blind weiterzuvermitteln.

Welt- und Selbstsicht

Als junge Frau wusste ich nicht, was meine Berufung sein könnte. Ich interessierte mich zwar bereits mit 13 Jahren für Psychologie und las Werke von Alexander Lowen und Sigmund Freud, doch für meinen Vater war Psychologie brotlose Kunst und dummerweise wollte ich meinen Vater unbedingt stolz auf mich machen. Da ich allerdings partout nicht in seine Fußstapfen als Betriebswirt treten wollte, entschied ich mich erst für Chemie und wechselte nach zwei Semestern in das neu gegründete Studium der Biotechnologie. Die Themen in meinem Studium interessierten mich wenig und vor allem der technische Anteil bereitete mir viel Mühe, weil es mich inhaltlich langweilte. Was ich jedoch lernte und mehr und mehr verinnerlichte, war eine wissenschaftliche Denk- und Handlungsweise. Vor allem in den Bereichen der Gentechnik und der biologischen Umweltsanierung unterstützen wir als Studenten die Forschung. Wir übten uns darin, bisheriges Wissen und den aktuellen Stand der Forschung zu hinterfragen, um neue Erkenntnisse zu gewinnen. Die Geisteshaltung, die wir uns aneigneten, war geprägt von großer Neugier und Offenheit und trainierte das Umdenken. Hypothesen zu bilden, Experimente dazu durchzuführen, um vieles wieder zu verwerfen und unermüdlich weiterzusuchen, ist eine gute Übung, um in sich selbst eine flexible Haltung zu manifestieren. Nie darf man sich dabei auf dem Kenntnisstand von gestern ausruhen. Stell dir vor, du würdest genauso mit deinen eigenen Annahmen über dich selbst und das Leben umgehen. Es würde deinen Umgang mit eigenen und anderen Meinungen eklatant transformieren.

Genau dazu rät der amerikanische Organisationspsychologe Adam Grant (A. Grant (2022): Think Again) und beschreibt die Relevanz des wissenschaftlichen Denkens, um nicht in die Falle der Selbstüberschätzung zu tappen. Selbstüberschätzung fußt zum einen auf dem Bias (kognitive

Verzerrung) des Bestätigungsfehlers – zu sehen, was wir zu sehen erwarten – und zum anderen auf dem Bias der Erwünschtheitsverzerrung: indem wir sehen, was wir sehen wollen. Das Tückische daran: Je schlauer und gebildeter und erfahrener wir auf Gebieten zu sein glauben, desto mehr sind wir gefährdet, in den Zyklus der Selbstüberschätzung zu geraten und unsere Borniertheit auszublenden.

Abb. 1: Selbstüberschätzungszyklus nach Adam Grant

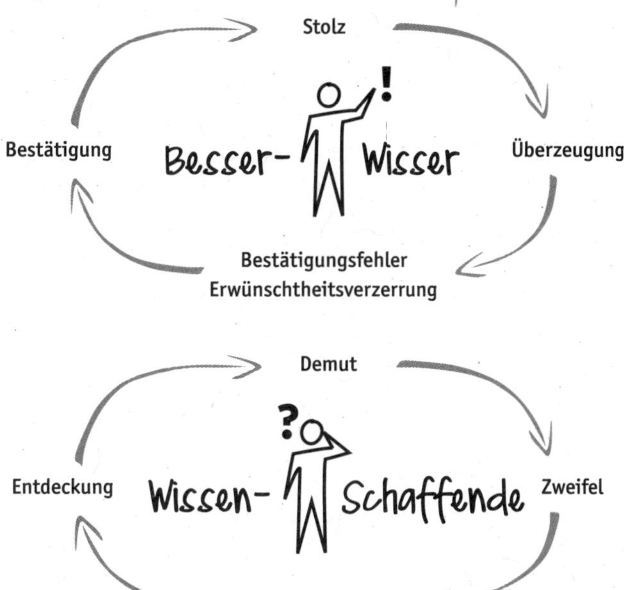

Abb. 2: Umdenken-Zyklus nach Adam Grant

Wissenschaftliches Denken hingegen fördert Demut statt Stolz, den Zweifel statt der Gewissheit und somit die Neugier statt der Bestätigung. Und genau diese sind die besten Zutaten für den Zyklus des Umdenkens: Demut fördert den Zweifel an unseren Annahmen und führt zu der Neugier, uns mit neuen Perspektiven oder Erkenntnissen auseinanderzusetzen, woraufhin wir Neues entdecken und Altes überschreiben können.

Fazit: Pflege Demut in dir, indem du äußere Gegebenheiten annimmst und dich selbst dabei nicht so wichtig nimmst. Meist beinhaltet Demut Eigenschaften wie Genügsamkeit, Hingabe und auch den Mut (der steckt im Wort Demut drin), die Dinge zu akzeptieren, wie sie sind. Stelle deine und andere Annahmen infrage und fördere den gesunden Zweifel.

Umgang mit Herausforderungen und Resilienz

„In der Mitte von Schwierigkeiten liegen die Möglichkeiten!"
– Albert Einstein –

Herausforderungen oder Hindernisse treten auf der inneren und auf der äußeren Ebene auf: Auf der äußeren Ebene haben wir den Eindruck, jemand oder etwas würde uns etwas antun und unseren inneren Frieden stören. Vor allem in Beziehungen reagieren wir dann enttäuscht, sind verletzt oder verwirrt und fühlen uns auf unterschiedliche Art und Weise angegriffen. Auf der inneren Ebene begegnen wir unseren eigenen Begrenzungen in Form von Aktivierungen alter Erfahrungen und daraus resultierenden Überzeugungen. Meist empfinden wir äußere Herausforderungen nur als solche, weil sie innere Prozesse in Gang bringen, die mit Ängsten gekoppelt sind. Das Zauberwort im Umgang mit Herausforderungen ist Resilienz. Resilienz ist quasi unser psychisches Immunsystem im Umgang mit Herausforderungen, und es lässt sich ähnlich wie unsere

Körperabwehr trainieren und stärken. Folgende Faktoren im Umgang mit Herausforderungen auf beruflicher Ebene sind dabei besonders relevant:

Radikale Akzeptanz

Faktoren, die unsere Resilienz stärken

Radikale Akzeptanz dessen, was ist, bedeutet erst einmal, hinzuschauen und wahrzunehmen, wie die aktuelle Herausforderung aussieht, welche Auswirkungen sie auf unser Denken und Fühlen hat und uns dem mit aller Achtsamkeit zuzuwenden. Oftmals löst sich dabei schon so manches unangenehme Gefühl auf, weil wir uns bzw. dem Gegenüber die Aufmerksamkeit schenken, die gerade gebraucht wird.

Radikale Akzeptanz ist ein Konzept, das ursprünglich aus der Dialektisch-behavioralen Therapie (DBT) stammt, einer Form der Psychotherapie, die von der Psychologin Marsha M. Linehan entwickelt wurde. Es bezieht sich auf die Fähigkeit, eine Situation, eine Person oder sich selbst vollständig anzunehmen und zu akzeptieren, ohne Widerstand oder Urteil.

Radikale Akzeptanz bedeutet, die Realität so anzunehmen, wie sie ist, auch wenn sie unangenehm oder schmerzhaft ist. Es geht darum, den Widerstand gegen das, was nicht verändert werden kann, aufzugeben und stattdessen eine bewusste Wahl zu treffen, die Realität anzuerkennen und mit ihr umzugehen. Es bedeutet nicht, passiv zu sein oder sich mit ungesunden oder schädlichen Situationen abzufinden, sondern vielmehr, eine Grundlage für Veränderung zu schaffen, indem man die Realität akzeptiert und von diesem Punkt aus handelt.

Lösungsorientierung

Ganz nach dem Motto „Jedes Problem enthält eine Lösung" wenden wir uns nach der Akzeptanz den möglichen Lösungen zu. Manchmal ist es dabei wichtig, nicht die typischen und gewohnten Lösungen zu reproduzieren, sondern wirklich neue Erkenntnisse zuzulassen und neue Wege auszuprobieren.

Bindungen/Netzwerke

Bindungen und Netzwerke haben in herausfordernden Situationen mehrere stärkende Aspekte: Durch die unterschiedlichen Sichtweisen diverser Betroffener können Hindernisse unterschiedlicher interpretiert werden und damit verschiedene Lösungsmöglichkeiten nach sich ziehen. Außerdem erzeugen gute Bindungen psychologische Sicherheit, die im Umgang mit Themen außerhalb unserer Komfortzone enorm unterstützend wirkt.

Verantwortung übernehmen

Verantwortung für Anforderungen zu übernehmen und sich von der Ansicht zu befreien, dass die anderen schuld sind, ist der nächste Schritt hin zur Resilienz. Verantwortungsübernahme ist dabei ein Entwicklungsprozess, bei dem wir unseren Mustern sehr gut auf die Schliche kommen können.

Durchhaltevermögen

Wer zu früh aufgibt, bestätitgt seine alten Muster

Für ein dynamisches Mindset charakteristisch ist es, trotz Schwierigkeiten lange dranzubleiben und Anstrengungen zu nutzen, um effektivere Wege zu suchen. Die dafür erforderliche Willenskraft ist entscheidend für die Ausbildung der Selbstaktualisierung. Wer zu früh aufgibt, läuft Gefahr, sich dadurch seiner alten Muster zu bestätigen. Wenn wir uns zu neuen Erfahrungen aufmachen, indem wir beispielsweise eine neue Sportart erlernen, werden wir zunächst einigen Hürden und Herausforderungen begegnen.

Hier ging es mir vermutlich wie vielen Kollegen: Als ich zu Beginn der Pandemie alles auf Online-Moderationen umstellen musste, war ich mit diversen Herausforderungen konfrontiert, die mich immer wieder zu meiner Annahme einluden, ich sei einfach eine Präsenz-Moderatorin und für Remote nicht geeignet: Zunächst hatte ich weder die Ausrüstung (gute LAN- Verbindung, zweiter Monitor etc.) noch kannte ich Online-Tools wie Mural oder Miro etc. Dann musste ich alle Visualisierungen online reproduzieren und mir dazu ein iPad mit Pen anschaffen und die entsprechende Technik lernen. Selbst meine 20 Jahre Moderationserfahrung zeigten mir online sofort Grenzen auf: Ich musste viel mehr Pausen machen und wesentlich kürzere Input-Zeiten zugunsten einer interaktiven Übung einbauen. Unzählige Male flog ich aus der Session oder verlor Teilnehmerinnen. Hätte ich eine Wahl gehabt, hätte ich vermutlich niemals durchgehalten und damit eine wunderbare echte Alternative entwickelt. Heute genieße ich die Varianz und liebe sowohl Präsenz- wie Remote-Moderationen oder hybride Veranstaltungen.

Fehler und Feedback

Fehler werden als Lernchancen genutzt und kritisches Feedback aktiv eingefordert.

Mein Mann ist Psychiater und führt eine Praxis mit mehreren Therapeuten. Bei jedem Einstellungsgespräch fragt er, welche Diagnose die Bewerberin sich selbst geben würde. Dabei erwähnt er seine eigene Neigung zu ADHS. Bewerber, die bei sich selbst keine Neigung zu einer psychischen

Störung sehen, stellt er nicht ein. Er findet es wichtig, seine eigenen Fehlbarkeiten und Macken zu erkennen und sich niemals über die Patienten zu stellen. Genauso handhabt er es auch in seinen Fallbesprechungen, gemeinsam mit den Therapeuten und medizinischen Fachangestellten sucht er nach blinden Flecken und Fehleinschätzungen statt nach Bestätigungen.

Wenn ich die vergangenen Jahre selbstkritisch reflektiere, entdecke ich immer wieder meine eigene Neigung, mir in denjenigen Workshops mehr aktives Feedback einzufordern, bei denen ich spüre, wie begeistert und lernfreudig die Gruppe reagiert, im Gegensatz zu herausfordernden Kursen, die mich verunsichern. Ich muss aktiv gegen diese Neigung agieren und mich zwingen, mir gerade in den schwierigen Situationen offenes Feedback geben zu lassen. Dabei hilft mir meine Erfahrung, wie hilfreich und wichtig Feedback ist und wie sehr Menschen dies zu schätzen wissen, wenn ich wirklich daran interessiert bin.

Zehn Grundannahmen des agilen Coachs

Grundannahmen beschreiben tiefgreifende, überdauernde, situationsübergreifende Überzeugungen, die das Verständnis unserer Rolle als agiler Coach bestimmen. Sie sind die Basis unserer Einstellungen und Überzeugungen. Die folgenden zehn Grundannahmen erachte ich als besonders hilfreich für unsere Beziehungsgestaltung mit uns selbst und mit unseren Kunden.

Überzeugungen definieren unser Rollenverständnis

1. Jeder/jede ist eine 10!

Diese Grundannahme löst nicht selten kontroverse Diskussionen aus. „Jeder/jede ist eine 10!" erfordert von uns als Coach, jedem Menschen, dem wir begegnen, auf einer inneren Skalierung zwischen 1 und 10 ohne Ausnahme eine volle 10 zu geben – keine 6 oder 7, sondern eine 10. Das verlangt uns nichts weniger ab als radikale Akzeptanz und ist zugleich eine der wichtigsten Interventionen, denn: „So, wie wir die Welt betrachten, so erscheint sie uns."

Radikale Aktzeptanz – eine der wichtigsten Interventionen

In zahlreichen Studien ist die Wirkung der Beziehung zwischen Therapeuten und Klienten auf den Erfolg der Therapie belegt (u.a. Orlinsky, Grawe & Parks, 1994 sowie Horvath & Symonds, 1991). Die Beziehung wird dabei maßgeblich von der Haltung des Coachs zu seinem Gegenüber bestimmt. Sieht er die Stärken des Teams und des Einzelnen? Glaubt der Coach an die Entwicklungskompetenz? Je nachdem welche Themen unser Gegenüber bei uns selbst aktiviert, kann diese Annahme eine große Herausforderung darstellen.

Beispiel: *Sabine arbeitet als Servicekraft in einer Bankfiliale. Sie ist keine gelernte Bankkauffrau, sondern kommt aus dem Callcenter-Bereich und konnte als Quereinsteigerin in der Genossenschaftsbank Fuß fassen. Ich begleitete das Team als Vertriebscoach und war schlichtweg begeistert von Sabines Talent, mit dem sie Kunden auf diverse Themen ansprach und direkt für die Kunden passende Produkte am Tresen verkaufte oder Termine für Beratungen fixierte. Genau diese Ansprachen im Service sind ein diffiziles Thema für die meisten Servicekräfte und erfordern Mut und Fingerspitzengefühl, um nicht lästig oder aufdringlich zu wirken, sondern für den Kunden einen Mehrwert zu stiften.*

Sabines Pech war ihre Führungskraft Hans. Hans lehnte Sabine ab, er dachte, sie sei zu einfältig und ungebildet für ihren Job, und versuchte, sie möglichst stark zu begrenzen und mit stumpfen Tätigkeiten möglichst auf Abstand zu Kunden zu halten. Ich war fassungslos, konnte ihn aber trotz aller Argumente nicht zu einer anderen Haltung bewegen. Für ihn war Sabine auf der zehnstufigen Skala maximal eine Zwei. Sabine verlor innerhalb kurzer Zeit ihren Esprit und wurde fast zur grauen Maus im Team. Nach einem Jahr wechselte Sabine in eine andere Filiale der gleichen Bank. Bereits nach kurzer Zeit erkannte die neue Führungskraft Sabines Talent und förderte sie. Innerhalb eines halben Jahres wurde Sabines neue Filiale zur Top-Filiale der gesamten Bank ausgezeichnet. Servicekräfte und Auszubildende aus anderen Bereichen wurden tageweise zu Sabine geschickt, um von ihr zu lernen.

Wenn wir jeden Menschen als 10 betrachten und diese Haltung verinnerlichen, schaffen wir eine wichtige Basis für Vertrauen und Entwicklung. Jeder Mensch spürt, wie wir ihn betrachten. Wenn wir unsere Mitarbeiter, Partner, Kinder oder jemand anderen innerlich abwerten, werden wir unsere Haltung bestätigt empfinden. Einer meiner Lehrer sagte einmal provokativ: „Wir manipulieren unser Umfeld so lange, bis es unsere Einstellung bestätigt."

Fazit als Coach: Öffne dein Herz und deinen Geist für die Menschen, mit denen du arbeitest. Betrachte jeden als Freund oder Lehrmeister und fokussiere dich auf die Stärken deines Gegenübers.

2. Menschen können sich entwickeln, ein Leben lang

Sofern sie wollen und wenn man sie lässt! Die zentrale Frage ist, ob die intrinsische Motivation daraus erwachsen kann, dass sich mein Gegenüber entwickeln will und damit innerlich vollkommen identifiziert ist. Aufgezwungene (Du musst!) oder von außen angetragenen Veränderungen (Du sollst!) schaffen nicht annähernd die erforderliche Energie zu nachhaltigen Entwicklungen, sondern erzeugen im Coaching das Gegenteil: Widerstand. Lange Zeit waren Aussagen wie „Ich bin so, wie ich bin" populär und man glaubte, „Ein alter Hund lernt keine neuen Tricks". Die Persönlichkeit eines Erwachsenen galt als fix und fertig und sowohl Intelligenzquotient als auch Persönlichkeitsmerkmale seien weitestgehend stabile Größen. Die Erkenntnisse der Hirnforschung und Entwicklungspsychologie kamen erst in diesem Jahrtausend in der Psychologie an und veränderten die Sicht: Auch bei Erwachsenen entstehen im Gehirn ständig neue Verbindungen und Nervenzellen.

Lebenslanges Lernen – kein Slogan, sondern wissenschaftliches Faktum

Die vermeintliche Volksweisheit „Was Hänschen nicht lernt, lernt Hans nimmermehr" wurde erst 2022 wieder von einer Studie der Psychologen

Mischa von Krause, Stefan Radev und Andreas Voß an der Universität Heidelberg mit über einer Millionen Teilnehmern widerlegt: Ihr Ergebnis: Das Gehirn arbeitet mindestens bis im Alter von 60 Jahren ähnlich schnell wie das von jungen Menschen, nur anders! Ältere Menschen brauchen für manche Vorgänge länger, weil sie mehr abwägen und komplexer denken. Doch die Geschwindigkeit der Denkvorgänge lässt kaum nach. Auch die Lernfähigkeit bleibt bis ins hohe Alter erhalten. Dafür müssen wir allerdings etwas tun: Wir müssen unser Gehirn trainieren und nutzen. Nur die Regionen im Kopf, die genutzt werden, werden auch weiterwachsen und aktive Verbindungen erschaffen. *(Quelle: https://www.nature.com/articles/s41562-021-01282-7)*

• Lernen = Wissen erwerben
• Entwicklung = Denk- und Handlungslogiken verändern

Svenja Hofert unterscheidet in ihrem Buch „Psychologie für Coaches, Berater und Personalentwickler" (Beltz 2017) in diesem Zusammenhang treffend zwischen Lernen und Entwicklung: Lernen bedeutet, etwas mehr in sich aufzunehmen, Entwicklung dagegen, seine Denk- und Handlungslogik zu verändern. Beides ist altersunabhängig möglich und vor allem davon abhängig, welche Motive uns leiten. Motive sind Bedürfnisse und Beweggründe für unser Verhalten. Wenn es meinen Motiven entspricht, werde ich lernen und mich entwickeln – bis ins hohe Alter.

Fazit als Coach: Glaube an die Entwicklungsfähigkeit jedes Menschen und vor allem an deine eigene! Hinterfrage deine Sichtweisen und mach dir deine blinden Flecken bewusst, indem du selbst um Feedback bittest und deine Verhaltensweisen hinterfragst. Überleg dir auch immer wieder, was du nicht siehst, um deinen Blick zu weiten. Sei flexibel in der Zusammenarbeit mit Klienten, stärke vorwiegend ihre Stärken oder verändere ihre Perspektiven und schaffe dadurch neue Möglichkeiten des Denkens und Handelns.

3. Jeder hat recht – in seiner Realität

Wie viele Kämpfe fechten Menschen im Miteinander aus, um das bisschen „mehr recht" als der andere zu haben, sei es der Partner, die Kollegin oder der Vorgesetzte. Als Coach ist demnach nicht nur das Verständnis für das Bedürfnis nach „recht haben" wichtig, damit unser Gegenüber sich verstanden fühlt, sondern auch die Vermittlung der Unterschiedlichkeit anderer Realitäten. Immer wieder berührt mich, welcher Zauber entstehen kann, wenn Menschen ihre jeweiligen Sichtweisen auf die Realität miteinander verbinden oder einfach nebeneinander stehen lassen können.

*Recht haben wollen: Meine Landkarte **ist** die Welt!*

Eine Grundannahme aus dem NLP lautet: „Die Landkarte ist nicht die Welt." Wir schaffen durch unsere persönlichen Prägungen und unser daraus erwachsenes Selbstverständnis eine eigene Landkarte der Welt, also unsere eigene Wirklichkeit. Sie ist ein Konstrukt und stimmt nicht mit der Wirklichkeit anderer Menschen überein. Je ähnlicher und vertrauter wir uns sind, desto mehr Schnittmengen wird es geben. Dennoch haben wir alle eine ganz eigene Realität und denken und handeln aus dieser heraus. Da wir nur in unserer Wirklichkeit beheimatet sind, fällt es uns meist schwer, diese nicht mit der Wahrheit oder der Wirklichkeit zu verwechseln. Es gibt keine objektive Wahrheit.

Beispiel: *Auf einer Fortbildung mit Kolleginnen waren wir den ganzen Tag unterschiedlichen Kleingruppen zugeteilt. Erst abends konnten wir uns zu dem Workshop austauschen. Jeder Zuhörer wäre überzeugt gewesen, dass wir bei unterschiedlichen Veranstaltungen waren: Marc war von der Kompetenz und Anwendbarkeit der Impulse und Methoden begeistert und hatte bereits unzählige Ideen für unsere nächste Ausbildungsgruppe notiert, die er umsetzen wollte. Anja hatte sich den ganzen Tag geärgert, weil die Trainer ihrer Wahrnehmung nach auf keine Frage und keinen Beitrag der Teilnehmenden eingegangen waren und sie sich weder fachlich noch emotional abgeholt fühlte. Ich war über die Hälfte des Tages mit meinen Kopfschmerzen beschäftigt, die mein physisches wie psychisches Wohlbefinden stark beeinträchtigten und meine Konzentration auf dem Workshop reduzierten. Ich hatte teilweise Schwierigkeiten, den Inhalten zu folgen, und stellte den logischen Aufbau und die Didaktik infrage, ohne mir sicher zu sein, welchen Einfluss meine Kopfschmerzen auf die Wahrnehmung hatten.*

Alle drei hatten wir in unserer Realität recht und erlebten die gleiche Fortbildung völlig unterschiedlich. Es gibt keine objektive Beurteilung von Veranstaltungen, jeder von uns nahm etwas wahr, was von den eigenen Filtersystemen bestimmt ist und nur einen Teil der objektiven Wirklichkeit abbildet.

Fazit als Coach: Um einen Menschen zu verstehen, ist es ratsam, „in seinen Mokassins zu laufen", so lautet eine alte Indianerweisheit. Dieses Bild passt zur dritten Grundannahme: Zuhören, verstehen, uns einfühlen und die Welt aus den Augen des Kunden bzw. Klienten zu betrachten, ist eine wesentliche Basis, um als Coach wirksam sein zu können.

4. Probleme sind Ziele, die gerade Kopfstand machen

Das Problem des Problems: Wir erkennen die Lösung noch nicht

Etwas als Problem zu bezeichnen und eben nicht als Aufgabe oder Herausforderung, ist an sich schon bezeichnend. Der Begriff Problem wird meistens dann gewählt, wenn wir die Lösung noch nicht erkennen, jedoch ein starkes Bestreben haben, es zu lösen. Wir schenken dem Thema Aufmerksamkeit, weil es uns wichtig scheint. Kennen wir bereits die Lösung, sprechen wir eher von einer Aufgabe, erahnen wir zumindest die Möglichkeit einer Lösung, ist das Thema eine Herausforderung. Nur wenn wir keine

Lösung erahnen oder gar für möglich erachten, ist es ein echtes Problem für uns. So betrachtet, steht hinter jedem Problem ein Ziel, wir sehen nur die Lösung oder den Weg zur Lösung noch nicht. Bereits die Vorstellung eines Ziels, welches quasi auf dem Kopf steht, führt im Coaching zu einer positiveren Betrachtung der Situation. Meist geht es dabei nicht um messbare oder konkrete Ziele, sondern oftmals um Entwicklungsziele. Aber Achtung: Jede Lösung eines Problems hat auch einen Preis, den wir durch die Veränderung, die damit einhergeht, zahlen müssen.

Jede Problemlösung hat ihren Preis

Beispiel: *Als agile Coachs begleiteten wir mehrere Projekte eines Kunden, die sich mit der Umstrukturierung des Lebensmittelkonzerns beschäftigten. In unserer Rolle bekamen wir von Woche zu Woche mehr Probleme: Die Mitarbeiter hatten wenig Zeit und sagten teilweise die Meetings ab, nicht selten hatten sie zwei Veranstaltungen parallel. Die meisten waren in mehreren Projekten gleichzeitig eingeteilt und fanden keine Zeit, sich mit dem jeweiligen Projekt zu beschäftigen, geschweige denn, Freiräume für Reflexion und Innovation zu finden.*

In den wöchentlichen Meetings tauschten wir uns mit den Führungskräften dazu aus und versuchten, Lösungen zu finden. Doch alle Lösungen verpufften im operativen Tagesgeschäft. Unsere Vehemenz, die Hindernisse und Gefahren zu spiegeln, wurde stärker – ohne eine Veränderung. Erst nachdem wir als Berater/Coachs erkannten, dass der Auftrag unter den gesetzten Rahmenbedingungen nicht agil umsetzbar war und unsere eigene Begeisterung nur die Widerstände in den Teams manifestierten, fanden wir eine Lösung. Wir einigten uns auf wenige agile Ansätze, die den Projekten trotz der operativen Hektik echten Mehrwert bieten konnten: Wir unterstützten die Teams, eine Kanban-Logik in Jira aufzubauen, um ihren Workflow transparenter zu machen und sich besser zu synchronisieren, und moderierten alle vier Wochen eine Review und Retrospektive mit den Projektteams. Die schmerzliche, aber heilbringende Erkenntnis für uns war die eigene Blindheit in der Auftragsklärung, ausgelöst durch unsere eigene Begeisterung für agiles Projektmanagement. Seitdem klären wir in jedem Auftrag viel konsequenter die Veränderungsbereitschaft der Beteiligten und hinterfragen die Beweggründe.

Fazit als Coach: Erkenne die Entwicklungschancen in Problemen der Kunden und sei dir über eigene blinde Flecken im Klaren. Wisse, dass jede Lösung eines Problems auch einen Preis hat, den der Kunde, bereit sein muss, zu zahlen. Es gibt keine Veränderungen ohne Schmerzen, Hindernisse und Kosten, die gezahlt werden müssen.

5. Es gibt keine schwierigen Mitarbeiter oder Kunden, sondern nur unflexible Coachs

Wenn wir als Coach unser Gegenüber als schwierig wahrnehmen, bedeutet das in erster Linie, dass wir selbst Schwierigkeiten im Umgang mit demjenigen haben. Wir haben noch nicht die innere Flexibilität in unserer Fähigkeit oder Einstellung entwickelt, um andere Reaktionen zeigen zu können. Sobald wir mit dieser Haltung unserem Gegenüber begegnen, können sich völlig neue Möglichkeiten eröffnen – für uns selbst als Coach und natürlich auch für den anderen.

Beispiel: *In der Moderation einer Teamentwicklung schaute ein Teilnehmer (Simon), während des Workshops gelangweilt auf sein Handy und schüttelte von Zeit zu Zeit den Kopf zu meinen Aussagen. Ich wurde immer unsicherer und ließ mir vom Team nach dem ersten halben Tag Feedback geben: Simon sagte, er käme mit meiner Art nicht zurecht, er findet die Moderationsmethoden langweilig und mich als Moderatorin einfach unsympathisch. Auf meine Frage, was er sich konkret wünscht und was ich verändern kann, wusste er keine Antwort. Ab diesem Moment war ich nicht nur verunsichert, sondern bemerkte, wie ich meinerseits anfing, seine Verhaltensweisen zu beurteilen und ihn zum Schutz meines Selbstwertes innerlich abzuwerten.*

Ich empfand den Workshop eher als Survival-Training für mein Ego und buchte mir gleich im Anschluss eine Supervision. Darin wurde mir bewusst, dass mein Bedürfnis nach Anerkennung vor allem dadurch beschädigt wurde, weil ich selbst anfing, mich mit seinen Augen kritisch zu sehen und abzuwerten. Im Gegenzug fing ich an, ihn abzulehnen. Gleichzeitig reflektierte ich mein eigenes Unwohlsein während des Workshops und fand heraus, dass ich mehrere Unklarheiten und Dissonanzen im Workshop zwar wahrgenommen, aber aus Unsicherheit nicht thematisiert hatte, was daraufhin unweigerlich zu Inkongruenz in meiner Kommunikation führte. Ein wahrer Teufelskreis.

Das Schicksal bescherte mir weitere Übungsmöglichkeiten mit Simon. So war ich entsprechend entsetzt, als ich erfuhr, dass Simon in einer Fortbildungsreihe teilnahm, bei der ich vier Workshops moderieren sollte. Ich entschied mich dazu, ihn anders zu betrachten: Er darf mich unsympathisch finden und mit meiner Art nicht zurechtkommen. Ich kenne selbst meine eigene Unzufriedenheit und Ungeduld, wenn mich ein Moderator nicht inspiriert oder gar langweilt. Ich begegnete Simon innerlich gelassen und mitfühlend mit einer Spur Humor. Bei der Begrüßung lächelten wir uns noch zaghaft an, doch bereits innerhalb der ersten Stunde blühte nicht nur ich, inspiriert von dem spannenden Thema und der interessierten Gruppe, auf, sondern auch Simon wurde zu einem Treiber für die gesamte Workshop-Gruppe. Im Feedback teilte er der Gruppe und mir mit, wie verwundert er darüber war, wie anders ich im Vergleich zu unserer letzten Begegnung wirkte und moderierte. Ich bin ihm heute noch dankbar für die Selbsterkenntnis, die ich durch ihn gewinnen durfte, sowohl in Bezug auf mein Anerkennungsbedürfnis als auch auf die ungeklärten Dissonanzen.

Fazit als Coach: Jeder Kunde kann dein Lehrmeister sein, weil er dich auf eigene Themen hinweist. Je schwieriger du eine Situation empfindest, desto klarer weist dich genau diese Situation darauf hin, dass du nicht alle Möglichkeiten ausgeschöpft hast, um mit der Lage umzugehen.

6. Das, was wir nicht sehen, ist oftmals besonders relevant

Wirksames Coaching besteht vor allem darin, die Sichtweise des Klienten auf sich selbst oder auf eine Situation zu verändern. Viele Probleme resultieren aus unserer eingeschränkten Wahrnehmung, weil alte Themen angerührt werden und wir in Stresssituationen vorwiegend auf alte Bewältigungsmuster setzen. Folglich greifen wir in für unser Empfinden bedrohlichen Situationen auf vertraute und tausendfach eingeübte Fühl-, Denk- oder Verhaltensweisen zurück, ohne diese zu hinterfragen. Doch naheliegende Lösungen sind meist nur die Wiederholung eingeübter Antworten, ohne echte Veränderungen zu bewirken.

Probleme resultieren aus eingeschränkter Wahrnehmung

Nur wenn der Coach mitschwingen kann und gleichzeitig bei sich bleibt, kann er neue Möglichkeiten anbieten, wie die Situation auch interpretiert werden könnte oder welche Optionen im Fühlen und Denken dem Klienten zur Verfügung stehen.

Das bedeutet für den Coach, sich seiner Emotionen bewusst zu sein und diese als Resonanz zu nutzen, ohne eigene Themen hineinzuprojizieren. Diese Unterscheidung ist diffizil und erfordert nicht nur jede Menge Selbstreflexion, sondern auch eine entsprechende Ehrlichkeit und Offenheit mit dem Klienten.

Beispiel: *Anna ist ein sehr erfahrener agiler Coach und hat sich auf Führungskräfte spezialisiert. Als ehemaliger Vorstand hat sie Stallgeruch und kann auch auf hoher Führungsebene die so dringend erforderlichen kritischen Rückmeldungen geben und ihre Meinung eloquent vertreten. Aus ihrer eigenen Geschichte heraus hat Anna die Befürchtung, ausgenutzt zu werden und zu wenig Anerkennung für ihre Leistungen zu erhalten. Anna hat dadurch ein starkes Feingefühl für mangelnde Wertschätzung oder für Machtmissbrauch der Führung gegenüber der Belegschaft entwickelt. Das ist Segen und Fluch zugleich. Oftmals nimmt Anna in der Organisation dadurch etwas wahr, was thematisiert und bewusst gemacht werden muss, um Veränderungen zu initiieren oder Widerstand zu verstehen. Doch manchmal* *projiziert Anna ihre eigenen Themen, ohne es zu bemerken. Dann ist sie schwer zu stoppen, weil ihre Wahrnehmung für sie ja absolut real ist und sie sämtliche Botschaften dementsprechend interpretiert. Hier sind wir als Beraterteam gefordert, indem wir Annas Feinsinnigkeit für Führungsthemen nutzen und gleichzeitig ein Korrektiv sind für ihre Projektionen.*

Fazit als Coach: Selbstreflexion als Coach ist die Basis, um mit unseren Beobachtungen, Gefühlen und Gedanken die Wahrnehmung der Kunden zu erweitern oder zu verändern. Hierbei hilft es ungemein, wenn wir Kunden als Beraterteam begleiten, anstatt lediglich auf einen Berater mit seinen begrenzten Hypothesen und Perspektiven zu setzen. Dadurch können wir die Wahrnehmungen gegenseitig abgleichen und sowohl blinde Flecken beim Kunden als auch bei uns selbst aufdecken.

7. Struktur schafft Verhalten

Neues Verhalten braucht einen Rahmen, in dem es geübt werden kann

Wenn wir das Verhalten und die Interaktionen von Menschen verändern wollen, geht dies am wirksamsten, wenn wir nicht nur das Bewusstsein für die Folgen des Verhaltens schärfen, sondern auch die äußeren Strukturen so verändern, dass sie das gewünschte Verhalten hervorbringen. Wollen wir beispielsweise ein Team darin fördern, sich Feedback zu geben und über die Zusammenarbeit zu reflektieren, wird es das erst umsetzen, wenn wir die äußere Struktur dazu schaffen, indem wir alle vier Wochen eine Retrospektive im Team moderieren, bei der alle Beteiligten über die vergangene Zusammenarbeit gemeinsam reflektieren.

Erst durch die wiederkehrende Struktur der monatlichen Retrospektiven wird das Team mit der Zeit das gewünschte Feedback-Verhalten entwickeln. Das Bewusstsein oder gute Vorsätze allein reichen nicht aus, um Verhalten nachhaltig zu verändern.

Beispiel: *Als Kinder- und Jugendpsychiater arbeitet mein Mann in seiner Praxis mit verhaltensauffälligen Kindern. Die wirksamsten Veränderungen leitet er durch strukturelle und systemische Interventionen ein: Wenn Kinder dreimal die Woche zum Sport gehen, hat das größere Auswirkungen auf die emotionale Ausgeglichenheit als so manches Therapiegespräch. 10.000 Schritte täglich zu gehen, reduziert den Stresslevel nachweislich und wenn wir dazu noch zwei Stunden vor dem Schlafen eine bildschirmfreie Zeit einführen, wird sich das positiv auf unseren Schlaf und unser Stressempfinden auswirken.*

Warum ist das so? Weil eine bloße Reflexion ohne angemessene Umsetzung unser Selbstwertgefühl eher schwächt. Da wir die Umsetzung nicht schaffen, entsteht ein innerer Stressor. Hilfreicher ist es, sich Kontexte zu überlegen, an denen wir das gewünschte Verhalten erzeugen und damit unsere Selbstwirksamkeit steigern. Durch die neue Struktur der bildschirmfreien Zeit werden wir vermutlich neue Verhaltensweisen entwickeln und beispielswiese Abendspaziergänge machen oder Freunde treffen, statt Serien zu schauen.

Fazit als Coach: Schaffe für deine Klienten Strukturen, die das gewünschte Verhalten ermöglichen und damit einüben. Besonders effektiv sind wiederkehrende Strukturen, die wie Rituale wirken und durch die stetigen Wiederholungen das neue Verhalten stärken und weiterentwickeln.

8. Veränderung muss attraktiv sein

Veränderungen kosten zunächst Kraft und Energie

Veränderungen kosten Kraft. Schon die Aufgabe, beim Zähneputzen auf einem Bein zu stehen oder morgens Porridge statt Nutella-Brötchen zu frühstücken, ist ein echter Kraftakt, wenn wir das täglich und nicht nur einmalig umsetzen wollen. Und solche Themen nehmen wir uns selbst vor, weil wir sie als sinnvoll für den Rücken oder die Ernährung erachten. Will uns ein anderer Mensch von derartigen Umgestaltungen des Alltags überzeugen, fällt es uns noch ungleich schwerer, dem Folge zu leisten.

Erst wenn wir spüren, wie lange Porridge im Vergleich zu Nutella sattmacht oder wie sich die Rückenverspannungen aufgrund des Stehens auf einem Bein verflüchtigen, nehmen wir den Aufwand gerne in Kauf und implementieren das Neue, bis es zum „New Normal" geworden ist.

So ähnlich geht es auch den Menschen, die in ihrem Beruf jahrelang eingeprägte Entscheidungsmuster oder Arbeitsabläufe verändern sollen. Sie werden den Aufwand der Veränderung nur mitgehen, wenn diese dringlich und notwendig ist oder ein besseres und motivierenderes Ergebnis verspricht als das bisherige. Veränderung muss demnach attraktiv sein und von den Betroffenen für sinnvoll erachtet werden.

Beispiel: *Frank ist seit zehn Jahren einer der Top-Verkäufer im Außendienst eines Pharma-Unternehmens. Er kennt seine Ärzte seit vielen Jahren und hat sich bei den Kunden und Kollegen einen guten Stand erarbeitet. Dieses Jahr wurde eine neue Strategie ausgerufen. Nunmehr soll Frank mit seinen Kollegen die Kunden gemeinsam betreuen und sich mit Marketing und Innendienst über seine Aktivitäten engmaschig abstimmen. Frank ist entsetzt: Er will sich weder vor dem Marketing rechtfertigen noch seine seit Jahrzehnten gepflegten, teilweise sehr persönlichen Kundenbeziehungen mit anderen Außendienstlern neu aufteilen müssen. Bei der Auftaktveranstaltung hört er Worte wie „agiler Vertrieb", „Teamziele" und „Kooperation mit anderen Bereichen". Frank fragt sich, wie er seine Zahlen unter diesen*

Umständen weiter erfüllen soll und was dann mit seinem hohen Boni-Anteil passiert, von dem er und seine Familie seit vielen Jahren profitieren. Von all diesen Fragen ist beim Auftakt keine Rede. Stattdessen soll er mit Personas und Customer Journey neue Wege gehen, ohne den Mehrwert zu erkennen.

Solche Beispiele sind leider eher die Regel als ein Einzelfall. Kein Wunder, dass Menschen wie Frank keine Lust haben, sich auf neue Methoden und Kooperationsstrategien einzulassen. Vermutlich würde Frank anders reagieren, wenn wir ihn von Beginn an mit einbeziehen und aufzeigen, wie stark sich der Bedarf des Kunden geändert hat und wie viele Reibungsverluste zwischen den Silos entstanden sind. Oder wie drastisch die Verkäufe bei klassischen Arztbesuchen in der Region zurückgegangen sind und wie viele Ärzte inzwischen über alternative Kanäle einkaufen und günstigere Konkurrenzprodukte präferieren.

Fazit als Coach: Mache bei jeder Veränderung dem Team, dem Kollegen bewusst, welche Folgen es hätte, beim alten Verhalten zu bleiben, und welche Aussichten die neuen Abläufe oder Verantwortlichkeiten bieten. Welche Probleme soll das Neue lösen? Ist es der richtige Ansatz dazu? Vermeide als Coach Aufträge, bei denen diese Fragen nicht gestellt werden (dürfen). Wenn der Sinn und die Notwendigkeit des Wandels und der Weg dorthin nicht attraktiv erscheinen, ist die Veränderung in der Regel bereits gescheitert.

9. Das, was ist, darf sein

Die Abwertung des Bisherigen vermeiden

Das, was hier und jetzt Realität ist, ist das Ergebnis all unserer Handlungen und Denkweisen der Vergangenheit. Wenn wir den Status quo abwerten oder ignorieren, werten wir unsere Geschichte und Herkunft ab, die uns zu dem Jetzt geführt hat. Die meisten Menschen empfinden Botschaften in dem Tenor „Ab heute werden wir agil" oder „Wir müssen uns verändern und schneller werden" als Abwertung ihres bisherigen Verhaltens und auch als Schlechtmachen ihrer selbst: „Bin ich noch gewünscht, wenn das, was ich bisher geleistet habe und wofür ich stand, nicht mehr gut genug ist?"

Das Jetzt ist das Ergebnis bisheriger Lösungsversuche, die meistens für lange Zeit unter den gegebenen Umständen richtig waren und sich bewährt hatten. Das, was da ist, hat immer eine Daseinsberechtigung und muss erst einmal gesehen und gewürdigt werden. Erst dann ist es möglich, neue Denk- oder Verhaltensweisen auf Basis der bisherigen zu entwickeln und manchmal sogar alte Muster über Bord zu werfen, weil sie die heutigen Probleme nicht mehr lösen können.

Und manchmal ist auch beides je nach Situation gefragt: Die alten Handlungsweisen erweisen sich in anderen Kontexten als ebenso tauglich wie die neue Herangehensweise.

Fazit als Coach: Sorge für die Würdigung des Bisherigen und schaffe Raum für die Gefühle wie Trauer, Angst oder Ärger, die damit natürlicherweise einhergehen. Erlaubnis und Akzeptanz sind eine hilfreiche Haltung als Coach gerade in der Phase der Erkenntnis, dass Veränderungen unumgänglich sind, um weiterzukommen.

10. Du selbst bist die größte Intervention

Das Resümee aus allen vorher beschriebenen Grundannahmen ist, dass unsere eigene Denk- und Handlungslogik – unser Mindset – unser Handeln lenkt. Das zu begreifen, zu reflektieren und mit der Entwicklung immer wieder an uns selbst anzusetzen, ist wirksamer als jede noch so tolle Lehrbuch-Intervention.

Fazit als Coach: Fordere proaktiv Feedback ein und reflektiere gemeinsam mit Kolleginnen und Kollegen deine Denk- und Handlungsweisen. Persönlich bin ich sehr dankbar, mit geschätzten Kollegen zusammenzuarbeiten und dadurch sowohl von Teilnehmenden wie auch von anderen Moderatorinnen Feedback zu erhalten. Zusätzlich nutze ich monatlich die Expertise eines Therapeuten, mit dem ich meine Fälle supervidiere und dadurch mich selbst hinterfrage und neue Perspektiven erhalte.

Das agile Manifest

Prinzipien sind Grundsätze oder Regeln, nach denen wir unser Handeln ausrichten. Als agile Coachs sind wir Vorbilder und Vertreter der agilen Werte und Prinzipien. Das agile Manifest ist dabei sozusagen der kleinste gemeinsame Nenner aller agilen Vorgehensmodelle. 2001 trafen sich 17 führende Köpfe der agilen Softwareentwicklung in Utah, um gemeinsame Paradigmen und Arbeitsprinzipien zu vereinbaren und dafür als Überbegriff das inzwischen geflügelte Wort „agil" zu wählen. Als Coachs kommt uns die Aufgabe zu, die Organisation oder die Teams darin zu stärken, das agile Manifest umzusetzen.

Die Prinzipien des agilen Manifests fungieren als Transformationstreiber

Allein die Umsetzung der dort genannten vier Paradigmen zieht für Unternehmen eine Transformation nach sich. Zumindest ändert sich der Fokus der Abläufe und Prozesse drastisch. Schauen wir uns die vier Paradigmen näher an und reflektieren wir sie vor allem in Bezug auf die Handlungen der agilen Coachs.

1. Paradigma: Individuen und Interaktionen

Das erste „Gebot" des Manifests ist für den agilen Coach ganz entscheidend: „Individuen und Interaktionen haben Vorrang vor Prozessen und Werkzeugen." Jeder einzelne Mitarbeiter und die Interaktionen unter der Belegschaft haben Vorrang, sind also höherwertig und bekommt mehr Aufmerksamkeit als die Prozesse und Werkzeuge. Doch Hand aufs Herz: In wie vielen Unternehmen wird das so gelebt? Die Beziehungsgestaltung in einem Team findet bestenfalls in Teamentwicklungsmaßnahmen Beachtung, die erst bei eskalierten Konflikten gebucht werden – ganz zu schweigen von der fehlenden Kooperation mit anderen Unternehmensbereichen. Das alles wird im Normalfall hingenommen, obwohl die Nachteile der fehlenden Kollaboration offensichtlich sind: Es mangelt an Vertrauen, Austausch, Fehlerkorrektur, Engagement, Verantwortungsübernahme und Zielorientierung. Als Coach bedeutet das, in erster Linie jeden in seiner Individualität zu sehen und zu stärken sowie die Interaktionen innerhalb und über die Teamgrenzen hinaus unternehmensweit kooperativ zu gestalten bzw. Möglichkeiten und Schutzräume für konstruktiven Austausch und gemeinsames Denken zu schaffen.

Praxisbeispiel: Wir gegen die anderen

Innerhalb der Transformation eines Vertriebsbereichs werden drei agile crossfunktionale Teams gebildet. Kanban soll als Transparenztool implementiert werden. Nach Monaten der Begleitung durch den Kanban-Experten denken sowohl die Coachs wie auch der Product Owner, Kanban sei nicht die geeignete Methode für ihre Abläufe. Der wahre Hindernisgrund kommt erst nach einer intensiven Retrospektive zum Vorschein: Die Teams pflegen viele Aufgaben gar nicht in das Kanban-System ein, weil sie nicht wollen, dass die anderen beiden Teams sehen, was sie täglich tun und wie weit sie mit ihren Projekten vorankommen. Das alte Konkurrenzdenken des klassischen Vertriebs brachte die Methode zum Erliegen. Durch die Erkenntnis aus der Retro konnten die drei agilen Coachs das Wir-gegen-die-anderen-Denken anpacken und verändern. Sie bildeten Teams mit Teilnehmenden aus allen drei Teams und schufen so eine größere Nähe. Plannings und Reviews wurden teilweise mit allen drei Teams gemeinsam durchgeführt. Nach vier Monaten kooperierten die Teams so gut, dass auch Kanban funktionierte und seine Wirkung entfalten konnte.

2. Paradigma: Funktionierende Produkte

Funktionierende Produkte stehen ...

... über einer umfassenden Dokumentation.

Das zweite Paradigma ist für den Coach weniger entscheidend bzw. beeinflussbar. Hier liegt es vor allem in der Finanz- und Versicherungsbranche oder in allen juristischen oder behördlichen Einrichtungen an den vielen Auflagen und Bestimmungen, die dem Bemühen um höhere Funktionalität oder Effektivität Grenzen setzen. Je größer die Organisation, desto mehr Bürokratie und Dokumentation drosselt die Produktivität. Hier sind maßgeblich die Entscheider gefragt, mutig neue Wege zu gehen oder zumindest Teilbereiche der Organisation durch neue Betriebsvereinbarungen oder gar Ausgründungen innovativer und handlungsfähiger zu machen. Trotzdem kann der Coach auch hier mit kreativen Einfällen und vernetzter Kommunikation helfen, ein Übermaß an Dokumentation zugunsten der eigentlichen Arbeit am Produkt zu verhindern. In einer gelungenen Review, bei der der Kunde oder Product Owner ein Produkt vorgeführt bekommt, steht die Funktionsweise des Inkrements und dessen Nutzen für den User immer im Vordergrund – anstelle langweiliger Beamer-Präsentationen über dessen Eigenschaften. Auch Dokumentationen lassen sich oftmals auf das Wesentliche und Notwendige reduzieren, um mehr Zeit für das eigentliche Angebot zu haben.

Praxisbeispiel: Innovationsfreiraum nutzen

Ein Innovationsteam eines Versicherers gestaltet ein neues Kombiprodukt für junge Berufseinsteiger. Um das Produkt kundenzentriert zu gestalten, werden die Kunden regelmäßig einbezogen. Solange das Team als Innovationsteam agiert und dafür sein eigens entwickeltes Logo verwendet, kann es die üblichen Dokumentationen und Regularien umgehen und sein Produkt zunächst mit den Kunden gemeinsam ausfeilen, bevor es durch die üblichen Prozesse ausgebremst wird. Die agilen Coachs helfen dabei, die neuen Freiheiten auch auf den standardisierten Prozess zu übertragen, um in Zukunft bei allen Entwicklungsprozessen anpassungsfähiger und kundenzentrierter handeln zu können.

3. Paradigma: Zusammenarbeit mit dem Kunden

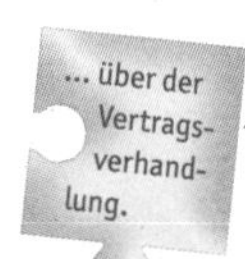

Das Zauberwort für Zukunftsfähigkeit und Kundenzentrierung lautet Cocreation. Wir gestalten wie im oben genannten Versicherungsbeispiel gemeinsam mit den Kunden nach ihren Bedarfen unsere Angebote. Gerade für Beratungsunternehmen ist dieses Arbeitsprinzip richtungsweisend und geht folglich schon bei der Angebotserstellung los: Wir bezeichnen das erste Angebot immer als Prototyp, damit der Kunde etwas in den Händen hält, anhand dessen er Feedback geben kann und wir die Chance erhalten, seine Themen noch besser umzusetzen. Der Coach fördert bei dem Team genau diese Denkweise: Er ermutigt dazu, sich frühzeitig Feedback einzuholen oder, noch besser, gemeinsam mit Kunden Angebote zu gestalten. Das hat einen dreifachen Nutzen: Kunden fühlen sich wichtig und werden ernst genommen, ihre Anforderungen werden teilweise sogar übererfüllt und es entsteht schnell eine vertrauensvolle Kundenbindung.

4. Paradigma: Anpassung an Veränderungen

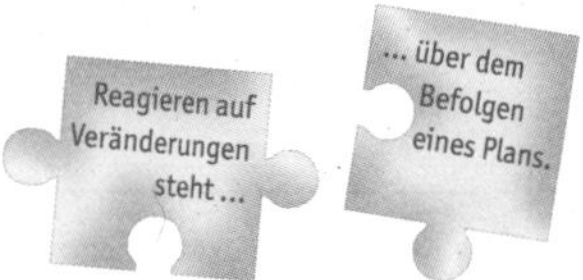

Der vierte Grundsatz ist vor allem für große Organisationen der Stolperstein schlechthin. Ähnlich wie ein Flaggschiff sind sie träge und langsam, was kurzfristige Veränderungen und Richtungswechsel angeht. In schnelllebigen Märkten sind die klassischen Meilensteinplanungen über Monate bis Jahre hinweg nicht mehr zeitgemäß. Der Kunde erwartet Flexibilität von seinem Anbieter, egal ob im B2C- oder B2B-Geschäftsfeld. Der agile Coach hilft, die Umsetzungszeiträume zu verkürzen und Teilprodukte zeitnah anzupassen. Je größer die Organisation, desto dringender braucht sie kleinere agile Einheiten, die entsprechend strukturiert zusammenarbeiten.

Praxisbeispiel: Spülen to go

Corona erfordert von Kaffeehäusern ein neues Hygienekonzept. Wiederverwendbare Kaffeebecher „to go" dürfen nur gefüllt werden, wenn sie vorher

Paradigmen des Agilen Manifests	Umsetzungsmöglichkeiten agiler Coachs
1. Individuen und Interaktionen haben Vorrang vor Prozessen und Werkzeugen	**Tägliche Kurzmeetings** 15 Minuten zur gleichen Zeit am gleichen Ort mit folgender Agenda: – Einloggen („Wie geht's mir heute?") – Was habe ich gestern abgeschlossen, umgesetzt? – Was werde ich heute umsetzen? – Welche Hindernisse sind aufgetreten? – Was brauche ich an Unterstützung? **Monatliche Retrospektiven** 2- bis 3-stündiges Meeting mit folgenden Phasen: – Einloggen – Themen erheben – Hintergründe verstehen – Entscheidungen treffen – Ausloggen **Teamentwicklung** 2 Tage offsite, bei denen sich das Team Zeit nimmt für Rück- und Ausblick aller relevanten Themen **Führungscoaching** Wandel des Führungsverständnisses hin zu transformativer und flexibler Führung. Das erfordert persönliche Entwicklung. **Crossfunktionale Teams** 5 bis 9 Experten aus unterschiedlichen Bereichen, die mit Multiperspektiven neue Ideen und Vorgehensweisen einführen und umsetzen **Teamübergreifende Tandems** – Kollaboration und Netzwerken über die Teams hinaus – Tandems von Mitarbeitenden aus unterschiedlichen Teams
2. Funktionsfähige Produkte haben Vorrang vor ausgedehnter Dokumentation	– Reviews: Zweistündige Besprechungen, bei denen der Kunde/Stakeholder/Product Owner Teilprodukte vorgeführt bekommt, um Feedback für den nächsten Umsetzungszyklus zu erhalten und die neuen Anforderungen anzupassen. – Dokumentationen auf das Nötigste reduzieren – Produkte/Dienstleistungen erleben lassen – Digitalisierung vorantreiben und alle neuen Medien nutzen
3. Zusammenarbeit mit dem Kunden hat Vorrang vor Vertragsverhandlungen	– Transparente Absprachen – Vertrauen gegenüber Kunden – Commitment mit Kunden über Anforderungen erzeugen – Zugeständnisse den Kunden gegenüber machen – Großzügigkeit im Umgang mit Kundenbedürfnissen
4. Das Eingehen auf Änderungen hat Vorrang vor strikter Planverfolgung	– Flexible Strukturen und Prozesse – Inspect and Adapt (Überprüfen und Anpassen) – Agile und wendige Teams – Iterationen – Vorreiter sein in der Nutzung neuer Technologien

1. Paradigma

2. Paradigma

3. Paradigma

4. Paradigma

Abb. 3: Paradigmen des Agilen Manifests und ihre konkrete Umsetzung

gespült wurden. Ein internationaler Spülmaschinenhersteller erkennt die Chance für Einzelspülmaschinen, in die der Kunden seinen Kaffeebecher hineinstellt und die auf der Seite des Baristas gespült und trocken herauskommen, sodass er wieder umgehend befüllt werden kann. Für die Entwicklung einer solchen Maschine braucht der Hersteller üblicherweise mindesten zwei Jahre Zeit. Das liegt an den vielen definierten Prozessen, die niemals übergangen oder verkürzt werden. Diesmal muss der Hersteller nach wenigen Monaten liefern: Das gelingt ihm nicht nur, er stellt anschließend auch seine gesamte Entwicklung auf den Prüfstand, um in Zukunft flexibler agieren zu können.

Agile Prinzipien als Coach

Aus dem agilen Manifest wurden 2001 zwölf agile Arbeitsprinzipien abgeleitet. Doch was bedeuten die agilen Prinzipien für unsere Arbeit als Coach? Wie setzen wir diese in unserem Coaching von Teams oder Einzelnen um und wie agieren wir als Vorbilder? Betrachten wir im Folgenden die agilen Prinzipien im Hinblick auf unsere Rolle als agiler Coach näher:

1. Unser höchstes Ziel ist es, den Kunden durch frühe und kontinuierliche Auslieferung wertvoller Produkte oder Dienstleistungen zufriedenzustellen.

Im klassischen Projektmanagement bekommt der Kunde das fertige Produkt erst am Ende des Projekts präsentiert. Agile Methoden folgen dem iterativen Entwicklungsprinzip: Funktionsfähige Teilprodukte – sogenannte Inkremente – werden aus Kundensicht beurteilt und optimiert. Bereits in der Entwicklungsphase werden so Rückmeldungen des Auftraggebers oder der Zielgruppe gewonnen, die wiederum in die Entwicklung einfließen. Dadurch können Missverständnisse minimiert sowie neue Entwicklungen und veränderte Rahmenbedingungen bereits im Entwicklungsprozess adaptiert werden. Der Entwicklungsprozess beginnt ergebnisoffen.

Was ist dein Beitrag als agiler Coach dazu?

Zur Umsetzung dieses Prinzips ist erfahrungsgemäß die gute Zusammenarbeit zwischen agilem Coach und Product Owner bzw. Stakeholdern entscheidend. Der Product Owner ist dafür zuständig, die Anforderungen der Stakeholder kontinuierlich zu klären und in Form von User Stories umzusetzen. Der Coach unterstützt dabei, indem er dem Team hilft, die Anforderungen kundenzentriert umzusetzen und Hindernisse aus dem Weg zu räumen. Die Hindernisse schnell zu erfassen und sie entsprechend schnell innerhalb oder außerhalb der Teams zu lösen, ist ein wichtiger Bestandteil der kontinuierlichen Wertschöpfung für den Kunden. Den Reviews kommt dabei eine zentrale Bedeutung zu. Hier hilft der Coach bzw. befähigt das Team, seine Inkremente darzustellen und sich Feedback von den Stakeholdern einzuholen. Gute Moderationskenntnisse und Feedback-Exzellenz sind hierbei wertvolle Kompetenzen des agilen Coachs.

Gefragt sind Moderations- und Feedback-Kompetenz

Deine Einflussmöglichkeiten

- Iteratives Arbeiten: Unterstützte das Team darin, Teillösungen zu entwickeln, die einen Nutzen für den Kunden haben.
- Kunden-Feedback: Lenke die Aufmerksamkeit des Teams auf den Kundennutzen und sorge für kontinuierliches Feedback der Stakeholder.
- Hindernisse erkennen und lösen: Erkenne und dokumentierte alle Hindernisse und unterstütze die Beteiligten darin, diese zu beseitigen. Wenn die Störung oder Hürde nicht innerhalb des Teams lösbar ist, eskaliere das Thema an der passenden Stelle in der Organisation.

2. Heiße Anforderungsänderungen selbst spät in der Entwicklung willkommen. Agile Prozesse nutzen Veränderungen zum Wettbewerbsvorteil des Kunden.

Zu jedem Zeitpunkt der Entwicklung sind Anforderungsänderungen willkommen – im Gegensatz zum üblichen Arbeitsverhalten, bei dem man kurz vor der Fertigstellung am liebsten kein Feedback mehr bekommen möchte, um sein Produkt endlich abschließen zu können. Die agile Herangehensweise bedeutet hingegen: Ich will den besten machbaren Nutzen für den Kunden erreichen und dazu ist jede Änderung während der Entwicklung eine gute Chance. Scheitere früh, scheitere schnell. Je früher wir erkennen, dass etwas nicht zielführend ist, desto schneller können wir korrigieren.

Was ist dein Beitrag als agiler Coach dazu?

Früh zu scheitern, ist für die meisten Teams eine Herausforderung. Agile Coachs sind hierbei in mehrfacher Hinsicht gefragt: Zum einen geht es um Fehlerbereitschaft und Experimentierfreude. Zum anderen geht es darum, selbst nach einer langen Umsetzungszeit noch die Bereitschaft zu haben, das „Baby" über Bord zu schmeißen und neu zu denken. Zur Fehlerfreude brauchen Teams nicht nur den Mut, Unbekanntes zu wagen, sondern auch den Mut, Fehler einzugestehen, ohne sich dabei schlecht zu fühlen. Dieses persönliche Wagnis einzugehen, erfordert psychologische Sicherheit. Wie in Kapitel 7 ausführlich beschrieben, ist genau das eine der wichtigsten Aufgaben der agilen Coachs: eine Umgebung zu schaffen, in der jeder bereit dazu ist, ein persönliches Risiko einzugehen, Fehler zu machen und zuzugeben, ohne seinen Arbeitsplatz zu gefährden oder sein Gesicht zu verlieren. Doch nicht nur die psychologische Sicherheit ist zur Umsetzung des 2. Prinzips erforderlich, auch das späte Scheitern ist eine Kunst. „Never fall in Love with your Prototyp" ist ein beliebtes Prinzip beim Design Thinking: Wir verlieben uns schnell in einige Ideen oder Lösungen und die meisten Menschen scheuen sich, diese Lösung wieder zu verwerfen.

Mut zum Scheitern fördern

Dies fällt umso schwerer, je länger wir uns mit ihr beschäftigen. Der Coach muss das Team hierzu jederzeit ermutigen und mit gutem Beispiel in Sachen Fehlerfreude und Mut zum Scheitern vorangehen.

Deine Einflussmöglichkeiten

- Psychologische Sicherheit entwickeln: Stärke kontinuierlich die psychologische Sicherheit im Team.
- Mut zum Scheitern: Ermutige das Team zur Fehlerfreude und zum frühzeitigen Scheitern.
- Reflektieren und Loslassen: Unterstütze die Teams, Ideen, Produkte oder Routinen zu hinterfragen (und auch zu verwerfen), die keinen Mehrwert bieten.

3. Liefere funktionierende Produkte und Dienstleistungen regelmäßig innerhalb weniger Wochen oder Monate und bevorzuge dabei die kürzere Zeitspanne.

Nach jeder Iteration wird ein vorführbares Teilprodukt geliefert und aus Kundensicht bewertet. Die Zeiträume liegen bei Scrum pro Iteration, also Sprint, zwischen zwei und vier Wochen. Je kürzer, desto besser. Für die folgenden Schritte wird abgeleitet, ob und inwieweit Anpassungsbedarf besteht, um am Ende das beste Ergebnis zu erzielen. Das Risiko, ein unzureichendes oder nicht mehr zeitgemäßes Produkt zu entwickeln, wird dadurch drastisch minimiert.

Was ist dein Beitrag als agiler Coach dazu?

Kreativität pushen und Perfektionismus bremsen

Obliegen Planung und Priorisierung dem Product Owner, so ist der agile Coach an dieser Stelle gefragt, Teams vor der Perfektionismusfalle zu bewahren. Die Teams lernen, sowohl mit starkem Fokus auf das Inkrement hin zu arbeiten, als auch mit Zeitverknappung unperfekte Lösungsansätze zu produzieren. Das widerspricht in den meisten Unternehmen der gängigen Praxis und muss im wahrsten Sinne neu gelernt werden. Dazu müssen Menschen häufig erst etwas Vertrautes verlernen, um aus den Mustern auszusteigen. Eine für mich immer wieder spannende Erfahrung ist, wenn wir in üblichen Plenumsrunden mit Teams über Lösungen sprechen und im Anschluss mit der gleichen Runde alternativ ein dreiminütiges Brainwriting zu Lösungen durchführen. In den üblichen Diskussionsrunden entstehen nach drei Minuten maximal zwei Ideen, die dann sofort diskutiert werden. In drei Minuten Brainwriting entstehen hingegen häufig mehr als 30 Ideen, von denen mindestens fünf als guter Lösungsansatz weiterverfolgt werden können.

So ähnlich verhält es sich mit dem 3. Prinzip: Teams lernen erst durch die Anleitung des Coachs, schnelle Ideen und Lösungen umzusetzen und darauf zu vertrauen, in der verknappten Zeit einen Mehrwert für den Kunden herstellen zu können. Hier helfen Kreativitätstechniken, tägliche Routinen und Strukturen. Gemeinsam kommen in der Regel deutlich schnellere und bessere Lösungen im Sinne des Kunden zustande als allein: Der Coach schafft dafür die Strukturen oder schlägt passgenaue Methoden vor (siehe Kap. 15 „Toolset agile Meetings", ab S. 311).

Deine Einflussmöglichkeiten

- Timeboxing: Arbeite mit Zeitverknappung im Team, um den Fokus auf Lösungen zu erhöhen.
- Ergebnisorientierung: Rücke das Ergebnis für den Kunden in den Vordergrund und nutze dieses als Entscheidungsgrundlage.
- Moderation: Nutze vielfältige Moderationstechniken, um schnelle Lösungen aus Kundensicht zu erzielen.

4. **Fachleute aus verschiedenen Bereichen müssen während des Projekts täglich zusammenarbeiten.**

Agile Teams sind interdisziplinäre bzw. crossfunktionale Teams. Bewusst werden alle erforderlichen Kompetenzen, die für die Entwicklung gebraucht werden, in einem Team gebündelt. Damit die Abstimmung in der Gruppe funktioniert und auch die Interaktionen untereinander konstruktiv gestaltet werden, treffen sich die Teammitglieder täglich zu einem kurzen Stand-up-Meeting (Daily). Bei einem Daily wird der Bearbeitungsstand jedes Teammitglieds kurz besprochen, außerdem lassen sich aufgetretene Hindernisse und Anforderungen besprechen.

Was ist dein Beitrag als agiler Coach dazu?

Der agile Coach als Teambuilder

Der agile Coach unterstützt in der interdisziplinären Teamentwicklung und in der Struktur des täglichen Austauschs. Ein Team aus unterschiedlichen Fachbereichen zu einem Team zu formen, ist dabei eine deutlich größere Herausforderung als mit Menschen aus einem Fachbereich. Warum ist das so? Es liegt an der unterschiedlichen Perspektive und erlernten Denkweise. Ein Softwareentwickler hat normalerweise eine andere Denkweise gelernt als ein Marketingspezialist und somit auch eine ganz andere Perspektive auf die Themen. Der Softwareentwickler wird die Umsetzbarkeit des Produkts betrachten und mit der Logik der Programmierung an ein Thema herangehen, der Marketingmitarbeiter wird die Verpackung und die Marktattraktivität im Blick haben und in diesen Kategorien an

Lösungen arbeiten. Beide Perspektiven sind für eine umfassende Lösung wichtig. Die daraus resultierenden Meinungsverschiedenheiten als Mehrwert im Team begreifbar zu machen, erfordert jedoch einen bewussten Reifungsprozess. Menschen erleben Meinungsverschiedenheiten oftmals als „gegen sie gerichtet" oder empfinden eine Widerrede als persönlichen Angriff. Je divergenter das Team ist, desto mehr sind Coachs darin gefragt, die Unterschiede als Bereicherung im Team zu verdeutlichen und mit dem Team Kommunikationsformen zu üben, die wertschätzend und konstruktiv wirken.

Den Mehrwert unterschiedlicher Meinungen herausstellen

Eine wichtige Handlung zur Umsetzung dieses Prinzips ist das Daily: Das tägliche Kurzmeeting vor dem Kanban-Board macht den Arbeitsfluss transparent und synchronisiert das Team in seinen Aufgaben. Nach einem kurzen Einchecken („Wie geht es mir heute?") hat jedes Teammitglied ein bis zwei Minuten Zeit, die folgenden Fragen zu beantworten:

- Was habe ich gestern erreicht, abgeschlossen oder umgesetzt?
- Welche Hindernisse sind aufgetreten?
- Was werde ich heute angehen, umsetzen oder abschließen?
- Was brauche ich dazu?

Im neuen Scrum Guide sind die Fragen im Daily nicht mehr vorgegeben und die Struktur wird offener gehandhabt. Trotzdem ist es hilfreich, zumindest zu Beginn die Fragen strukturiert zu stellen, bis sich das Team selbst organisieren kann und dafür Sorge trägt, dass jeder gleichmäßig beteiligt wird. Der agile Coach des Teams sammelt an dieser Stelle die Hindernisse und Bedarfe, um sie im Anschluss an das Meeting zu beseitigen bzw. zu klären.

Deine Einflussmöglichkeiten

- Entwickle crossfunktionale Teams hin zu einem performanten Team – durch Teamentwicklungsmaßnahmen und Retrospektiven.
- Schaffe Strukturen für gemeinsames Arbeiten im gesamten Team oder in Kleingruppen.
- Daily: Moderiere zu Beginn das Daily und befähige das Team, mehr und mehr sich selbst innerhalb des Dailys zu strukturieren und alle zu beteiligen.
- Konstruktive Kommunikation: Unterstütze das Team im Erlernen konstruktiver Kommunikationsformen wie beispielweise der gewaltfreien Kommunikation (GFK).

5. Errichte Projekte rund um motivierte Individuen. Gib ihnen das Umfeld und die Unterstützung, die sie benötigen, und vertraue darauf, dass sie die Aufgabe erledigen.

Management-Guru Reinhard K. Sprenger hat das in seinem Bestseller „Mythos Motivation" (Campus Verlag, 2021) treffend auf den Punkt gebracht: Mitarbeitende müssen nicht motiviert werden, das sind sie aus sich selbst heraus. Es geht vielmehr darum, Demotivatoren zu vermeiden oder weitestgehend zu reduzieren, denn dann bleiben Teams motiviert und committet. Typische Demotivatoren sind unklare Aufträge, fehlende Vision und Sinnvermittlung, mangelnde Anerkennung, Arbeitsdruck, Intransparenz, Überforderung, Konflikte und unpassende Rahmenbedingungen. Das fünfte Prinzip geht davon aus, dass jeder von sich aus motiviert ist und seine Fähigkeiten nach bestem Wissen in das Team einbringen wird. Dazu braucht es neben der Vision und dem klaren Auftrag die passenden Rahmenbedingungen, um selbstorganisiert entscheiden und handeln zu können. Agile Teams nehmen sich selbst an die Hand.

Was ist dein Beitrag als agiler Coach dazu?

Detektiv für Demotivation

Demotivation zu beseitigen, ist nicht nur die Aufgabe agiler Coachs, sondern auch die der gesamten Führung und der Teams selbst. Der Beitrag des Coachs besteht vor allem darin, diese zu erkennen, zu benennen und Wege vorzuschlagen, um sie zu aufzulösen. Unklare Aufträge, fehlende Visions- und Sinnvermittlung und mangelnde Anerkennung bzw. unpassende Rahmenbedingungen sind eindeutig Führungsthemen. Der Coach kann seine Beobachtungen an die Entscheider spiegeln und Vorschläge machen, doch bleiben Orientierung und Rahmengestaltung Führungsaufgaben, die der Coach nicht kompensieren kann. Intransparenz kann er beeinflussen, indem alle Teamthemen zumindest transparent gemacht werden, auch Konflikte innerhalb des Teams oder mit Schnittstellen kann er moderieren.

Wir haben in den vergangenen Jahren als agile Coachs die Überzeugung gewonnen, wie wichtig es ist, diese Themen konsequent anzusprechen oder auch Aufträge abzulehnen, bei denen die Rahmenbedingungen nicht stimmen. Ohne Gestaltungs- und Entscheidungsspielraum kann agiles Projektmanagement nicht fruchten.

Deine Einflussmöglichkeiten

- Prüfe die erforderlichen Rahmenbedingungen für agiles Arbeiten wie Ergebnisoffenheit, Entscheidungsbefugnisse, Schutzraum für Inno-

vationen, Zeit für Teamarbeit etc. und fordere diese den Entscheidern gegenüber ein.
- Sorge dafür, dass der Sinn und Nutzen jeder Tätigkeit klar kommuniziert wird.
- Schütze das Team vor Überforderung und vor Unterforderung.
- Konstruktive Kommunikation: Unterstütze das Team im Erlernen konstruktiver Kommunikationsformen wie beispielweise der gewaltfreien Kommunikation (GFK).

6. Die effizienteste und effektivste Methode, Informationen an ein Team und innerhalb des Teams zu übermitteln, ist **das Gespräch von Angesicht zu Angesicht.**

Wie im ersten Grundsatz des agilen Manifests – „Individuen und Interaktionen haben Vorrang vor Prozessen und Werkzeugen" – geht es auch bei diesem Prinzip vor allem um einen konstruktiven und gleichzeitig kontroversen Austausch. Nichts ist effektiver als die Kommunikation von Angesicht zu Angesicht. Die nonverbalen Botschaften sind in der Kommunikation oft aussagekräftiger als Worte. In agilen Teams wird deswegen auf ein Meeting des gesamten Teams am gleichen Ort und zur gleichen Zeit großen Wert gelegt. Wenn die räumliche Distanz es erforderlich macht, sind Besprechungen mit Videoübertragung, bei denen alle Teilnehmenden die Kamera anhaben, die zweite Wahl. Durch die enge Kommunikation mit allen Betroffenen und Beteiligten werden das gemeinsame Verständnis und die Transparenz untereinander sichergestellt.

Was ist dein Beitrag als agiler Coach dazu?

Bedingungen schaffen für effektive Meetings

Der Coach sorgt hier nicht nur für die zielgerichtete Moderation. Er bereitet die Meetings auch abwechslungsreich und passgenau vor, wobei jedes Teammitglied entweder Teile oder auch das ganze Meeting selbst moderieren kann oder zumindest Rollen vergeben werden, um die Beteiligung und Interaktion zu stärken. Die wichtigsten Gespräche von Angesicht zu Angesicht sind die Dailies, Plannings, Reviews und Retrospektiven (siehe Kap. 15 „Toolset agile Meetings", ab S. 311).

Deine Einflussmöglichkeiten

- Moderiere Teamevents abwechslungsreich, passgenau und effektiv.
- Befähige das Team zur Übernahme von Moderationsrollen.
- Sorge für Meetings in Präsenz. Retrospektiven und Teamevents werden bevorzugt in Präsenz durchgeführt.

- Implementiere entsprechende Kollaborationstools wie Mural, Miro oder Concept Board, damit das Team ortsunabhängig gemeinsam visualisieren und co-kreativ arbeiten kann.

7. Funktionierende Dienstleistungen und Produkte sind das wichtigste Fortschrittsmaß.

Im Fokus stehen immer das Ergebnis und der Kundennutzen. Zeitraubende Dokumentationen, was wie und wann zustande kam, wie z.B. Messberichte und Protokolle, die keinem Kunden dienen, werden auf das Nötigste eingedampft. Natürlich sind einige Erhebungen weiterhin wichtig und relevant, doch auch bei diesen gilt es, zumindest Dopplungen und Verschwendungen zu reduzieren. Denn: Weniger Zeit für interne Dokumentation und interne Organisation ist gewonnene Zeit für den Kunden!

Was ist dein Beitrag als agiler Coach dazu?

Wertschöpfung und Mehrwert im Blick behalten

Das 7. Prinzip ist sehr stark von der Branche oder dem Fachbereich bestimmt. Finanzdienstleister oder Arzneimittelhersteller haben beispielsweise ganz andere Dokumentationsverpflichtungen wie die Modebranche. Der Coach kann gemeinsam mit dem Product Owner das Team darin stärken, den Mehrwert für den Kunden immer im Fokus zu behalten und durch Personas (durch bestimmte Merkmale definierte, fiktive Zielgruppen) aus Kundensicht zu denken und zu handeln.

Deine Einflussmöglichkeiten

- Fokus auf Wertschöpfung für den Kunden: Frag das Team und die Stakeholder konsequent nach dem Kundenutzen. Entscheidungen werden auf dieser Basis getroffen.
- Lenke die Aufmerksamkeit der Teams darauf, jeden Touchpoint mit Kunden zu optimieren.
- Implementiere Personas (fiktive Zielgruppen) und betrachte mit den Kollegen die zu treffenden Entscheidungen aus der Kundenbrille.
- Lade verschiedene Stakeholder oder auch Vertreterinnen und Vertreter anderer Teams zu Reviews ein, um frühzeitig Erkenntnisse aus den Feedbacks einzubinden.

8. Agile Prozesse fördern nachhaltige Entwicklung. Die Auftraggeber, das Team und die Nutzer sollten ein gleichmäßiges Tempo auf unbegrenzte Zeit halten können.

Dieses Prinzip kann man nicht oft genug betonen. Leider wird meiner Erfahrung nach gerade das Agil-Label dazu genutzt, die Menschen auszubrennen und über ein gesundes Maß hinaus zu fordern. Dabei besagt das 8. Prinzip etwas anderes. Die Arbeit soll vielmehr Spaß machen und alle Beteiligten in einem gesunden, fitten und motivierten Zustand halten. Ein kontinuierlicher und gleichbleibender Rhythmus im Workflow ist gesünder und effektiver als ermüdende Hauruck-Aktionen. Unnötigen Druck und Stress gilt es zu vermeiden. Das Arbeitsvolumen soll taggleich bearbeitbar sein, Erfolge werden dadurch ständig sichtbar gemacht und Hürden beseitigt.

Was ist dein Beitrag als agiler Coach dazu?

Bodyguard des Teams und Performance-Treiber

Mir fällt beim 8. Prinzip das Bild des Coachs als Bodyguard ein. Er schützt das Team vor Überforderung und zu vielen operativen Routinen und hält den Fokus auf die Wertschöpfung und den Flow. Gleichzeitig sorgt er für Leistungsbereitschaft und -fähigkeit aller Beteiligten. Ein gleichmäßiges Tempo ohne Über- oder Unterforderung liefert die besten Ergebnisse und sorgt im Team für die nötigen Freiräume, um sich voll und ganz der Umsetzung zu widmen. Im besten Fall unterstützt der Coach das Team darin, in einen Flow-Zustand zu kommen, der nicht nur Motivation und Kreativität freisetzt, sondern auch ein Höchstmaß an Effektivität mit sich bringt (Csikszentmihalyi, 1990). Folgende Merkmale sind typisch für einen Flow-Zustand:

- Ein Gefühl des Verschmelzens mit der Aufgabe und eine tiefe und lange anhaltende Konzentration auf die Tätigkeit tritt ein.
- Die Arbeitsaufgabe verdrängt alles andere aus dem Bewusstsein.
- Die Beteiligten vergessen das Gefühl für Zeit.
- Das Empfinden, etwas zu bewirken und kompetent zu sein, entsteht.
- Glücksgefühle stellen sich ein.
- Aber Achtung: Die Wahrnehmung der Umgebung ist eingeschränkt. Das schließt auch physiologische Aspekte wie Hunger, Durst, Müdigkeit oder den Toilettengang ein.

Quelle: https://wpgs.de/fachtexte/motivation/flow-erleben-theorie-csikszentmihalyi/

Es ist sicherlich fragwürdig und unrealistisch, Arbeit als ständiges „Flow-Erleben“ und Partygefühl mit Tischkickern zu verkaufen. „Thank God it's Monday“ ist allerdings eine erfrischende Gegenbewegung zu der

„Wir müssen arbeiten, um zu leben"-Haltung vieler Vertreter der älteren Generation. Gerade die Jüngeren suchen nach Sinn und Work-Life-Balance, zumal sie bei ihren Eltern oftmals die abschreckende Ambivalenz zwischen starker Fokussierung auf die Arbeit bei gleichzeitiger Frustration und hohem Stresslevel miterlebt haben. Phasen von Ups und Downs in der Berufslaufbahn gehören aber letztlich zur Lebenswirklichkeit. Trotz Flow-Zuständen gibt es meistens gleichzeitig lästige Tätigkeiten, überfordernde Aufträge oder ungeklärte Konflikte, bei denen ich gefordert bin, meine Resilienz zu stärken, um mit diesen Stressoren anders und gesünder umzugehen. Die Balance ist entscheidend und ebenso die Haltung dazu. Der Coach kann das Team und jeden Einzelnen hierbei unterstützen, indem Sinn und Nutzen der Tätigkeiten gemeinsam reflektiert, auftretende Stressoren konstruktiv angegangen und diese als Entwicklungschance genutzt werden. Der interne Coach mit entsprechender Entscheidungsbefugnis kann das Team zudem vor Überforderung von außen schützen, indem er zusätzliche Arbeitsaufträge an das Team ablehnt oder zumindest vertagt.

Deine Einflussmöglichkeiten

- Schütze wie ein Bodyguard die Kollegeninnen und Kollegen vor Überforderung.
- Mach den Sinn der Tätigkeiten im Team bewusst bzw. ermutige das Team dazu, widersprüchliche und unterschiedliche Meinungen haben zu dürfen.
- Stärke das Team im konsequenten Priorisieren und Weglassen von Aufgaben.
- Sorge für zeitliche, räumliche und ideelle Schutzräume, in denen das Team Zeit für Kreativität und Innovationen hat.

9. **Ständiges Augenmerk auf fachliche Exzellenz** und gute **Gestaltung der Arbeitsabläufe fördert Agilität.**

Sowohl die fachliche Kompetenz des Teams als auch die Selbstorganisationsfähigkeit sind entscheidend, um die Arbeitsabläufe kontinuierlich zu optimieren und beste Ergebnisse zu liefern. Der Leistungsanspruch ist in einem agilen Team hochzuhalten. Es soll stolz auf seine Leistung und seine Expertise sein. Dazu braucht es sowohl Fortbildungen, die das Team selbst auswählt, als auch das technische und räumliche Equipment. Das Management des Teams ist lateral, also auf Augenhöhe. So gibt es bei Scrum drei unterschiedliche Managementrollen im Team: Der Product Owner ist für die Anforderungen aus Kundensicht zuständig, der Scrum Master für die Einhaltung der vereinbarten Prinzipien und das Entwicklungs- oder Umsetzungsteam für die Abwicklung der Arbeitspakete. Durch diese Rollen wird mit unterschiedlichen Brillen auf die gute Gestaltung der Abläufe geachtet.

Was ist dein Beitrag als agiler Coach dazu?

Antreiber und (unbequemer) Sparringspartner

Der Coach fördert das Team konsequent im Hinterfragen seiner Routinen und ermutigt, neue Wege einzuschlagen. Hierzu eignen sich z.B. sehr gut agile Spiele, die im Team erlebbar machen, wie schnell unsere Bereitschaft schwindet, neue Wege zu gehen, und wir in Routinen verfallen. Hat ein Team einen für sich guten Lösungsweg für die Bewältigung einer Aufgabe eingeübt, wird es in der Regel diesen weiterverfolgen und optimieren, statt Neues auszuprobieren. Diese Komfortzone ist für eine Weile wichtig und richtig, doch ein Team darf nicht darin verharren, sonst verliert es seine Leistungsfähigkeit. Die Aufgabe des Coachs ähnelt an dieser Stelle der eines guten Sporttrainers: Stößt das Team mit seinem bisherigen Zusammenspiel an Grenzen, so animiert er dieses, neue Bewegungsabläufe und Spielzüge einzutrainieren. Dafür gewinnt der Sporttrainer beim Kunden auch nicht immer Sympathiepunkte, doch der spürbare Erfolg macht den kurzzeitigen Ärger wieder wett.

Deine Einflussmöglichkeiten

- Reflektiere mit den Kolleginnen und Kollegen Fort- und Weiterbildungsbedarf.
- Befähige das Team zur Reflexion seiner Arbeitsweisen und -abläufe, damit es diese selbstständig hinterfragt und Verbesserungspotenziale auslotet.
- Sorge für unterschiedliche Konstellationen der Zusammenarbeit im Team.
- Motiviere das Team, neue Wege zur Optimierung der Arbeitsprozesse auszuprobieren.
- Fördere die Weiterentwicklung der technischen Ausstattung.

10. Einfachheit – die Kunst, die Menge nicht getaner Arbeit zu maximieren – ist essenziell.

Das zehnte Prinzip habe auch ich erst nach mehrmaligem Hinterfragen verstanden. Bei der nicht getanen Arbeit geht es um jene Aufgaben, die unnötig und ineffektiv sind. Verschwendung wird vermieden oder, anders ausgedrückt: Je weniger Unnötiges getan wird, desto besser. Das klingt einfach, ist es aber nicht. Wer hinterfragt z.B. wirklich konsequent die eigenen überflüssigen tagtäglichen Handlungen? Die Herausforderung beginnt bereits damit, überhaupt zu merken und zu analysieren, was genau an den eignen Routinen und Abläufen unnötig ist. Das ist unbequem und erfordert kontinuierliche Reflexion und gegenseitiges Feedback.

Wie viel Zeit verbringen Teams beispielsweise in unnötigen Meetings? Zu welchem Anlass ist ein Meeting überhaupt erforderlich? Und wie viel Zeit ist das passende Maß für den Inhalt und den Outcome?

Was ist dein Beitrag als agiler Coach dazu?

Gewohnheiten auf den Prüfstand stellen

Wir empfehlen in diesem Zusammenhang sogenannte Drop-it-Meetings: Hier werden alle angesammelten Rituale, Prozesse, Gepflogenheiten gemeinsam auf den Prüfstand gestellt. Alles Unnötige wird lautstark entsorgt, um Platz für Neues zu schaffen.

Deine Einflussmöglichkeiten

- Priorisiere konsequent die anstehenden Tätigkeiten.
- Unterstütze das Team im Grenzensetzen und Weglassen.
- Befähige das Team, Moderationsrollen zu übernehmen.
- Helfe dem Team, Besprechungen auf Effektivität hin zu hinterfragen.
- Ermutige Kollegen zum Ausmisten uneffektiver Rituale, Prozesse, Gepflogenheiten, Meetings etc.

11. Die besten Architekturen, Anforderungen und Entwürfe entstehen durch selbstorganisierte Teams.

Das Team braucht Freiräume und genügend Kompetenzen, um selbstbestimmt agieren zu können. Es gibt unterschiedliche Stufen der Selbstorganisation (siehe auch S. 14 f.). Die erste und niedrigste Stufe ist die fachliche und inhaltliche: Das Team organisiert sich fachlich und inhaltlich selbstständig und trifft Entscheidungen in diesem Zusammenhang autonom. In der zweiten Stufe der Selbstorganisation entscheidet und plant das Team seine Ziele und die Art und Weise, wie es diese Ziele erreichen möchte, eigenverantwortlich – ähnlich wie bei dem Framework OKR (Objektives und Key Results). Die dritte Stufe ist die Stufe der Personalverantwortung: Hier stellt das Team selbst neue Mitglieder ein und entscheidet auch, wem gekündigt werden muss. Die höchste Stufe ist die der betriebswirtschaftlichen Selbstbestimmung. Hier plant und managt das Team selbstorganisiert das Budget und trägt die wirtschaftliche Verantwortung.

Welche Stufe der Selbstorganisation zu welcher Organisation passt, hängt von vielen individuellen Faktoren ab. Für ein effektives, zielgerichtetes und agiles Arbeiten sollte ein Kernteam aber zumindest Stufe zwei der Selbstorganisation innehaben, um sowohl alle relevanten fachlichen Themen wie auch die großen und kleinen Ziele selbstbestimmt steuern zu können. In keinem Fall ist Selbstorganisation zu verwechseln mit Anarchie oder Chaos. Ganz im Gegenteil: Durch die klare Transparenz und die Rahmengestaltung sind die Entscheidungen und Kompetenzen in agilen Teams viel eindeutiger und konkreter definiert.

Was ist dein Beitrag als agiler Coach dazu?

Selbstorganisation nie als Selbstläufer betrachten

Selbstorganisation ist eine kontinuierliche Entwicklungsaufgabe für den Coach. Kein Team wird von selbst zum selbstorganisierten Team, höchstens zu einem sich selbst überlassenen. Es steckt eine Menge harter Arbeit in Form von Reflexion, Vertrauensaufbau, Konfliktbereitschaft und Akzeptanz von Unterschiedlichkeiten dahinter, bevor ein Team die höheren Stufen der Selbstorganisation erreicht. Der Coach ist gefordert, zu erkennen, wo das Team steht, was es braucht, um sich weiterzuentwickeln, um dann die entsprechenden Interventionen vorzuschlagen. Das erfordert u.a. Mut, Erfahrung, Empathie und die Fähigkeit zur Selbstreflexion.

Deine Einflussmöglichkeiten

- Prüfe die erforderlichen Rahmenbedingungen für Selbstorganisation, wie Entscheidungsbefugnisse, Teamentwicklungsmaßnahmen, Zeit für Kooperation etc. und fordere diese den Entscheidern gegenüber ein.
- Unterstütze den Aufbau von Vertrauen im Team.
- Begleite die Teamentwicklung und kläre Dysfunktionen.
- Ermutige die Teams zur Übernahme von Verantwortung und Ergebnisorientierung.

12. In regelmäßigen Abständen **reflektiert das Team, wie es effektiver werden kann** und passt sein Verhalten entsprechend an.

Teamentwicklung ist ein Prozess. Ein Top-Performing-Team ist kein Zufall, sondern Ergebnis harter Arbeit. Das Team braucht einen hohen Reifegrad, um sich ständig zu hinterfragen, gegenseitig Feedback zu geben und zu nehmen sowie seine Unterschiedlichkeiten optimal ergänzend zum Tragen zu bringen.

Was ist dein Beitrag als agiler Coach dazu?

Retrospektiven moderieren

Ein Team braucht regelmäßig Zeit für sich und eine dafür förderliche Struktur. Das Mittel der Wahl sind Retrospektiven: turnusmäßige Meetings, bei denen sich das Team die Zeit nimmt, auf die Hindernisse und Bedarfe zu schauen mit dem Ziel, die Interaktionen untereinander ständig zu verbessern. Retrospektiven haben eine klare Struktur (fünf Phasen) und brauchen eine gute Moderation durch den agilen Coach (siehe „Retrospektiven", ab S. 329).

Deine Einflussmöglichkeiten

- Moderiere Retrospektiven passgenau zu den Bedürfnissen und der Entwicklungsstufe der Teams.
- Sorge für Zeit und Raum für Teamevents.
- Unterstütze jeden Einzelnen in der Ich-Entwicklung.
- Reflektiere deine eigenen Grenzen und Schwierigkeiten und entwickle dich weiter, um als Vorbild wirken zu können und wirksam zu sein.

Agile Werte

Werte sind Strukturen normativer Erwartungen, die sich im Zuge reflektierter Erfahrung herausbilden. Werte strukturieren das Erkennen, Erleben und Wollen, indem sie uns Orientierungsmaßstäbe an die Hand geben, welche Handlungsweisen wir bevorzugen. Wir verstehen die Welt um uns herum durch Werte und orientieren uns an ihnen auch und gerade bei den unvermeidlichen Fragen und Herausforderungen, mit denen wir als Menschen in unserem Leben konfrontiert werden: Was möchten wir für uns und was möchten wir für andere? Was ist zu tun und wie sollten wir uns verhalten?

Echte Werte animieren uns zum Handeln

Echte Werte setzen Handlungsimpulse. Sie lassen sich als Wünsche verstehen, etwas zu tun. Sind sie nicht nur leere Worte, dann geben sie dem Wandel Richtung. Aus systemischer Sicht sind Werte nicht paradoxiefähig. Das bedeutet: Eine Organisation kann keine gegensätzlichen Werte verfolgen.

Werte beinhalten immer starke Wertungen über das, was gut und erstrebenswert ist. Das bedeutet auch, dass sie mit Gefühlen aufgeladen sind. Werte lassen sich des Weiteren in eine Hierarchie einordnen. Es gibt also ranghöhere und rangniedere Werte. Der Philosoph Otfried Höffe unterscheidet funktionale Werte wie Fleiß, Disziplin und Zuverlässigkeit von pragmatischen Werten wie Besonnenheit, Gesundheit, Rechtssicherheit und Wohlstand sowie von moralischen Werten wie Mitleid und Wohltätigkeit. Für unsere Zwecke hilfreich ist eine andere Form der Einstufung:

- **Angepasste Werte** sind Werte, die ich/wir einfach unreflektiert übernommen habe/n, weil man das „so tut". Sie stellen sozusagen die unterste Ebene dar.
- **Funktionale Werte** sind Werte, die ich reflektiert habe und die mir/uns nutzen.
- **Übergeordnete Werte** sind Werte, die reflektiert sind und die der Gesellschaft insgesamt nutzen.

Agile Werte haben einen klaren Nutzen

Agile Werte sind demzufolge funktionale Werte. Werte messen sich an Handlungen. Insofern bist du als agiler Coach nur so kongruent und glaubwürdig in deiner Rolle, wie du selbst die agilen Werte verkörperst und danach deine Handlungen ausrichtest.

Agile Werte sind, psychologisch betrachtet, Handlungsimpulse und dienen als Basis für agile Teams und Organisationen. Sie geben die Richtung vor, in der Agilität gelebt und ein agiles Mindset entwickelt wird. Die Gefahr, die von Werten ausgeht, kennen wir aus vielen Organisationen: Sie werden von der obersten Führungsebene vorgegeben und zieren diverse Webseiten und Plakate, doch in der täglich gelebten Unternehmenskultur finden sie keinen Widerhall. Werte sind nur dann kulturfördernd und orientierungsgebend, wenn sie stetig reflektiert und durch Handlungen aufgeladen werden. Die folgenden Reflexionsfragen sollte sich ein agiler Coach konsequent stellen, um die agilen Werte glaubwürdig in sich zu verankern, umzusetzen und vorzuleben.

Acht Werte für eine agile Haltung

Die acht agilen Werte kommen aus dem agilen Manifest. Scrum unterscheidet fünf Werte (Mut, Respekt, Fokus, Commitment und Offenheit). Wir haben die Werte Einfachheit, Kommunikation und Feedback ergänzt, weil diese aus unserer Erfahrung für eine agile Haltung in Teams relevant sind.

Selbstverpflichtung (Commitment)

- Wie übernimmst du Verantwortung für deine Rolle und reflektierst deine eigene Agilität in Kopf und im Herzen?
- Wie stark agierst du als Vorbild für Lern- und Veränderungsbereitschaft?
- Wie ernst nimmst du deine Aufgabe, Individuen und Teams darin zu fördern und zu fordern?

Rückmeldung (Feedback)

- Formulierst du dein Feedback so, dass du Themen gewaltfrei und in Form von Ich-Botschaften ansprichst, sodass sie für dein Gegenüber hilfreich sind?
- Formulierst du großzügig ernst gemeinte Komplimente?
- Siehst du die Stärken der Menschen, die dich umgeben?
- Forderst du kritisches Feedback ein und bedankst dich dafür?
- Sprichst du immer mit anderen statt über andere?
- Sorgst du für einen psychologisch sicheren Raum, in dem sich Menschen reflektieren können und sich auf gute Art herausfordern?

Fokus (Focus)

- Wie klar priorisierst du deine Aufgaben nach dem Kundennutzen?
- Was lässt du weg oder wozu sagst du Nein?

- Was unternimmst du, um in deinem Team den Fokus auf das Wesentliche zu fördern?
- Wie schützt du deinen Zuständigkeitsbereich vor Overload oder Verschwendung?

Kommunikation (Communication)

- Wodurch förderst du täglichen Austausch und Nähe in deinem Team?
- Wie sorgst du für einen einheitlichen Informationsstand?
- Wie löst du Missverständnisse auf?
- Was tust du, um Perspektivenvielfalt zu fördern?
- Wie sorgst du für Austausch mit allen Schnittstellen und mit Kunden?
- Wodurch ermöglichst du ortsunabhängige Kommunikation auf verschiedenen Kanälen?

Mut (Courage)

- Wie offensiv verlässt du deine eigene Komfortzone und traust dich zu scheitern?
- Wie kommunizierst du Rückschläge und Niederlagen?
- Welche Experimente förderst du und wie mutig probierst du neue Wege aus?
- Wie stärkst du den Mut und die Experimentierfreude in deinem Verantwortungsbereich?
- Welche Safe-to-fail-Experimente förderst du in deinem Team?

Respekt (Respect)

- Wie zeigst du Respekt, gerade wenn dir jemand fremd ist und eine ganz andere Meinung vertritt? Wie gut kannst du dich zugunsten des Teams oder Einzelner zurücknehmen?
- Wie wertschätzend gehst du mit konträren Meinungen um?
- Wie stark förderst du diverse Perspektiven und sorgst für Vielfalt statt Harmoniesucht?

Einfachheit (Simplicity)

- Wie konsequent brichst du Aufgaben in kleine Pakete herunter, um für guten Durchfluss der Aufgaben zu sorgen?
- Wie gut kannst du Komplexität reduzieren und jeden mitnehmen?
- Was tust du, um stetig Erfolge sichtbar zu machen und zu feiern?

Offenheit (Openness)

- Was tust du, um den Workflow transparent zu gestalten?
- Wie visualisierst du alle Hindernisse und Staus, um diese zu beheben?
- Wie sorgst du für Offenheit, neue Wege zu gehen?
- Wie förderst du Neugier bei allen Beteiligten, um die Themen immer wieder anders zu betrachten und offen für Alternativen zu bleiben?

In der folgenden Tabelle sind zu jedem der acht agilen Werte Handlungen als agiler Coach aufgeführt, die auf die Werte einzahlen.

Abb. 4: Als Coach agile Werte fördern

Wert	Handlungen
Commitment, Selbstverpflichtung	Fördere stärkenorientierte Autonomie. Verteile (Pull-Prinzip) rollengebundene Selbstorganisation. Kläre den Purpose und den Nutzen für das Gemeinwohl und jeden Einzelnen.
Fokus	Vermeide Verschwendung und fokussiere auf Wertschöpfung durch Kundenfokus. Priorisiere den Workflow und fördere schnelle Ergebnisse.
Offenheit	Mach im Team Workflow transparent. Fördere das stete Lernen und den Wissensaustausch. Sorge dafür, neue Praktiken auszuprobieren. Schaffe ein Teamklima, in dem jeder seine Meinung direkt sagt.
Mut	Fördere Fehlerfreude im Team und empowere Experimente und Risikofreude.
Respekt	Führe und entwickle das Team in seiner Unterschiedlichkeit. Sorge für Vielfalt durch konvergente und divergente Denker, Alter, Kultur Fachrichtung etc.
Kommunikation, Kollaboration	Binde Kunden und Stakeholder aktiv ein. Gestalte Reviews mit Kunden. Betreibe Networking innerhalb und außerhalb der Organisation.
Rückmeldung, Reflexion	Entwickle eine Feedback-Kultur. Sorge für Lösungen statt Schuldfragen. Gestalte Retrospektiven im regelmäßigen Turnus und fördere Reflexion.
Einfachheit	Breche Projekte/Aufgaben in kleine Arbeitspakete herunter. Fordere Wiederholungen mit Anpassung. Lass Teilprodukte (Inkremente) bewerten.

Skillset

Skillset zu Veränderungsdynamiken ... 84

Skillset Organisationsdynamik ... 98

Skillset Kulturwandel ... 124

Skillset zum Coaching Einzelner und Gruppen/Teams ...162

Skillset zum Coaching der Führung ... 197

Skillset zum Umgang mit Spannungen und Hindernissen ... 211

Skillset agile Methoden ... 230

4. Skillset zu Veränderungsdynamiken

Vorab

Als agiler Coach haben wir es mit Menschen in Veränderungsprozessen zu tun oder, wie es eine Teilnehmerin einmal sehr treffend formuliert hat: „Organisationsentwicklung zieht immer eine Persönlichkeitsentwicklung nach sich." Wenn sich ein Unternehmen entscheidet, agiler zu werden, und an seiner Kultur und Struktur arbeitet, hat das komplexe Auswirkungen auf die Zusammenarbeit und Verantwortungsverteilung und damit automatisch auch auf jeden Einzelnen. Wie jeder damit umgehen will und kann, ist wiederum eine ganz persönliche und individuelle Entscheidung. Organisationen sind Zweckgemeinschaften und dienen diversen Zwecken wie beispielsweise dem Kunden- oder dem Wachstumszweck. Ob die Zwecke des Unternehmens auch in oder nach einer Veränderung noch so gut zu den individuellen Interessen passen, dass sich der persönliche Kraftakt einer Veränderung der eigenen Handlungs- oder gar Denkweise lohnt, kann nur jeder für sich selbst entscheiden. Der eine mag sich dazu entschließen, sich lieber wegzuducken und zu warten, bis die Veränderungswelle wieder abgeebbt ist, der andere springt begeistert auf das Surfbrett der Erneuerung und will die Welle als Erster reiten lernen.

Das Wegducken scheint übrigens immer noch sehr gut zu funktionieren. Vielfach gelingt es nicht, die Mitarbeitenden für die Strategieumsetzung zu motivieren und zu befähigen. Diese ducken sich demnach offensichtlich erfolgreich so lange weg, bis die Transformation als gescheitert deklariert wird und der nächste Weg oder Heilsbringer gefunden ist, der es diesmal richten soll. Wurde das Vorhaben vorher agil genannt, ist der Begriff nach dem Scheitern verbrannt und die nächste Veränderungswelle wird daraufhin Postagilität oder New Work genannt.

Wie Menschen mit Veränderungen umgehen, ist je nach Prägung, Selbstbild und Motivationslage sehr unterschiedlich und basiert auf komplexen inneren Prozessen, die dann zu einer mehr oder weniger bewussten Entscheidung führen.

Die Veränderungs-Waage oder: Bewahren versus Verändern austarieren

Selbst sehr konservative Organisationen streben mittlerweile nach agilen Ansätzen, weil die Logik von gestern für die neuen Marktanforderungen nicht mehr funktioniert oder auch weil die alten Strukturen und Hierarchien keinen Nachwuchs mehr anziehen. Dadurch sind Veränderungsbeschwörungen zum Ohrwurm in Organisationen geworden, den viele nicht mehr hören können. Selbst wenn sich die Erkenntnis nicht mehr ignorieren lässt, dass wir so wie bisher in den Organisationen nicht weitermachen können, nervt die Dauerleier der Change-Ermahner und agilen Heilsbringer und erzeugt bei vielen eher Abwehr als Zustimmung.

Mitarbeitende sind daraufhin nicht nur genervt, sondern sie entwickeln Widerstand gegen den Wandel und bremsen ihn ab oder ignorieren ihn, solange es geht. Denn die Botschaft der Treiber von Agilität und New Work ist meist geprägt von der Verherrlichung neuer Arbeitsweisen und beinhaltet in deren Schlepptau das Schlechtmachen und die Herabsetzung der klassischen Arbeitsweisen und Organisationsstrukturen, auch wenn das meistens nicht die vordergründige Absicht ist. Doch Hand aufs Herz: Wie reagieren wir selbst, wenn jemand sagt: „Ab sofort musst du alles anders machen als die vielen Jahre zuvor?" Entweder entsteht das Gefühl, alles Bisherige war falsch oder ist nicht mehr gut genug und damit fühlen wir uns selbst auch falsch oder nicht mehr gut genug. Oder man nimmt den Überbringer dieser Botschaft nicht ernst und bleibt seiner Linie treu. Genau das sind die beliebtesten Reaktionen, die wir als Veränderungsbeauftragte in Unternehmen vor allem von den langjährigen Mitarbeitenden zu spüren bekommen: Ignoranz oder Widerstand.

Die beliebtesten Reaktionen auf Veränderung: Ignoranz und Widerstand

Dabei ist die alte Arbeitsweise für sehr lange Zeit genau die richtige gewesen. Sie entsprach nicht nur unserem erforderlichen Wissen und Können, sondern war auch passgenau für die Anforderungen der Zeit: Standardisierungen waren in Zeiten der Industrialisierung der Erfolgsgarant und kontinuierliche Verbesserungen der Sprit für mehr Wachstum und Vermeidung von Verschwendungen. Führungskräfte waren die Experten und Mitarbeiter die Umsetzer und Optimierer der bestehenden Prozesse. Heute ist Erfindergeist und Innovationsfreude der Wachstumsgarant. Nicht mehr die standardisierte Umsetzung, sondern die Erneuerung und das Erkennen und Lösen von Hindernissen sind die wichtigsten Kompetenzen, die jedes Unternehmen braucht, um am Markt bestehen zu können. Nur wenn alle ihre intellektuellen Kompetenzen einbringen und co-kreativ zusammenarbeiten, werden wir Aufgaben erfüllen und Herausforderungen meistern, die sich ständig verändern. Doch dazu ist genau das Abwägen der erforderten Arbeitsweisen und die Wertschätzung oder zumindest das Aushalten der Widersprüche und des Sowohl-als-auch die wichtigste Kompetenz. Weder Abwertung noch Idealisierung, weder Agilistenwahn noch Bewahrertum bringen uns weiter.

Bewahren und Verändern ausbalancieren

Eine wirksame Metapher ist dabei die Veränderungswaage: Wenn Menschen das Gefühl von Ausgewogenheit zwischen dem Vertrauten und dem Unbekannten, zwischen dem Alten und dem Neuen, zwischen dem Bewahren und Verändern haben, dann entsteht automatisch weniger Widerstand. Der Ausgleich der beiden Pole vermittelt den Betroffenen das Gefühl von Würdigung des Alten und erzeugt gleichzeitig nach vorne gerichtete Kraft, um das Neue bewältigen zu können: Wir haben eine gute Basis, auf die wir neues Verhalten aufbauen können.

Hierzu zeichnen wir in Workshops gerne auf Whiteboard oder Pinnwand eine überdimensionale Waage und lassen die Teams auf der einen Seite der Waage notieren, was alles bewahrt werden soll und was zwar bleiben darf, aber einer Frischzellenkur bedarf. Auf der anderen Seite der Waage notieren wir dann das Neue, Zukünftige oder das noch Unbekannte, was es zu explorieren gilt – wie beispielsweise die agilen Arbeitsweisen und die neuen Teamstrukturen.

Das Veränderungs-Paradoxon

Bei Transformationsprozessen kann man, vereinfacht gesagt, zwischen den Erneuerern und den Bewahrern unterscheiden. Die Erneuerer sind von Veränderungen, die Bewahrer hingegen vom Beibehalten motiviert. Da sich jede Organisation von Zeit zu Zeit erneuern muss, weil sich das Umfeld ändert und sie sich anpassen muss, um wettbewerbsfähig zu bleiben, findet wiederkehrend das folgende Veränderungsparadoxon statt – frei nach dem systemischen Berater und Psychoanalytiker Fritz B. Simon (siehe auch Abb. 1).

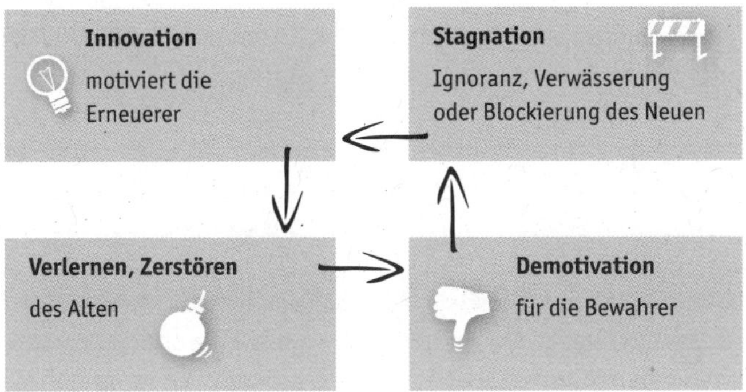

Abb. 1: Das Paradoxon der Veränderung

Beschreiben wir das Paradoxon einmal anhand eines typischen Beispiels: Wir begleiteten Teams an einem internationalen Flughafen, der in seiner Struktur und Organisation sehr an eine Behörde erinnerte. Unternehmensweit wurde MS-Teams als Programm eingeführt. Die internen IT-Dienstleister boten dazu unternehmensweite kurze Online-Schulungen an, die rein auf das technische Handling abzielten. Was die Einführung des Programms für die Kommunikation und Zusammenarbeit bedeuten würde und welche drastischen Nebenwirkungen das mit sich bringt, war keinem bewusst.

Die Erneuerer warteten schon lange darauf und starteten eifrig damit, die neuen Möglichkeiten der Zusammenarbeit zu explorieren und alle bisherigen Programme auf die angebotenen integrierten Anwendungen umzustellen. Bisherige Lösungen wie Trello, Notes, Skype etc. wurden nicht mehr gebraucht und gelöscht. Das entsetzte die Bewahrer umso mehr, weil sie mit den Funktionen von MS-Teams meist noch gar nicht zurechtkamen. Noch verheerender wurde es, als die eigenen Ordnerstrukturen und Ablagesysteme der Mitarbeitenden auf den Kopf gestellt wurden, um stattdessen gemeinsame Kanäle und Share Points zu nutzen. Das versetzte die Bewahrer nicht nur in Aufruhr und Panik, sondern führte dazu, dass immer mehr unterschiedliche Nebensysteme entstanden und die Menschen Workarounds bauten, um die plötzlich erschaffene Transparenz zu umgehen. Das Transparenzprinzip „Jetzt kann jeder sehen, was ich tue und nicht tue" löste Ängste aus, die zu Trotz und Widerwillen führten: „Dann bunkere ich geheim das, was die anderen nicht sehen sollen." Im Endergebnis führte das zu völlig unterschiedlichen Arbeitsabläufen und unterteilte die Teams in „MS-Team-Fans" und „MS-Team-Hasser". Der eigentliche Mehrwert wurde nicht nur nicht erreicht, sondern die Zusammenarbeit war viel schlechter als vorher. Die Organisation überlegte nun, wie sie die verpatzte Einführung des Programms verbessern und die Verweigerer integrieren kann. Der Aufwand, mithilfe externer Berater das in den Brunnen gefallene Kind wieder zu bergen, ist zwangsläufig ungleich höher, als wenn die Einführung von Beginn an mit entsprechenden Kommunikations- und Teamtrainings begleitet worden wäre.

Beliebt: die Veränderung wieder zum alten Zustand verändern

Wie in Abbildung 1 dargestellt, motiviert der Innovationsdruck die Erneuerer in der Organisation. Das Innovieren führt zwangsläufig auch zum Verlernen und Zerstören des Alten. Das wiederum demotiviert die Bewahrer und lässt diese das Veränderungsvorhaben verwässern, blockieren oder ignorieren (wegducken). Auch eine beliebte Strategie ist es in diesem Zusammenhang, die Veränderung so schnell weiter zu verändern, bis sie wieder dem Alten gleicht – nur unter einem anderen Namen. Die Innovation scheitert erfolgreich und das Ganze geht wieder von vorne los, weil der Innovationsdruck am Markt zunimmt.

Run frisst Change

Obwohl Innovation und Kundenzentrierung heute mehr denn je über Erfolg oder Scheitern entscheiden, nehmen wir uns trotzdem nicht genügend Zeit dafür. Zeit und Schutzräume sind für Innovationen aber so wichtig wie die Luft zum Atmen. Sonst frisst der „Run" des operativen Tagesgeschäfts jeden „Change".

„Die größte Gefahr in turbulenten Zeiten sind nicht die Turbulenzen, sie besteht darin, mit der Logik von gestern zu handeln."
– Peter Drucker –

Ohne Dringlichkeit der Veränderung und Raum zum Neudenken kann der Wandel nicht gelingen: Entscheider und Teams verhalten sich leider oftmals wie der Hase von Alice im Wunderland: „Keine Zeit, keine Zeit, keine Zeit ...", sagt dieser und hetzt immer mit Blick auf seine Uhr von einer Katastrophe in die nächste. Ganz ähnlich verhält es sich bei den meisten Führungskräfte und Teams in Organisationen:

- Alle haben zu wenig oder gar keine Zeit für wichtige strategische Themen.
- Alle haben zu wenig Ressourcen an Personal und Budget für Freiräume und Innovationen.
- Alle versuchen, erst den operativen, nie endenden Berg an To-dos abzuarbeiten.
- Niemand will wahrhaben, dass operative Themen weggelassen werden müssen, um Strategisches stärker zu priorisieren. Die meisten denken, es würde bereits helfen, die Reihenfolge der tausend Dinge zu verändern (was nicht funktionieren kann).

Hand aufs Herz: Wie gut kannst du über dein eigenes Leben reflektieren und wichtige Entscheidungen für die Zukunft treffen, während du gleichzeitig Hunderte Dinge des Alltags zu bewältigen versuchst? Solche Gedanken machen wir uns erst, wenn eine Zäsur des Alltags durch Urlaub, Auszeiten, Krankheiten, besondere Ereignisse etc. erfolgt.

Das berühmte Sägeschärfen passiert nicht im Dauerlauf des Alltags. Wir brauchen Strukturen und Rituale, um neu und anders zu denken und zu handeln. Teams brauchen dazu nicht nur die Rituale in Form von Events, um sich über Strategien Gedanken zu machen, sie brauchen darüber hinaus die Rückendeckung der Führung. Es muss klar sein, dass neue oder veränderte Arbeitsweisen nicht nur „nice to have", sondern „dringlich und notwendig" sind – und dafür anderes weggelassen werden darf.

Voraussetzungen, damit Veränderungen greifen

Damit Veränderungen greifen können und nicht in der operativen Hektik des Arbeitsalltags untergehen, ist der Blick auf folgende Faktoren entscheidend:

Gefühle haben Vorrang

Bei Veränderungen auf der sachlichen Ebene zu beharren, ist schlichtweg nicht realistisch und umsetzbar. Veränderungen lösen Gefühle wie Angst und Ärger aus, diese müssen vorhanden sein dürfen und sollten gehört werden. Angst verhindert, neurobiologisch betrachtet, Veränderungen, denn sie verbraucht Ressourcen im Gehirn, die für das Arbeitsgedächtnis gebraucht werden. Oftmals reduzieren sich Emotionen wie Angst oder Unmut bereits dadurch, dass sie sein dürfen, gehört und verstanden werden. Dazu brauchen Individuen die Sicherheit, zwischenmenschliche Risiken einzugehen und konträre Meinungen zu äußern oder sich verletzlich zu zeigen.

Attraktivität und Notwendigkeit

Veränderungen müssen nicht nur attraktiv sein, sondern es muss allen Beteiligten auch klar sein, dass es so wie bisher nicht weitergehen kann. Notwendigkeit und Dringlichkeit spielen eine große Rolle bei der Bereitschaft, sich zu bewegen und neue unsichere Wege zu gehen. „Der Mensch ist eine träge Masse", sagt eine gute Kollegin von mir. Er ahmt lieber vertraute Muster nach, die Sicherheit verheißen. Wir bewegen uns erst aus unserer Komfortzone, wenn uns der zukünftige Zustand attraktiver und der aktuelle Zustand daher nicht mehr bewahrenswert erscheint.

Safe-to-fail-Experimente

Teams brauchen die Sicherheit, neue Dinge ausprobieren zu können, ohne allzu großen Schaden damit anzurichten. Insofern sollte der agile Coach mit den Beteiligten zu Beginn Anlässe und Räume zum Experimentieren kreieren, bei denen das Scheitern keine allzu großen Gefahren birgt. Scheitern schmerzt und ist unangenehm für jeden. Wird dieser Schmerz erlebt, akzeptiert und das Wachstum, das daraus entsteht, entsprechend belohnt, lernen Teams, mit dem Scheitern besser umzugehen.

Mutige Lernkultur

Um Mut zu entwickeln, brauchen Teams die Erlaubnis, Fehler zu machen und über Fehler zu sprechen. Harvard-Professorin Amy Edmondson (Die angstfreie Organisation, 2020) fand heraus, dass gerade Teams, die über viele Fehler in ihrer Arbeit berichten, die beste Performance aufweisen –

eben weil sie diese nicht unter den Teppich kehren, sondern gegenseitig davon lernen. Auf Basis dieser Erkenntnis prägte Edmondson den Begriff der „psychologischen Sicherheit". Sie ist für Mitarbeitende die Voraussetzung, um eine Kultur des Voneinander-Lernens zu etablieren.

Good-enough-to-try-Ergebnisse

Nicht die Perfektion hat Vorrang, sondern der inkrementelle Ansatz mit unfertigen Ergebnissen, die aber bereits einen Mehrwert bieten. Diese Teilergebnisse werden ausgeliefert bzw. ausgerollt und dann nach und nach weiterentwickelt und optimiert.

Schutzräume

Teams, die neue Wege gehen, brauchen Schutzräume, in denen Neues wie ein Samenkorn gedeihen kann und gehegt und gepflegt wird, bis es stark genug ist. Dazu brauchen sie Rückhalt und Geduld von der Führung. Metaphorisch gesprochen werden die neuen Pflanzen, die hier entstehen, nicht schneller wachsen, wenn jemand an ihnen zieht, sondern sie würden schlichtweg ausgerissen. Erst durch das behutsame Wachstum gelangen die neuen Pflanzen zu einer Widerstandskraft, mit der sie auch ohne Schutzraum anderen Kräften standhalten können.

Zeit

Veränderung braucht Zeit und ist ein langwieriger Prozess, in dem es auch zwischenzeitlich Performance-Einbrüche geben wird. Das bindet zwangsläufig Energie, denn richten wir unsere Aufmerksamkeit auf die Veränderung im Inneren, haben wir in diesem Moment weniger Aufmerksamkeit auf die Performance in Richtung Leistungserbringung nach außen. Doch nachdem die inneren Veränderungsprozesse stattgefunden haben, können Teams auch im Außen wieder effektiver sein.

Veränderungstypen nach Rogers: Wie gehen Menschen mit Veränderungen um?

Zu der Frage, wie Menschen mit Veränderungen umgehen, liefert uns der Soziologe Everett M. Rogers eine gute Hilfestellung. Seine Diffusionstheorie beschreibt Mechanismen, wie sich Innovationen in einem sozialen System verbreiten bzw. unter welchen Prämissen Innovationen von Menschen akzeptiert werden. Seine entwickelte Klassifizierung wird oftmals auch im Kontext von Veränderungen innerhalb eines Unternehmens genutzt, wobei die Mitarbeitenden in diesem Fall als „interne Kunden" betrachtet werden. Das Modell hilft Beraterinnen, Coachs oder Führungskräften, einige Dynamiken besser zu verstehen und damit umgehen zu können. Rogers unterscheidet fünf Typen, die unterschiedlich auf Innovationen reagieren. Die Prozentzahlen in der Abbildung 2 sind dabei geschätzt und aufgerundet.

Fünf Typen und ihr Umgang mit Veränderungen

1. **Innovatoren:** Sie sind die ersten, die eine neue Innovation befürworten. Sie sind risikofreudig und suchen ständig nach neuen Produkten und Ideen.
2. **Frühe Adopter/Anwender:** Sie sind die nächsten, die eine Neuerung befürworten. Ihnen reichen überzeugende Worte und attraktive Aussichten, um Innovationen zu fördern. Sie sind häufig Meinungsführer in ihrem sozialen Umfeld und haben ein hohes Interesse an neuen Ideen.
3. **Frühe Mehrheit:** Dieser Typus schließt sich Innovationen an, sobald diese etabliert sind oder sich bereits erste Vorteile gezeigt haben. Sie sind zwar interessiert an neuen Ideen, sind aber vorsichtiger als Innovatoren und Frühe Adopter.
4. **Späte Mehrheit:** Innovation werden von dieser Gruppe erst angenommen, wenn sie sich vollständig etabliert haben und die meisten anderen sie bereits nutzen. Sie sind vorsichtig und warten oft, bis sich das Neue bewährt hat, bevor sie mitmachen.
5. **Nachzügler/No Nos:** Sie sind die Letzten, die eine neue Innovation akzeptieren. Sie sind sehr vorsichtig und warten, bis sie sich vollständig etabliert hat oder sie gezwungen sind und nicht mehr drum herumkommen.

Agilen Coachs kann es helfen, diese Typen auch in Teams zu identifizieren, besser zu verstehen und zu wissen, wie jeder Typus abgeholt werden

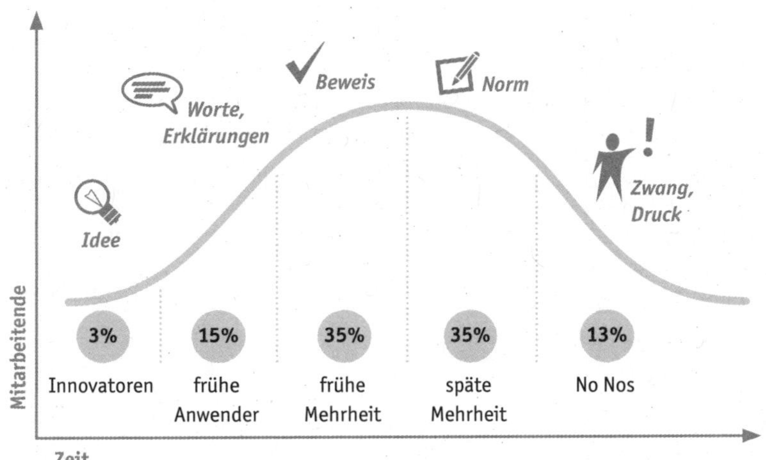

Abb. 2: Rogers Gesetz – Prozentsatz der Mitarbeitenden, die Ideen umsetzen

kann bzw. wie ein Team zusammengesetzt sein sollte, welches Neuerungen umsetzen soll.

Frühe Anwender einbinden

Fazit: Nach unserer Erfahrung ist es sinnvoll, nicht nur die frühen Anwender einzubinden, denn die sind sowieso bei allen Innovationen in der ersten Reihe dabei und als solche oftmals schon im Team bekannt. Wirksam ist es, bereits einflussreiche Vertreter der frühen und späten Mehrheit mit an Bord zu haben, um aus den mit Abstand größten Gruppen Fürsprecher dabei zu haben. Weniger empfehlenswert ist es, zu viel Energie in die Nachzügler zu stecken, denn diese werden zu viel blockieren und Beweise suchen, dass es nicht funktionieren kann.

Psychodynamik für agile Coachs

Die Psychodynamik beschäftigt sich mit dem Wirken der seelischen Vorgänge als Reaktion auf äußere oder innere Ereignisse. Vereinfacht ausgedrückt, betrachtet die Psychodynamik die Reaktionen der Menschen auf äußere Einflüsse wie Veränderungen und bezieht dabei die Zeit in die Betrachtung mit ein. Auf dieser Grundlage beschreibt der Coach Klaus Eidenschink in seiner Metatheorie der Veränderung die wesentlichen Leitprozesse. Einige Aspekte finde ich für den agilen Coach besonders erkenntnisreich, um noch besser zu verstehen, wie Menschen auf Veränderungen reagieren und wie wir sie hierbei beraten und unterstützen können.

Reaktionsmuster auf Veränderungen und wie man ihnen begegnet

Selbstwahrnehmung: „Nehme ich etwas wahr und lass es an mich heran oder halte ich es fern?"

Menschen entscheiden, was sie wahrnehmen und was sie von sich fernhalten. Wir haben Filtersysteme, die stetig alle Wahrnehmungen filtern, um sie verarbeiten zu können. Dafür sorgt der Thalamus im Zwischenhirn, sonst wären wir nicht mehr in der Lage, zu fokussieren, und unterlägen einer ständigen Reizüberflutung. Wir wählen also aus der Vielzahl der Objekte und Situationen stets bestimmte aus, die unseren Bedürfnissen und Erfahrungen entsprechen. Im Hinblick auf Veränderungen ist es entscheidend, wie prägnant und konkret der Wandel ins Bewusstsein dringt. Ein Zeichen für die bewusste Wahrnehmung ist es, wenn Worte dafür gefunden werden und mit Emotionen gekoppelt sind.

Fazit: Lass die Betroffenen die Veränderungen in ihren Worten formulieren und die auslösenden Emotionen dazu ausdrücken. Damit unterstützt du die bewusste Selbstwahrnehmung deines Gegenübers.

Verstehen: „Was mache ich mir verständlich und was lasse ich auf sich beruhen?"

Jeder Mensch ordnet und konstruiert sich den Sinn seines Erlebens ständig neu und entscheidet, was er sich verständlich machen möchte und was er auf sich beruhen lässt. Dabei erstellen wir innere Zusammenhänge, ordnen die Eindrücke unseren inneren Denk- und Handlungslogiken,

Wünschen, Zielen, Erfahrungen etc. zu und erklären sie uns damit. Erst wenn wir Veränderungen verstehen und sie für uns innerlich Sinn ergeben, werden wir sie akzeptieren.

Fazit: Verstehen zu ermöglichen und innere Sinnhaftigkeit herzustellen, ist ein wesentlicher Prozess bei Veränderungen, den der Coach unterstützen kann. Welchen Sinn schreibt der Betroffene der Veränderung zu? Wie verknüpft er diese mit den eigenen Wünschen, Zielen, Erfahrungen, Kompetenzen etc.? Auch folgende Fragen helfen dabei:

- Welche deiner Erfahrungen sind für die Veränderung nützlich?
- Welche Kompetenzen kannst du dabei gut einbringen oder sogar erweitern?
- Welche Ziele oder Wünsche könnten sich durch das Neue realisieren lassen?

Bedürfnisregulation: „Welche Bedürfnisse fokussiere ich und welche stelle ich zurück?"

Die Fähigkeit, Bedürfnisse und Wünsche wahrzunehmen und sie zu befriedigen oder auch zurückzustellen, ist ein ständiger Regulierungsprozess. Dazu müssen wir unsere Bedürfnisse wahrnehmen und entscheiden, wie weit wir diese in welcher Situation fördern oder hemmen. Beides ist entscheidend, um in Situationen angemessen reagieren zu können und im sozialen Miteinander klarzukommen.

Fazit: Veränderungen betreffen auch immer das Miteinander und haben Einfluss auf die Bedürfnisse und Wünsche. So wird beispielsweise das Sicherheitsbedürfnis bei unsicheren Neuerungen zunächst nicht erfüllt und muss zurückgestellt werden. Dazu ist es wichtig, dieses Bedürfnis wahrnehmen und benennen zu dürfen. Oftmals hilft das bereits, um den Wunsch besser regulieren zu können. Motiviere als Coach dein Gegenüber, seine Bedürfnisse und Wünsche auszudrücken. Du kannst auch Vermutungen äußern, um die innere Suche zu fördern:

- Was brauchst du, um dich mit den bevorstehenden Veränderungen anzufreunden?
- Was wünschst du dir, um dich in dem Veränderungsprozess gut zurechtzufinden?
- Kann es sein, dass du dich durch die Veränderungen unsicher fühlst und du dich nach mehr Sicherheit und Beständigkeit sehnst?

Akzeptanz: „Werte ich etwas positiv oder lehne ich es ab?"

Was auch immer im Außen oder Innen erlebt wird: Wir entscheiden, ob wir das bejahen oder verneinen. Dementsprechend wenden wir uns dem Erlebnis zu oder ziehen uns zurück, wir bejahen eine Situation oder lehnen sie ab, wir schauen hin oder schauen weg. Im Wandel ist es erstrebenswert, die Dinge so anzunehmen, wie sie sind. Denn nur was wir akzeptieren (womit wir uns innerlich zuwenden), kann sich verändern. Alles, was wir ablehnen oder bei dem wir wegschauen, wird so bleiben, wie es ist. Das zeigt sich sehr deutlich in Konflikten: Solange wir diese nicht annehmen, sondern in unserem Erleben nicht zulassen, solange werden wir sie nicht akzeptieren und auch nicht verändern. Zu unterscheiden und zu akzeptieren, was wir nicht verändern können, und das anzugehen, was in unserem Einflussbereich liegt, ist der Schlüssel zur Selbstverantwortung.

Fazit: Als Coach müssen wir akzeptieren, wie Menschen und Organisationen die Themen bisher betrachtet haben und welchen Umgang sie bis dato damit gewählt haben. Wenn wir als Coach in die Falle tappen, Dinge zu bewerten oder gar abzuwerten, können wir die Betroffenen nicht mehr beraten oder coachen, denn sie fühlen sich automatisch mit ihrem bisherigen Wirken herabgesetzt. Gehe davon aus, dass jeder Beteiligte unter den gegebenen Umständen und mit seinem Kenntnisstand jederzeit sein Bestes gegeben hat.

Eine annehmende und akzeptierende Haltung anderen und sich selbst gegenüber gehören zu den wirksamsten Kompetenzen eines Coachs.

Selbstverantwortung: „Nehme ich handelnd Einfluss im Außen oder reguliere ich meine innere Betroffenheit?"

Jeder Mensch entscheidet permanent, worauf er Einfluss nehmen will, wofür er sich verantwortlich fühlt oder was er mit sich selbst regelt. Wir entscheiden, ob und wie wir durch Tun oder durch Selbstregulation auf äußere Einflüsse reagieren. Idealerweise reagieren wir mit Verantwortungsübernahme in unserem Einflussbereich, indem wir aktiv tätig werden. Im Gegenzug regulieren wir unsere Gedanken und Gefühle dort, wo wir die Dinge nicht in der Hand haben, weil sie nicht in unserem Wirkungsbereich liegen, wir jedoch immer noch entscheiden können, wie wir diesbezüglich fühlen und denken.

Als Coach begegnen wir z.B. häufig Teams, die auf ihre Führungskräfte oder das Top-Management fluchen und dort die Ursachen vieler Probleme sehen, mit denen sie konfrontiert sind. Wenn wir in das gleiche Horn blasen und uns verführen lassen, hier mitzuschwingen, werden wir das Team in seiner gefühlten Ohnmacht bestätigen und nichts bewirken.

Unterscheiden wir hingegen, wo das Team selbst Einfluss auf die Situation hat und beispielsweise Feedback nach oben geben sollte, und wo es sich innerlich besser regulieren kann, indem es beispielsweise die überfrachteten Erwartungen an die Allmacht der Führung überdenkt, werden wir das Team wirksam unterstützen können.

Fazit: Professionelle Distanz als Coach bedeutet, dass wir mitschwingen und gleichzeitig aus einer Metaperspektive her die Muster betrachten, die wir bei den Kunden vorfinden. Dann können wir auch bei der Entscheidung helfen, was im Einflussbereich liegt und wo es eher um innere Prozesse geht. Je differenzierter wir das bei uns selbst reflektieren können, desto besser können wir es auch bei unseren Kunden.

Vorab

Um die Dynamiken in Organisationen als Coach zu erkennen, ist es wichtig zu verstehen, was eine Organisation ausmacht. Die traditionelle betriebswirtschaftliche Organisationslehre sieht in Organisationen zielorientierte, absichtsvoll und rational gestaltete Gebilde, innerhalb derer Menschen zweckrational agieren. Die systemische Theorie rückt hingegen mehr die Komplexität und Dynamik von lebenden Systemen ins Blickfeld. Nach dem Verständnis der Organisationsberaterin Roswita Königswieser (Einführung in die systemische Organisationsentwicklung, 2011) ist eine Organisation ein mehrdimensionales soziales System, das zwar ein eigenes Innenleben hat, aber eigentlich nur existiert und existieren kann, indem es ein Subsystem mit anderen Systemen ist bzw. mit anderen Systemen kommuniziert und Beziehungen aufbaut.

Daraus resultiert als Wesensmerkmal von Organisationen ihre Ambivalenz und Widersprüchlichkeit und das Konflikt- und Prozesshafte. Die Akteure sind Menschen als komplexe Wesen mit allen ihren Bedürfnissen, Wünschen, Ängsten, Prägungen, Geschichten etc. Zu der Komplexität der Kommunikation zwischen den Mitarbeitenden kommen noch die Gemeinschaften hinzu, in denen diese leben, und von denen sie geprägt werden. Zu der zwischenmenschlichen Interaktion kommt dann noch die Zweckebene hinzu, bei der Prozesse, Systeme, Produktions- und Informationsprozesse mit dem Ziel gesteuert werden müssen, dass die Organisation Geld verdient und wettbewerbstauglich agiert.

Typische Organisationsdynamiken

Jede Organisation braucht Prozesse und Muster, die diese enorme Komplexität reduziert. Dazu dienen Regeln, Verhaltenskodizes, Hierarchien, Rituale, Vorurteile, Sinnkonstrukte etc. Aus dieser Gemengelage entstehen für die Beratung einige Grundannahmen und Gesetzmäßigkeiten, die hilfreich sind, um als agiler Coach Organisationen zu beraten.

Regeln versus situatives Handeln

Regelbrüche sind notwendig, damit Regeln wirken können

Organisationen brauchen Regeln, um die Komplexität zu reduzieren. Es kann nicht immer situativ entschieden werden, da dies überlasten oder ins Chaos führen würde. Genauso wenig können Regeln immer eingehalten werden, denn es gibt Situationen, bei denen das fatale Folgen hätte. So betrachtet, sind Regelbrüche notwendig, damit Regeln hilfreich sein können! Regeln müssen allerdings diese Ausnahmen begrenzen, damit sie ihre Gültigkeit bewahren.

Fazit: Sorgt für Regeln oder Vereinbarungen und besprecht, wie ihr mit Ausnahmen umgehen wollt. Wenn zu vielen Ausnahmen erforderlich werden, ist das ein klares Zeichen, die Regeln neu zu gestalten.

Kontrolle versus Vertrauen

Vertrauen macht Organisationen schneller

Kontrolle ist zur Selbststeuerung notwendig, weil sie den Zweck hat, Informationen zu sammeln und zu bewerten. Das kostet allerdings Zeit und Personal und demotiviert in der Regel die Beteiligten. Daher muss entschieden werden, wo und wie viel Kontrolle sich eine Organisation leistet. Durch Vertrauen kann Komplexität deutlich reduziert werden. Vertrauen macht Organisationen schneller und reduziert den Kommunikationsaufwand. Gleichzeitig wird der Überblick geringer, wie die einzelnen Bereiche entscheiden und wie sich das auf andere Bereiche der Organisation auswirkt.

Fazit: Auch wenn Agilität die Steuerung und damit die Kontrolle stärker in die Selbstorganisation der Teams geben will, braucht es neben dem Umgang mit dem Mehr an Vertrauen auch ein Mehr an Transparenz, um den Überblick zu behalten und weiterhin die notwendigen Informationen zu bündeln. Die Transparenz über alle Bereiche hinweg übernimmt damit sozusagen die Funktion der klassischen Kontrolle. Jedes Mehr an Vertrauen benötigt eine stärkere Transparenz, damit es gelingen kann.

Veränderungsbestreben versus Eigenleben

Organisationen funktionieren nicht wie Maschinen, sondern führen ein mehr oder weniger autonomes Eigenleben. Daher sind sie nicht direkt beeinflussbar und auch nicht durchschaubar. Sie reproduzieren sich mittels Kommunikation ständig selbst, sind in permanenter Veränderung und schaffen immer neue Ordnungsgefüge in Form von Wahrnehmungsmustern, Erwartungshaltungen etc.

Die Wirkung von Interventionen ist nie vorhersehbar

Fazit: Wir wissen als Coach nie, welche Interventionen welche Wechselwirkungen nach sich ziehen, und können keinen realistischen Veränderungsplan für einen längeren Zeitraum aufstellen. Jede Einflussnahme kann nur im Nachhinein analysiert werden, um daraus zu lernen. Eine iterative Anpassung ist in jeder komplexen Veränderungsdynamik entscheidend für den Erfolg. Die Basis unserer Maßnahmen, um das System in Richtung Steigerung der Agilität zu beeinflussen, ist die systemische Schleife (siehe Abb. 3):

- **Informationen sammeln:** Durch Interviews, Auftragsklärungsgespräche, Wahrnehmung der nonverbalen Kommunikation, Beobachtung von Artefakten (Symbole der Kultur wie Büroausstattung, Sitz der Geschäftsführung etc.).
- **Hypothesen bilden:** Hypothesen sind Annahmen bzw. Beschreibungen, die wir als Coachs über die Beziehungsdynamiken, Prozesse, Verhaltensweisen etc. machen. Sie sind nicht wertend und versuchen, die verborgene Kraft und die Zusammenhänge von Problemen zu ergründen.

Abb. 3: Die systemische Schleife

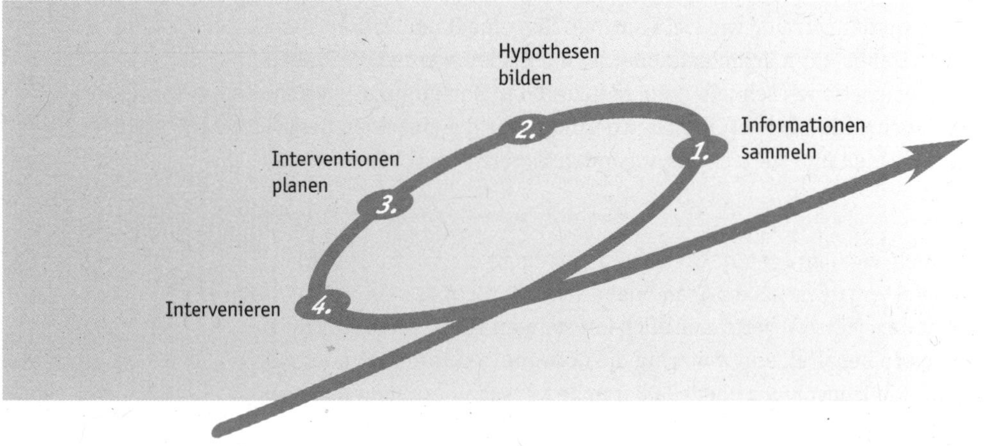

- **Interventionen planen:** Auf Basis unserer Hypothesen wählen wir die Maßnahmen aus, welche die Probleme lösen können oder zumindest mehr Klarheit über die Zusammenhänge bringen.
- **Intervenieren:** Wir führen Maßnahmen durch oder moderieren sie und beobachten die Wirkungen.

Ordnung versus Veränderung

Interne Ordnungsstrukturen, Sinnkonstrukte und Weltbilder verleihen Organisationen Sicherheit und Stabilität, behindern aber gleichzeitig das Reagieren auf Veränderungen in einer hochdynamischen Umwelt. Denn wenn die Strukturen und Weltbilder nicht mit den Veränderungen kompatibel sind, werden die alten Strukturen oder Annahmen das neue Verhalten ausbremsen.

Sinnhafte Ziele sorgen für Sicherheit in der Veränderung

Fazit: Organisationen brauchen zukunftsgerichtete Geschichten und sinnhafte Zielbilder, um in der Veränderung eine Ausrichtung zu haben. Glaubwürdige und sinnhafte Bilder und Erzählungen zum kreativen Umgang mit Veränderungen, mit denen sich die Menschen identifizieren können, geben Sicherheit und Stabilität und wirken wie ein Leitstern in der Veränderung. Gleichzeitig müssen die Ordnungsstrukturen (Rollen, Entscheidungsformate, Meeting-Strukturen, Teamstrukturen etc.) mit verändert werden, um das gewünschte Verhalten durch die neuen Strukturen zu fördern.

Organisationen können nicht nur aus Not und Druck von außen lernen, sondern auch proaktiv, indem sie sich selbst und ihre jeweiligen Umwelten aktiv und kreativ umgestalten. Das ist für agile Coachs – eigentlich – eine gute Nachricht. Doch dieses Umgestalten braucht meistens viel mehr Zeit, als erwünscht ist. Die „Transformation to go“ ist eine Mär, die du als Coach entmystifizieren musst, wenn du nicht dauernd Enttäuschungen erzeugen willst.

Gruppendynamische Gesetzmäßigkeiten

Worauf Coachs achten müssen, um Störungen zu vermeiden

Aus der Dynamik von Familiensystemen nach Bert Hellinger (Anerkennen, was ist, 2006) lassen sich einige typische Gesetzmäßigkeiten ableiten, die auch in Organisationen gelten und Störungen auslösen, wenn sie nicht beachtet bzw. aus Unwissenheit verletzt werden.

1. Zugehörigkeit

Das wichtigste Systemgesetz ist die „Zugehörigkeit zum eigenen System", denn diese sichert im Tierreich und auch in unserer Historie schlichtweg das Überleben. Zugehörigkeit ist auch in Unternehmen ein grundlegendes Bedürfnis der Mitarbeitenden. Wenn Menschen zu Meetings oder Feiern etc. ausgeschlossen werden, verletzt das die Zugehörigkeit und wird automatisch zu Störungen führen, wenn die Gründe dafür nicht geklärt werden. Auch Kündigungen verursachen immense Störungen, außer diese sind für alle nachvollziehbar und gerechtfertigt. Doch auch dann wirkt es stärkend für Systeme, sich der ehemals zugehörigen Kolleginnen und Kollegen zu erinnern und sie nicht zu negieren.

Vorher mitteilen, wenn man übereinander spricht

Ein typisches Beispiel für die Verletzung der Zugehörigkeit ist das Übergehen von Kollegen, indem Konflikte mit den Vorgesetzten statt mit den Beteiligten selbst besprochen werden. Das führt zu Vertrauensverlust bei denen, die sich übergangen fühlen.

Haben zwei Mitarbeiter einen Konflikt und einer von ihnen sucht zur Lösung eine andere Person, wie z.B. die Führungskraft, auf, so muss er zur Einhaltung des ersten Systemgesetzes „Recht auf Zugehörigkeit (kein Ausschluss)" dem anderen Mitarbeiter das vorher mitteilen.

Auch die Führung oder der Coach sollte als Erstes den Betroffenen fragen, ob alle involvierten Personen Bescheid wissen, dass hier über sie gesprochen wird. Wenn das nicht geschehen ist, sollte der Coach das Thema nicht anhören oder annehmen bevor die involvierte Partei darüber informiert oder mit zu dem Gespräch eingeladen wurde.

Hierzu zwei Beispiele aus der eigenen Praxis: Bei einer Bank hatte sich ein Berater aus der Kasse bedient und eine größere Summe Geld entwendet. Die Kündigung war für das Team gerechtfertigt und erzeugte eher Entlastung und das Gefühl von Gerechtigkeit. Der Mitarbeiter hatte durch sein Verhalten die Zugehörigkeit verspielt. Bei einer Versicherung stellte sich nach dem zweiten Workshop mit den Teams heraus, warum die Teams gegenüber der Geschäftsführung latent misstrauisch waren: Ein langjähriger, sehr beliebter Teamleiter wurde vor einem Jahr von einem auf den anderen Tag gekündigt und keiner wusste den Grund dafür. Das führt zu einer drastischen Verunsicherung und starkem Misstrauen gegenüber dem oberen Management und der Personalabteilung.

Je größer ein Unternehmen ist, desto schwieriger wird es, die Zugehörigkeit für alle zu sichern. Gerade Entlassungen führen bei den Mitarbeitenden oft zu gestörtem Vertrauen, vor allem wenn damit leichtfertig umgegangen wird.

Fazit als Coach:

- Achte darauf, dass alle zugehörigen Kolleginnen und Kollegen zu Meetings etc. eingeladen werden, zu denen sie dazugehören, oder begründe, warum sie nicht eingeladen sind. Das betrifft vor allem Teilzeitkräfte.
- Kläre mit allen Involvierten, mit wem und auf welcher Ebene Störungen oder Spannungen besprochen werden, und sorge dafür, dass die Beteiligten nicht übergangen werden.
- Kündigungen oder Stellenwechsel in andere Bereiche brauchen nachvollziehbare Erklärungen. Alle, die dazugehört haben, sollen in den Erinnerungen einen angemessenen Platz haben.

2. Anerkennung, Wertschätzung

Ohne Anerkennung kann kein System langfristig funktionieren, weder ein Familiensystem noch eine Organisation. Anerkennung bedeutet auch Respekt, Wertschätzung, Würdigung, Dankbarkeit für das, was das System ermöglicht und was es ausmacht. Anerkennung ist wie ein Motor, der ein System antreibt, vorwärtsbringt und zu Erfolgen führt. Fehlt die Wertschätzung, gerät der Motor ins Stottern und das System stagniert. Respekt hingegen muss sich jeder im System auf eine gewisse Weise verdienen – er ist an Bedingungen geknüpft: Der Coach kann nur Respekt ernten, wenn er seiner Verantwortung nachkommt und seine Aufgaben für das Team erfüllt. Erhält er den Respekt nicht, weil er Systemgesetze verletzt oder seiner Verantwortung nicht nachkommt, dann nutzt es auch nichts, diesen einzufordern oder Loyalität zu verlangen. Das wäre so ähnlich, wie Liebe einzufordern. Vertrauen, Respekt und Loyalität bekommt man geschenkt und muss es sich sozusagen verdienen. Man kann es nicht einfordern.

Respekt lässt sich nicht einfordern

Anerkennung wird leider in vielen Organisationen zu wenig ausgesprochen. Ganz nach dem Motto: „Nicht gemeckert, ist genug gelobt." Das ist auf Dauer schädlich und sorgt für systemische Störungen.

Abb. 4: Wertschätzungskärtchen sorgen für gutes Klima und gute Leistung

Fazit als Coach:

- Sprich Anerkennung aus, wann immer es passt, und sorge für ausreichend Würdigung. Dies gilt nicht nur für offensichtliche Leistung oder Engagement. Auch die kleinen Dinge wie ein freundliches Wort, ein Dank oder ein offenes Ohr sind nicht selbstverständlich und gehören gewürdigt.
- Sorge für Wertschätzungsrunden in den Teams. Rege immer wieder dazu an, sich gegenseitig Anerkennung auszusprechen.
- Verdien dir selbst den Respekt, den du dir wünschst, indem du die Erwartungen an deine Rolle mit dem Team klärst, deine Verantwortung übernimmst und dir dazu regelmäßig Feedback einholst.
- Verteile immer mal wieder Wertschätzungskarten im Team, damit die Kollegen das auch untereinander übernehmen (siehe Abb. 4).

3. Gleichgewicht von Geben und Nehmen

Das Gefühl von Gleichgewicht, Ausgleich oder Gerechtigkeit ist eine sehr subjektive Größe. Es kann sein, dass die eine Person das Gefühl hat, mehr zu geben, als sie bekommt.

Wichtig ist hierbei: Ein System, wie zum Beispiel ein Paar oder ein Unternehmen, strebt immer zu einem Ausgleich hin. Hat eine Kollegin den Eindruck, nicht genug Ausgleich (Gehalt, Anerkennung, Freiräume etc.) für ihren Einsatz zu bekommen, könnte sie beispielsweise für Ausgleich sorgen, indem sie Dinge entwendet oder sich krankschreiben lässt. Fühlt sich jemand in einem Team durch fehlenden Ausgleich benachteiligt, so wird er demotiviert. Man kann sich das wie ein inneres Konto vorstellen, auf dem wir in Beziehungen Einzahlungen und Abhebungen tätigen. Dummerweise wissen wir von den anderen oftmals nicht, was diese als Ein- oder Auszahlung empfinden. Bestenfalls machen wir das gegenseitig transparent und teilen uns mit, wenn das Konto ins Minus gerät.

Fazit als Coach:

- Mach in dem Team die Einzahlungen und Abhebungen auf dem imaginären Teamkonto transparent, indem du alle fragst, was sie als solche erleben.
- Kläre selbst, was du als Geben und Nehmen empfindest.
- Frage nach, wie es den einzelnen Teammitgliedern geht und wie ausgeglichen sich ihr Konto anfühlt.

- Tue Gutes und rede darüber: Sorge dafür, dass du selbst und die Kollegen aussprechen, was sie geben. Oftmals werden die Zuwendungen Einzelner nicht ausreichend wahrgenommen.
- Um einen gemeinsamen Erwartungsabgleich im Team herzustellen, ist die Intervention „Mein Teamkonto" äußerst wirkungsvoll. Sie zeigt auf, was jeder unter Einzahlungen und Abhebungen versteht und wie er sich selbst und die Kollegen im Team einschätzt (siehe S. 352 ff.).

4. Früher vor später hat Vorrang

Das kennen wir alle: Man steht beim Wocheneinkauf im Supermarkt an der Kasse an und jemand drängelt sich vor. Sofort gibt es Ärger mit allen, die dahinter anstehen. Ganz ähnlich verhält es sich im Arbeitskontext: Wenn „ein Neuer" dazustößt und sich sprichwörtlich vordrängelt, indem er sehr schnell eigene Interessen durchsetzen will oder Führung übernimmt, dann provoziert das schnell Ärger mit allen, die bereits vor ihm da waren. Er setzt sich „einfach ins gemachte Nest" und profitiert von den Leistungen und erkämpften Privilegien der früheren Mitarbeiter.

Würdigen, was da ist und darauf aufbauen

Um diesem Eindruck entgegenzuwirken brauchen die früheren Mitarbeiter Anerkennung und eventuell einen Ausgleich. Ansonsten werden sie sich übergangen fühlen und „den Neuen" ausschließen. Das ist besonders auffällig bei neuen jungen Führungskräften, die alles umkrempeln wollen, um gleich zum Einstieg ihr Engagement unter Beweis zu stellen. Egal, ob es sich um einen neuen Geschäftsführer, Bereichsleiter, agilen Coach oder sonst eine Führungsrolle handelt: Jeder muss die vorher Dagewesenen erst einmal mit ins Boot holen und ihnen die Wertschätzung für das Erschaffene zollen, bevor man die Erlaubnis bekommt, diese Menschen zu führen.

Fazit als Coach:

- Würdige alle, die vor dir da waren, und folge erst einmal dem Team eine Weile, bevor du Führung übernimmst.
- Sprich das klar aus: „Vielen Dank für alles, was ihr hier bereits geschaffen habt, ich kann mich in das von euch ‚gemachte Nest' setzen und weiß das sehr zu schätzen."
- Coache, wenn das im Rahmen deines Auftrags möglich ist, auch andere Führungsrollen in dieser systemischen Gesetzmäßigkeit, um Störungen zu vermeiden.
- Lass das Team die Rangordnung nach Dienstalter transparent machen und würdige diejenigen, die schon lange da sind.

5. Höhere Verantwortung/höherer Einsatz hat Vorrang

Selbst in Teams mit flachen Hierarchien gibt es Menschen, die Führungsrollen übernehmen. Diese haben dann auch Vorrang und müssen ihre Verantwortung ausführen. Wenn sie ihre Führungsaufgaben wegdelegieren, gibt das Störungen im System und führt zur Schwächung der Rolle und des Auftrags. Andererseits müssen alle übrigen Mitarbeitenden die Führung auch anerkennen, auch wenn sie nicht immer deren Meinung teilen oder auch auf ihrem Gebiet mehr Wissen und Kompetenz besitzen.

Fazit als Coach:

- Nimm deine Führungsrolle ernst und trage die Verantwortung.
- Anerkenne andere Führungsrollen und lass dich von diesen auch führen.

6. Höhere Kompetenz/höheres Wissen hat Vorrang

Kollegen, die mehr Wissen oder Kompetenz besitzen, haben, systemisch betrachtet, Vorrang vor denen, die weniger aufweisen. Weniger kompetente Mitarbeitende müssen die kompetenteren Kollegen anerkennen. Wenn das nicht der Fall ist, gibt es Störungen in den Teams. Dennoch gilt weiterhin das Gesetz: Höhere Verantwortung hat Vorrang. Das bedeutet, dass ein kompetenterer Mitarbeiter die Führung anerkennt, selbst wenn diese auf dem Fachgebiet weniger Kompetenz oder Wissen besitzt. Die Führung hat andere Aufgaben und braucht anderes Wissen und andere Kompetenzen.

Fazit als Coach:

- Schenke Kollegen, die höhere Kompetenz in Bereichen besitzen, die Anerkennung und sorge dafür, dass sie auch im Team dafür Anerkennung ernten können.

Typische Teamdynamiken

Teams haben eine eigene Identität, ein eigenes Selbstverständnis und eine eigene Kultur innerhalb einer Organisation. Sie entwickeln ihre Motivation aus der Überzeugung ihrer Rolle im Unternehmen und ihrem Beitrag zur Wettbewerbsfähigkeit des Unternehmens. Dieser Wert eines Teams erzeugt die Motivation seiner Mitglieder, die entsprechenden Fähigkeiten und Verhaltensweisen einzusetzen, um die Ziele zu erreichen. Die Werte, Überzeugungen, Fähigkeiten und Verhaltensweisen der Teammitglieder sind die tragenden Ressourcen eines Unternehmens.

Der Selbstwert eines Teams bildet sich aus den Aufgaben, Überzeugungen, dem Kommunikationsklima und dem Rollenverständnis. Ihre Fähigkeiten erzeugen die Teams selbst, indem von den einzelnen Mitgliedern erkannt wird, was verbessert oder ergänzt werden muss. Teams üben ihre Tätigkeiten einerseits sachorientiert und mit Fokus auf das Erreichen von Ergebnissen aus, andererseits arbeiten sie sozial orientiert, um ein gemeinsames Verständnis herzustellen, Funktionen und Kompetenzen zu teilen. Dazu sind erhebliche Kommunikationsfähigkeiten erforderlich.

Auch in modernen Zeiten gelten zwischenmenschlich die gleichen Interaktionsmuster wie vor Jahrzehnten oder sogar wie vor Jahrhunderten. Vor allem die Konfliktfähigkeit hat sich offensichtlich noch nicht wesentlich weiterentwickelt. Jedenfalls offenbart der Blick auf die politische Lage kaum intelligentere Umgangsweisen mit unterschiedlichen Interessen, als das im Mittelalter der Fall war – sieht man einmal von der subtileren Art der Kriegsführung oder Machtausübung ab. Zum Glück sind die meisten Teams in Unternehmen und Organisationen reifer und schlagen sich in der Regel nicht die Köpfe ein. Trotzdem bleibt der Umgang mit Unterschiedlichkeit eine Herausforderung. Und genau die wollen wir in agilen Teams fördern: Denn Divergenz ist ein Erfolgsfaktor zur Perspektivenvielfalt und Ideengenerierung. Statt homogener Harmonie wollen wir kontroverse Diskussionen, um bessere Lösungen zu entwickeln. Was sind die Voraussetzungen, damit dies gelingen mag?

Unterschiedlichkeit bleibt eine Herausforderung, sie zu fördern, erst recht

Selbstorganisierte Teams sind nicht nur im agilen Kontext „in". Viele Führungskräfte finden die Vorstellung, das operative Management und die tägliche Organisation an die Teams selbst abzugeben, auf den ersten Blick mehr als attraktiv. Auf den zweiten Blick wird ihnen dann bewusst, wie viel mehr Selbstorganisation beinhaltet und wie weitreichend die Auswirkungen auf sie als Führungskraft sein werden.

Um die Dynamiken in Teams zu verstehen, erweist sich das vereinfachte Teamphasen-Modell von Bruce Tuckman immer noch als äußerst nützlich, um die facettenreiche Realität der Beziehungsdynamiken von Teams abzubilden. Auch heutzutage braucht ein Team mindestens ein Jahr, bis es in eine Hochleistungsphase gelangt. Im Vergleich zu konventionellen Teams durchlaufen allerdings selbstorganisierte Teams die Phasen schneller, denn sie sind genau deshalb gezwungen, sich mehr auszutauschen. Das kommt zum einen daher, dass sie mehr Verantwortung als Team übernehmen und Entscheidungen treffen, und zum anderen durch die regelmäßigen Retrospektiven, in denen sie gemeinsam die Zusammenarbeit in einem geschützten Raum reflektieren.

Psychologische Sicherheit: das Fundament für leistungsfähige Teams

Gute Retros sind ein entscheidender Nährboden für eine schnelle und gesunde Teamentwicklung, denn sie fördern psychologische Sicherheit. Wie die amerikanische Psychologin Amy Edmondson erforscht hat, ist diese psychologische Sicherheit der wichtigste Faktor für Teamintelligenz. Nur wenn Menschen sich trauen, auch brenzlige Dinge auszusprechen, werden Teams in der Lage sein, sich zu korrigieren, Fehler zu analysieren und zu beheben. „Die besten Teams machen die meisten Fehler", provoziert Edmondson gerne in ihren Vorträgen. Was im ersten Moment wie ein Widerspruch erscheint, ist im zweiten Moment sehr wohl nachvollziehbar: Gute Teams machen mehr Fehler, weil sie zum einen die Fehler nicht vertuschen und zum anderen den Mut haben, Neues zu lernen und auszuprobieren. Nur mit einer offenen Fehlerkultur, die auf dem Vertrauen und der gefühlten Sicherheit jedes Einzelnen basiert, ist Weiterentwicklung möglich.

Heutzutage können wir Menschen nicht mehr jene Sicherheit im Beruf bieten, die unsere Eltern erlebt haben, 30 Jahre und mehr Betriebszugehörigkeit sind in Zukunft kaum noch vorstellbar. Sicherheit muss sich heute anders definieren als über einen gesicherten Arbeitsplatz für die nächsten Jahrzehnte. Was können wir stattdessen an Sicherheiten bieten? Meiner Beobachtung nach ist die wirkungsvollste Sicherheit, die wir Menschen anbieten können, die Gewissheit, als Mensch einen wichtigen Beitrag zu leisten und dazuzugehören: Ist mein Beitrag relevant, wird er gehört? Kann ich mich geben, so wie ich bin? Sind meine Talente und Stärken gefragt? Darf ich Fehler machen und mich dabei weiterentwickeln? Werde ich unterstützt und von anderen gesehen? Wenn jeder in einem Team diese Fragen mit Ja beantworten kann, hat das Team ein sicheres Fundament für alle geschaffen.

Was unterscheidet die Gruppe vom Team?

Gruppen und Teams haben andere Dynamiken, weswegen deren Unterscheidung relevant ist, um diese zu verstehen. Teams brauchen ein gemeinsames Ziel, bei dessen Erreichung sie gegenseitig voneinander abhängen. Zur Verdeutlichung ein Beispiel: Wenn eine Gruppe von Menschen in einem Ausflugsbus sitzt, haben diese zwar ein gemeinsames Ziel, sie sind zu dessen Erreichen aber nicht voneinander abhängig, sondern vom Busfahrer, der in dieser Rolle die Führungskraft repräsentiert. Hat der Bus allerdings eine Panne mitten in den Bergen bei Kälte und ohne Mobilfunknetz, wird aus der Gruppe ein Team. Jetzt müssen alle zusammenarbeiten, um zu überlegen, wie sie ihr Ziel gesund und heil erreichen.

Im letzteren Fall wird deutlich, wie viel mehr Kommunikation, Aufgabenverteilung, Kompetenzen der Einzelnen, Verzahnung, Zielklärung etc. erforderlich wird im Vergleich zu den Menschen, die im gleichen Bus sitzen.

Nach Klaus Eidenschink hat ein Team bezüglich des Ziels ein Dilemma zu bewältigen: Es muss einerseits die Ziele so stabil halten oder anpassen können, dass es im Hinblick auf die Außenwelt erfolgreich ist. Dieser Erfolg ist in der Regel nur möglich, wenn dabei Synergieeffekte erzielt werden, ansonsten ist auch Einzelkämpfertum ausreichend. Daher muss das Team andererseits die Ziele so gestalten, dass die Teammitglieder motiviert bleiben, sich damit zu identifizieren und nicht davonzulaufen.

5 bis 10 Mitglieder – die ideale Größe, um Teamdynamik zu entfachen

Daraus lässt sich aber auch ableiten, dass Teams nicht endlos wachsen können. Wenn die Zahl der Teammitglieder zu groß wird, werden die Passivitätszumutungen an den Einzelnen zu groß – man kommt einfach zu selten zu Wort – und es werden sich Untergruppen, Abspaltungen oder Abwanderungen ergeben. Eine Faustregel besagt, dass Teams zwischen fünf und zehn Mitglieder haben können. Darunter entsteht zu wenig Teamdynamik und Variabilität und darüber entstehen Untergruppen und Abspaltungen.

Die drei Funktionen von Teams

Einbindung und Selbstorganisation sind der neue Treibstoff für Teams, neue Entscheidungsarten aus dem holistischen Denken sind das dazugehörige Werkzeug und die Kollaboration ist das erforderliche Bindemittel. Ein echtes Spitzen- bzw. agiles Team ist ein reifes und entwickeltes Team, das sich durch folgende Eigenschaften auszeichnet:

- Es erhöht die Leistungsfähigkeit jedes Einzelnen und ist somit äußerst leistungsstark.
- Es lernt voneinander und entwickelt sich stetig weiter.
- Es schafft hohe Identifikation und Leistungsbereitschaft.
- Es kreiert neue Ideen und setzt diese zielstrebig um.
- Es handelt lösungsorientiert und im pro-aktivem Sinne der Unternehmensziele.
- Es hat eine hohe Anpassungsleistung und Resilienz gegenüber Wandel.
- Es hat Spaß und Freude und ist stressresistent.

Bei alldem, was Teams heutzutage übernehmen sollen, sind es vor allem drei Funktionen, die ein Team erfüllen muss, um erfolgreich und motiviert zu sein und zu bleiben.

1. Die Aufgabenfunktion von Teams

Teamspirit erwächst aus der gemeinsamen Aufgabe

Als Teamcoach bist du gefragt, die einzelnen Aspekte der Aufgabenfunktionen eines Teams immer wieder mit allen Beteiligten zu reflektieren und zu optimieren. Denn egal wie gut die Beziehungen der Teammitglieder untereinander sind: Wird das Team seinen Anforderungen auf der Sachebene nicht gerecht, wird es seine Motivation und damit auch seinen Teamspirit verlieren. Teams sind Zweckgemeinschaften, die in erster Linie ihren Auftrag – und damit folgende konkrete Aufgaben – erfüllen müssen:

- **Erkennen und verstehen:** Jeder versteht die Aufgabenstellung und die Ziele, die gemeinsam erreicht werden sollen. Daraufhin werden die Wege zur Umsetzung mit den notwendigen Ressourcen und Kompetenzen analysiert und bewertet.
- **Initiative und Mitwirkung:** Jedes Mitglied ist gefordert, Lösungen, neue Ideen, neue Definitionen des Problems, neue Vorgehensweisen oder eine Neuorganisation der Abläufe und Materialien vorzuschlagen.
- **Informationssuche:** Jeder fragt nach, um Vorschläge genauer abzuklären, man verlangt nach zusätzlichen Informationen, Fakten, Materialien etc.
- **Meinungssuche:** Jeder erfragt aktiv die (unterschiedlichen) Meinungen, die von den einzelnen Teammitgliedern bezüglich eines Problems vertreten werden. Dies kann unterschiedliche Werte aufdecken sowie neue Vorschläge und Ideen bringen.
- **Informationen geben:** Jede Person teilt mit den Teammitgliedern Erfahrungen, die für das vorliegende Problem eine Bedeutung haben könnten.
- **Meinungen äußern:** Jeder äußert seine Meinung oder Überzeugung in Bezug auf einen oder mehrere Aspekte der Themen, die es zu lösen gilt.

- **Ausarbeiten von Vorschlägen:** Man klärt und wägt verschiedene Informationen ab, gibt Beispiele und spielt die verschiedenen Konsequenzen eines Vorschlags durch.
- **Koordination:** Vorschläge und Ideen werden zusammengefasst sowie die Tätigkeiten der verschiedenen Untergruppen miteinander verbunden.
- **Entscheiden:** Alle werden an wichtigen Entscheidungen, die das Team betreffen, beteiligt. Je nach Kontext wird das passende Entscheidungsformat gewählt.
- **Ausführen:** Alle engagieren sich für die tatkräftige Umsetzung der Entscheidungen, überwachen und optimieren sie kontinuierlich.
- **Abschließen:** Alle prüfen gemeinsam die Zielerreichung, Fehler werden ausgewertet und Gelerntes reflektiert.

2. Die Sozialfunktion von Teams

Im komplexen Umfeld ist es nicht nur „in", mit agilen Teams zu arbeiten. Es ist auch unausweichlich notwendig, um voranzukommen. Kontrolle mag im klassischen Umfeld ihre Berechtigung haben und auch teilweise noch funktionieren, wenn die Führungskraft das Team mit Micromanagement führt. Je komplexer jedoch die Aufgaben sind, die das Team bewältigt, desto mehr ist Vertrauen erforderlich, um mit dem Schwierigkeitsgrad zurechtzukommen. Vertrauen braucht tragfähige Arbeitsbeziehungen und erfordert somit eine gute Sozialfunktion von Teams.

Ein weiterer Vorteil von Vertrauen ist die Motivation: Kontrolle führt auf Dauer zu Demotivation, Vertrauen hingegen zur Steigerung der Motivation. Und Motivation ist nicht nur ein „Feelgood"-Faktor, sondern führt eindeutig zu Steigerung der Leistungsfähigkeit und Zielerreichung.
Die Sozialfunktion von Teams kann der Teamcoach stärken, indem er grundlegende personale Bedürfnisse wie Nähe und Distanz, Freiheit und Sicherheit sowie Einzigartigkeit und Zugehörigkeit im Team fördert. Dazu dienen u.a. Retrospektiven, Teamentwicklungsmaßnahmen, Einzelgespräche oder Mediationen bei Konflikten.

3. Die Zeitfunktion von Teams

Je komplexer unser Umfeld ist, desto wichtiger ist es für den Coach, die Zeitdimension zu beachten. Der Coach Klaus Eidenschink benennt das wesentliche Phänomen in diesem Kontext mit dem Begriff Paradoxon. Aus zeitlicher Perspektive ist die Welt paradox: Sie ist voller Gegensätze, Widersprüchlichkeiten, Antinomien, Ambivalenzen, Dilemmata und

Konflikte. Diese Gegensätze lassen sich weder verhindern noch versöhnen, es gibt sozusagen keinen Mittelweg und keine Verhandlung darüber.

Teammitglieder können sich nicht gleichzeitig nah und fern sein, auch wenn beides wichtig ist. Wir können als Coach nicht gleichzeitig alle mitreden lassen und schnelle Entscheidungen treffen, auch wenn beides wichtig ist. Wir können nicht gleichzeitig vertrauen und kontrollieren, auch wenn beides wichtig ist. Teams können nicht die Qualität erhöhen und gleichzeitig schneller werden, auch wenn beides wichtig ist. Es gibt

Intervention „Fünf Felder der Auftragsbewältigung"

Eine wirksame Intervention zur Aufgabenfunktion als Coach aus dem Fachbuch „Professionell coachen" nutze ich gerne in abgewandelter Form (Ryba, Pauw, Ginati, Rietmann (Hrsg.), 2014).

Erkennen: Im ersten Schritt klärst du als Coach mit dem Team folgende Fragestellungen zum Auftrag und den Aufgaben.

- Wofür sind wir verantwortlich?
- Wozu tun wir das? Für wen tun wir das?
- Was soll erreicht werden?
- Woran messen wir das Ergebnis?
- Welche Ressourcen haben wir zur Verfügung?
- Welche Fähigkeiten, Fertigkeiten und Talente brauchen wir dazu?

Verstehen: Im zweiten Schritt werden die gesammelten Informationen gemeinsam analysiert und interpretiert.

- Welche Wege führen ans Ziel?
- Wie bewertet das Team Risiken und Gefahren?
- Welche Alternativen des Vorgehens sind denkbar?
- Welche Fehlerquellen gibt es?
- Herrscht über die Interpretation, wie die Aufgabe zu bewältigen ist, Klarheit?

Entscheiden: Im dritten Schritt führst du als Coach zu den wichtigen Entscheidungen und sorgst für Klarheit.

- Aufgaben verteilen
- Prioritäten setzen
- Wer macht was bis wann mit wem und wie?

eine Vielzahl dieser Paradoxien und jedes Team steht vor der Herausforderung, mit diesen zu arbeiten. Ein Teamcoach muss also darauf achten, welche Paradoxa im Spiel sind, wie sie gelebt werden und welche Auswirkungen dies für die Motivation der Teammitglieder und die Zielerreichung hat. Hilfreich ist es, die verschiedenen Aspekte zu verschiedenen Zeiten zu bearbeiten: Im Review geht es um die Aufgabe, in der Retrospektive um das Soziale. Im Daily geht es um Schnelligkeit, in den Achtsamkeitspausen um Besinnung.

Ausführen: Die wichtige Umsetzung der getroffenen Entscheidungen ist dann der nächste Schritt, den du als Coach begleitest.

- Wie halten wir durch?
- Wie sorgen wir für Kraft und Durchsetzung bei der Umsetzung?
- Wie gewährleisten wir kontinuierlichen Fortschritt?

Umsetzung: Die letzte Stufe der Aufgabenbewältigung dient der Überprüfung der Zielerreichung:

- Wie bewerten wir die Ergebnisse?
- Was haben wir daraus gelernt?
- Wie erhalten wir Gelungenes aufrecht?

Nutze Häkchen, Ausrufezeichen o.Ä. als Visualisierungshilfe, die jedes Teammitglied bei den fünf Aufgabenfeldern verteilen kann. So hat das Team einen guten Überblick, welche Punkte klar sind und wo es noch der Klärung oder Schärfung der Felder bedarf (siehe Abb. 5).

Abb. 5: Fünf Felder der Aufgabenbewältigung von Teams

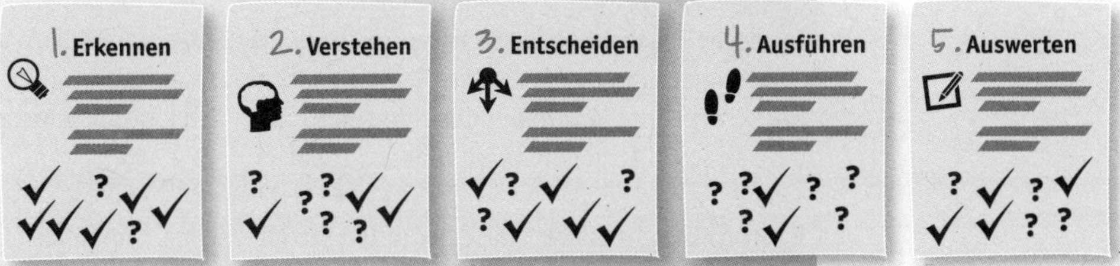

Die Teamentwicklungsphasen-Modell nach Tuckman

Ein Team braucht ein Jahr bis zur optimlaen Leistungsfähigkeit

Jedes Teambuilding verläuft nach Phasen. Bereits in den 1960er-Jahren hat der Psychologe und Organisationsberater Bruce Tuckman die Forming-, Storming-, Norming- und Performing-Phasen mit ihren typischen Dynamiken und Herausforderungen beschrieben. Auch heutzutage braucht ein Team mindestens ein Jahr, bis es eine Hochleistungsphase erklimmt. Je früher die Mitglieder dabei selbstorganisiert handeln, desto schneller durchlaufen sie diese Phasen. Das liegt an der viel größeren Dringlichkeit, gemeinsam Aufgaben zu verteilen, zwischen Varianten zu entscheiden und sich in Sinne der Ziele zu ergänzen. In klassischen Teams übernimmt die Teamleitung viele Aufgaben. Das Team muss dadurch nicht so zügig zusammenfinden und kann Entscheidungen und Verantwortung der Führung überlassen. Je mehr Verantwortung das Team übernimmt, desto schneller wird klar, wie viel Einigkeit oder Divergenz vorhanden ist. Hier kommt wieder die psychologische Sicherheit als Treiber der Teamentwicklung ins Spiel. Denn nur wenn Menschen sich trauen, auch brenzlige Dinge auszusprechen, werden Teams in der Lage sein, sich zu korrigieren, Fehler zu analysieren und zu beheben.

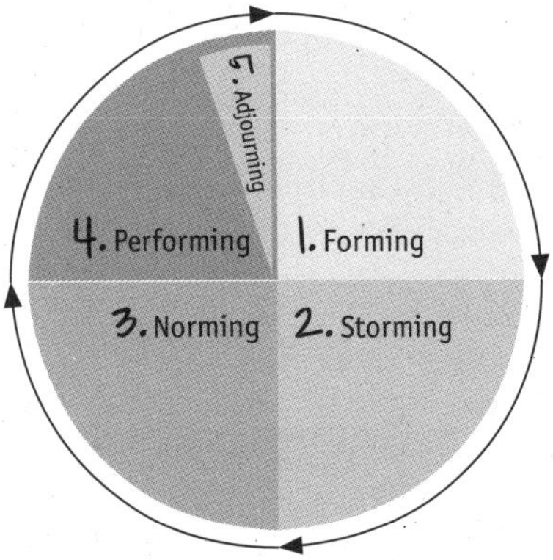

Die Teamphasen nach Tuckman beschreiben die Entwicklung von Gruppen und Teams in fünf Phasen:

Abb. 6: Teamentwicklungsphasen nach Tuckman

1. Forming: In dieser Phase kommen die Teammitglieder zusammen und lernen sich kennen. Es herrscht noch Unsicherheit und Orientierungslosigkeit, da die Einzelnen noch nicht genau wissen, was von ihnen erwartet wird und welche Rolle sie im Team einnehmen sollen. Man geht noch vorsichtig miteinander um und zeigt sich von der Sonnenseite. Die Leistungsfähigkeit ist noch weit unter den Möglichkeiten. Da sich die Mitglieder noch nicht gut kennen und keine klaren Rollen und Aufgaben haben, kann es schwierig sein, effektiv zu arbeiten.

In dieser Phase ist es für dich als Coach wichtig, eine klare Vision und Ziele mit dem Team zu erarbeiten. Du kannst durch Teamforming-Workshops und -Events die Mitglieder dabei unterstützen, sich kennenzulernen und eine positive Atmosphäre im Team zu schaffen.

2. Storming: In dieser Phase beginnen die Mitglieder, ihre Rollen und Positionen im Team zu definieren, und es kann zu Konflikten kommen. Unterschiedliche Bedürfnisse, Vorstellungen und Meinungen treten zutage, die nicht immer kompatibel sind. Wenn es konstruktiv läuft, führt die Storming-Phase zu Vertrauen und Nähe untereinander. Wenn die Konflikte und Divergenzen nicht akzeptiert oder gelöst werden, kann es zu Eskalation oder Resignation und damit verbundener Demotivation kommen. Wenn die Mitglieder unterschiedliche Vorstellungen und Meinungen haben und nicht gut zusammenarbeiten, kann dies die Produktivität beeinträchtigen.

Die Konflikte, die in dieser Phase entstehen, solltest du als Coach moderieren können. Schaffe einen sicheren Rahmen für den konstruktiven Austausch und ermutige die Mitglieder, ihre Meinungen auszudrücken. Helfe ihnen, gemeinsame Ziele und Arbeitsweisen zu definieren.

3. Norming: In dieser Phase beginnen die Mitglieder, sich auf gemeinsame Ziele und Arbeitsweisen zu einigen. Es werden Normen und Regeln für die Zusammenarbeit entwickelt und akzeptiert. Auch vorhandene Vereinbarungen werden nachjustiert. Allmählich verbessert sich die Leistungsfähigkeit des Teams, da die Mitglieder klare Rollen und Aufgaben haben. Wenn das Team Normen und Regeln akzeptiert und effektiv zusammenarbeitet, kann die Produktivität steigen.

In dieser Phase ist es wichtig, dass du als Coach das Team dabei unterstützt, klare Normen und Regeln zu entwickeln und zu akzeptieren sowie vorhandene Vereinbarungen zu hinterfragen, um diese zu optimieren. Du kannst dabei unterstützen, das Vertrauen und die Zusammenarbeit im Team zu stärken.

4. Performing: In dieser Phase arbeitet das Team effektiv und produktiv zusammen, Rollen und Aufgaben sind klar verteilt und akzeptiert. Das Team erreicht seine maximale Leistungsfähigkeit und ist fokussiert auf die gemeinsamen Ziele, die es zu erreichen gilt.

In dieser Phase kannst du als Coach das Team ermutigen und unterstützen, konsequent produktiv und effektiv zu arbeiten. Du kannst als Sparringspartner agieren, Feedback geben und dabei helfen, die Arbeitsprozesse weiter zu optimieren. Das Team ist stolz auf seine Leistung und braucht entsprechend anspruchsvolle Aufgaben.

5. Adjourning: In dieser Phase wird das Team aufgelöst, da das gemeinsame Ziel erreicht wurde oder die Zusammenarbeit nicht mehr notwendig ist. Es kann zu Trauer oder Wehmut kommen, da sich die Mitglieder an die gemeinsame Arbeit und die Erfolge erinnern. Die Mitglieder fangen an, sich auf neue Herausforderungen und Aufgaben zu konzentrieren, was dazu führt, dass die Leistungsfähigkeit des Teams in der letzten Arbeitsphase sinkt.

In dieser Phase solltest du als Coach das Team dabei unterstützen, die Erfolge zu feiern und den Übergang zu neuen Herausforderungen zu erleichtern. Einen guten Abschied zu gestalten, ist hierbei sehr relevant und wird oftmals in seiner Wirkung für kommende Projekte unterschätzt.

Eigenschaften der Teams in den jeweiligen Phasen

Stufe 1 – Forming

- Mäßiger Arbeitseifer bei hohen Erwartungen
- Ängste: Wo ist mein Platz in der Gruppe? Was wird von mir erwartet?
- Abtasten der Situation und der Zentralfiguren
- Abhängigkeit von Autorität und Hierarchie
- Bedürfnis, sich in der Gruppe einzugliedern und eine bestimmte Position einzunehmen

Stufe 2 – Storming

- Wahrnehmen der Diskrepanz zwischen eigenen Hoffnungen und der Realität
- Unzufriedenheit wegen der eigenen Autoritätsabhängigkeit
- Frust: Streit um Ziele, Aufgaben und Aktionspläne
- Gefühle von Verwirrung und Inkompetenz
- Negative Reaktionen gegenüber Leitern und anderen Teammitgliedern
- Konkurrenz um Machtpositionen und/oder Aufmerksamkeit
- Erleben von Polaritäten: Abhängigkeit und Gegen-Abhängigkeit
- Gruppenentwicklung

Stufe 3 – Norming

- Abnehmen der Unzufriedenheit
- Überbrückung der Kluft zwischen Erwartungen und Realität
- Überwindung von Polarisierungen und Schuldzuweisungen
- Entwicklung von Übereinstimmung, Vertrauen, Hilfsbereitschaft, Respekt
- Entwicklung von Selbstvertrauen und Zuversicht
- Offener Umgang miteinander und vermehrtes Feedback
- Teilen von Verantwortung und Kontrolle
- Gebrauch einer Teamsprache

Stufe 4 – Performing

- Freude darüber, im Team mitarbeiten zu können
- Kooperatives und eng ineinander verzahntes Arbeiten von Plenum und Untergruppen
- „Gemeinsam sind wir stark"-Erlebnisse
- Selbstbewusstes Herangehen an die Aufgaben
- Stolz auf erfolgreich gelöste Aufgaben
- Hohes Leistungsniveau

Die fünf Kompetenzfelder von Teams

Gute Teams – das beste Instrument zur Mitarbeiterbindung

Gute Teams sind einer der größten Erfolgshebel für Organisationen. Mitarbeiter gehen wegen schlechter Führung und bleiben wegen guten Teams! Diese Hypothese lässt sich in Organisationen immer wieder als zutreffend beobachten. Das Phänomen verstärkt sich durch die aktuellen Anforderungen: Denn je komplexer die Anforderungen an die Aufgaben in den Unternehmen werden, desto wichtiger ist die Performance von Teams. Dem agilen Coach kommt dabei eine ganz entscheidende Rolle zu: Er sorgt mit passenden Seminaren und Coachings für das effektive Set-up eines Teams und gestaltet darüber hinaus die kontinuierliche Entwicklung hin zu einem selbstorganisierten Team.

Funktionale Teams verfügen über fünf Kompetenzen, die je nach Reifegrad unterschiedlich stark ausgebildet sind. Inspiriert von den Dysfunktionen nach Patrick Lencioni (Death by Meeting, 2004) sowie deren Übertragung und Weiterentwicklung auf selbstorganisierte Teams sind die in Abbildung 7 genannten fünf Kompetenzfelder quasi das Destillat aus 350 persönlichen Moderationen von Teams.

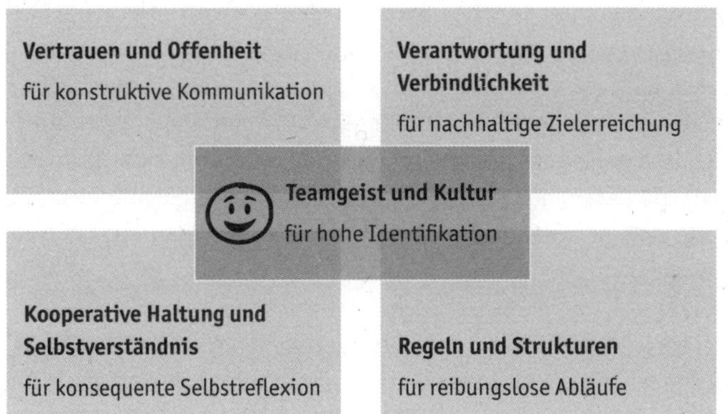

Abb. 7: Die fünf Kompetenzfelder von Teams

Vorab: Die Expertise in dem erforderlichen Aufgabengebiet setze ich dabei als Kompetenz voraus und ebenso ein grundsätzliches Vorhandensein von Team- respektive sozialer Kompetenz. Diese sind das Fundament, auf dem sich die Teamleistung und der Outcome aller aufbauen. Steve Jobs galt als ein Visionär, der seine Teams zu hoher Innovationsfreude ermutigt hat. Gleichzeitig war er berüchtigt dafür, allen Mitarbeitern augenblicklich zu kündigen, wenn sie ihren Aufgaben nicht gewachsen waren. Achtet demnach bei der Einstellung und Einarbeitung unbedingt auf die für die Aufgaben erforderlichen fachlichen und sozialen Fähigkeiten. Denn der beste Fachexperte sprengt jedes Team, wenn er keine soziale Kompetenz mitbringt. Aufbauend darauf entwickelt sich ein Team synergetisch in den folgenden Gebieten weiter und ergänzt sich dabei.

1. Teamgeist und Wir-Kultur für hohe Identifikation

Teams werden keine Wir-Kultur, geschweige denn einen inspirierenden Teamgeist implementieren, ohne die kulturellen und strukturellen Voraussetzungen dafür zu haben. Solange die Führung weiterhin ausschließlich Einzelziele verfolgt und misst oder Aufgaben und Rollen definiert und zuteilt, ist die Entstehung einer Wir-Kultur zum Scheitern verurteilt. Die Transparenz der Einzelleistungen und Beiträge ist wichtig für ein Team, doch der Erfolg muss sich an der Teamleistung als Ganzem messen. Outcome statt Output sollte die Devise sein.

Outcome vor Output, Impact vor Outcome

Unter Output versteht man die Leistungen, die messbar bei einer Aufgabenstellung erbracht werden. Demgegenüber ist der Outcome die Wirkung, die auf unterschiedlichen Ebenen durch die Aufgabe erzielt wurde. Wenn ein Team beispielsweise Leads durch Blogposts generieren soll, wäre der Output die Anzahl der Posts, die das Team verfasst. Der Outcome zeigt sich in den neuen Kunden, die die Leistung des Unternehmens konkret in Anspruch nehmen. Solche Outcomes entstehen nur, wenn ein Team gemeinsam über den Tellerrand schaut und weiterdenkt. Noch einen Schritt weitergedacht, kann sich ein Team auch mit dem Impact beschäftigen, seinem Beitrag auf gesellschaftlicher Ebene. Einen Impact werden Teams erzielen und stolz darauf sein, indem sie beispielsweise die Kunden auf ökologische Zusammenhänge hinweisen und Lösungen anbieten, die nicht nur dem Kunden und Unternehmen, sondern auch der Umwelt Nutzen bringen.

Nachweislich identifizieren sich Mitarbeitende mit ihrem Team umso stärker, je mehr der Impact im Vergleich zum reinen Output zählt. Die Ergebnisse des Meinungsmonitors des Weiterbildungsmagazins managerSeminare (2018) ergab als wichtigste Faktoren, die Teams gut machen: 56 Prozent gemeinsamer Sinn/Purpose; 54 Prozent Empathie und Sozialkompetenz; 52 Prozent Klarheit in Bezug auf Rolle und Aufgaben sowie 45 Prozent intensive Interaktion und breite Kommunikation.

Fazit als Coach: Ein gemeinsamer Sinn entsteht, wenn der emotionale und rationale Nutzen des Auftrags eines Teams klar und greifbar ist und der Kunde dabei im Zentrum steht. Im Team-Set-up achtest du als Teamcoach auf eine gemeinsame Vision und Mission, die du mit dem Team erarbeitest. Dabei sorgst du dafür, dass jedes Teammitglied den eigenen Beitrag und Nutzen für sich selbst im Ganzen erkennt. Wozu sind wir da? Was ist unser Auftrag als Team aus Kunden- und Unternehmenssicht? Nur wenn sich alle im Teamcoaching und auch generell an dem Purpose ausrichten können und wollen, ist die Basis für Selbstorganisation geschaffen.

2. Vertrauen und Offenheit für konstruktive Kommunikation

Die Basis jeder guten Teamleistung ist das Vertrauen, die eigene Meinung vertreten zu können und als Mensch und Individuum grundsätzlich angenommen zu werden. Diverse Forschungen bestätigen die Relevanz von Vertrauen und psychologischer Sicherheit. Google veröffentlichte in der New York Times 2014 seine eigene Studie „Projekt Aristoteles", in dem das Unternehmen 180 eigene Teams hinsichtlich der perfekten Teamzusammensetzung untersuchte. Der Name leitete sich aus dem passenden Aristoteles-Zitat ab: „Das Ganze ist mehr als die Summe seiner Teile." Als entscheidende Faktoren für gute Teamarbeit kamen die Sicherheit und das Vertrauen heraus.

Vor allem geht es dabei um jene Gewissheit, die man braucht, um auch Dinge zu sagen oder zu tun, mit denen man ein persönliches Risiko eingeht. Sehr deutlich zeigt sich dieses Verhalten, wenn sich Teammitglieder trauen, gegen den Strich zu denken und die einheitliche Meinung eines Teams zu einem Thema zu hinterfragen oder eine ganz andere Position dazu zu vertreten. Vertrauen ist nicht nur existenziell bei Meinungsverschiedenheiten, es ist auch die Basis für eine gute Fehlerkultur. Ohne Vertrauen werden Fehler schlichtweg vertuscht, was wiederum zu immensen Problemen und letztlich Kosten führt. Früher konnte man erkennen, wenn in einer Fabrikhalle eine Maschine defekt war oder irgendetwas schiefging: Es qualmte und stank. Heute erkennt niemand mehr auf Anhieb die Probleme und Fehler, wenn er durch Büros geht. Nichts qualmt und stinkt, doch es geht ebenso viel schief wie früher – es sieht nur keiner direkt. Umso wichtiger ist der Mut, Fehler offenzulegen und frühzeitig zu beheben. „Fail fast and often" ist ein beliebtes und häufig genutztes Credo, um neue Ideen zu entwickeln und innovativ zu sein. Doch ohne wirkliche Fehlerkultur bleibt davon nur ein hohler Satz auf dem Whiteboard übrig.

Eine gute Fehlerkultur setzt Vertrauen voraus

Fazit als Coach: Fang als Coach damit an, von eigenen Fehlern zu berichten und deine Learnings gemeinsam mit dem Team abzuleiten. Sprich nicht nur von Vertrauen, sondern schenke es dem Team und den einzelnen Mitarbeitern. Meiner Erfahrung nach ist es falsch, zu warten, bis sich ein Team oder Einzelne Vertrauen „verdient" haben. Vertrauen ist eine aktive Handlung und Haltung, die jeder nur schenken kann.

3. Verantwortung und Verbindlichkeit für nachhaltige Zielerreichung

Gemeinsame Ziele brauchen gleichgerechtigte Teilhabe

Verantwortung und Beteiligung ist ein entscheidendes Merkmal agiler Teams. Kein Mensch will Verpflichtungen für etwas übernehmen, das er nicht selbst vertreten kann oder, besser noch, selbst entschieden und entwickelt hat. Menschen verpflichten sich zu Lösungen und Umsetzungen, die sie selbst als sinnvoll und zielführend erachten. Das ist unter anderem ein Problem von dominanten Einzelpersonen in Teams. Wenn sich wenige immer durchsetzen und sowohl den höchsten Rede- als auch den Ideenanteil im Team innehaben, dann schalten andere auf Durchzug und identifizieren sich nicht mehr mit den Lösungen. Demzufolge sinken Verantwortlichkeit und Verbindlichkeit in der Umsetzung. Zielführender ist es, einen Rahmen zu gestalten und dem Team vorzugeben, innerhalb des Rahmens eigene Lösungen zu besprechen und zu beschließen.

Fazit als Coach: Dominante Personen lassen sich durch entsprechende Moderationstechniken wie Kartenabfragen oder Gruppenarbeiten zu Ideen eingrenzen, was zugleich den Introvertierteren im Team Raum gibt, ihre Vorschläge gleichberechtigt einzubringen. Schon eine kleine Sanduhr hilft dabei, solche Dynamiken aufzubrechen, indem jeder zu einem Thema die gleiche Redezeit erhält. Eine hohe Verbindlichkeit erkennst du bei Teams, wenn Mitarbeiter sich gegenseitig konstruktiv und dennoch konsequent in die Verpflichtung nehmen, dann leistet das Team in diesem Kompetenzfeld gute Arbeit.

4. Kooperative Haltung und Selbstverständnis für konsequente Selbstreflexion

Retrospektiven als Lernfeld für Selbstreflexion

„Never change a winning team" oder „Don't change a running system" sind Sprüche, die jeder kennt. Doch genau dieses Verhalten wollen wir an dieser Stelle überdenken. Erst wenn ein Team in der Lage ist, sich konsequent immer wieder zu hinterfragen und die eigenen Verhaltensweisen und Problemlösestrategien zu überdenken, hat es eine hohe Kompetenz in diesem Feld. Scrum-Teams in der Softwareentwicklung haben diese Kompetenz zur Reflexion mehr oder weniger zufällig erworben. Durch die Retrospektiven nach jedem Sprint (also nach zwei bis vier Wochen), die regelmäßig im Framework festgeschrieben sind, lernt ein Team nach und nach sozusagen als Nebeneffekt die Fähigkeit der Selbstspiegelung. Wo sonst nehmen sich normale Teams Zeit für Feedback und Rückblick auf die Zusammenarbeit? Das machen sie meistens erst dann, wenn etwas schiefläuft, die Leistung des Teams zu wünschen übrig lässt oder Konflikte nicht länger unter den Teppich gekehrt werden können.

Fazit als Coach: Gut moderierte Retros verändern Teams in jedem Fall und erhöhen gleichzeitig das Reflexionsniveau. Entscheidend dabei sind die abwechslungsreiche Moderation, die Kenntnis wirksamer und passender Retrospektiven-Formate sowie der wertschätzende Umgang miteinander. Dazu müssen alle vorher beschriebenen Kompetenzen im Team vorhanden sein: Vertrauen, Wir-Gefühl und Verantwortlichkeit.

5. Regeln und Strukturen für reibungslose und effektive Abläufe

Bisweilen trifft man immer noch auf die Vorstellung, agile Teams seien spaßige Angelegenheiten, bei denen es locker zugeht und jeder machen kann, was er will. Das ist Unsinn. Ich kenne keine disziplinierteren und strukturierteren Arbeitsweisen als agile Frameworks. Die Regelwerke geben genaue Prozessabläufe, Prinzipien und Strukturen vor, die in einer engen Zeittaktung (Timeboxing) durchgeführt werden. Struktur schafft Verhalten und formt damit Kultur. Das haben wir bereits im ersten Kapitel erfahren und es zeigt sich auch in diesem Kompetenzfeld. Durch die Struktur schaffen wir sicherheitsspendende Abläufe wie ein Schienensystem und sorgen gleichzeitig für kurzzyklische Überprüfung und Anpassung. Strukturen wirken zusätzlich wie Rituale, über die man nicht mehr nachdenken muss und die dadurch Gewissheit im Ungewissen ermöglichen.

Prinzipien und Strukturen: Leitplanken für effektives Arbeiten

Fazit als Coach: Sorge dafür, dass sich das Team für ein Framework entscheidet und die iterativen Strukturen einhält. Das Team kann nach einer Weile jedes Framework für sich anpassen, doch dabei dürfen die Strukturen nicht verwässern.

Diese fünf Störfelder blockieren Teams

Analog zu den Kompetenzfeldern gibt es auch Störfelder bei Teams. Es geht niemals darum, Störfelder zu vermeiden, es geht darum, sie zu erkennen, zu verstehen und die daraus resultierende Entwicklungsaufgabe des Teams zu identifizieren.

1. Fehlende Identifikation mit dem Sinn, kein Wir-Gefühl

Die meisten Menschen möchten mit ihrer Arbeit einen Beitrag leisten und einen Sinn in ihren Handlungen erkennen. Wer will schon die meiste Zeit seines Lebens mit sinnlosen Tätigkeiten verbringen? Obwohl das so einleuchtend und simpel erscheint, sind immer noch viele Vertriebsbereiche auf das Streben nach Umsatzzielen und Gewinnmaximierung getrimmt. Jedem Vertriebler ist klar, wie wichtig das finanzielle Wohlergehen des Unternehmens ist, doch reicht das nicht aus. Wie bereits beschrieben, ist der stärkste Motivator der Beitrag zum Gemeinwohl der Gesellschaft.

Erkennt ein Team keinen gemeinsamen Nutzen für den Kunden, das Unternehmen, die Kollegen oder zumindest für jeden Einzelnen selbst, dann fehlt das Bindemittel. Da helfen auch keine Lippenbekenntnisse von Managern.

2. Angst vor Konflikten

Der Blick in die Tageszeitung zeigt uns ein trauriges Bild von der Realität: (Handels-)Kriege, Anschläge, Diffamierungen, Mobbing etc. machen deutlich, wie wenig sich die Menschen im konstruktiven Umgang mit Konflikten weiterentwickelt haben. Keine Wunder also, wenn Konflikte Angst machen und als bedrohlich empfunden werden. Ich empfehle Teams in der ersten Zeit der Zusammenarbeit, ausschließlich positives Feedback miteinander zu teilen: alles was untereinander stärkend, motivierend und

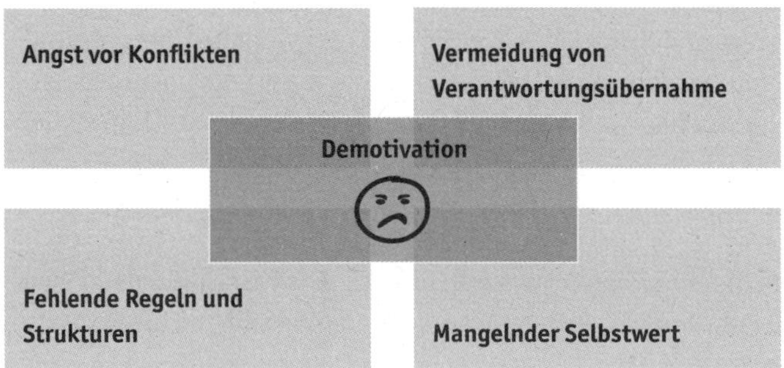

Abb. 8: Fünf Störfelder, die Teams blockieren

ermutigend wirkt. Erst wenn das Team in Feedback geübt ist und einen guten Teamgeist entwickelt hat, kann sich jeder sicher und geborgen fühlen. Psychologische Sicherheit ist in Zeiten des schnellen Wandels die Basis für Vertrauen. Doch ohne Vertrauen gibt es auch keine Konfliktbereitschaft. Die entsteht erst, wenn sich jeder als Individuum akzeptiert fühlt und heikle Themen sanktionsfrei besprochen werden können. Das ist das Fundament, um in kleinen Schritten durch gut moderierte Retrospektiven auch mal kritische Themen zu beleuchten und sich mit gegenseitigen Wünschen und Bedürfnissen zu konfrontieren. Doch Vorsicht: Vermeidet weiterhin konsequent Schuldzuweisungen oder gegenseitiges Erziehen.

3. Vermeidung von Verantwortungsübernahme

Teams übernehmen nur dann die Verantwortung für Aufgaben und Abstimmungen untereinander, wenn sie Kompetenzen und Entscheidungsfreiräume dafür erhalten. Führungskräfte müssen loslassen und dem

Team das Vertrauen schenken, Teams müssen schwimmen lernen ohne die lähmende Angst vor dem Ertrinken. Ohne das Zutrauen in die Selbstwirksamkeit wird keiner seine Hand für ein Thema ins Feuer legen.

4. Mangelnder Selbstwert

Selbstwirksamkeit entsteht durch Selbstwert. Mangelt es an Selbstwert, dann haben Teams weder den Mut, Fehler zu machen, noch für etwas einzustehen. Je geringer der Selbstwerttopf gefüllt ist, desto eher werden Fehler vertuscht, Konflikte unter den Teppich gekehrt – und es wird übereinander statt miteinander geredet. Jeder ist eine Zehn (siehe S. 49 f.)! Auf der Skala von 1 bis 10 ist nicht einer eine Fünf und der andere eine Neun, nein, alle Menschen sind gleich wertvoll und wichtig. Das heißt, nicht fehlerfrei und schon gar nicht fertig entwickelt – aber gleichwertig wichtig, so wie sie sind.

5. Fehlende Regeln und Strukturen

Es wurde bereits gesagt: Agil arbeitende Teams sind mithin die diszipliniertesten, die es gibt. Klare Regeln und definierte Strukturen und Abläufe kennzeichnen agile Methoden und Frameworks. Deswegen sind sie so effektiv. „Struktur schafft Verhalten", denn ohne die strukturelle Basis bleiben Veränderungen im Verhalten nur Lippenbekenntnisse. Ohne klare Regeln, Vereinbarungen, Arbeits- und Kommunikationsstrukturen bleiben Teams weit unter ihrer Leistungsfähigkeit.

Vorab

Veränderungen in Organisationen sind ungleich komplexer und schwieriger als Verhaltensänderungen bei uns Menschen. Wenn wir aber nicht an die Kultur rangehen und diese weg von „Command and Control" hin zu Vertrauen und Selbstorganisation wandeln, dann werden auch keine agilen Methoden Wirkung zeigen. Gleichzeitig müssen sich auch die Strukturen der Organisation ändern, weil Strukturen die Werte beeinflussen und somit die Kultur formen. Für ein klassisch geführtes Unternehmen ist das einfacher gesagt als getan. Es geht nur durch einen gemeinsamen Lernprozess: Oben muss lernen, abzugeben, Vertrauen aufzubauen und den Rahmen für mehr Selbstorganisation zu gestalten. Unten muss lernen, Verantwortung zu übernehmen und sich aus der Komfortzone herauszubewegen.

Veränderungen sind mühsam, wir müssen dazu Schritt für Schritt vertrautes und sicheres Verhalten und Denken verlernen und neue, unsichere Denk- und Handlungsweisen diszipliniert einüben. Hinzu kommt, dass keiner wirklich absehen kann, wohin die Reise geht: Was bedeutet das für das Unternehmen? Gibt es meinen Bereich in Zukunft noch? Wird meine Kompetenz noch gebraucht? Ist mein Arbeitsplatz sicher? Weiß das obere Management, wohin es navigiert? Diese Fragen beschäftigen die Menschen. Das Dumme daran ist: Keiner kann die Antwort geben. Selbst der CEO kann es nicht wissen, jedenfalls nicht über einen Zeitraum von zwölf Monaten hinaus. Mitarbeiter und oberes Management sitzen diesbezüglich wirklich im gleichen Boot.

Klar ist: Ein Kulturwandel bedingt immer einen Strukturwandel – und umgekehrt. Eine Organisation oder eine Business-Unit wird nicht beweglicher oder innovativer, wenn sie ausschließlich an den Grundannahmen und Interaktionsmustern schraubt. Will ein Team eine Kultur etablieren, in dem Offenheit und Transparenz untereinander gelebt wird, ohne dass die Arbeitsprozesse dementsprechend organisiert und digitalisiert werden, dann wird die Geschwindigkeit und Selbststeuerung trotz der gelebten agilen Werte ausgebremst.

Ein immer wieder eindrückliches Beispiel ist das Thema gelebte Feedback-Kultur in Unternehmen: Konstruktives Feedback wird auf jeder Kommunikations-, Team- und Führungsweiterbildung trainiert. Doch wirklich ändern tut sich nichts, selbst wenn auch die Werte dazu von allen abgenickt werden. Es fehlen die Strukturen im Arbeitsalltag, welche die Kultur und damit das Verhalten formen – „Form follows Function". Genauso wenig wird sich die Feedback-Kultur positiv entwickeln, wenn die Struktur vorgegeben wird, doch die innere Haltung des Respekts und der Wertschätzung fehlt und es dadurch zu destruktiven Rückmeldungen kommt.

Struktur formt Verhalten

Struktur schafft Verhalten, und ohne strukturelle Veränderungen und digitale Prozesse wird jeder kulturellen Entwicklung der nötige Output und damit die Produktivität fehlen. Wer jedoch umgekehrt nur die Struktur und Digitalisierung der Prozesse im Blick hat, ohne auf die Umgangsformen und gelebten Werte zu achten, kann nicht erwarten, dass die vorhandene Kultur sich Richtung Innovation und Transformation entwickelt.

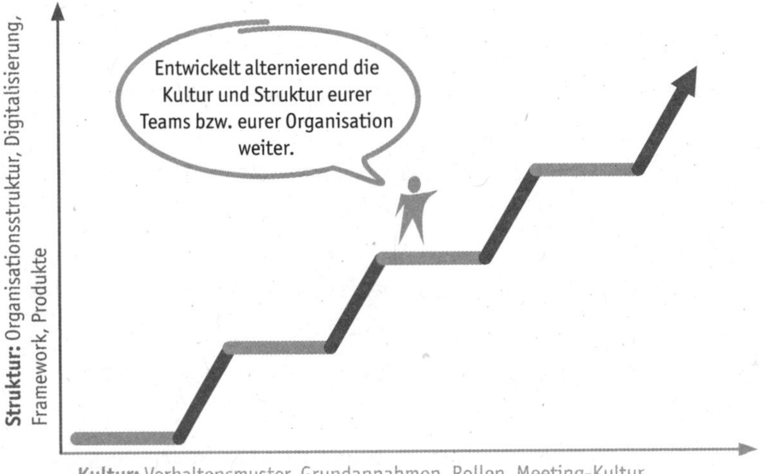

Abb. 9: Die zwei Dimensionen des agilen Wandels

Die Kunst besteht folglich in der alternierenden Abfolge und Richtung des Wandels (siehe Abb. 9). Welche Dimension steht gerade an, Kultur oder Struktur? Wo ist der Hebel aktuell am größten? Und wie ziehen wir die andere Dimension nach? Mit einem Meilenstein-Plan wird das nicht funktionieren. Vielmehr braucht es dazu eine gute Mischung und Abfolge aus Aktion und Reflexion. Aktion bezogen auf strukturelle und prozessuale Veränderung und Reflexion hinsichtlich der bestehenden Kultur und der Interaktionsmuster.

Schon kleine Schritte wirken

Die folgenden Interventionen helfen auch noch vorwiegend klassisch arbeitenden Teams, Struktur und Kultur in Richtung Transformation zu formen.

- **Schaffe einen Rahmen und Strukturen für Verhaltensänderungen.** Crossfunktionale Teams, wie z.B. Projektteams, können sich für ein passendes Framework entscheiden, durch dessen Struktur sie anders arbeiten und handeln müssen. Oder im Team werden laterale Führungs-Rollen wie Scrum-Master, agiler Coach oder Product Owner verteilt. Durch die verteilte Führung wird das Team neue Entscheidungswege lernen.
- **Ändere die Meeting-Strukturen.** Schon der Wandel der Meetings ändert die Kultur der Interaktionen. Kürze beispielsweise die Meeting-Zeit und lade nur die wirklich Betroffenen dazu ein. Setze ein Thema in den Fokus und designe deine Besprechungen je nach Inhalt und Fokus individuell. Lerne dabei aus den agilen Meeting-Formaten.
- **Schaffe Transparenz im Unternehmen durch Board-Systeme.** Was plant das Management? Lass durch Strategie-, Learning- oder Teamboards andere teilhaben an wichtigen Fokusthemen.
- **Sorge für technologische Expertise** und digitalisiere konsequent alle Prozesse und Kommunikationskanäle.
- **Investiere in die kontinuierliche Verbesserung** des heutigen Geschäfts und Umsatzes und gleichzeitig in die Exploration für zukünftiges Geschäft und Innovation.
- **Gib mehr Verantwortung in die Teams** und mache dies über das Delegation Board (siehe S. 298 ff.) transparent.
- **Führe Entscheidungsformate ein** wie den Konsent oder Widerstandsabfragen.
- **Bilde agile Netzwerke** in der gesamten Firma und integriere mehr Mitarbeitende, die als agile Botschafter agieren.
- **Führe Retrospektiven in die Meeting-Struktur ein** und verändere damit die Kultur der Zusammenarbeit in den Teams.

Wichtig dabei ist die alternierende Veränderung: Nach der Kultur kommt die passende strukturelle oder prozessuale Veränderung, dann wieder eine kulturelle Weiterentwicklung der Teams in Richtung Agilität und demzufolge die weitere Strukturadaption etc.

Kultur erkennen mit dem Seerosenmodell

Das Seerosen-Modell stellt, angelehnt an Edgar Schein (2018), drei Ebenen von Kultur dar:

- Die oberste sichtbare Ebene sind die **Artefakte**. Sie symbolisieren die nach außen sichtbaren, tatsächlich gelebten Werte (siehe Abb. 10, S. 128). Wie bei der Seerose ist das Sichtbare auch ein Ausdruck dessen, was unter der Oberfläche vor sich geht. Wenn die Rose gute Nährstoffe bekommt und ihr Stiel gesund ist, dann wird die Blüte dementsprechend farbenfroh und groß sein. Wie sind die Räume ausgestattet? Sind die Türen offen oder geschlossen? Lachen die Menschen und unterhalten sie sich miteinander? Gibt es Begegnungsstätten? Sind Workflows transparent und werden Teamthemen visualisiert?
- Unter der Wasseroberfläche liegen die **Interaktionen** und **Verhaltensweisen**. Welche Werte werden tatsächlich gelebt und äußern sich in welchem Verhalten? Werden Ehrlichkeit, Fairness oder Zusammenhalt präferiert?
- Die unterste Ebene sind die Wurzeln der Seerose. Das entspricht den **Grundannahmen** über die Firma, den Kunden, die Zusammenarbeit etc. Grundannahmen sind unbewusst und wirken wie ungeschriebene Gebote.

Es ist immer wieder erstaunlich, wie schnell sich neue Mitarbeitende in so einer Kultur im Verhalten anpassen. Wir sind nun einmal Herdentiere, streben nach Zugehörigkeit und Anerkennung. Edgar Schein geht davon aus, dass dabei vieles im Unbewussten und Vorbewussten liegt. Den Führungskräften und Mitarbeitern ist nicht klar, was wirkt und wie es wirkt. Es ist, wenn überhaupt, nur von einem Außenstehenden sichtbar. Wenn wir als Coach etwas verändern wollen, sollten wir mit der Reflexion des Vorhandenen starten.

Grundannahmen

In der untersten Schicht des Modells liegen die Grundannahmen darüber, wie die Welt ist und worin die Existenzberechtigung des Unternehmens liegt. Wie gestaltet es seine Beziehung zur Umwelt? In welcher Rolle sieht es sich? Grundannahmen übernehmen als kollektives Unbewusstes so etwas wie die oberste Führung, denn sie bestimmen die Richtung des gesamten Unternehmens. Die Grundannahmen steuern Entscheidungen, sie

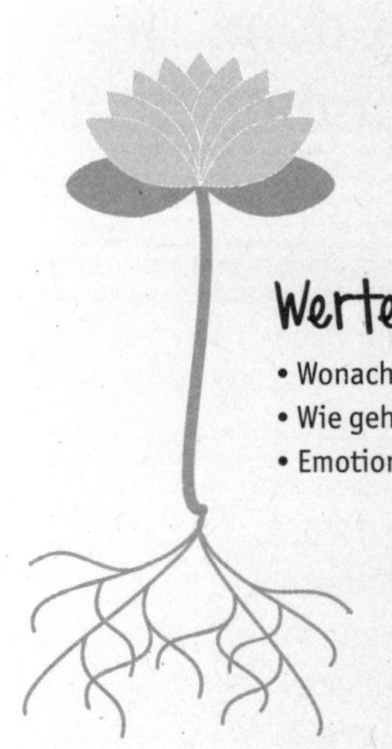

Abb. 10: Die Kulturebenen nach Edgar Schein

initiieren Lösungen, aus ihnen ergeben sich Fragen. Diese Grundannahmen bewusst zu machen, ist ein wichtiger Schritt. Er erfordert Reflexion auf einer tieferen Ebene.

Auch das Verhalten wird wesentlich aus den Grundannahmen gespeist. Was bringt Führungskräfte dazu anzunehmen, dass sie sich schützend vor ihre Mitarbeiter stellen müssen? Wie kommen sie dazu, zu glauben, dass Wettbewerb wichtig sei? Woher die Annahme, dass Absolventen mit guten Noten Leistungsträger werden? Manche Grundannahmen sind Folge eines veralteten Wissensstandes. Andere beruhen einfach auf einem nie hinterfragten Verständnis von Gott und der Welt.

Werte und Normen

Die zweite Ebene beschreibt die gelebten Werte, Regeln und Normen, also das, was sichtbar ist und sich aus dem Verhalten ablesen lässt. Auch wenn diese Ebene gelebt und damit sichtbar ist, ist sie noch lange nicht allen bewusst. Häufig werden hier Veränderungen initiiert, ohne auf die Grundannahmen zu schauen. Diese Maßnahmen werden dann allenfalls oberflächlich wirken oder sie erweisen sich sogar als überflüssig, wenn etwa einfach agile Werte oktroyiert werden, ohne sich zu fragen, auf Basis welcher Annahme das geschieht.

Artefakte

Die dritte Ebene ist die der Symbole und Artefakte, der erzählten Geschichten, der Bilder und des sichtbaren Verhaltens. Wie gehen Mitarbeiter die Treppe ihres Bürogebäudes herunter, wenn sie Feierabend haben? Was tun sie auf Betriebsfeiern, wenn es spät wird? Über was reden sie? Was wird weitergetragen?

Fazit als Coach: Das Modell bietet für Coachs jede Menge Gestaltungspotenzial. Auf der Ebene der Artefakte kann beispielsweise in den Teams Homeoffice freigestellt oder ein Kanban-Board für alle zugänglich gemacht werden, auf dem die Workflows abgebildet sind. Diese wirken aber nur auf die Kultur, wenn es keine Fake-Artefakte sind, sondern sie auch an Werte gekoppelt werden und natürlich verzahnt sind mit Grundannahmen. Wenn beispielsweise, nur weil es „in" ist, ein offener Working Space mit Tischkicker gebaut wird und jeder schief angeschaut wird, wenn er diesen in der Arbeitszeit auch nutzen will, dann richten solche Artefakte mehr Schaden als Nutzen an.

Je mehr die Kulturebenen reflektiert werden, desto eher schafft man ein lernendes Unternehmen und eine breite Bewusstheit für Wandel. Das setzt eine kluge Verzahnung von Interventionen voraus. Solche tiefgreifenden Veränderungsprozesse dauern gut und gerne drei, vier Jahre. Und natürlich hören sie dann nicht auf, denn neue Herausforderungen werden wieder neue Interventionen verlangen.

Das Kulturwandelhaus

Das Kulturwandel-Haus von Hofert/Thonet ist ein nützliches Instrument, um die Ebenen des Kulturwandels einzuordnen und Maßnahmen zum Wandel abzuleiten. Wollen wir den Ist-Zustand erfassen sowie gezielte Entscheidungen treffen und Impulse setzen, so hilft das Modell, die Komplexität der notwendigen Maßnahmen zu reduzieren und Interventionen greifbarer zu machen. Das Kulturwandelhaus besteht aus fünf Elementen, die miteinander verzahnt sind. Das Haus hat ein Fundament, drei Säulen und ein Dach (siehe Abb. 11). Die eine Säule braucht die andere und alle speisen sich von unten und bekommen Halt von oben durch das Dach. Unserer Erfahrung nach müssen auf allen fünf Ebenen Veränderungen stattfinden, um die Kultur einer Organisation nachhaltig zu wandeln.

Das Fundament

Wie jedes Haus braucht auch unser Wandelhaus ein stabiles Fundament. Zum Fundament gehört der Diskurs. Es müssen verschiedene Positionen und Sichtweisen auf den Tisch – und vor allem die Dinge, die sonst nicht thematisiert werden. Dies kann auf unterschiedliche Art und Weise alle Ebenen einer Organisation erfassen. Wichtig dabei ist es, gemeinsam herauszubekommen: Wovon gehen alle in der Organisation stillschweigend aus? Was wird gar nicht erst infrage gestellt? Könnte es auch anders sein? Welche Fragen könnten wir uns sonst noch stellen?

Gibt es ein gemeinsames Verständnis über die Begriffe?

So ist im Fundament beispielsweise auch das gemeinsame Verständnis über Agilität verortet. Was genau verstehen wir unter dem Begriff? Wir gehen oft selbstverständlich davon aus, dass wir mehr davon brauchen. Warum glauben wir das? Wodurch lässt sich das belegen? Welche Bilder und Vorstellungen haben wir dazu? Inwiefern wird Agilität unsere Muster verändern? Wo passt welche Arbeitsform hin?

Es ist wichtig, gerade abstrakten Begriffen wie Agilität oder New Work Leben einzuhauchen und sie miteinander zu definieren und zu durchdenken. Nur wenn alles transparent ist, kann man auch ein gemeinsames Verständnis von etwas entwickeln, das man verstärken oder verändern möchte. Oft bietet sich zum Start ein Management-Kick-off an, in dem grundsätzliche Entscheidungen getroffen und die Rahmenbedingungen festgelegt werden. Das ist das Fundament, auf dem alles andere aufbaut.

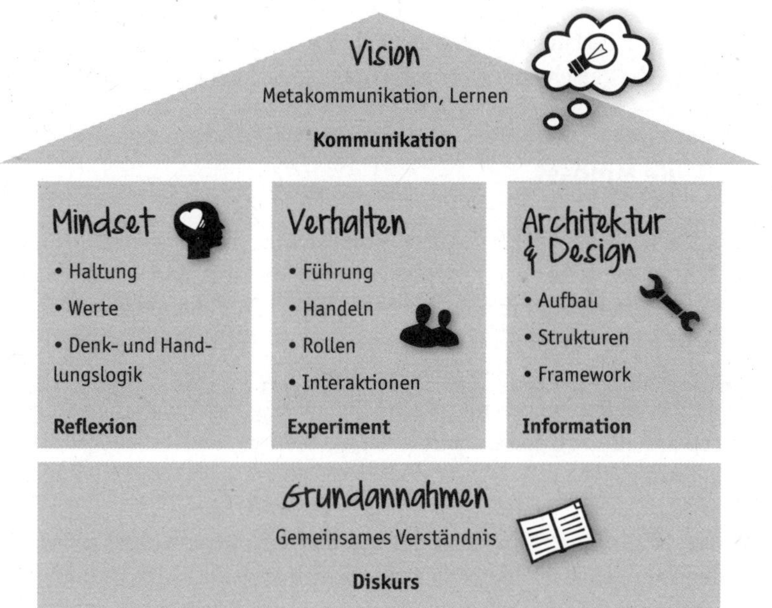

Abb. 11: Das Kulturwandelhaus

In der Folge kann das weiter ausgerollt werden, etwa auf eine Standortbestimmung mit allen Mitarbeitenden und der Aufstellung eines interdisziplinären Kernteams, das die Veränderung treiben soll. Das Management kann diesem dann das Zepter übergeben – mit klarer Absprache, wann es wieder eingebunden wird.

Fazit als Coach: Jede Kulturveränderung braucht ein stabiles Fundament. Sorge in erster Linie für ein gemeinsames Verständnis über die Begriffe und lass die verschiedenen Meinungen und Annahmen bewusst werden. Im Fundament ist Platz für ungewöhnliche Formate und spielerische Herangehensweisen. So lassen sich Grundannahmen auch szenisch darstellen und erleben. Aufstellungen können offenbaren, wie etwas zueinander in Beziehung steht. Das gemeinsame Erleben auf einer Learning Journey oder einer Open-Space-Veranstaltung kann ebenso die Augen öffnen wie ein Management-Workshop über Grundannahmen oder ein Diskurs auf Mitarbeiterebene. Die Liste lässt sich problemlos erweitern und sieht bei jedem Unternehmen anders aus.

Praktiken, die ins Fundament passen:

- Appreciative Inquiry (Wertschätzende Erkundung)
- World-Café-Veranstaltungen zu Schwerpunktthemen
- Open Space Agility
- Zeitreise (Historie und Veränderungswissen der Organisation von der Gründung bis in die nahe Zukunft aufzeigen)

- Kick-offs mit Management, Stakeholdern, Mitarbeitenden
- Events, die verschiedene Ebenen zusammenbringen

Die Säule Mindset

Diese Säule enthält alles, was nicht direkt sichtbar ist: im weitesten Sinne die Haltung der Menschen, im engeren Sinne die Werte und Prinzipien. Die Organisation folgt einer bestimmten Denk- und Handlungslogik und ebenso tun dies der einzelne Mitarbeiter und die Führungskraft. Diese Logik zu ergründen, ist eine wichtige Ausgangsbasis für die Veränderung. Welchen Grundannahmen folgen wir? Und müssten wir diese angesichts der gewünschten Veränderung revidieren? Die zentrale Methode ist hier die Reflexion.

Was ist die organisationale Denk- und Handlungslogik?

Mindset ist die Einstellung des Denkens, die vom Handeln nicht getrennt werden kann. Mindset lässt sich deshalb auch als Denk- und Handlungslogik übersetzen. Sowohl Organisationen als auch Menschen haben ein Mindset, es gibt also ein individuelles und ein organisationales Mindset. Menschen passen sich dem organisationalen an.

Organisational zeigt sich das Mindset an den formalen und informalen Entscheidungen. Hier ist das Mindset eng mit der Unternehmenskultur verzahnt, was wiederum zu konkreten Handlungen führt. Dabei gibt es reife und weniger reife Unternehmen. Erstere zeichnen sich dadurch aus, dass sie viel über sich selbst reflektiert haben, weshalb ihre Grundannahmen immer wieder ins kollektive Bewusstsein der Mitarbeitenden dringen.

Bei Personen ist das Mindset ebenso geprägt von der Reife und der damit verbundenen Art und Weise, etwas auf- und wahrzunehmen. Je reifer ein Mensch ist, desto mehr Aspekte erkennt und integriert er in seine Handlungen. Er versteht sich selbst besser, kann Feedback souveräner annehmen und wird irgendwann selbstaktualisierend, kann also seine Grundannahmen revidieren und transformieren, ohne sich selbst zu verlieren. Dadurch kann er besser mit Widersprüchen umgehen und Unterschiedlichkeit leichter annehmen. Er besitzt ein stabiles Selbst, einen inneren Kern. Je mehr eine Person auf eigene Grundannahmen zugreifen kann, desto bewusster kann sie mit diesen umgehen und sie reflektieren.

Reflexion – auch die nonverbale durch Meditation oder körperliche Übungen – ist in dieser Säule die sinnvollste Vorgehensweise. Sie zielt darauf ab, eine hohe Reflexivität von Person und Organisation zu erreichen.

Je höher die Reflexivität einer Organisation, desto produktiver kann sie mit Veränderungen umgehen. Unterschiede, gerade bei Führungskräften, sind dabei oft branchengebunden. So ist eine hohe Selbstreflexion im sozialen Bereich typischer als im Produktionsbetrieb. Ein Zuviel an Reflexion kann aber auch dazu führen, dass Führungskräfte kaum mehr fassbar sind, weil ihnen die eigene Haltung abhandengekommen ist. Sie sind vom Unternehmen geformt, aber kaum noch sie selbst.

Entscheidend ist daher die Art der Reflexion und die Zielrichtung, mit der sie in Gang gesetzt wird. In welche Richtung geht das Nachdenken? Geht es um Anpassung an das Unternehmen oder um Öffnung über den einengenden Organisationskontext hinaus? Wird über Bewertung oder Beobachtung reflektiert?

Fazit als Coach: Um die Reflexionsfähigkeit zu erhöhen, sind Retrospektiven das Mittel der Wahl. Die Theorie U von Claus Otto Scharmers oder der Dialog nach David Bohm sind bei einer bereits reflektierten Zielgruppe gut geeignete Ansätze. Für eine weniger reflektierte Zielgruppe braucht es oft noch einen Schritt davor – die Besinnung auf sich selbst. Dafür braucht es Schutzräume zur Besinnung und oftmals einen Selbst- und Fremdbild-Abgleich: Wie nehme ich mich oder uns wahr und was nehmen andere wahr?

Im Rahmen dieser Säule können auch Werte-Workshops eingesetzt werden. Wichtig ist hierbei, zu den Werten immer Prinzipien zu formulieren, an denen sich die Werte zeigen, und dazu wiederum Verhaltensweisen zu definieren. Denn Werte zeigen sich an konkreten Prinzipien und diese wiederum werden durch Handlungen umgesetzt (siehe Abb. 12). Ansonsten bleiben die Werte leblose Buzzwords.

Abb. 12: Werte in Handlungen umsetzen

Wert	Prinzip	Handlungen
Selbstverpflichtung, Commitment	Verantwortung, Selbstorganisation, bevollmächtigtes Team	Verantwortung aktzeptieren und voll dahinterstehen. Das Team organisiert sich selbst und muss selbst entscheiden dürfen und dafür Kompetenzen haben.
Rückmeldung, Feedback	Reflexion	Arbeitsfortschritte und Zusammenarbeit werden regelmäßig reflektiert.
Kommunikation	Zusammenarbeit aller Beteiligten, aktive Einbindung	Zusammenarbeit über das Team hinaus mit Kunden, Stakeholdern, anderen Bereichen. Zusammenarbeit mit Kunden aktiv gestalten.
Mut	Experimentieren, Infragestellen	Das Team muss ausprobieren dürfen und sollen. Gewohnheiten und Gepflogenheiten werden hinterfragt.

Praktiken, die zur Säule Mindset passen:

- Retrospektiven
- Werte-Workshops
- Mindset-Coaching
- Tiefgehender Perspektivenwechsel

- Arbeit mit Glaubenssätzen, Überzeugungen
- Ich-Entwicklung

Die Säule Verhalten

Wie führen und handeln wir?

Wonach sollen Führungskräfte und Mitarbeitende handeln, was gibt ihnen Handlungsimpulse? Wie könnten sie sich anders verhalten und was muss sich dazu ändern? Aus welchen Führungsrichtungen – aus der Mitte (Selbstführung), von unten (durch Mitarbeiter-Initiativen, von oben (Heldenführung, Ansage) oder von der Seite (lateral und dienstleistend) – handeln wir? Wie viel Führung von oben braucht es dabei? Wie sieht diese aus? Welche Führung von der Seite (lateral) brauchen wir genau und wie gestalten wir sie konkret?

Mindset und Verhalten bedingen einander. Wie wird ein Meeting abgehalten? Wie geben Führungskräfte Feedback? Auch das ist Mindset. Jemand, der nicht an Entwicklung glaubt, wird ganz anders Feedback geben als jemand, der davon überzeugt ist.

Diese Säule beinhaltet sinnvolle Vorgehensweisen, Methoden und Ansätze zum Üben und Ausprobieren. Die Kopplung zum Mindset, bei dem die Reflexion im Zentrum steht, muss eng sein, schließlich übersetzt sie das Mindset in Verhalten. Was tue ich konkret? Was sind genau die Maßnahmen und Praktiken? Bei einem Kulturwandel gilt es zudem, sich genau anzuschauen, welches Verhalten jetzt und welches in Zukunft gewünscht ist.

Fazit als Coach: Erarbeite mit den Betroffenen beispielsweise drei verschiedene Situationen, die markant für den Kulturwandel sind, der gewünscht wird. Vielleicht sind es das Einstellungsgespräch, die Meeting-Moderation oder der Umgang mit Konflikten. Wie handeln die Mitarbeiter jetzt? Was tun die Führungskräfte? Wenn der Coach das anhand der konkreten Situationen reflektiert, wird allen Beteiligten bewusst, welches Verhalten zurzeit stattfindet und welches sich alle wünschen. Das ist die erste Aufgabe, die wir als Coachs angehen können: Welche Situationen sind kennzeichnend für den Kulturwandel, die das gewünschte Verhalten am besten spiegeln? Stell dabei gegenüber: Wie ist es jetzt, wie soll es sein?

Alle neuen und wünschenswerten Verhaltensweisen zwischen den Teams oder gegenüber den Kunden oder auf Führungsebene werden dann durch Trial and Error ausprobiert. Die zentrale Methode ist das Experiment. Erfahren und Üben stehen im Vordergrund. Das Motto dabei ist: „Safe enough to try!" Das Experiment soll also so gestaltet sein, dass es keinen

Schaden anrichten kann und sich alle Betroffenen auf den Versuch einlassen können. Jeder Versuch wird nach einem konkreten Zeitpunkt gemeinsam ausgewertet und angepasst, um noch mehr von dem gewünschten Verhalten zu ernten.

Praktiken, die zur Säule Verhalten passen:

- Experimente
- Rollen wechseln
- Meeting-Rollen ausprobieren
- Spielerisch neue Verhaltensweisen ausprobieren
- Verhaltenscoaching
- Rollenspiele
- Interaktionen durch neue Meeting-Formate verändern

Die Säule Architektur und Design

Welche Prozesse, Abläufe, Frameworks etablieren wir?

Die dritte Säule in unserem Kulturwandelhaus ist die Struktursäule. Damit meinen wir alles, was Struktur gibt, Organisations- genauso wie Teamdesign. Architektur und Design kann sich demnach auf den Organisationsbau beziehen, aber auch auf die Auswahl von Frameworks wie Scrum. Es umfasst alles, was einen Rahmen bietet, sei es in Abläufen, Prozessen oder der Anwendung von etwas. Wie soll das Unternehmen gebaut sein? Wie soll es umgebaut werden? Was tun wir mit unseren Hierarchien? Halten wir daran fest? Streichen wir eine Ebene? Man könnte diese Säule auch als die „sachliche" bezeichnen, während die beiden anderen den Menschen in den Mittelpunkt stellen. Diese Verteilung ist bewusst so gewählt: Der Mensch ist entscheidend, nicht die Struktur. Wir wissen aber auch, dass die Struktur menschliches Verhalten prägt. Wir müssen also immer in Wechselwirkungen denken.

Die Architekturfrage führt vom großen Ganzen zum kleinen Detail, immer entlang der strukturellen Entscheidungen. Wie setzen wir Agilität auf? An welchen Modellen und Frameworks orientieren wir uns? Nutzen wir Scrum oder Kanban? Wie bauen wir Teams? Welche Architektur die passende ist, das sollte genau analysiert und erörtert werden – am besten mit unabhängigen Experten oder, besser noch, Expertenteams. Wichtig: Auch in Frameworks ist ein Teil der Führung abgebildet, denn auch strukturelle Elemente können führen.

Fazit als Coach: Die zentralen Methoden für den Coach sind hier Information, Schulung und Beratung. Nur wer weiß, was es gibt und wo die Vor- und Nachteile liegen, kann sich für oder gegen etwas entscheiden.

Was passt zum Fundament und zum Mindset? Was würde helfen, bestimmtes (gewünschtes) Verhalten zu formen? Ist Selbstorganisation eine Möglichkeit? Soll diese auf das ganze Unternehmen oder nur auf Teile ausgerollt werden? Was hilft uns dabei, eine Struktur zu finden?

Selbst Fragen zum Workshop-Design verorten wir in dieser Architektursäule, denn auch hier spielen Mindset und Verhalten mit hinein. Plane ich eine Learning Journey oder bilde ich zehn Prozent der Mitarbeitenden zu Coachs aus und konzipiere eine interne Ausbildung?

Die Architektur betrifft, wie auch alle anderen Säulen, die Ebenen Organisation, Team und Individuum. Auch wenn alle Säulen miteinander verzahnt sind, können und sollten sie für die Interventionsplanung separat betrachtet werden. Beispielsweise könnte eine Lösung für die erste Säule ein Reflexionszirkel für Führungskräfte sein. Für die zweite Säule könnte sich eine Führungskräfteausbildung anbieten, die den Fokus auf Selbstorganisation legt. Und für die dritte ein Prototyp „Scrum im Projektmanagement".

Praktiken, die zur Säule Architektur passen:

- Frameworks einsetzen
- Strukturen verändern
- Prozesse definieren
- Aufbauorganisation verändern
- Hierarchien abbauen oder einführen

Das Dach

Was wäre ein Haus ohne Dach? Es gäbe keinen Schutz vor Wind und Wetter. So ist es auch mit unserem Dach im Kulturwandel. Es schützt und ist verbindendes Element. Das Dach steht für die Vision, die mit Kommunikation transportiert und verankert wird – inklusive der Metakommunikation über den Veränderungsprozess, also das Reden über uns und unser Lernen, in die alle Mitarbeiter eingebunden sein müssen.

Kommunikation ist hierbei zugleich die zentrale Methode in all ihren Facetten: schriftlich, mündlich, visuell, per Audio- und Videobotschaft. Sie ist im Rahmen des Kulturwandels ein großes Puzzlespiel, das aber nicht irgendwann fertig ist, sondern ständig erweitert wird. Interne Kommunikation beschränkt sich dabei längst nicht nur auf das, was man der Abteilung Unternehmenskommunikation überlässt. Auch Coachs, Scrum Master und Product Owner sowie alle Personen an Schnittstellen treiben diese voran – vielmehr: Sie könnten und sollten das tun. Selbst jeder Mitarbeiter kommuniziert nach außen durch seine Präsenz im Internet.

Welche Zukunft streben wir an?

Auch die Strategie gehört ins Dach unserer Wandelhauses: Wie kommen wir zu der Vision? Immer wieder erleben wir Unternehmen, die keine Vision haben oder diese irgendwo auf der Website verstecken. Niemand in der Organisation hat sie jedoch parat, geschweige denn richtet sein Handeln und seine Entscheidungen an ihr aus.

Nach Peter Senge ist eine Vision ein klares und plastisches Bild von der Zukunft, die man erschaffen möchte. Sie ist ein Ziel, das man sich mit seinem Vorstellungsvermögen so anschaulich ausgemalt hat, dass es einem deutlich vor Augen steht. Ziele sind dabei die Erfüllungsgehilfen auf dem Weg zur Verwirklichung.

Dieses Bild der Zukunft soll den Menschen Lust machen, sich dahin zu bewegen, und Sinn vermitteln, der mit Werten verknüpft ist. Dazu eignen sich weder Umsatzziele (Wir wollen unseren Marktanteil verdreifachen.) noch leere Parolen (Wir sind die Besten.). Wirksame Visionen sind der Rahmen, der einzelne Ziele umfasst und mit Sinn und Bedeutung verknüpft. Eine agiles Strategiesystem auf dem Weg zur Vision sind Objectives and Key Results (OKRs).

Fazit als Coach: Beobachte die gelebte Kultur und stärke den vorhandenen Grad an Agilität (Flexibilität, Selbstorganisation; Innovation, Kundenzentrierung etc.). Nutze dazu Frameworks wie das Team-Canvas (siehe S. 262 ff.) oder schätze den aktuellen Grad an Agilität des Teams mit einem Fragebogen ein (siehe S. 283 ff.).

Schaffe ein gemeinsames Verständnis für den Kulturwandel und die Dringlichkeit der Veränderung. Kläre agile Verwirrungen auf und gib eine sinnstiftende Orientierung.

Reflektiere und hinterfrage das vorhandenen Mindset, die gelebten Werte und Überzeugungen. Gib Impulse zur Erweiterung der Perspektiven: Wie können wir unseren Blick weiten und neue Perspektiven einnehmen? Welche Denk- und Handlungslogik hilft uns, in eine flexible Haltung zu kommen? Wie können wir agile Werte wie Selbstverpflichtung, Respekt, Offenheit, Kommunikation, Einfachheit, Mut, Fokus und Rückmeldung im täglichen Miteinander stärken?

Leite aus den Werten konkrete Arbeitsprinzipien und Handlungen ab: Wie wollen wir uns in welcher Situation konkret verhalten? Welche Arbeitsprinzipien leiten wir aus den agilen Werten konkret ab? Beispielsweise werden wir den Wert Mut stärken, indem wir als Arbeitsprinzip vereinbaren, Raum für Experimente zu schaffen und stetig Neues auszuprobieren. Dabei wollen wir fehlerfreudig ganz nach dem Motto „Fail fast and often" agieren.

Schaffe Bewusstsein für das Unausweichliche des Neuen: Welche Dringlichkeit und Notwendigkeit zum Wandel besteht in den Bereichen unserer Organisation? Wie komplex sind unsere Produkte und wie disruptiv ist unser Markt? Geht es bei uns vorwiegend um die Innovation und Verbesserung des bestehenden Geschäfts oder ist das Ziel, Neues zu explorieren? Wie werden wir beidem gerecht?

Start with the Why: Welches Nutzen hat der Wandel für die Organisation, für die Teams und für jedes Individuum?

Schaffe gute Kommunikationskanäle und Strukturen. Kommunikation ist nicht mehr nur gesteuert und feingeschliffen. Soll sie wirksam sein, beinhaltet sie auch das Sprechen über Fehler, Misserfolge und Fehlplanungen. Vor allem aber zeigt sich die Wirksamkeit der Kommunikation, wenn sie auf eine Vision einzahlt, die lebendig überall im Unternehmen verstanden ist und wie ein Leuchtturm oder Abendstern richtungsweisend wirkt.

Auf dieser Basis lassen sich Zukunftsbilder erstellen, in deren Entstehen alle Betroffenen auch einbezogen werden. Das Schöne an Visionen ist, dass sie immer ein wenig unrealistisch sein dürfen. Nutze zur Gestaltung einer Unternehmens- oder Team-Vision Kreativtechniken wie z.B. Lego Serious Play. Damit gestalten die Beteiligten „Hands on" ihre Vision und integrieren den Kunden, die Organisation und die Mitarbeitenden in ihr Bild der Zukunft. Entscheidend dabei ist das Storytelling und die eigene Interpretation des Entstandenen.

Die Vision wird anschließend als Fazit in zwei bis drei Sätzen ausformuliert. Nur wenn die Vision Strahlkraft entfaltet, werden die Teams sich dafür engagieren, den Weg dorthin mit Hilfe von OKRs als Meilensteine zu gestalten.

Praktiken, die zum Dach passen:

- Visions-Workshops
- Arbeit mit Narrativen
- Storytelling
- OKRs einführen
- Balanced Score Card
- Strategie-Workshops
- 4W-Format

Kulturebenen einschätzen mit Graves-Modell und 7S-System

Das Graves-Value-System ist ein psychologisch-soziologisches Modell und wurde vom Psychologieprofessor Clare W. Graves entwickelt. Don Beck und Chris Cowan entwickelten dieses Modell weiter. Es wurde erstmals 1996 im Buch „Spiral Dynamics" veröffentlicht und branded u.a. unter diesem Namen. Graves ging in seinen Forschungen folgenden Fragen nach:

- Warum sind Individuen oder Organisationen so unterschiedlich in ihrem Verhalten untereinander?
- Warum entwickeln sich einige mehr als andere weiter?
- Warum gibt es so viele unterschiedliche Meinungen darüber, was wirklich wichtig ist?
- Woran erkennt man, dass ein Mensch sein höchstes menschliches Entwicklungsziel erreicht hat?

Warum entwickeln sich Individuen und Organisationen genau so, wie sie sich entwickeln?

Angetrieben durch diese Fragestellungen untersuchte Professor Graves, nach welchen Mustern und Regelmäßigkeiten Entwicklungen von Personen und Gruppen stattfinden. Es entstand ein Modell, mit dem die verschiedenen Entwicklungsstufen eines Menschen, einer Gruppe oder einer Organisation eingeordnet werden können. Die beschriebenen Bewusstseinsebenen zeigen dabei auf, wie verschiedene Werte, Überzeugungen und Denkweisen in einer Gesellschaft miteinander interagieren.

Die verschiedenen „Ebenen" werden nach einem Farbschema von archaisch bis hin zu integral eingeordnet, die jeweils eine andere Art von Denken und Handeln repräsentieren. Während LILA für Loyalität und Treue steht und ROT für Macht und Kraft, ist BLAU die Stufe der Ordnung und Sicherheit. Leistung und Erfolg sind Charaktereigenschaften von ORANGE, Gleichheit und Gemeinschaft von GRÜN und Synergie und Flexibilität von GELB. Als letzte Stufe im Modell steht TÜRKIS mit der Eigenschaft Nachhaltigkeit und Ganzheit. Die Wertesysteme können in den einzelnen Bereichen eines Unternehmens voneinander abweichen. Wie jedes Modell bewirkt auch dieses in erster Linie ein Mehr an Reflexion. Wenn Organisationen ihre Kultur, ihre Muster und ihre Verhaltensweisen besser verstehen, können sie auch gezieltere Maßnahmen ergreifen, um diese zukunftsfähiger zu gestalten.

Graves bewertete die einzelnen Ebenen nicht. Nur weil ein Wertesystem das Neuere ist, ist es nicht zwangsläufig besser als die vorhergehenden.

Die Entwicklungsstufe einer Gesellschaft oder eines Individuums ist an sich weder gut noch schlecht. Um die Qualität einer Entwicklungsstufe zu beurteilen, sollte man vielmehr betrachten, ob sie funktional ist und hilft, sich an die bestehenden Umweltgegebenheiten anzupassen. Das beste Wertesystem ist immer das, welches mit den jeweiligen Umständen am besten zurechtkommt.

Abb. 13 – rechte Seite: Das 7S-System und die Kulturstile

Franziska Gütle hat in einem Forschungsprojekt eine sehr hilfreiche Bewertungsmatrix aus dem 7S- und dem Graves-Modell erarbeitet, die das Wertesystem in Organisationen verständlicher macht (siehe Tabelle, S. 141). Die Matrix fußt auf dem ehemals von McKinsey-Consultants entwickelten 7S-Modell, welches Unternehmen anhand von sieben Kriterien beschreibt, die alle mit S anfangen: Strategie, Struktur, System, Selbstverständnis, Spezialkenntnisse, Stammpersonal und Stil. Kombiniert mit dem Farbschema der Grave-Werte kann nun eine genauere Einordnung erfolgen: Auf welcher organisationalen Entwicklungsstufe befindet sich das Team/der Bereich? Und ergo: Auf welcher Stufe befindet sich das Unternehmen insgesamt, wenn man alle Faktoren zusammen betrachtet?

Jede Einordung repräsentiert immer nur eine Momentaufnahme. Sie kann mittels Fragebögen erfolgen, genauso gut kann man aber die Beteiligten anhand des Rasters auch ihre eigene Einschätzung vornehmen und miteinander diskutieren lassen.

Die lila/purpurne Organisation: Loyalität und Treue

Tradition und Brauchtum des Familienunternehmens

Der Mensch und das Team in Purpur sieht sich gern als Mitglied einer Gemeinschaft, eines Clans, eines Tribes mit dem Patriarchen, dem Häuptling, als Führer. Der Clan bietet Schutz, Sicherheit und Zugehörigkeit. Alles läuft nach einem Regelwerk, das festgelegt – meist nicht festgeschrieben – ist und nicht tiefer hinterfragt wird. Traditionen und Brauchtum werden gepflegt. Im Wirtschaftsumfeld sind hier häufig patriarchalische Familienunternehmen zu finden, die wenig funktionale Strukturen aufweisen.

In purpurnen Unternehmen geht es familiär zu. Man hält zusammen und möchte dazugehören. Loyalität und Treue sind das Bindemittel und halten alles zusammen. Das Bewahren von Tradition und Vorsicht vor Neuem beschreibt die Strategie. Die Strukturen sind von denen geprägt, die seit Langem dazugehören, und die Prozesse richten sich meist nach dem Gründer/Eigentümer aus. Auch der Stil der Führung ist familiär, es gibt meist gute und schlechte „Söhne" oder „Töchter", das Verhältnis der Vorgesetzen zu ihnen ist die ein väterliches oder mütterliches. Diesen Stil finden wir bei Familienunternehmen, aber auch bei einigen Start-ups wieder.

	▶ lila, prupur **Loyalität, Treue**	▶ rot **Macht, Kraft**	▶ blau **Ordnung, Sicherheit**	▶ orange **Leistung, Erfolge** -> Agilitätsgrad 1	▶ grün **Gemeinschaft, Gleichheit** -> Agilitätsgrad 2	▶ gelb **Synergie, Flexibilität** -> Agilitätsgrad 3	▶ türkis **Nachhaltigkeit, Ganzheit** -> Agilitätsgrad 4
Strategie: Ausrichtung, Weg zur Zielerreichung	Bewahren von Tradition und Balance zu Neuem	Eroberung neuer Märkte, Machtgewinn	Existenz und Unternehmensgröße sichern	Streben nach Erfolg, Umsatzsteigerung	Streben nach Erfolg, Nachhaltigkeit, Humanismus	Netzwerk von Geben und Nehmen, Produkt- und Dienstleistungsfokus	Gutes tun für das „große Ganze", holistische Sicht auf alles
Struktur: Aufbauorganisation eines Unternehmens	Gewachsene Strukturen aufgrund von Zugehörigkeit	Strenge Hierarchie	Funktional hierarchisch	Prozessorientiert, vernetzt	Matrixorganisation multifunktional	Netzwerk, situative Formen	Lebendiges System, Zellteilung
System: Prozesse, Sachmittel, Verfahren	Prozesse nach Eigentümerstruktur	Wenig definierte Prozesse, rudimentäre IT	Klar geregelte Prozesse, viele IT-Systeme	Reife und übergreifende Prozesse, durchgängige IT-Systeme	Ausgereifte Planungssteuerungs- und Wertschöpfungsprozesse	Sehr optimierte Prozesse, Ressourcen mit höchstem Mehrwert eingesetzt	Selbstorganisation, gemeinsame Entscheidungsfindung
Selbstverständnis: Vision, Leitbild, Werte, Grundsätze	Zugehörigkeit bieten, Verantwortung	Gewinn um jeden Preis, Macht hat Führung	Loyalität, Ordnung, Sicherheit, Gerechtigkeit, Status	Erfolg, Wertschöpfung, Wachstum, Lösungsorientierung	Gemeinschaft, Flexibilität, persönlich und menschlich sein	Innovation, Offenheit, Integration, Agilität, Kompetenz, Eigenverantwortung	Ganzheitlichkeit, Nachhaltigkeit, Vereinigung vo Fühlen, Wissen, Sinn
Spezialkenntnisse: Fähigkeiten, Fertigkeiten	Gute Beziehungen	Sofort Belohnung oder Bestrafung, Fokus auf Hauptaufgabe	Einhalten von Regeln, Planung im eigenen Verantwortungsbereich	Marktausrichtung, Wettbewerb mit Belohnung (Prämien, Incentives)	Unterschiedlichkeit der Menschen nutzen, Reflexion	Selbststeuerung, neue Lernkontexte schaffen, multiperspektivisch denken	Eigener innerer Antrieb sagt, was zu tun ist
Stammpersonal: Mitarbeitende und ihr Verhalten	Bindung, oft lebenslang	Arbeiter, starkes Gehaltsgefälle, individuelle Entlohnung nach Leistung	Große Loyalität, viele Regeln, Beförderung und Bezahlung nach Dienstjahren	Hohe Verantwortungsübernahme, messbare Ziele, Kennzahlen, flexible Arbeitszeiten	Wissensmanagement, homogene Gehaltsstruktur mit Teamboni, Lebensphasenmodelle	Zielvorgaben selbst wählen, verbindliches Regelwerk (Frameworks), Kollaborationen	Hohe Ideale, Sinnhaftigkeit, Potenzialentfaltung
Stil: Managementstil, Kultur	Väterlich, mütterlich	Führung macht sich zum Mittelpunkt und unverzichtbar, Angst vor Fehlern	Viele Regelungen, Bürokratie, Führung eher autoritär, Fehlervermeidung	Prinzip Selbstverantwortung, Steuern/Führen anhand von Zielen, bereichsübergreifende Vernetzung	Gemeinsam mehr erreichen, Wertschätzung, kollaborative Arbeit, Fehlerkultur	In großen Zusammenhängen denken und handeln, Fördern von Innovation und Transformation	Evolutionärer Sinn, Blick auf Umwelt, Offenheit, Reflexion, Storytelling

Die rote Organisation: Macht und Kraft

Märkte erobern, Ansehen gewinnen

Der Mensch und das Team im roten Level sehen sich als Eroberer und Beherrscher von neuen Gebieten und Märkten. Das Streben nach Macht, Unabhängigkeit und Ansehen zeichnen diese Organisationen aus. Zusammenarbeit erfolgt nur, wenn es notwendig ist. Der Einzelne sieht sich eher als Erfolgstreiber an. Wertebegriffe sind: Macht, Power, Energie, Unabhängigkeit. Solche Teams finden sich oft in jungen oder kleineren Firmen, die sehr dynamisch sind. In einer rot ausgerichteten Organisation herrscht auf der Strukturebene eine strenge Hierarchie. Strategisch sind solche Unternehmen auf die Eroberung neuer Märkte und Kundengruppen ausgerichtet. Wichtig ist es, sich zu behaupten und wettbewerbsfähig zu sein. Innerhalb des Systems gibt es wenig definierte Prozesse. IT und geregelte Arbeitsroutinen sind nur rudimentär vorhanden. Es geht ums Gewinnen um fast jeden Preis. Durch eine Interaktion, die von Belohnung oder Bestrafung geprägt ist, wird das gewünschte Verhalten gefördert und ungewünschtes verhindert. Es gibt in der Belegschaft ein starkes Macht- und Gehaltsgefälle und das nach undefinierbaren Mustern. Alles Handeln dreht sich um die Führungskraft, deren Wort Gesetz ist und deren Gunst man nicht verlieren darf. Macht, Kraft, Impulsivität und Durchsetzungskraft zeichnen rote Unternehmen aus.

Die blaue Organisation: Ordnung und Sicherheit

Klare Regeln, Hierarchien und Verantwortungsbereiche

Mit dem Wunsch nach mehr Gerechtigkeit, Planbarkeit und Ordnung entwickelt sich ein Unternehmen weiter in Richtung einer blauen Organisation. Ein Team in Blau sucht nach Regeln und Gesetzen und sieht sich als Teil eines Ordnungssystems. Dieses zeichnet sich durch klare Strukturen und Zuständigkeiten aus, nach denen gelebt und gehandelt wird. Kennzeichnend sind zudem ein hohes Maß an Pflichtbewusstsein und Disziplin sowie Wertebegriffe wie: Ordnung, Struktur, Plan, Regeln, Fleiß. Solche Teams sind oft in Konzernen und Verwaltungen anzutreffen. Die Struktur ist weiterhin hierarchisch, ausgerichtet an den Funktionen. Die Strategie ist auf Sicherung der Existenz und Steuerung der Interaktionen ausgerichtet. Die Prozesse sind klar geregelt und auf Konformität fokussiert. Jeder fühlt sich ausschließlich für seinen Bereich verantwortlich und für nichts anderes zuständig. Die Mitarbeitenden verhalten sich regelkonform und loyal. Alle sind sehr stark darauf bedacht, Schuld und Fehler zu vermeiden. Befördert wird meist nach Dienstjahren und auch das Gehalt steigt mit der Länge der Zugehörigkeit automatisch. Meist sind die Mitarbeitenden schon sehr lange im Unternehmen und planen, dort auch in Rente zu gehen. Blau zeichnet sich durch Konformität, Planbarkeit und Richtigmachen aus. Es gibt Experten für jede Fachrichtung und die Führungskräfte sind meist die besten fachlichen Experten.

Die orangene Organisation: Erfolg und Leistung

Der Übergang von blau nach orange entsteht aus der Erkenntnis, sich stärker am Markt und an Kundenbedarfen ausrichten zu müssen und die Prozesse effektiver zu machen. In der orangen Organisation sind sich die Menschen der Bedeutung des Wertschöpfungsprozesses als Wettbewerbsvorteil bewusst. Es reicht im Vergleich zu Blau nicht mehr aus, den eigenen kleinen Aufgabenbereich im Fokus zu haben, sondern es braucht den Blick für die ganze Prozesskette. Die Prozesse (Systemebene) sind daher übergreifender, vernetzter und reifer als bei blauen Unternehmen. Oft gibt es auch eine durchgängige IT-Landschaft und Projektteams, die vernetzt arbeiten.

Führen mit Kennzahlen und Zielvereinbarungen

Mitarbeitende in orangen Organisationen agieren stark leistungsorientiert und haben stets den eigenen Erfolg im Fokus mit dem Ziel, ihren Wohlstand zu erhalten und zu mehren. Strategisch stehen in Unternehmen, die sich auf der orangefarbenen Ebene befinden, Umsatzsteigerung und Gewinnmaximierung im Vordergrund. Es geht um Erfolge und Leistung, die auch honoriert werden. Typisch sind Bonussysteme und leistungsorientierte Vergütung. Alles strebt nach Wachstum, Wertschöpfung und Kundenzufriedenheit. Man arbeitet mit smarten Zielen und Kennzahlen. Management-by-Objectives ist ein typisch „oranges“ Tool. Führung belohnt stetige Verbesserungen und vernetztes Denken. Es wird lösungsorientiert gehandelt und statt Gruppen entstehen schon Teams, die Verantwortung übernehmen. Aus Fehlern wird gelernt. Erfolg und die Losung „Schneller, höher, weiter“ haben aber ihren Preis. Burnout ist ein verbreitetes Phänomen, da die Leistung mehr zählt als das Individuum. Mehrarbeit wird für selbstverständlich genommen und Berufliches oftmals über das Private gestellt.

Das grüne Unternehmen: Gleichheit und Gemeinschaft

Wir-Gefühl, Transparenz und Teamarbeit

Bei der Entwicklungsebene grün wird es menschlicher. Es geht um die Zusammenarbeit miteinander und mit allen Stakeholdern. Der Mensch und das Team sehen Erfolg als das Ergebnis der richtigen Team-Konfiguration. Das Denken ist auf Zielerreichung ausgerichtet – dies aber kombiniert mit Teamdenken, gemeinsamem Handeln und Konsensbildung. Das Ziel ist die langfristige, gemeinsame Erfolgssicherung. Begegnungen, Personen und Beziehungen gelten als wichtige Bezugspunkte, um die Leistung im Team zu verbessern. Leistung wird noch gemessen, ist aber kein Dogma mehr. Man kennt die Komplexität und anerkennt, dass nicht alles messbar ist. Das Team befindet sich im ständigen Dialog mit seiner Umgebung. Wertebegriffe sind: Partizipation, Zusammenarbeit, Fairness, Teilhabe, Kooperation. Im Gegensatz zu Orange wird hier das Wir-Gefühl betont und entwickelt. An die Stelle der Einzelkämpfer, die zwar aufgabenbezogen kooperieren, aber dennoch ihre eigenen Erfolge fokussieren, rücken in grünen Organisationen echte Teams, die gemeinsame Ziele erreichen wollen. Die Holokratie mit ihren Teamzellen, die sich bei Übersteigen der optimalen Teamgröße teilen, ist eine beliebte Organisationsform in Grün.

Auf der strategischen Ebene werden neben dem Erfolg auch Ziele wie Menschlichkeit, Teamarbeit und Nachhaltigkeit angestrebt. Strukturell entstehen Matrix-Organisationen. Ausgereifte Planungs-, Steuerungs- und Wertschöpfungsprozesse, die transparent und für alle verfügbar sind, haben einen hohen Stellenwert. Kooperation und die Unterschiedlichkeit der Menschen werden geschätzt und positiv genutzt, um insgesamt divergenter agieren zu können. Die Mitarbeitenden werden eher durch Teamziele und Bonitäten entlohnt und auch die Gehaltsstruktur ist eher homogen, um Konkurrenz untereinander zu minimieren. Die Führung versteht sich als Coach ihrer Mitarbeitenden. Es herrscht eine offene Fehlerkultur, bei der niemand bestraft wird, wenn er etwas ausprobiert. Die konsensorientierte Entscheidungsstruktur lässt eine Demokratie entstehen, bei der Meinungsfreiheit gelebt wird. Das führt allerdings oftmals zu langen Entscheidungsphasen, endlosen Diskussionen und nervigen Unklarheiten darüber, wer was zu sagen hat. Schnelligkeit und auch die Leistungsfähigkeit bleiben dann häufig auf der Strecke.

Die gelbe Organisation: Flexibilität und Synergie

Im gelben Bereich geht es neben der Kooperation auch um das Individuum und seine Weiterentwicklung. Der Mensch oder das Team in Gelb sind das erste Mal in der Lage, die Vorzüge der vorhergehenden Levels zu erkennen, zu nutzen und zu kombinieren. Die bisherigen Levels haben die Welt und das Verständnis zur Welt nur aus ihrer Perspektive betrachtet – und als die einzig richtig angesehen. Multiperspektivität blieb ihnen verschlossen. Bei Gelb liegt der Fokus auf Wissensvermehrung, Flexibilität, Kompetenz und Unabhängigkeit. Materieller Besitz, Macht und Status sind wenig relevant (wenn auch nicht vollkommen verschwunden). Das Team denkt multiperspektivisch und systemisch mit großem Abstraktionsvermögen, Networking und wechselnde Kooperationen bestimmen den Alltag. Rang und Status sind als optionale Ordnungshilfen nicht wichtig, man ist fokussiert auf Kompetenz und Wissen. Wertebegriffe sind: Kompetenz, Wissen, Multiperspektivität, Interdisziplinarität.

Networking, Wissensaustausch und Agieren auf Augenhöhe

Die klassische Hierarchie in Form von Organigrammen und Wasserfallprinzipien gibt es nicht mehr, situative Netzwerkstrukturen und Kreisformen revolutionieren die Aufbauorganisation. Konsensorientierung weicht neuen Entscheidungsformaten wie dem Konsent, Widerstandsabfragen oder konsultativen Einzelentscheiden. Ein Vorschlag gilt und wird umgesetzt, solange kein besseres Argument dagegenspricht. Die Holokratie wird hier weiterentwickelt in Richtung crossfunktionaler Teamarbeit zur Optimierung der Wertschöpfung um den Kunden herum. Die Silos werden aufgelöst und Wissen transparent geteilt. Es geht um Innovation, Eigenverantwortung, Wissen, Kompetenz und Flexibilität. Eigenverantwortung ist ein zentrales Thema, welches durch Umverteilung der Entscheidungsbefugnisse und Transparenz der Arbeitsabläufe gefördert wird. Selbststeuerung sowie multiperspektivisches Denken und Handeln sind charakteristisch. Gelbe Organisationen haben eigene definierte Regelwerke, die den Rahmen vorgeben, innerhalb dessen die Mitarbeitenden sich frei bewegen können. Rollenbezogene statt positionsgebundener Führung ist gefragt.

Gelbe Organisationen sind in ihren Handlungen sehr flexibel und können auch zwischen den Farbebenen wechseln. Alle Stufen vorher werden das Denken und Handeln von Menschen, die in anderen Farbstufen unterwegs sind, eher ablehnen. Menschen oder Kollektive auf der Stufe Gelb erkennen die Stärken aller anderen Entwicklungsstufen und können diese – zumindest punktuell – für bestimmte Anwendungsfelder oder in bestimmten Situationen auch einnehmen und sich so verhalten, wenn es sinnvoll und notwendig erscheint.

Die türkisfarbene Organisation: Nachhaltigkeit und Ganzheit

Weltweit gibt es geschätzt nur ein Prozent an Organisationen auf der Stufe Türkis. Mensch oder Team in Türkis folgen Nachhaltigkeit und Ganzheitlichkeit als richtungsweisenden Maximen ihres Handelns. Türkis denkt holistisch-global, ökologisch und intuitiv. Es konzentriert sich auf das Wohlergehen der Welt und richtet sein Leben und Arbeiten danach aus. Durch seine altruistische Haltung kann es sowohl Beobachter als auch Gestalter sein. Wertebegriffe sind: nachhaltig, Intelligenz der vielen, holistisch, ganzheitlich. Von der Zielsetzung her wollen alle in Türkis für Einzelne und die Gesellschaft Gutes tun. Strukturell gleichen türkise Organisationen daher einem lebendigen System, das sich als Teil des Ganzen sieht.

Arbeiten für einen gesellschaftlichen Nutzen

Ähnlich wie in der Natur basieren sie auf Schwarmintelligenz und Zellstrukturen, die ihre Form aufgrund der Funktion bilden. Nachhaltigkeit steht im Mittelpunkt, gerade in Sachen Umwelt. Die Teams entscheiden selbst und steuern sich selbst, wobei auch die Potenzialentfaltung jedes Einzelnen wichtig ist. Sinnorientierung, Weitsicht und Reflexivität wird präferiert. Es gibt kein Falsch und Richtig mehr, sondern nur funktionale und dysfunktionale Denk- und Handlungsweisen. Alle Ebenen werden in Türkis integriert.

Wie als Coach die Matrix nutzen?

Die Matrix hilft, bei Kultur- und Strukturwandel die Ansatzpunkte und Ebenen für die Veränderungen zu reflektieren und darauf aufbauend Interventionen zu planen.

So sind Vertriebsbereiche typischerweise orange aufgestellt und auf Einzelleistung gepolt. Will sich der Vertrieb kooperativer aufstellen, um gemeinsam stärker und schneller für den Kunden zu agieren, wird das nur auf grüner Ebene gelingen. Wenn das Team mehr kooperieren soll und sich dazu in Richtung Grün entwickelt, ist es auch wichtig, die Aufbauorganisation zu verändern. Sollen Mitarbeitende mehr Verantwortung übernehmen, müssen sie lernen, damit umgehen zu können.

Es kann auch vorkommen, dass Unternehmen eine Stufe zurückspringen. Bei Krisen ist es manchmal erforderlich, auf Blau zu wechseln, um sicherer zu agieren, bis die Krise vorbei ist. Gegebenenfalls kann es in chaotischen Situationen sogar von Vorteil sein, wenn sich die Organisation temporär „rot" ausrichtet. Wenn ein Schiff in Seenot gerät, wird es erforderlich sein, auf einen Experten zu hören, der die Führung übernimmt und klare Ansagen macht, bis die Gefahr gebannt ist.

Entscheidend ist immer die Frage, ob die Entwicklungsstufe zu den Anforderungen an das Unternehmen passt. Bei Branchen mit standardisierten und repetierbaren Prozessen mit hoher Fachexpertise sind blaue und orangefarbene Stile vorteilhaft. Wenn es unterschiedliche Kompetenzen und Sichtweisen auf eine Herausforderung braucht und gemeinsame Lösungen entstehen sollen, die auch Innovationen beinhalten, ist eine grüne Ausprägung wirksam.

Je komplexer die Aufgaben, desto gelber oder türkisfarbener sollte die Organisation entwickelt werden, um experimentelles Vorgehen mit kurzzyklischem Lernen und iterativen Prozessen umsetzen zu können. Gelbe und türkise Organisationen können sich dem Kontext anpassen und flexibel wie ein lebendiger Organismus reagieren.

Fazit: Keine Entwicklungsebene ist richtig oder falsch, gut oder schlecht, sondern nur passend oder unpassend für den Kontext und die zukünftigen Herausforderungen. Keine Ebene kann in der Entwicklung übersprungen werden. Es geht nur von Blau zu Orange und von Orange zu Grün etc.

Quellen: D. Beck, C. Cowan (2005): Spiral Dynamics: Mastering Values, Leadership, and Change. Franziska Gütle: https://we-think-different.de

Agile Transformationsphasen und ihre Gestaltung

Kann man Agilität einführen? Natürlich nicht bzw. genauso wenig wie Arbeit 4.0 oder New Work. All das lässt sich nur langsam entwickeln oder verstärken. Etwas einführen impliziert einen abgeschlossenen Prozess, wohingegen wir uns in Bezug auf die Agilisierung immer in einem „Work in Progress" befinden. Ob die Digitalisierung jemals abgeschlossen sein wird oder an welchem Punkt sie von etwas Neuem abgelöst wird, ist überhaupt nicht abzusehen.

Scrum kann man einführen, agiles Arbeiten nicht

Eingeführt werden können nur Methoden, Tools, neue Prozesse oder Strukturen. Scrum lässt sich also einführen, nicht aber agiles Arbeiten. Diese Unterscheidung ist für uns als Coachs sehr wichtig. Viele Fehler und Missverständnisse erklären sich aus Verwirrung darüber. Dies kann auch dazu führen, dass man Einführungsprojekte für gescheitert erklärt, die im Grunde nur falsch angegangen worden sind. Es wird Scrum eingeführt und mit agilem Arbeiten gleichgesetzt, obwohl die Grundlagen im Mindset und in der Organisationsstruktur fehlen. Das ist, als würde man eine Pflanze in einen Blumentopf ohne Erde setzen. Aus dem Nichts kann nichts wachsen. Agilität lässt sich immer nur verstärken.

Worum geht es – Agilität, Digitalisierung oder New Work?

Grob zusammengefasst, können wir sagen: Agilität zielt mehr auf Effektivität, digitale Transformation mehr auf Innovation und New Work auf menschliche Arbeitsbedingungen.

Die Realität lässt diese Abgrenzung aber eher theoretisch erscheinen. Agilität wird oft sehr nahe an die Digitalisierung gerückt und teils mit digitaler Transformation gleichgesetzt. Es sind aber zwei verschiedene Dinge. Agiles Arbeiten ersetzt keine digitale Strategie! Ganz ohne digitale Strategie wird es einem Unternehmen allerdings auch nicht gelingen, agil zu werden. Auch Arbeit 4.0 oder New Work – die Begriffe sind ebenfalls sehr ähnlich und beschreiben im weitesten Sinn menschenwürdiges Arbeiten – sind wichtige Treiber für Innovation und Transformation. Innovation ist das Ergebnis von Kreativität, und Kreativität entsteht in kreativitätsfreundlichen Umfeldern. Zufriedene, autonome Menschen sind freier und somit oft auch kreativer. Selbstorganisation braucht autonome, selbstdenkende, reife Menschen. Wollen Firmen diese Menschen gewinnen und halten, dann müssen sie New-Work-Aspekte einbeziehen, also forcieren, was den Menschen und seine Bedürfnisse in den Fokus stellt. Hier wird es, je nach unternehmenskultureller Prägung, erhebliche Unterschiede in der Ausgestaltung geben.

Für die meisten Unternehmen steht vermutlich eine Digitalisierungsstrategie an allererster Stelle. Agiles Arbeiten wiederum stützt den Weg in die Digitalisierung, kann aber, reduziert auf die Nutzung von Frameworks, auch ein Hilfsmittel für mehr Effektivität sein. Das kann gerade auch Vereinen, Behörden und Stiftungen nutzen, die keinen Marktdruck (und deshalb auch keinen Digitalisierungszwang) erleben und deshalb bei der Visions- und Strategieentwicklung oft besonders träge sind. New Work auf der anderen Seite ist ein weit auslegbarer Begriff, der mit agilerem, also selbstorganisiertem Arbeiten verbunden, aber nicht an die Nutzung von agilen Methoden gebunden ist. Jede Organisation braucht letztlich ihren eigenen Protoptypen.

Iterative Transformationsphasen

Auch wenn es keine Blaupause oder Best Practices geben kann, so lassen sich doch – aufbauend auf dem Kulturwandelhaus (siehe S. 130 ff.) – Phasen der agilen Transformation unterscheiden, die in iterativen Schleifen ablaufen. Diese Phasen verstehen sich als Richtschnur und unterscheiden sich in Aufbau und Ablauf abhängig von den anstehenden Aufgaben und der Unternehmenskultur.

1. Bestandsaufnahme: Wo stehen wir? Agilitätsgrad und Kulturstil

Auf Vorhandenem aufbauen

Jedes Unternehmen ist bereits agil, sonst wäre es nicht mehr auf dem Markt erfolgreich. Zunächst ist es wichtig, anhand der fünf Ebenen des Wandelhauses zu analysieren, wo welche Agilitätsfaktoren bereits gelebt werden und darauf eine agile Transformation aufzubauen. Wirksam ist es oftmals, den Kulturstil einschätzen zu lassen und zu reflektieren, ob die Ebene für die zukünftigen Herausforderungen funktional ist (siehe S. 139 ff). Insgesamt ist es effizienter, Vorhandenes zu stärken und weiterzuentwickeln, als bei den Entwicklungsfeldern anzufangen. Wir beginnen agile Transformationen mit einer guten Kick-off-Veranstaltung oder Open-Space-Agility-Events. Deren Ziel ist es, die gesamte Organisation über die Richtung des Wandels zu informieren und den rationalen und emotionalen Sinn und Nutzen für die Kunden, die Organisation, die Teams und jeden Einzelnen zu transportieren. Wenn die Mitarbeitenden zu spät informiert werden, entstehen viele Gerüchte per Flurfunk, die eher zur Ablehnung als zur Zustimmung des Wandels führen.

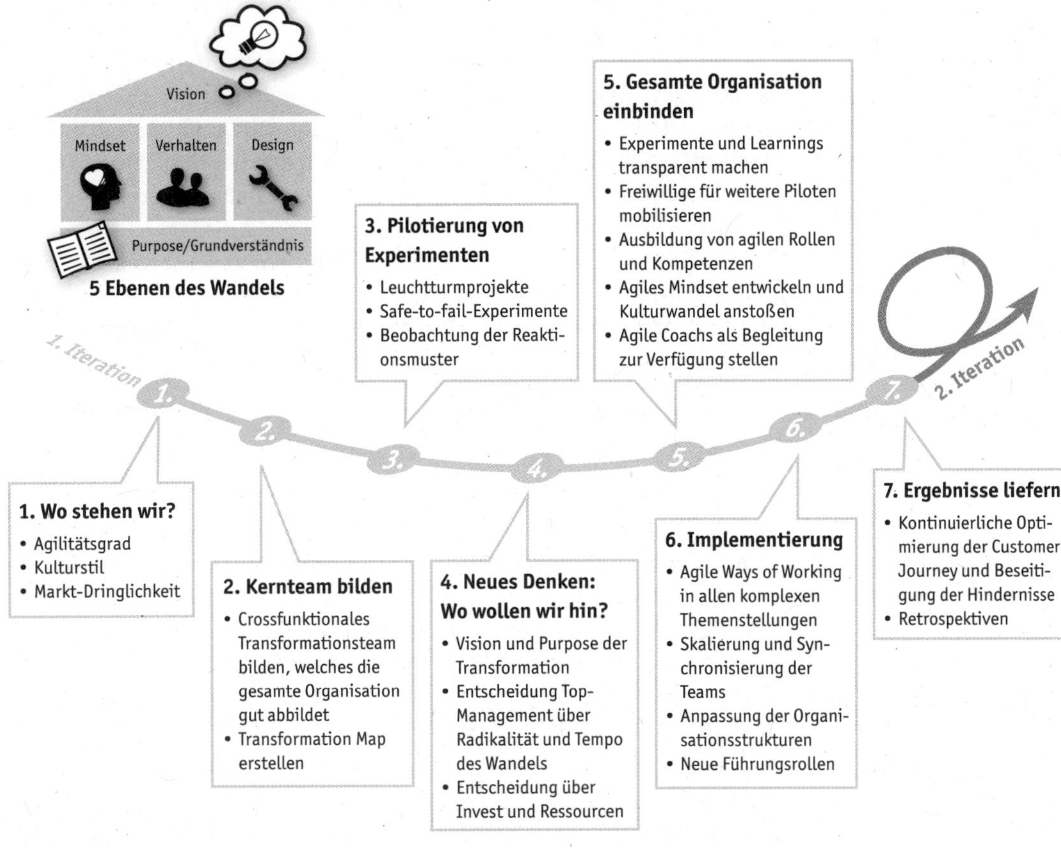

Abb. 14: Iterative Transformation

Zur Bestandaufnahme können ebenso Retrospektiven in verschiedenen Teams genutzt werden. Sie zeigen meist sehr klar auf, wie die Interaktionen untereinander sind, welches Mindset in den Teams vorherrscht und welche Hindernisse es zu bewältigen gilt.

2. Set-up zur Befähigung agiler Kern-/Transformationsteams

Ein Transformationsteam als Treiber bilden

Als nächstes sind Mitarbeitende aus interdisziplinären Bereichen gefragt, die Lust und Laune am Experiment einer agilen Keimzelle haben. Ideal ist es, ein interdisziplinäres Team zu gestalten, welches die Organisation gut abbildet. Es sollte aus unternehmerischen Persönlichkeiten und Experten bestehen, die nach den Regeln des High Performing arbeiten, also sehr selbstverbesserungsorientiert und reflektiert sind. Manche Unternehmen schreiben das Vorhaben aus, andere suchen gezielt die, die unbedingt mitmachen wollen. Die besten Ergebnisse erzielen meiner Erfahrung nach diejenigen, die ausschreiben und gleichzeitig informelle Führungspersönlichkeiten und Experten motivieren, sich zu beteiligen. Wichtig: Das Kernteam braucht eine tief gehende Ausbildung und Befähigung, im Idealfall erhalten sie eine Qualifizierung zum agilen Coach. Das Kernteam steuert und reflektiert alle Interaktionen und die daraus resultierenden Reaktionen in der Organisation. Von der Bestandsaufnahme über die Hypothesenbildung und Interventionsplanung bis zur Durchführung und Reflexion geht das Kernteam anhand der systemischen Schleife vor (siehe S. 100 f.). Weil die Mitwirkenden aus den verschiedensten betroffenen Bereichen kommen, können sie auch sehr gut die Reaktionen in den Bereichen beobachten und zurückspiegeln. Das Kernteam kann eine Transformation-Map mit den ersten Hypothesen und Interventionen erstellen, die zum Start geplant werden. Die Map kann niemals ein fixer Plan sein, sondern wird immer iterativ angepasst und weiterentwickelt.

3. Pilotierung von Experimenten/Leuchtturmprojekten

Schutzräume für Experimente schaffen

Startet den Wandel mit guten Experimenten! Dazu ist es erforderlich, Schutzräume zu schaffen, in denen neue Arbeitsweisen und Innovationen ausgestaltet werden können. Neue Denkweisen und Experimente sind wie eine zarte Pflanze und brauchen Schutz – in diesem Fall vor Routinen und Skeptikern. Mit Schutzraum ist dabei sowohl ein örtlicher wie auch ein ideeller Raum gemeint. Wie in einem Gewächshaus sollten die neuen Teams zwar geschützt experimentieren können, aber gleichzeitig allen anderen Teams Transparenz und Zugang bieten. Fatal wäre es, wenn das Neue als fremd und feindlich erlebt und von den anderen abgelehnt oder sogar bekämpft würde. Von Anfang an sind gutes Networking und die Transparenz über das Neue von ganz entscheidender Bedeutung. Beachte als Coach bei der Auswahl der Pilotprojekte die Erfolgsaussichten und wähle Versuche, die von Agilität stark profitieren und bei denen bereits ein sehr guter Nährboden vorhanden ist, damit das Experiment gelingen kann. Denn alle im Unternehmen werden darauf schauen und das Thema Transformation anhand der Erfahrungen daraus bewerten. Anhand der Reaktionen auf die Tests kann das Kernteam sehr viel über die Dynamiken lernen und Hindernisse erkennen.

4. Neu denken: Wo wollen wir hin?

Die Radikalität des Wandels bestimmen

Auf Basis der Experimente und Beobachtungen kann das Kernteam mit den Entscheidern gemeinsam die Radikalität des Wandels bestimmen. Einige Organisationen wählen einen kleinschrittigen Weg, der die Bereiche nicht überfordern soll und gut und gerne zwei bis drei Jahre dauern kann, bis die ersten Früchte geerntet werden. Andere entscheiden sich für den radikalen Wandel. So beschlossen die Führungsebenen von Paypal und ING Diba sogar gegen den Rat vieler Consultants, keine kleinen Schritte in Richtung Kundenfokus und Innovation zu gehen, sondern einen radikalen Umbau zu starten.

5. Die gesamte Organisation einbinden

Jetzt ist der Zeitpunkt reif, die gesamte Organisation einzubeziehen. Durch Formate wie Open Space Agility o. Ä. werden überall agile Arbeitsweisen eingeführt, wo sie funktional sind, und agile Teams gebildet. Mit Safe-to-fail-Experimenten und iterativem Lernen wird zunächst experimentell vorgegangen, um die Hürde der Umsetzung so klein wie möglich zu halten. Alle Betroffenen in agilen Arbeitsweisen zu befähigen und ein agiles Mindset reifen zu lassen, sind in dieser Phase extrem wichtig, damit der Wandel auch in den Köpfen stattfinden kann.

Den Wandel ausrollen

6. Implementierung

Neue Ideen für Angebote, Arbeitsweisen, Strukturen usw. werden als Prototypen herauskristallisiert und iterativ umgesetzt. Die Frage der Skalierung ist hierbei entscheidend: Wie synchronisieren wir die Teams? Wie koordinieren wir die Entwicklung? Wie schneidern und gestalten wir die Teams, sodass diese möglichst mit End-to-End-Verantwortung Wertschöpfung für unsere Kunden generieren? Es gibt mehrere Strukturen zur Skalierung, also zu Übertragung von Frameworks wie Scrum auf das gesamte Unternehmen (LeSS, Nexus, SAFe etc.). Doch je unterschiedlicher Teams arbeiten, desto passgenauer müssen Skalierungen sein. „Inspect and adapt" ist die Zauberformel für einen kontinuierlichen Verbesserungsprozess.

Inspect and adapt

7. Ergebnisse liefern: Mehrwerte und „Quick Wins" schaffen

Um den Wandel zu etablieren und die Mehrheit der Betroffenen mitzunehmen, sind schnelle Ergebnisse und Mehrwerte für Kunden, Teams und jeden Einzelnen relevant. Jetzt heißt es: Dranbleiben und weitermachen!

Dranbleiben

Checkliste zur Klärung bei Transformationsprozessen

Nicht nur die Coaching-Ziele müssen im Rahmen von Transformationsprozessen geklärt werden, sondern auch die Voraussetzungen zur Implementierung agiler Herangehensweisen. Wir nutzen dazu die folgende Checkliste und kreuzen mit den Kunden an, wie die Framing-Themen beantwortet wurden. Auf dieser Grundlage kann schnell sichtbar gemacht werden, welche Themen noch geklärt oder entschieden werden müssen, damit wir als agile Berater bzw. agile Coachs wirksam werden können.

- Auftragsinhalte: Ist der Auftrag und sind die Anforderungskriterien geeignet für agile Herangehensweisen? Lässt das „Was?" und das „Wie?" genug Spielraum für innovative Lösungen und ist die Aufgabenstellung komplex genug für agile Frameworks? Bei einfachen oder komplizierten Fragestellungen sind klassische oder aus dem Lean-Bereich kommende Ansätze wesentlich besser geeignet.

- Wie lautet die Transformations- oder Projekt-Vision? Wie gut ist der Purpose und der Nutzen für den Kunden darin abgebildet? Wie vereint stehen die Mitarbeitenden hinter der Vision?

- Gibt es ein Agile Training Center o.Ä., durch das die beteiligten Führungskräfte und Mitarbeitenden an das agile Mindset herangeführt werden und agile Methoden und Kompetenzen erlernen? Werden sie in der dazu erforderlichen Persönlichkeitsentwicklung begleitet? Was passiert mit den Menschen, die diesen Weg nicht mitgehen wollen?

- Erhalten die agilen Teams eine End-to-End-Verantwortung? Haben sie die notwendigen fachlichen Kompetenzen und die erforderlichen Entscheidungsbefugnisse? Wird rollengebundene Führung und inhaltliche Autarkie bestärkt?

- Wählen die agilen Teams selbst die Methode (Kanban, Scrum, Design Thinking etc.), mit der sie die Ergebnisse am besten erreichen, und arbeiten sie iterativ, fokussiert und transparent?

- Haben alle Beteiligten in den Teams ihre Zustimmung zu der agilen Herangehensweise gegeben?

Framing für agile Projekte	ja	teilweise	nein	noch nicht geklärt
1. Auftrag ist geeignet (Das „Was" und das „Wie" lassen genug Spielraum für agile Arbeitsweisen)	☐	☐	☐	☐
2. Sponsor und Transformation-Team stehen hinter dem Projekt	☐	☐	☐	☐
3. Es gibt eine Projekt-Vision	☐	☐	☐	☐
4. Ein Agile Training Center befähigt alle Beteiligten (Set-up zu agilen Arbeitsweisen, Rollen-/Teambuilding, agile Trainings, Qualifizierungen, Coachings etc.)	☐	☐	☐	☐
5. End-to-End-Verantwortung des Teams (Rollen statt Hierarchie, mind. fachlich und inhaltlich autark)	☐	☐	☐	☐
6. Team wählt „seine" Arbeitsweisen/-methoden (Kanban, Scrum, Design Thinking etc.) und arbeitet iterativ, fokussiert und transparent	☐	☐	☐	☐
7. Commitment der Beteiligten	☐	☐	☐	☐
8. Möglichst viel Zusammenarbeit im Team	☐	☐	☐	☐
9. Product Owner hat das „Was" im Blick	☐	☐	☐	☐
10. Agiler Coach hat das „Wie" im Blick	☐	☐	☐	☐

Abb. 15: Checkliste zur Einschätzung der Rahmenbedingungen

- Sind die Teams crossfunktional besetzt?
- Sind die Voraussetzungen geschaffen (Zeit und Raum), damit die Teams möglichst viel zusammenarbeiten können? Gibt es online entsprechende Collaboration Tools?
- Gibt es einen ausgebildeten und erfahrenen Product Owner, der das „Was?" im Blick hat?
- Gibt es einen ausgebildeten und erfahrenen agilen Coach, der das „Wie?" im Blick hat?

Herausforderungen beim Coaching von Transformationsvorhaben begegnen

Das Ziel des Coachings innerhalb von Transformationsvorhaben besteht darin, den Betroffenen dabei zu helfen, die Veränderungen zu verstehen und zu akzeptieren, die mit der Transformation einhergehen. Dies kann auch bedeuten, dass sie bei der Identifizierung von Hindernissen und bei der Entwicklung von Strategien unterstützt werden. Ein Coach kann auch bei der Verbesserung von Kommunikations- und Zusammenarbeitsfähigkeiten helfen, um den Erfolg der Transformation zu fördern.

Das Coaching kann von einem internen Coach oder einem externen Coach durchgeführt werden und Teil eines größeren Transformationsprozesses sein, der andere Elemente wie Schulungen, Workshops oder Mentoring umfasst. Es kann verschiedene Formen annehmen, wie z.B. individuelles Coaching, Gruppencoaching oder Teamcoaching. Hier sind einige mögliche Herausforderungen, auf die der Coach dabei stoßen kann:

Typische Herausforderungen bei Transformationsprozessen

- **Komplexität:** Große Transformationsvorhaben sind oft sehr komplex, da sie viele verschiedene Teile des Unternehmens betreffen. Ein Coach muss in der Lage sein, diese Komplexität zu verstehen und zu navigieren.

- **Widerstand:** Mitarbeitende können Widerstand gegen Veränderungen leisten, insbesondere wenn sie das Gefühl haben, dass sie nicht ausreichend in den Prozess einbezogen werden. Ein Coach muss in der Lage sein, mit diesem Widerstand umzugehen und die Mitarbeitenden zu überzeugen, die Veränderungen zu unterstützen.

- **Kommunikation:** Eine klare und effektive Kommunikation ist entscheidend, um sicherzustellen, dass alle Beteiligten verstehen, was von ihnen erwartet wird und wie sie zur Veränderung beitragen können. Ein Coach muss in der Lage sein, diese Kommunikation zu erleichtern und sicherstellen, dass alle Beteiligten auf einer Linie sind.

- **Unsicherheit:** Große Veränderungen können Unsicherheit und Angst unter den Mitarbeitenden auslösen. Ein Coach muss in der Lage sein, diese Unsicherheit zu adressieren und den Mitarbeitenden zu helfen, sich an die Veränderungen anzupassen.

- **Zeitmanagement:** Die Umsetzung großer Transformationsvorhaben erfordert oft viel Zeit und Ressourcen. Ein Coach muss in der Lage sein, den Prozess zu optimieren und sicherzustellen, dass der Zeitplan eingehalten wird.

- **Führung:** Eine erfolgreiche Transformation erfordert eine starke Führung. Ein Coach muss in der Lage sein, (andere) Führungskräfte des Unternehmens zu unterstützen und zu befähigen, die Veränderungen effektiv umzusetzen.

Die folgenden **Maßnahmen** kann der Coach dabei ergreifen, um diesen Herausforderungen zu begegnen:

- **Analyse der Situation:** Ein Coach sollte zuerst die Herausforderungen und Probleme, die im Zusammenhang mit der Transformation auftreten können, analysieren. Dazu gehört auch, die Gründe für möglichen Widerstand gegen die Veränderung zu verstehen.

- **Einbeziehung aller Beteiligten:** Der Coach sollte sicherstellen, dass alle Beteiligten in den Veränderungsprozess einbezogen werden. Hierzu kann es hilfreich sein, klare Kommunikationskanäle und regelmäßige Feedback-Schleifen einzurichten.

- **Fokus auf die Vision:** Der Coach sollte die Vision und die Ziele der Transformation deutlich kommunizieren und sicherstellen, dass alle Beteiligten verstehen, welche Auswirkungen die Transformation auf das Unternehmen und auf sie selbst haben wird. Dadurch können Ängste und Unsicherheiten abgebaut werden.

- **Entwicklung von Strategien:** Der Coach kann zusammen mit den Führungskräften des Unternehmens Strategien entwickeln, um die Transformation effektiv umzusetzen. Hierzu gehört auch, klare Zeitpläne und Verantwortlichkeiten zu definieren.

- **Schulung und Unterstützung:** Der Coach kann Schulungen und Workshops für die Mitarbeitenden anbieten, um sie auf die Veränderungen vorzubereiten und sie bei der Anpassung zu unterstützen. Dabei können auch individuelle Beratungen hilfreich sein.

- **Monitoring und Anpassung:** Der Coach sollte den Fortschritt der Transformation regelmäßig überwachen und gegebenenfalls Anpassungen vornehmen, um sicherzustellen, dass die Ziele erreicht werden.

Zudem gibt es eine Vielzahl von **Methoden**, die ein Coach einsetzen kann, um den Herausforderungen innerhalb von Transformationsvorhaben zu begegnen. Hier sind einige Beispiele:

- **Coaching:** Der Coach kann mit den beteiligten Führungskräften und Mitarbeitenden Einzel- oder Gruppencoaching-Sitzungen durchführen, um sie bei der Anpassung an die Veränderungen zu unterstützen und ihre Fähigkeiten im Umgang mit der Veränderung zu verbessern.

- **Mediation:** Wenn es innerhalb des Unternehmens Konflikte gibt, kann der Coach als Mediator tätig werden und dabei helfen, die Konflikte zu lösen und die Zusammenarbeit innerhalb des Teams zu verbessern.

- **Change-Management-Methoden:** Der Coach kann Change-Management-Methoden einsetzen, um die Veränderungen im Unternehmen zu planen und umzusetzen. Hierzu gehören z.B. das Erstellen von Change-Management-Plänen, das Erarbeiten von Kommunikations- und Schulungskonzepten oder auch das Einrichten von Feedback-Schleifen.

- **Visualisierung:** Der Coach kann die Veränderungen und Ziele durch visuelle Darstellungen wie Mind Maps, Diagramme oder Infografiken veranschaulichen, um sie für alle Beteiligten besser verständlich zu machen.

- **Moderation:** Der Coach kann Meetings und Workshops moderieren, um sicherzustellen, dass alle Beteiligten ihre Standpunkte und Ideen einbringen können und dass die Diskussionen produktiv und zielorientiert bleiben.

- **Peer Coaching:** Der Coach kann Peer-Coaching-Gruppen innerhalb des Unternehmens bilden, um den Austausch und die Zusammenarbeit zwischen den Mitarbeitenden zu fördern und sie dabei zu unterstützen, sich gegenseitig bei der Anpassung an die Veränderungen zu helfen.

Dualität der Agilität oder: Die drei Seiten

In wendiger Beweglichkeit zu sein, schnell auf den Markt zu reagieren sowie innovativ und vorausschauend zu agieren, verlangt uns Menschen mehr ab, als es auf den ersten Blick scheint. Die Professorin Christiane Prange von der Universität Shanghai (2018) beschreibt in ihren Studien zwei Seiten der Agilität. Fassen wir im Folgenden die zwei Seiten dieser Medaille zusammen – und fügen wir zum Schluss sogar noch eine dritte Seite hinzu.

Die eine Seite der Münze

Die eine Seite der Münze ist die konventionelle Sicht: Es braucht in erster Linie Schnelligkeit und Anpassung, um agil zu sein und Kundenbedürfnisse besser zu erfüllen. Der Fokus liegt dabei auf den Aspekten Transformation, Schnelligkeit, Anpassung und Innovation.

Die konventionellen Aspekte der Agilität

Transformation: Bestehende Strukturen müssen umgebaut werden in eine Holokratie oder in selbstorganisierte Teams, die aus gleichberechtigten Management-Rollen bestehen: Master, Product Owner und Umsetzungsteam. Auch die Veränderung der Artefakte wie Räumlichkeiten, Technologien, Ausstattung etc. ist ein sichtbarer Ausdruck einer veränderten Denk- und Handlungsweise. Noch entscheidender für eine gelungene Transformation ist allerdings der Kulturwandel. Welche Grundannahmen sind verwurzelt, nach denen sich die Mitarbeitenden unbewusst ausrichten? Was für Werte sind verinnerlicht und wie können diese verändert werden, damit neue Strukturen (wie die genannten Management-Rollen) überhaupt gelebt werden? Welche neuen Werte mit ihren daraus resultierenden neuen Arbeitsprinzipien werden hinzugefügt und wie wird ihnen Leben eingehaucht?

Schnelligkeit: Schneller zu werden im Sinne des „Time to Market", durch fokussierte Umsetzung und schnellere Entscheidungen funktioniert nur, wenn die Kompetenzen dazu in die Teams delegiert werden. Solange immer noch oben entschieden wird, werden Team und Entwicklung verlangsamt. Hier ist z.B. das Delegation Board (siehe S. 298 ff.) eine gute Methode, um Entscheidungsspielräume transparent zu machen. Das Team weiß dann genau, welche Themen es unabhängig entscheidet, bei welchen Fragen es sich mit anderen, wie etwa der Führungskraft, berät oder welche Beschlüsse außerhalb seiner Befugnis liegen. Insgesamt geht es bei Schnelligkeit in erster Linie darum, die klassischen Hindernisse, wie langwierige Prozesse und unnötige Abläufe, zu beseitigen.

Anpassung: Schnelle Anpassung an geänderte Anforderungen wird vornehmlich durch iterative Prozesse erreicht, bei denen funktionsfähige Teilprodukte entstehen, die an die Kundenbedürfnisse angepasst werden. Aber auch die Anpassung der internen Abläufe und Verhaltensweisen an neue Anforderungen ist damit gemeint. Wie bereits im ersten Kapitel beschrieben, werden die Teams zu Crossläufern, die sich chamäleonartig an wechselnde Untergründe adaptieren.

Innovation: Sie fehlt bei Pranges Beschreibung, gehört hier aber meines Erachtens dazu: die Innovation. Das Wort stammt aus dem lateinischen „innovare", also erneuern. In der Wirtschaft versteht man unter Innovation Ideen, die zur erfolgreichen Umsetzung neuer Produkte, Verfahren oder Dienstleistungen geführt haben. Um innovativ zu sein, braucht ein Vertrieb Innovationsgeist, also Kreativgeister und Schutzräume, in denen neue Ideen entwickelt und getestet werden. Design Thinking und Service Design Thinking sind hier die Frameworks der Wahl.

Die andere Seite der Münze

Die andere Seite der Münze ist die komplementäre Sicht: Mehr und mehr wächst das Bewusstsein bei Führungskräften, Coachs und Beraterinnen für andere Methoden und Denkweisen, die in komplexen Kontexten gebraucht werden. Anstatt dem Wettbewerb hinterherzulaufen und stets zu versuchen, der Erste zu sein und gleichzeitig den hektischen Alltag zu bewältigen, gibt es nach Pranges Studien einige Unternehmen, die die widerstandsfähige und reflektierende Seite der Agilität entdeckt haben. Die Denkweise des „Alles anders machen" und „Mehr ist mehr" wird abgelöst von einer „Sowohl als auch"-Haltung. Beispielsweise kann ein Unternehmen beschließen, einige seiner traditionellen Werte zu bewahren und gleichzeitig Neues hinzuzufügen. Es kann sich auch entscheiden, sein Produkt zu konservieren, aber seine Prozesse zu ändern.

Wenn solche Entscheidungen auf einem soliden strategischen Denken basieren, können sie ein hohes Maß an Beweglichkeit widerspiegeln. Es ist nicht unbedingt zielführend, eine Revolution auszurufen, sondern viel nachhaltiger und effektiver, die Evolution anzufeuern. Die DNA des Unternehmens wird dabei bewahrt und darauf aufbauend der Fokus verändert. Reflektierende Maßnahmen helfen zu erkennen, was bewahrenswert ist und wo Veränderung und Neuorientierung forciert werden sollten.

Diese Seite der Münze fokussiert u.a. die Aspekte Resilienz, Reflexion und Abwarten.

Die „weichen" Aspekte der Agilität

Resilienz oder auch psychische Widerstandsfähigkeit: Das ist die Fähigkeit, Krisen zu bewältigen und sie durch Rückgriff auf persönliche und sozial vermittelte Ressourcen als Anlass für Entwicklungen zu nutzen. Resilienz brauchen Unternehmen bzw. ihre Mitarbeitenden, um bei all dem Wettbewerbsdruck und den unzähligen Möglichkeiten, scheinbar falsche Entscheidungen zu treffen oder in ungewisse Innovationsprojekte zu investieren, in sich stabil und handlungsfähig zu bleiben. Wie das Bild eines Bambus, der trotz seiner Beweglichkeit und Wachstumsstärke stark und stabil ist. Zutaten zu dieser Widerstandfähigkeit in Teams sind nach dem Bambus-Prinzip (Ella Gabriele Amann (2022): Resilienz):

- **Akzeptanz als Person:** Ein Teamklima, in dem Wertschätzung im Umgang miteinander die Basis bildet, gelingt am einfachsten durch gelebte Akzeptanz den Kollegen gegenüber und die Trennung von Verhalten und Person. Dann kann auch in Konflikten ein positiver Umgang miteinander leichter gewahrt werden.
- **Positive Beziehungen** zu den Kollegen und außerhalb des Teams, mit denen kooperiert wird: Bei ähnlichen Menschen gelingt das meist leichter als bei sehr unterschiedlichen Charakteren. Gerade in agilen Teams werden gegensätzliche Menschen mit divergenten Perspektiven bevorzugt. Damit gut umzugehen, bedarf hoher gelebter Toleranz und Übung.
- **Klare Strukturen und Rollen:** Sie helfen dem Team, sich schneller miteinander zurechtzufinden und die eigene Position und Aufgabe im Team zu klären.
- **Fehlertoleranz statt Schuldzuweisungen:** Im agilen Kontext ist das eine Regel, fast schon ein Gebot: Diskutiere Lösungen statt Schuldfragen, „fail fast and often". Fehlertoleranz ist ein wichtiger Aspekt des Kulturwandels hin zu Agilität.
- **Ruhephasen zwischen stressigen und krisenhaften Projektzeiten:** Der dauernde Stresspegel schadet den Menschen und auch dem Teamerfolg. Die Balance zwischen Arbeits- und Ruhephasen zu finden, ist in vielen Teams eine große Herausforderung. Leider ist es in vielen Vertriebsorganisationen „in", immer im Stress zu sein, und verpönt, mal einen lauen Tag zu haben. Hier braucht es ein neues Denken und Handeln in der Organisation.
- **Sinnhafte Einbindung:** Jeder Mensch strebt, systemisch betrachtet, nach Zugehörigkeit zu einer Gruppe. Er will sich als bedeutsam für das Team erleben.

- **Zugriff auf die notwendigen Ressourcen:** Jeder im Team braucht direkten Zugang zu allen Arbeitsmitteln, Kompetenzen und Prozessen, die seine Aufgaben erfordern.

- **Effektives Feedback:** Jeder Mitarbeitende möchte wissen, wie seine Arbeitsleistung und seine Person bei anderen „ankommen" und wo er im Hinblick auf das Gesamtziel steht. Das wird nur durch eine gute Feedback-Kultur gewährleistet. Gebt euch im Team gegenseitig ein „++"-Feedback. Dabei werden die Stärken (+) betont und reflektiert, was derjenige tun kann, um seine Performance noch weiter zu verbessern (++). So wird meist demotivierende Kritik automatisch als Entwicklungspotenzial gedacht, reframed und konstruktiv formuliert. Ein Beispiel: „In deinem Beitrag in der Retrospektive hast du konkret und nachvollziehbar anhand der Auswertungscharts den Verlauf des letzten Sprints dargestellt. Wenn du uns beim nächsten Meeting dabei anschaust und Blickkontakt hältst, dann nimmst du uns noch mehr mit und erzeugst noch stärkere Wirkung."

Reflexion: Reflexion kann als das Grundprinzip für die Entwicklung von Kompetenzen gesehen werden (Hilzenhausen, 2008) und bedeutet, sich der eigenen Lernprozesse bewusst zu sein und diese im persönlichen Wissenskontext einzuordnen. Anders ausgedrückt: Nur wer reflektieren kann, wird sich weiterentwickeln. Jeder Einzelne, die Teams und vor allem die Unternehmensführung brauchen dringend einen strukturellen Rahmen, um Reflexion in den Arbeitsalltag zu integrieren und sie zu trainieren. Das entsprechende Meeting-Format dazu ist die Retrospektive. Hier nimmt sich das Team nach jeder Iteration zwei bis drei Stunden Zeit, um gemeinsam auf die Zusammenarbeit zu schauen und die vergangene Arbeitsphase zu reflektieren. Durch den regelmäßigen Turnus und die klar moderierte Struktur erhöht sich die Reflexionsfähigkeit des gesamten Teams.

Abwarten: Daniel Kahneman hat dies in seinem Bestseller als „langsames Denken" bezeichnet (Schnelles Denken, langsames Denken, 2016). Dies ist wichtig, um vor lauter Aktionismus nicht im alten Fahrwasser zu landen und den alten Wein in neuen Schläuchen zu verkaufen. Abwarten und nicht jedem Trend hinterhereifern, sondern beobachten und einen zweiten Blick darauf werfen bzw. „eine Nacht drüber schlafen", führt erstaunlich oft zu lösungsorientierteren Handlungsspielräumen. Kahneman beschreibt als eine zentrale These seines Werkes die zwei Arten des Denkens: das schnelle Denken, welches vor allem instinktiv und emotional gesteuert ist und zu vielerlei kognitiven Verzerrungen führt. Und das langsame, logische und durchdenkende System. Wichtige und weitreichende Entscheidungen sollten wir nicht mit dem schnellen System fällen, sondern auf das langsame, logische Durchdenken bauen.

Die dritte Seite: Die Dynamik der Dualität

Beide Seiten der Münze sind gleich wichtig. Doch nur die eine oder die andere zu fokussieren, würde bedeuten, dass die Münze keine Dynamik hat, sondern still liegt. Münzen rollen nämlich nur auf der dritten – der schmalen – Seite. Zu viel Seitenlage bringt sie wieder zum Liegen. Die dritte Seite der Agilität stellt die Balance dar zwischen Aktion und Reflexion, zwischen hohem und niedrigem Speed, zwischen Bewahren und Verändern. Die Navigation dazwischen ist entscheidend, um einen guten Kurs zu halten, ohne das Unternehmen zum Kentern zu bringen oder die Maschinen zu überhitzen. Das wird zur vordringlichen Aufgabe von Führung: das Navigieren und Balancieren der Dynamik. Wann braucht das Team oder der Bereich Reflexion und Resilienz und wann Erneuerung und Speed? Die Führung agiert dazu innerhalb eines Teams wie ein professioneller Coach, der nach außen und innen beobachtet, reflektiert und kontinuierlich alle Spieler fördert und fordert.

Abb. 16: Dualität der Agilität

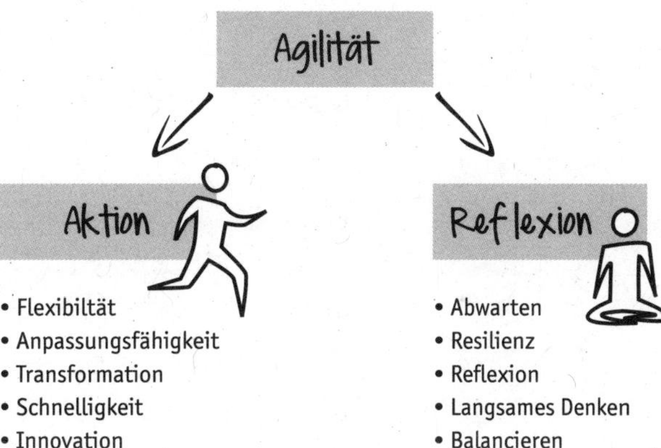

Auftragsklärung

Für Coachs gehört dieses Problem zum Alltag: Auftraggeber und zu coachendes Team sind in den meisten Fällen nicht identisch. Frühestens im Erstkontakt zur Gruppe wird man dann herausfinden, was die eigentlichen Probleme oder Veränderungswünsche sind. Diese beiden Ziele (Auftraggeber und Team) müssen in Einklang gebracht werden.

Vorsicht ist bei jenen Aufträgen geboten, bei denen der Auftraggeber ein fixes Ziel vor Augen hat. Es kann leicht passieren, dass man dabei auf unrealistische Vorstellungen stößt. Unmögliche Ziele sind z.B. eine „100-prozentige Leistungssteigerung" oder das Versprechen, dass die

Checkliste Auftragsklärung

Fragen zur Klärung der Coaching-Ziele	Persönliche Notiz	Wird geklärt bis
– Was ist das Ziel des Coachings? – Was möchten die Auftraggeber idealerweise erreichen?		
– Wer ist noch beteiligt und wie sind deren Ziele?		
– In welchem Zeitraum soll das Ziel erreicht werden? – Welche Zwischenziele gibt es?		
– Woran wird der Erfolg gemessen?		
– Wer ist dabei für was verantwortlich?		
– Gibt es ein übergeordnetes Ziel/eine Vision des Unternehmens, dem sich alle Beteiligten verpflichtet fühlen? Und wenn ja: welche?		
– Welche verdeckten Ziele oder Anliegen sind denkbar?		
– Was sind die vorgegebenen und feststehenden Rahmenbedingungen, die in dem Prozess nicht verändert werden dürfen? – Worüber soll nicht diskutiert werden?		
– Welchen Spielraum haben wir im Prozess? Was darf neu entschieden oder gestaltet werden? Was darf verändert werden? – Wer darf mit einbezogen werden?		
– Wer unterstützt wen, wenn unterschiedliche Ansichten bestehen?		
– Welche Koalitionen sind sichtbar und gegen wen richten sie sich? – Welche Koalitionen/Allianzen bestehen seit Längerem und welche sind neu oder wechseln häufig?		
– Was tun, wenn erhebliche Defizite festgestellt werden? – Wie groß sind Unterschiede innerhalb der Teams/Beteiligten bzgl. Know-how und Haltung? – Sind die Vorgehensweisen bei unterschiedlichen Ist-Situationen geklärt?		

Gruppe nach zehn Coachings ein unschlagbares Team sein wird. Teamcoaching darf nicht zur Mitarbeiterselektion oder nur für einzelne schwache Mitarbeitende genutzt werden. Dadurch schwächt man das Teamgefühl, bildet ein Zweiklassen-Team und verspielt die positiven Effekte sehr schnell.

Als Coach kann man nur das folgende realistische Ziel vertreten: Das Team und jeden Einzelnen in seiner Ressourcenfindung zu unterstützen und gangbare Wege aufzuzeigen. Gehen muss das Team und jeder Einzelne diese Wege aber schon selbst.

Klärung mit dem Auftraggeber

Im Normalfall macht sich der Auftraggeber sehr wohl seine Gedanken über den Ausgang des Coaching-Prozesses. Er hat bestimmte Ziele, Wünsche und vielleicht auch Befürchtungen. Im Gespräch sollten diese Punkte er-

Fragen zur Klärung der Coaching-Ziele	Persönliche Notiz	Wird geklärt bis
– Wer profitiert am meisten, wenn es so bleibt, wie es jetzt ist?		
– Wer verliert am meisten? Wie wirkt sich das aus?		
– Wer empfindet sich als Teil des Problems?		
– Welche Auswirkung hat das Problem auf die Organisation? – Welche Muster in der Problembewältigung sind typisch?		
– Welche Aufgaben wird die Führung oder der Auftraggeber übernehmen und welche Aufgaben sollen die Coachs übernehmen, damit die Beratung ein Erfolg wird? – Wie können wir für iterative Anpassungen unserer Zusammenarbeit sorgen? – Welche Unterstützung kann innerhalb des Unternehmens zur Verfügung gestellt werden? – Klärung der Rolle als Coach: Um welche Lernbereiche geht es (kognitiv -> Wissen, Denken, Verstehen; affektiv -> Werte, Gefühle, Einstellungen; Verhaltensbereich -> Handeln, Verhalten)? – Welche Interventionen sollen eingesetzt werden (Wissensvermittlung, Beratung, Einzel-Coaching, Teamworkshops ...)?		
– Welche Art der Dokumentation wird vereinbart? – Wer erhält in welcher Form eine Dokumentation?		
– Mit welchen Kosten ist zu rechnen (Konzeption und Gesamt-Budget, iterative Anpassungen)?		

Abb. 17: Checkliste zur Auftragsklärung

fragt werden, wenn sie nicht schon direkt angesprochen werden. Ebenso hinterfragt der Coach diese – z.B. verdeckten – Ziele, sofern sie schon konkret formuliert sind. Konkret sollten folgende Fragen geklärt werden:

Fragen an Auftraggeber

- Welches Ziel verfolgt das Unternehmen mit dem Coaching (Abstimmung und Klarheit über die Kriterien und deren Definition)?
- Ist ein Austausch mit dem Betriebsrat und den Coachs erforderlich?
- Sind bestimmte fachlich-interne Regelungen zu beachten (ggf. Schulung der Coachs in den fachlich-internen Fakten)?
- Wurden die Mitarbeitenden informiert, dass das Coaching stattfindet? Wann und in welcher Form?
- Welche Vorstellungen haben die Mitarbeitenden vom Coaching?
- Liegen evtl. Unklarheiten, Ängste, Befürchtungen, Ablehnungen vor?
- Wenn ja, von welchen Mitarbeitenden?
- Welche Rolle im Team haben diese Mitarbeitenden?
- Welche Art der Dokumentation wird vereinbart? Wer erhält in welcher Form eine Dokumentation?
- Welcher Coaching-Zeitrahmen ist vorgesehen?
- Stehen ausreichend Räumlichkeiten zur Verfügung, um z.B. vertrauliches Feedback geben zu können?

Klärung mit dem Team/einzelnen Betroffenen

Im ersten Kontakt mit dem Team, der Orientierungsphase, hat der Coach zwei Ebenen im Blick: Auf der Beziehungsebene geht es um den Aufbau von Vertrauen und die Art der Beziehungsgestaltung. Auf der Inhaltsebene wird mit den Betroffenen vereinbart, welche Problemstellung bearbeitet werden soll.

Die zweite Phase ist die Klärungsphase. In ihr werden die Ziele der Beratung konkretisiert:

Fragen an Coachees

- Sind alle Fragen zu Verständnis und Vorgehen des Coachings geklärt?
- Welche Chancen sehen die Beteiligten im Coaching?
- Was könnte eine Zusammenarbeit trüben?
- Wie wird der Coaching-Prozess dokumentiert?
- Wie verstehen die Beteiligten die Arbeit des Coachs?
- Was möchte das Team, was möchten einzelne Betroffene erreichen?
- Wo sehen sie Schwierigkeiten?
- Was hat der Einzelne oder das Team bisher getan, um die Schwierigkeiten aus dem Weg zu räumen?

Am Ende steht eine Vereinbarung zwischen Coach und den Einzelnen/dem Team, die schriftlich fixiert wird.

Der Coaching-Prozess als Ausgangspunkt

Ein Coaching-Prozess dient als strukturgebendes Element und hilft sowohl dem Coach als auch dem „Coachee" (die Person, die gecoacht wird) bei der Orientierung. Es gibt viele unterschiedlich ausgestaltete Coaching-Prozesse. Fast alle Prozesse eint die Empfehlung, folgende drei Phasen voneinander zu unterscheiden: Einstieg, Arbeitsphase und Transferphase.

Typische Phasen im Coaching-Prozess

Der **Einstieg** dient vor allem dazu, eine gute Arbeitsbasis herzustellen. Dazu muss einerseits der Umgang miteinander geklärt und andererseits der weitere Ablauf des Coachings abgestimmt werden. Gleichzeitig sollte erarbeitet werden, welches Ziel beide Beteiligten als sinnvoll und im Rahmen der Coach-Coachee-Beziehung als bearbeitbar einschätzen. Dabei ist es sehr wichtig, sowohl den gewünschten Ziel-Zustand (wie es sein soll) als auch den Ist-Zustand präzise zu beschreiben.

Während der **Arbeitsphase** wird der Coachee gezielt dabei unterstützt, Möglichkeiten zur Erreichung des besprochenen Ziels zu auszuloten. Im geschützten Rahmen können Verhaltensweisen ausprobiert, Wirkungen besprochen und wiederholte Anpassungen an die jeweilige Situation „on the Job" vorgenommen werden. Dabei spielen sowohl die gezielten Fragen als auch ehrliches Feedback des Coachs eine besonders wichtige Rolle.

Im Zuge der **Transferphase** unterstützt der Coach den Coachee dabei, das neue Verhalten aus dem „Verhaltenslabor" in den Berufsalltag zu überführen. Mithilfe von Verhaltensexperimenten kann der Coachee (in bestimmten Situationen auch im Beisein des Coachs) prüfen, inwieweit sein neues Verhalten auch „im wirklichen Leben" zur Zielerreichung führt. Teilweise sind mehrere Versuche, inklusive zwischenzeitlicher Abstimmungsgespräche mit dem Coach, notwendig, bis das gewünschte Verhalten integriert werden kann.

Im Berufsalltag kann es vorkommen, dass eine Person – die eventuell früher schon einmal gecoacht wurde – bereits sehr genau weiß, was Coaching bedeutet und vielleicht auch schon ein sehr konkretes Anliegen mitbringt; In diesem Fall kann gleich mit der Arbeitsphase begonnen werden. Außerdem überlappen sich einzelne Phasen teilweise; man kann sich „eigentlich" noch in der Zielfindung (Einstieg) befinden, gleichzeitig aber bereits erste Lösungsideen (Arbeitsphase) festhalten, die dann „aus Versehen" ausprobiert werden, obwohl die Transferphase noch gar nicht offiziell begonnen hat. All das ist zielführend – Hauptsache, Coach und Coachee achten darauf, sich nicht in Problembeschreibungen oder Absichtserklärungen zu verlieren, sondern lösungs- und handlungsorientiert neue Verhaltensweisen zu erproben. Abbildung 18 zeigt den skizzierten Coaching-Prozess mit seinen drei Phasen und fünf Coaching-Kompetenzen.

Der Coaching-Prozess

Einstieg: Wenn Rollen und Ablauf des Coachings geklärt sind, können die Anliegen geklärt werden (Kompetenz 1: eine Arbeitsgrundlage schaffen). Anschließend gilt es, die Anliegen und Zielsetzungen des Mitarbeitenden herauszuarbeiten und zu präzisieren, um im Coaching sinnvoll damit arbeiten zu können (Kompetenz 2: Anliegen verstehen und Ziele klären).

Abb. 18: Der Coaching-Prozess

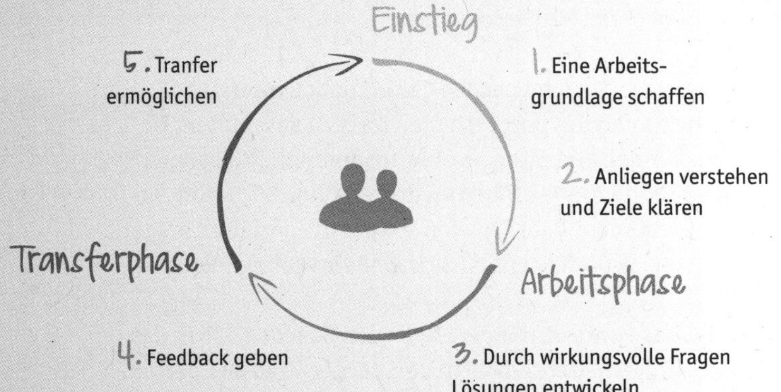

Arbeitsphase: Im weiteren Verlauf des Coachings sollten zunächst durch wirkungsvolle Fragen Lösungen entwickelt werden (Kompetenz 3). Ergänzend kann es sinnvoll sein, dass auch der Coach seine Ideen und Wahrnehmungen einbringt (Kompetenz 4: Feedback geben).

Transferphase: Die herausgearbeiteten Verhaltensmöglichkeiten werden dann gemeinsam möglichst praxisgerecht vorbereitet und vom Mitarbeitenden in realen Situationen ausprobiert. Das Ergebnis dieser „Experimente" wird gemeinsam besprochen, um den Nutzen der neuen Verhaltensweisen in der täglichen Arbeit sukzessive zu erhöhen.

Eine Arbeitsgrundlage schaffen

Aktuelle Studien belegen: Die methodische Herangehensweise und die Kompetenz des Coachs tragen zweifellos zum Erfolg von Coaching-Maßnahmen bei. Einen noch größeren Einfluss hat allerdings die Beziehungsqualität zwischen Coachee und Coach. Eine gute Beziehung kann bereits die „halbe Miete" für einen erfolgreichen Coaching-Prozess sein, während eine weniger gute oder gar konfliktreiche Beziehung das Coaching erschwert oder gar unmöglich macht. Folgende Aspekte machen eine Arbeitsbeziehung „gut":

Die Rollen sind ungleich verteilt

Voraussetzungen für eine gute Arbeitsbeziehung zwischen Coach und Coachee

Im Gegensatz zu freundschaftlichen Beziehungen (beide sind füreinander da, reden, hören zu etc.) ist eine Coaching-Beziehung durch die Unterschiedlichkeit der Rollen gekennzeichnet: Das Anliegen und die Entwicklung des Coachees stehen einseitig im Fokus – der Coach unterstützt den Coachee möglichst gut bei dessen Entwicklung und verzichtet konsequent darauf, seine eigenen Themen bzw. Probleme ins Gespräch einzubringen.

Die Ressourcen des Coachees stehen im Mittelpunkt

Der Fokus im Coaching wird möglichst zielgerichtet auf Ressourcen und Stärken ausgerichtet und möglichst wenig auf Begrenzungen und Defizite. Selbst bei einer mangelhaften Performance kann mit geeigneten Frageformen nach „dem Guten im Schlechten", nach „Fähigkeitskeimen", gesucht werden – um aufbauend darauf durch Übung und Verstärkung wirksamere Verhaltensweisen zu entwickeln. Für erfolgreiche Coaching-Beziehungen zwischen Coach und Coachee ist eine konsequente Ressourcenorientierung entscheidend.

Offenheit und Metakommunikation

Eine gute und vertrauensvolle Arbeitsbeziehung ist kein Selbstläufer. Selbst nach einem positiven Start können zusätzliche Wünsche entstehen, „Hänger" bei Coachee oder Coach auftreten, Unzufriedenheit mit dem Verlauf der Entwicklung oder auch der Zusammenarbeit selbst auftauchen. Je früher und sensibler derartige Gesprächsbedarfe erkannt und realisiert werden, desto größer ist die Chance, Konflikte nicht nur zu klären, sondern die Beziehung durch die Auseinandersetzung mit Verbesserungswünschen sogar zu stabilisieren und auszubauen. Natürlich kann eine solche „Metakommunikation" (=darüber reden, wie man im Rahmen einer Beziehung miteinander umgeht) immer von beiden Beteiligten angeregt werden. Der Coach trägt jedoch den Hauptteil an Verantwortung dafür, dass keine Anlässe übergangen werden. Dazu hat er zwei Möglichkeiten:

- **Anlassbezogen:** Er kann konkrete Wahrnehmungen thematisieren und diese im Anschluss an die jeweilige Situation besprechen.
- **Anlassfrei:** Er kann regelmäßig um einen kurzen Austausch zur aktuellen Wahrnehmung des Coaching-Prozesses von beiden Beteiligten bitten. Dies kann zum Beispiel in Form unterschiedlicher Retro-Formate erfolgen.

Klienten nicht ins Coaching drängen

Die Metakommunikation beginnt bereits vor Beginn des Coachings: Falls vom Coachee Widerstände gegen das Coaching bzw. die Themenwahl geäußert werden oder zu spüren sind, sollten diese unbedingt und unmittelbar besprochen werden. Oftmals können bereits kleinere Modifikationen des Themas bzw. der Zielsetzung für Entlastung sorgen. Manchmal stellt sich aber auch nach längerem Gespräch heraus, dass der Coachee mit dem Gedanken an ein Coaching einfach nicht warm wird. Da eine vertrauensvolle Zusammenarbeit nicht erzwungen werden kann, sollte der Coach hier (zunächst) auf diese Form der Entwicklungsförderung verzichten – aber im weiteren Verlauf der Arbeitsbeziehung regelmäßig sein Angebot erneuern und mögliche Themen aus seiner Sicht aufzeigen.

Start und Ablauf des Coachings klären

Das Bearbeiten von Entwicklungsthemen ist dann besonders effektiv, wenn es im Rahmen eines klar strukturierten Ablaufs geschieht. Ein formales Konzept hilft beiden Beteiligten

- einen Überblick zu behalten („Wo stehen wir gerade"?),
- sich auf das Wesentliche zu fokussieren,
- nicht zu lange bei Problembeschreibungen zu verharren und schließlich
- ein klares Ziel zu erreichen und den Prozess beenden zu können.

Neben der Rollenklärung sollte der Coach daher zu Beginn der gemeinsamen Arbeit den voraussichtlichen Ablauf des Coachings vorstellen. Dadurch werden beim Coachee Unsicherheiten verringert („Wie läuft das jetzt genau ab?") und der Coach hat ein strukturgebendes Element, an dem er sich entlangarbeiten kann („... was sollte ich als Nächstes angehen?").

Folgende Aspekte sollte der Coach dem Coachee erläutern:

Fragen des Coachees klären

- **Was bedeutet Coaching?** Coaching bedeutet, den Coachee bei der Weiterentwicklung einer Fähigkeit bzw. eines Verhaltens zu unterstützen.
- **Wie können beide Beteiligten für eine gelingende Arbeitsbeziehung sorgen?** Vor allem durch rechtzeitige Metakommunikation.
- **Ist Coaching im Rahmen einer Führungsrolle relevant für die Leistungsbeurteilung des Coachees?** Die gemeinsame Arbeit findet vertraulich und unabhängig von jeder Leistungsbewertung statt.
- **Wie wird das Coaching ablaufen?** Die Zusammenarbeit wird mehrere Treffen sowie Praxisphasen umfassen:
    - Zunächst definieren und präzisieren Coach und Coachee zusammen ein Coaching-Ziel.
    - Anschließend erarbeiten sie einen Weg zur Zielerreichung.
    - Dann erprobt der Coachee das erarbeitete Verhalten im Arbeitskontext.
    - Abschließend finden ein oder mehrere Treffen zur Nachbearbeitung statt.

- **Was passiert, wenn etwas „komisch" ist?** Sobald einer der beiden Beteiligten ein Störgefühl hat, kann er den Prozess anhalten und um eine Klärung der Störung bitten

Folgende Aspekte sollten Coach und Coachee gemeinsam klären:

Gemeinsame Absprache

- **Wo finden die Sitzungen statt?** In einem ruhigen Raum mit einem (idealerweise runden) Tisch und bequemen Stühlen; Flipchart und funktionierende Stifte sollten vorhanden sein. Alternativ können auch sogenannte Walking Sessions beim gemeinsamen Spaziergang wirksam sein. Bei der Begleitung des Coachees im Arbeitskontext findet zumindest das nachgelagerte Feedback-Gespräch in einem geschützten Rahmen und Raum statt.
- **Wann findet der nächste Termin statt?** Gemeinsam abstimmen – idealerweise mit etwas freier Zeit im Anschluss, damit der Coachee seine Erlebnisse „verdauen" kann.
- **Wie lange soll der Termin dauern?** Wirkliches Coaching erfordert ein konzentriertes, ruhiges Arbeiten. Das funktioniert nicht zwischen Tür und Angel. Sinnvoll sind Treffen, die zwischen 30 Minuten und 1,5 Stunden dauern.

Rahmen-Spielfeld-Analyse: Möglichkeiten und Grenzen des Coachings aufzeigen

Coach und Coachee befinden sich am Beginn des Coachings. Dem Coachee ist noch unklar, was genau in diesem Setting erreicht werden kann. Um die Möglichkeiten und Grenzen des Coachings aufzuzeigen, zeichnet der Coach einen Rahmen aufs Flipchart. Innerhalb dieses Rahmens befindet sich das „Spielfeld", außerhalb sind die „Rahmenbedingungen". Der Coach erläutert dem Coachee:

„Stellen wir uns vor, dass unser Coaching Rahmenbedingungen hat – ähnlich wie ein Spielfeld. Die Bande, also der äußere Rahmen um das Spielfeld herum, ist feststehend. Die können wir nicht verändern. Innerhalb des Rahmens können wir deine Anliegen flexibel bearbeiten."

Coach und Coachee erarbeiten nun gemeinsam die gesetzten und unveränderbaren Rahmenbedingungen, innerhalb derer das Coaching stattfindet: Unternehmensinteressen, Hierarchien, Leistungsziele, Systeme und Prozesse, Personal etc. Durch das Gespräch kann der Coach beispielsweise mit folgenden Fragen führen:

- *„Innerhalb dieses Rahmens können wir wirkungsvoll miteinander an deinem Anliegen arbeiten. Was möchtest du gerne erreichen?"*
- *„Was muss in unserem Coaching passieren, damit sich die Sitzung für dich lohnt?"*
- *„Welche Erwartungen hast du an das Coaching und an mich als Coach?"*
- Daran anschließend: *„Ich schlage vor, dass wir gemeinsam an den Themen innerhalb des Rahmens, also im Spielfeld, arbeiten. Sobald einer von uns den Eindruck hat, dass feststehende Rahmenbedingungen berührt werden oder im Weg stehen, sprechen wir das direkt an. Ist das in Ordnung für dich?"*

Im Anschluss an die Spielfeld-Analyse werden die Ziele des Coachings gemeinsam definiert.

Erwartungsklärung: Unrealistischen Vorstellungen entgegenwirken

Zu Beginn des Coachings ist dem Coachee oft nicht klar, was im Rahmen der Zusammenarbeit möglich und realistisch ist und was nicht. Auch nachdem der Coach die Arbeitsgrundlagen erläutert hat, bleiben meistens Fragen offen bzw. Erwartungen ungeklärt. Eine möglichst vollständige Erwartungsklärung ist sinnvoll, um spätere Enttäuschungen und Missverständnisse zu vermeiden. Hier kann der Coach wie folgt vorgehen:

Erster Schritt: Der Coach bittet den Coachee, sämtliche Erwartungen ans Coaching zu formulieren und notiert diese auf Kärtchen. Wichtig: zunächst keinerlei Bewertungen („Das kriegen wir hin ...", „Das wird schwierig ...") vornehmen, sondern ein wirkliches „Brainstorming", also ein reines Sammeln von Erwartungen, ermöglichen. Wichtigste Frage als Coach hierbei: *„Welche Erwartungen hast du noch?"*

Die Erwartungen des Coachees könnten z.B. so aussehen:

- „Ich möchte mich weiterentwickeln."
- „Ich will lernen, in Kundensituationen erfolgreich zu verhandeln."
- „Ich möchte mein Können erweitern."
- „Mir ist es wichtig, hilfreiche Tipps zu bekommen."
- „Intensives Feedback zu erhalten, würde mich weiterbringen."

Zweiter Schritt: Der Coach sortiert die Karten auf einer Pinnwand in folgende Kategorien ein:

- „Erfüllbar" (kann als Ergebnis des Coachings erwartet werden)
- „Nicht erfüllbar" (diese Erwartung ist aus Sicht des Coachs unrealistisch)

- „Bedingt erfüllbar" (kann mit Einschränkungen vom Coaching erwartet werden)

Anschließend erläutert der Coach seine Einordnung. Vor allem bezüglich der „bedingt erfüllbaren" Erwartungen kann jeweils eine kurze Klärung sinnvoll sein.

Coach: *„Ich verstehe dein Anliegen. Mir ist aber wichtig, dass du unsere Zusammenarbeit mit realistischen Erwartungen beginnst: ‚Erfolgreich verhandeln' ist zwar ein sinnvolles, aber kein allein durch dich herstellbares Ziel. Damit eine Verhandlung erfolgreich verläuft, müssen – neben deiner Fertigkeit – eine Menge weiterer Faktoren erfüllt sein: Der Kunde muss das Ergebnis ebenfalls akzeptieren, er muss dir grundsätzlich gewogen sein, es darf keine „Hidden Agendas" geben etc. Was du aber erwarten kannst, ist, dass du deine Verhandlungs-Fertigkeiten verbessert. Dadurch steigt natürlich auch die Chance, erfolgreich zu sein. Daran werden wir arbeiten!"*

Erwartungen des Coachees im Blick behalten

Der Coach sollte die Erwartungen des Coachees während des gesamten Coaching-Prozesses „im Auge behalten" und erneut besprechen bzw. klären, wenn ...

- der Coachee offenbar zu schnell zu viel von sich erwartet. Hier kann der Coach etwas „bremsen", um häufigere Erfolgserlebnisse zu ermöglichen.
- der Coachee offenbar unrealistische Wünsche mit dem Coaching verbindet und entsprechend enttäuscht wirkt. Hier ist es sinnvoll, nochmals zu klären, was erwartbar ist und was nicht. Ersteres kann dann wieder mit voller Kraft bearbeitet werden.
- der Coachee eine anfangs zentrale Erwartung „unter den Tisch fallen lässt". Hier kann es sein, dass der Coachee beim Umsetzen der Coaching-Ergebnisse auf unerwartete Hürden gestoßen ist. Diese sollten unbedingt im Coaching bearbeitet werden.

Anliegen verstehen und Ziele klären

Empathie als Basis

Auch wenn es unterschiedliche „Schulen" und Meinungen zum Thema Coaching gibt, herrscht große Einigkeit darüber, dass sich ein erfolgreicher Coach durch ein hohes Maß an Empathie auszeichnet. Sich in einen anderen Menschen (seine Themen, Sichtweisen, Eigenarten) einfühlen zu können, setzt mehreres voraus:

Echte Bereitschaft

Was Empathie ausmacht

Sich auf andere einzulassen, kostet eine Menge Energie und erfordert eine aktive Entscheidung auf mehreren Ebenen:

- Eigene Erlebnisse, Assoziationen und Bewertungen für die Dauer des Coachings konsequent zurückzustellen, um dem Coachee eine konzentrierte Beschäftigung mit **seinen** Themen zu ermöglichen. Achte als Coach einmal darauf, wie oft und gerne du nach einer halben Stunde intensiven Zuhörens „eigentlich" deine Meinung dazu geäußert hättest.
- Sich nicht nur mit spannenden Inhalten, sondern auch mit – zumindest für einen selbst – eher uninteressanten oder schwer verständlichen Sichtweisen und Bewertungen zu befassen.
- Klarheit darüber, dass man ggf. auch auf äußerst Unangenehmes stoßen kann.
- Sich bewusst sein, dass man sich möglicherweise auch überfordert fühlen kann.

Wer als Coach empathisch sein möchte, muss diese „Risiken" und Erschwernisse in Kauf nehmen.

Trennen von Wahrnehmen und Bewerten

Häufig vermischen wir Wahrnehmungen und Bewertungen. Wir hören z.B. die Urlaubs-Schilderung eines Kollegen und freuen uns, weil wir an unseren letzten Aufenthalt in Griechenland zurückdenken; wir sind genervt, wenn sich an der morgendlichen Baustelle mal wieder kaum jemand am Reißverschlussverfahren beteiligt. Der Fokus ist sowohl nach außen („Was beobachte ich?") als auch nach innen, auf unsere eigene spontane

Bewertung („Was empfinde ich?"), gerichtet. Empathie im Coaching dagegen bedeutet, sowohl die Wahrnehmung als auch die Bewertung möglichst vollständig auf den anderen zu richten: Was beobachte ich an ihm? Was tut er? Und: Wie fühlt er sich wohl dabei?

Einfühlsame Unterstützung im Gespräch

Die Gesprächsanteile zwischen Coach und Coachee sind idealerweise äußerst ungleich verteilt – das Verhalten, Erleben und Fühlen des Coachees stehen eindeutig im Vordergrund. Fast immer ist es sinnvoll und notwendig, die Schilderungen des Coachees zu unterstützen. Dies kann nonverbal (z.B. durch Nicken), paraverbal (durch bestätigendes „Hmm") und vor allem durch das regelmäßige Aufgreifen der Äußerungen des Coachees erfolgen.

Bereits zu Beginn des Coachings wird ein hohes Maß an Empathie vom Coach gefordert. Er muss möglichst genau herausfinden, wie der Coachee das angesprochene Thema genau erlebt, was es in ihm auslöst, was er in der Vergangenheit bereits unternommen hat, was er sich für die Zukunft wünscht etc.

Themen sammeln

Bei der Sammlung von Coaching-Themen können sowohl Coach als auch Coachee Themen vorschlagen. Diese schreibt der Coach aufs Flipchart und lässt sie sich jeweils bestätigen.

Coach:
- *„Welche Themen sind dir innerhalb unserer Zusammenarbeit wichtig?"*
- *„Könnte es sein, dass dieses Thema X auch mit Thema Y zusammenhängt?"*

Anliegen des Coachees sortieren und Zusammenhänge herstellen

Manchmal kommt es vor, dass aus dem Coachee – gerade in angespannten Situationen – eine Reihe von Themen „heraussprudelt". In diesem Fall ist es hilfreich, erst einmal seine Anliegen zu sortieren und die Zusammenhänge zwischen den Themen herauszufiltern.

Coachee: „Zurzeit kämpfe ich an vielen Fronten. Zum einen habe ich das Problem, dass die Zielvorgaben in den verschiedenen Projekten, an denen ich beteiligt bin, so ambitioniert sind, dass sie nur auf Kosten meines operativen Tagesgeschäftes zu erreichen sind und ich nicht weiß, welche ich nun erfüllen soll – und zum anderen sind da die neuen Kollegen. Die sind noch nicht richtig im Team integriert und wissen gar nicht, wer sie worin einarbeitet. Außerdem ist da noch das neue IT-System, was immer wieder abstürzt. Ich komme dann mit meinen To-dos gar nicht hinterher und weiß auch nicht, wer von den Neuen mich unterstützen kann und soll ..."

Der Coach fasst nun erst einmal die Kernthemen zusammen und fragt nach, ob er alles richtig verstanden hat.

Coach: *„Ich höre drei Kernthemen heraus:*

- *Wie gehst du mit den unterschiedlichen Zielvorgaben aus den Projekten und deinem Tagesgeschäft um?*
- *Wie bekommst du Transparenz über die Zuständigkeiten der neuen Kollegen?*
- *Wie gehst du mit deinen To-dos um, wenn das neue IT-System ausfällt?*

Habe ich das richtig verstanden und sortiert?"

Vor Abschluss der Themensammlung sollte der Coach unbedingt noch einmal zum Zweck der Vollständigkeit nachfragen:

- *„Sind das die wichtigsten Themen?"*
- *„Gibt es vielleicht noch ein bedeutendes Thema, das du bislang noch nicht erwähnt hast?"*

Themen priorisieren

Um die herausgearbeiteten Anliegen zu priorisieren, eignet sich am besten eine Skala von 1 (= sehr leicht) bis 10 (= äußerst schwierig). Bewertet werden sollte zunächst die Wichtigkeit, anschließend die vermutliche Schwierigkeit der Themen:

Skalieren nach Wichtigkeit und Schwierigkeit

Coach: *„Nehmen wir an, du könntest die Wichtigkeit und die Schwierigkeit der Themen mit jeweils 100 Prozentpunkten bewerten. Welchem der Themen würdest du welche Prozentzahl zuordnen?"*

Thema	Wichtigkeit (in %)	Schwierigkeit (in %)

Aus dieser priorisierten Themenliste kann sowohl ein inhaltlicher „Fahrplan" für die nächsten Coaching-Sitzungen als auch ein erstes Thema für den gemeinsamen Start abgeleitet werden. Grundsätzlich sind zwei Herangehensweisen möglich:

- Mit einem „kleinen" Thema anzufangen, wenn es das erste derartige Coaching ist bzw. ein großes Bedürfnis nach schnellen Lösungen besteht.
- Gleich ein sehr wichtiges Thema anzugehen, wenn Coach und Coachee bereits ein eingespieltes Coaching-Tandem sind bzw. genug Energie auf beiden Seiten vorhanden ist, um mit einem „großen Brocken" zu starten.

Ziele präzisieren

Nun muss das Thema weiter exploriert und als Ziel präzisiert werden. Als Methoden der Wahl dienen hierzu offene präzisierende Fragen und verschiedene Formen des Aufgreifens.

Gezielt Nachfragen und Gesagtes aufgreifen

Offene präzisierende Fragen: Hiermit sind Fragen gemeint, die den Befragten zum ausführlichen Nachdenken und Berichten und gleichzeitig zu einer möglichst genauen Beschreibung animieren. Als Beispiel kann die Frage „Wie meinst du das genau?" dienen. Selbst bei noch so sparsamem Redefluss kann man diese Frage nicht wirklich mit einem Ein-Wort-Satz beantworten. Man wird stattdessen zum Sprechen (und zum Nachdenken) animiert. Gleichzeitig impliziert das Adjektiv „genau" die Bitte, präzise Einzelheiten zu schildern. Weitere offene präzisierende Fragen sind: Woran merkst du im Einzelnen, dass sich der Zustand gebessert hat? Was sagen die Beteiligten denn jeweils dazu? Wie hat sich das Thema denn genau entwickelt?

Wörtliches Aufgreifen: Der Coach wiederholt bedeutsame Worte bzw. Satzteile des Coachees. Dadurch betont er die Bedeutung einzelner Aussagen und demonstriert sein Zuhören.

Sinngemäßes Aufgreifen: Der Coach fasst einzelne Sätze oder Satzteile mit anderen Worten zusammen und versucht dabei, das Gesagte möglichst genau wiederzugeben. Dadurch demonstriert er, dass er nicht nur zuhört, sondern das Gesagte aktiv aufnimmt. Gleichzeitig vermeidet er den „Papageien-Effekt", der sich beim wörtlichen Aufgreifen schnell einstellen kann.

Nachempfindendes Aufgreifen: Der Coach fasst den emotionalen Gehalt der Coachee-Aussagen zusammen. Damit transportiert er eine Menge Empathie, was sich positiv auf die Beziehung und die gegenseitige Vertrauensbasis auswirkt – allerdings nur dann, wenn er beim Aufgreifen „richtigliegt". Unpassendes emotionales Aufgreifen schürt als „Beleg für mangelnde Empathie" die Distanz zwischen Gesprächspartnern.

Präzisieren: Hierbei steht vor allem im Fokus, was der Coachee – vorausgesetzt, das Coaching verliefe erfolgreich – am Ende erreicht haben möchte.

Coach: *„Du hast dich dafür entschieden, mit dem Thema ‚Weniger defensiv reagieren' anzufangen.*

- *Ich frage mal so direkt: Wie würde das denn genau aussehen, wenn du weniger defensiv reagierst?"*
- *„Und hast du schon eine Idee, was du stattdessen gerne tun möchtest?"*
- *„Woran würden andere deine Veränderung bemerken?"*
- *„Und wie würde sich die Veränderung auf dich und andere auswirken?"*

„Okay, ich fasse mal zusammen: Du möchtest in Zukunft weniger defensiv reagieren. Das bedeutet ... und es würde sich folgendermaßen zeigen: ... Richtig?"

Mit einem derart präzisierten Ziel kann die Arbeitsphase des Coachings beginnen.

Die drei Stufen des Zuhörens

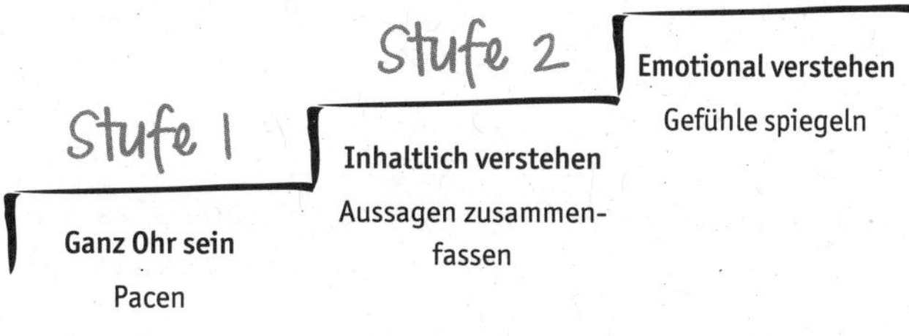

Abb. 19: Die drei Stufen des Zuhörens

Zu Beginn des Coaching-Prozesses sind zwar die Themen-Überschriften bekannt – was der Coachee damit jeweils genau verbindet, ist aber noch unklar. Um sich möglichst gut in den Coachee einfühlen zu können und die spätere Arbeit am Verhalten möglichst sinnvoll gestalten zu können, macht sich der Coach in drei Stufen – sozusagen Schritt für Schritt – mit den Wahrnehmungen, Gedanken und Empfindungen des Coachees vertraut.

1. Stufe: Der Coach vermittelt dem Coachee das Gefühl, dass er ab jetzt „ganz Ohr" für ihn ist.

Coach: *„Bevor wir uns ganz deinem Anliegen widmen, ist es mir wichtig, ganz Ohr sein zu können und dir meine ungeteilte Aufmerksamkeit zu schenken. Ich habe dazu mein Handy auf ‚mute' gestellt und diesen Raum ausgesucht, in dem wir ungestört sprechen können. Gibt es von deiner Seite noch etwas zu regeln oder zu klären, um für die nächsten 30 Minuten ungestört hier sein zu können?"*

Dabei wendet sich der Coach auch physisch seinem Coachee zu und stellt Blickkontakt her, um die Aufmerksamkeit zu unterstreichen.

2. Stufe: Der Coach fasst die Kernaussagen in seinen eigenen Worten zusammen und überprüft dadurch sein inhaltliches Verständnis.

Beispiel Coachee: „Ich weiß zurzeit nicht, wie ich meinen Aufgaben gerecht werden kann. Jeden Tag habe ich über 100 Mails im Posteingang und versuche den ganzen Tag, diese einigermaßen abzuarbeiten. Am Ende des Tages habe ich vielleicht die Hälfte der Mails neben den Telefonaten und Meetings bearbeitet, aber die gleiche Anzahl ist wieder an neuen Mails dazugekommen."

Coach: *„Wenn ich dich richtig verstehe, hast du jeden Tag das Gefühl, einen nie endenden Berg abzuarbeiten und dir fehlen die Erfolgserlebnisse?"*

3. Stufe: Wenn die inhaltliche Ebene verstanden wurde und der Coachee das bestätigt hat, dann geht es in der dritten Stufe darum, die wahrgenommenen Gefühle zu verbalisieren, indem sich der Coach in die Situation des Coachees hineinversetzt:

Coach: *„Und das frustriert und demotiviert dich?"*

Inhaltliches und emotionales Verstehen stärkt das Selbstvertrauen des Coachees

Das inhaltliche und emotionale Verstehen schafft eine sehr gute Vertrauensebene und damit eine hohe Bereitschaft seitens des Coachees, konkrete Lösungsschritte anzugehen. Dem Coachee hilft diese Gesprächsführung zudem, sich selbst zu klären und besser zu verstehen oder sich anzunehmen. Wichtig ist es, das Schweigen, das an dieser Stelle oftmals entsteht, auszuhalten und dem Coachee Zeit zu lassen, die gewonnenen Erkenntnisse zu verdauen und nachwirken zu lassen.

Nach dem inhaltlichen und emotionalen Zuhören hat der Coach in der Regel sehr gut den Weg bereitet, um mit dem Coachee sowohl die äußeren Rahmenbedingungen (Prozesse, Arbeitsabläufe etc.) als auch die Motivatoren und Stärken zu explorieren.

Verhaltens- und Ergebnisziele präzisieren

Coachingziele an sichtbare Ergebnisse knüpfen

Zu Beginn des Coachings ist die Zielsetzung meist noch sehr allgemein formuliert. Daneben ist noch nicht klar, inwieweit der Zielzustand vom Coachee selbst herstellbar ist. Dafür fehlt dem Coachee häufig noch die Fähigkeit, zwischen inneren und äußeren Zielen zu unterscheiden und diese Unterscheidung bewusst auf seine Themen anzuwenden. Hier kann der Coach intervenieren, indem er den Coachee zunächst präzisieren lässt, welches äußerlich sichtbare Ergebnis er sich als Folge des Coachings wünscht.

Coach: *„Woran würdest du konkret merken, dass du das Ziel erreicht hast? Wer würde das dann woran genau merken? (...) Woran noch?"*

Der Coach achtet darauf, dass der Coachee die Zielsetzung als konkretes Verhalten bzw. in wörtlicher Rede benennt. Schwammige Aussagen versucht er, durch präzisierende offene Nachfragen zu konkretisieren.

Coach: *„Woran wäre das äußerlich sichtbar? Was wäre an deinem Verhalten nach außen anders?"*

Der Coach notiert das beschriebene Ziel auf dem Flipchart in den äußeren Kreis (= äußeres Ziel). Anschließend wird gemeinsam erarbeitet, wie der Coachee dazu beitragen kann, das gewünschte Verhalten des Kunden auszulösen (= inneres Ziel).

Coach:

- *„Was könntest du tun, um dein Gegenüber zu diesem Verhalten zu bringen?"*
- *„... und ergänzend geht mir durch den Kopf, ob es auch eine Möglichkeit für dich wäre, X auszuprobieren?"*
- *„Okay. Das ist dein inneres Ziel. Schreib dein eigenes Verhalten in den inneren Kreis auf deinem Blatt."*

Die äußere und innere Komponente des Coachingziels

Abschließend erläutert der Coach: *„Oftmals ist es sinnvoll, Zielsetzungen, die andere Menschen betreffen, in eine äußere und eine innere Komponente aufzuteilen. Das präzise definierte äußere Ziel stellt dein eigentliches gesprächsbezogenes Anliegen (das gewünschte Verhalten deines Kommunikationspartners) dar. Du kannst und sollst zwar bewerten, inwieweit dieses Ziel im Gespräch erreicht wurde, hast aber nur bedingt Einfluss darauf, da dein Gegenüber letztlich selbst entscheidet, wie er sich verhält. Die innere Zielverfolgung dagegen steht weitgehend unter deiner Kontrolle und sollte parallel zum ‚äußeren' Erfolg bewertet bzw. optimiert werden. Je erfolgreicher du deine inneren Ziele umsetzt, desto wahrscheinlicher wird dein äußerer Gesprächserfolg."*

Für die nachfolgenden Coaching-Gespräche gibt der Coach dem Coachee die Aufgabe mit, jeweils eine Zielsetzung in eine „äußere" und eine „innere" Komponente zu zerlegen. Gemeinsam wird dann jeweils präzise definiert, welches die Kriterien für „Erfolg" bzw. „Misserfolg" sind.

Regelmäßiges Feedback hilft dem Coachee, die Verfolgung präziser innerer Ziele als Grundlage für sichtbare Gesprächserfolge zu verstehen und zu verinnerlichen.

Durch wirkungsvolle Fragen Lösungen entwickeln

Eine der wichtigsten Aufgaben des Coachs ist es, gute Fragen zu stellen. Im Coaching haben Fragen mindestens drei Funktionen:

Was Fragen im Coaching bezwecken

- **Orientierung:** Der Coach erfährt möglichst viel über den Coachee und dessen Sichtweisen. Dies ist unverzichtbar, um gemeinsam an wirklich passenden und machbaren Lösungen zu arbeiten.
- **Wertschätzung:** Der Coachee merkt, dass seine Sichtweise wirklich gefragt ist. Dies führt zu wachsendem Vertrauen und zu einer Verbesserung der professionellen Beziehung.
- **Neuorientierung:** Der Coachee wird durch gute Fragen mit sich und seinen Themen auf neue Art konfrontiert. Oftmals entstehen aus dieser Konfrontation entscheidende neue Ideen und Verhaltensoptionen.

Je früher der Fokus des Coachings auf mögliche Verhaltensalternativen und neue Perspektiven gerichtet wird, desto besser wird der Coachee Lösungen erkennen. Erläutere deinem Coachee, dass du ihn vor allem durch Fragen unterstützen wirst, seine eigenen Lösungsideen zu entwickeln und neue Perspektiven einzunehmen. Es ist der Zweck von Fragen, dass sie meistens nicht schnell zu beantworten sind, weil sie neue Reflexions- und Denkprozesse anregen. Auch eine kurzfristige Verwirrung des Coachees kann ein Hinweis darauf sein, dass seine üblichen Gedankenmuster unterbrochen werden. Das ist eine gute Voraussetzung, um neue Perspektiven und Ideen zu entwickeln.

Welche Frageform für welchen Kontext?

Die folgende Listung gibt einen Überblick, welche Frageformen in welchem Kontext hilfreich sind. Als Empfehlung gilt hierbei: Probiere die Wirksamkeit der Frage aus und verändere die Frageform, wenn dein Coachee mit der Frage nichts anfangen kann.

Frage nach vorstellbaren Ergebnissen

Diese Frageform ist wichtig, um als Coach zu verstehen, was für den Coachee ein gutes Coaching-Gespräch bedeutet und woran er das misst. Auch während des Gesprächs bietet es sich an, den Coachee zu fragen, ob man sich auf dem richtigen Weg befindet.

- *„Was ist, bezogen auf dein Anliegen, wichtig, was wir heute besprechen sollten?“*

- Oder: *„Woran wirst du im Gespräch erkennen, dass wir in unserem Coaching den richtigen Weg eingeschlagen haben?"*

Frage nach Verhaltensalternativen

Diese Frageform bringt den Coachee dazu, sein Verhalten zu reflektieren und neue Verhaltensmöglichkeiten zu explorieren.

- *„Was wirst du dann tun (wenn du weißt, wie du deine Ziele besser erreichen kannst), was du bisher noch nicht tust?"*
- Oder: *„Stell dir vor, du wüsstest ab morgen ganz genau, wie du deine Ziele besser erreichen kannst. Was genau würdest du dann anders machen als heute? An welchen Verhaltensweisen würdest du selbst und deine Kollegen das konkret merken?"*

Frage nach Stärken

Diese Frageform lenkt den Blick des Coachees auf seine Stärken statt auf Defizite und Schwächen. Sie ist besonders hilfreich, wenn sich der Coachee durch destruktive Kritik oder Selbstvorwürfe selbst schwächt.

- *„Was hast du schon alles erreicht?"*
- *„Was machst du bisher bereits erfolgreich?"*
- *„Welche Stärken bringst du mit?"*
- *„Worauf bist du stolz?"*
- *„Worin sind bist du sicher? Worauf kannst du dich bei dir selbst immer verlassen?"*
- Oder: *„Stell dir vor, ich würde dich ein paar Tage lang bei deiner Arbeit beobachten, welche drei ehrlichen Komplimente würde ich dir wohl bezüglich deiner Stärken und Fähigkeiten machen?"*

Skalierungsfragen

Skalierungsfragen ermöglichen eine klare Differenzierung – selbst bei nicht eindeutig messbaren Kriterien. Dadurch werden auch „weiche Realitäten" und subjektive Eindrücke sicht- und vergleichbar. Durch die Skala können der Fokus auf das bereits Erreichte sowie die Stärken gelenkt sowie zugleich kleine (Fort-)Schritte bewusst und planbar gemacht werden. Zeichne hierzu die Skala auf ein separates Blatt und lass den Coachee seine Ist- und Zielwerte eintragen.

- *„Nehmen wir eine Skala von 1 bis 10 und nehmen wir weiter an, die 1 steht für „Ich habe keine Idee und keine Fähigkeiten, um meine Ziele zu erreichen" und die 10 steht für „Ich weiß immer und jederzeit genau, wie* *ich meine Ziele erreichen und sogar übertreffen kann" – wo siehst du dich zurzeit?"*

- *„Okay. Und welche Stärken, Verhaltensweisen und Fähigkeiten hast du denn bereits, um auf der 6 statt der 1 zu stehen?"*
- *„Und was noch?"* Oder: *„Was würden deine Kollegen dazu sagen?"*
- *„Und woran würdest du merken, dass du auf der Skala einen Schritt weitergekommen bist?"*

Umdeutungs-Fragen

Diese Art der Fragen regt den Coachee zum Umdeuten an. Der Coach lenkt mit der Frage die Perspektive auf die Stärken.

- *„Wie hast du es geschafft, trotz der unterschiedlichen Zielvorgaben und der Unterbesetzung in deinem Team noch so gut in deiner Zielerreichung zu stehen?"*
- *„Also, wenn du trotz der Unterbesetzung im Team und der Einarbeitung der neuen Kollegen 100 Prozent Zielerreichung hättest, was würde das über die Art der Zielsetzung in unserem Team aussagen?"*

Experimentier-Fragen

Diese spielerischen Fragen sollen die Fantasie und Experimentierfreude des Coachees verstärken. Sie sind besonders geeignet, wenn der Coachee Angst hat, Fehler zu machen, oder denkt, er müsse ad hoc die richtige Lösung parat haben.

- *„Hast du eine Idee, was du probehalber mal anders tun könntest, als du es bisher schon tust?*
- Oder: *„Tun wir doch mal so, als wenn dein Problem gelöst wäre und du ab morgen alles, was du brauchst, zur Verfügung hättest. Was würdest du anders tun oder anders denken?"*
- *„Ja – genau. Prima. Und was könntest du noch ausprobieren?"*

Fragen nach erreichbaren Ziel- bzw. Umsetzungskriterien

Zielfragen sind zur konkreten Umsetzung der Lösungen wichtig. Aus den entwickelten Ideen und Perspektiven werden dadurch konkrete, umsetzbare Schritte geplant.

- *„Was genau ist dein Ziel? Was wirst du als Erstes angehen?"*
- *„Woran wirst du, woran werden andere merken, dass du dein Ziel erreicht hast? Woran noch?"*

- *„Was ist daran attraktiv? Was wird anders sein, wenn du dein Ziel erreicht hast?"*
- *„Welche Ressourcen, Stärken, Fähigkeiten, Erfahrungen hast du bereits, um das Ziel zu erreichen?"*
- *„Wann wirst du dein Ziel bzw. den ersten Schritt umgesetzt haben?"*
- *„Woran wirst du die Zielerreichung messen?"*

Wichtig: In der nächsten Sitzung sollten die Veränderungen, Umsetzungsschritte und Erfolge besprochen und gewürdigt werden, bevor der Coachee die nächsten Schritte angeht.

Feedback geben

Neben den Erlebnissen, Erfahrungen und Einfällen des Coachees, die sich durch lösungsorientierte Frageformen sehr gut stimulieren lassen, können und sollten auch die Wahrnehmungen des Coachs im Coaching genutzt werden. Kurz: Es geht um Feedback und dessen richtigen Einsatz durch den Coach. Um unerwünschte Wirkungen auf den Coaching-Prozess zu vermeiden, sollte beim Anbieten von Feedback grundsätzlich auf Folgendes geachtet werden:

Worauf es beim Anbieten von Feedback ankommt

- **Timing:** Feedback sollte erst erfolgen, wenn der Coach das jeweilige Thema und vor allem die Sichtweise des Coachees vollständig erfragt und verstanden hat.
- **Veränderbarkeit:** Feedback sollte ausschließlich zu Aspekten gegeben werden, die durch den Coachee kontrollier- bzw. veränderbar sind.
- **Vollständigkeit:** Sowohl positive als auch kritische Rückmeldungen sollten in einer vollumfänglichen Form (siehe WWW-Regel im Anschluss) erfolgen. Dies hilft dem Coachee, genau zu verstehen, was der Coach meint, und senkt die Gefahr unnötiger Kränkungen.
- **Adäquatheit:** Feedback sollte immer mit den jeweiligen Coaching-Zielen in Verbindung stehen. Im Hintergrund sollte es eine Hypothese geben, welchen sinnvollen Beitrag die jeweilige Mitteilung idealerweise auf den Coaching-Prozess haben könnte.
- **Wertschätzendes Fundament:** Kritisches Feedback sollte nie aus einer aversiven Stimmung oder Absicht heraus gegeben werden. Als Faustregel gilt: Je heikler und kritischer das Feedback ist, das ich geben möchte, desto tragfähiger und positiver sollte meine Einstellung zum Coachee sein.

WWW-Regel als Strukturierungshilfe

Mit der **WWW-Regel für Feedback** hat man eine einfache, aber hilfreiche Struktur, um zielführend und umfassend Feedback zu geben. Die drei „W" stehen für Wahrnehmung, Wirkung und Wunsch.

Wahrnehmung: Welche objektivierbare Grundlage hat das Feedback oder, einfacher ausgedrückt, welches Verhalten bzw. welche Äußerungen des Coachees sind Anlass für positives oder kritisches Feedback? Je konkreter und „greifbarer" dies formuliert werden kann und je genauer Coachee und Coach in die angesprochene Situation „einsteigen" können, desto plausibler und überzeugender fällt das gesamte Feedback aus.

Beispiel: *„Wir haben die Präsentation jetzt mehrfach ausprobiert. Mir fällt auf, dass du trotz des komplizierten Themas keinerlei Strukturierungshilfe anbietest."*

Wirkung: Welche subjektive Wirkung löste das beschriebene Verhalten beim Feedback-Geber aus? Hier geht es also bewusst um die subjektive, emotional gefärbte Reaktion des Wahrnehmenden. Die beiden Kernfragen heißen:

- Welche Wirkung entstand beim anderen? Und:
- Wie ausgeprägt war diese?

Die folgende Übersicht zeigt die Bandbreite an Möglichkeiten auf. Die Begriffe der linken und der rechten Spalte sind dabei frei kombinierbar:

Ausprägung	Wirkung/Emotion
ein wenig	ärgerlich
ziemlich	nachdenklich
sehr	verwirrt
extrem	zufrieden
erst ein wenig, dann immer mehr	froh
kurz	neugierig
richtig	überrascht

Beispiel: *„Das führt dazu, dass ich zwar einzelne Sachverhalte nachvollziehen kann, bezüglich deiner eigenen Sichtweise der Gesamtsituation aber ziemlich verwirrt bin."*

Wunsch: Welche verhaltensbezogenen Wünsche bzw. Empfehlungen resultieren aus der Wahrnehmung und Wirkung? Vor allem kritisches Feedback sollte mit der möglichst präzisen Formulierung einer machbaren Verhaltensalternative abschließen.

Beispiel: *„Ich schlage vor, du baust eine einfache Gliederung in deine Darstellung ein. Und ich hätte da schon eine Idee, nämlich ..."*

Transfer ermöglichen

Coaching sollte für den Coachee immer einen „Anschub" zur Veränderung seiner Erlebens- oder Verhaltensweisen in der beruflichen Praxis bewirken. Daher muss das Coaching so geplant und gestaltet werden, dass der Coachee seine Erfahrungen aus der gemeinsamen Arbeit im „Labor" möglichst weitgehend und dauerhaft auf den beruflichen Alltag übertragen kann. Folgende Möglichkeiten bieten sich zur Transfer-Unterstützung an:

Was den Transfer in den Alltag unterstützt

- Gestalte Übungssituationen im Coaching möglichst ähnlich wie die entsprechende Echt-Situation. Dies gilt sowohl für die Gesprächsebene als auch (schematisch) für die Umgebungssituation.
- Vereinbare Verhaltensexperimente für die Zeit zwischen den Coaching-Sitzungen. Deren Verlauf kann von Sitzung zu Sitzung reflektiert und damit das jeweilige Verhalten Stück für Stück besser an die Möglichkeiten des Coachees sowie an die Erfordernisse der Situation angepasst werden.
- Lass veränderte Verhaltensweisen in mehreren kleinen Schritten einüben und nach und nach in die Echtsituation einfließen. Dies erhöht die Akzeptanz neuer Verhaltensweisen im sozialen Umfeld. Rückmeldungen aus dem Kollegenkreis à la „Oh, ... hast du ein Seminar besucht? Wann redest du wieder normal?" sorgen mit Sicherheit nicht für dauerhaft verändertes Verhalten.
- Überprüft gemeinsam von Zeit zu Zeit alle bearbeiteten Ziele.

Mit neuen Verhaltensweisen experimentieren

Der Coachee hat eine passende Verhaltensweise erarbeitet und fragt sich, ob diese in „echt" funktionieren könne.

Die Situation so konkret wie möglich definieren

Zunächst überlegen Coach und Coachee gemeinsam, in welcher konkreten Situation die erarbeitete Verhaltensweise sinnvoll eingesetzt werden könnte. Wichtig: Es muss um eine bestimmte, räumlich und zeitlich genau definierte Situation gehen. Warum? Erstens weil eine einzelne Situation besser vorstellbar ist als eine Menge oder ein „Typ" von Situationen. Zweitens weil die Umsetzungswahrscheinlichkeit bei einem konkreten Anlass deutlich höher ist als bei einer abstrakten Absichtserklärung. Und drittens weil man eine einzelne Situation später besser nachbereiten und analysieren kann.

Coach: *„Wann und wo möchtest du denn zum ersten Mal ausprobieren, dein neues Verhalten umzusetzen?"*

Coach: *„Das ist eine gute Idee, doch ich fände es besser, wenn du dir zunächst eine einzelne Situation aussuchst, bei der du das Verhalten ausprobierst. Das sollte gut umsetzbar sein, damit wir in der nächsten Sitzung, bevor dein Verhalten ‚in Serie' geht, erst einmal eine gründliche Reflexion durchführen, um es weiter zu optimieren bzw. noch ein wenig auszubauen."*

Plötzliche Verhaltensänderungen stoßen auf Skepsis

Vor allem Letzteres ist ein wichtiger Aspekt: Verhaltensänderungen werden vom sozialen Umfeld deutlich besser akzeptiert, wenn sie langsam und allmählich gezeigt werden. Plötzliche starke Veränderungen werden oftmals als „nicht authentisch", „instabil" und „trainingsinduziert" bewertet und infolgedessen nicht ernst genommen, manchmal sogar abgelehnt. Derartige Schwierigkeiten sind für den Coachee eher kontraproduktiv. Viel sinnvoller sind geplante kleine Experimente – diese verbrauchen nicht zu viel Energie und bewirken oftmals zeitnahe, motivierende Rückmeldungen.

Bei der nächsten Sitzung wird das Ergebnis des Experiments – getrennt nach Verhaltensziel und Wirkung – präzise bewertet. Was lief gut? Was könnte (wie) verbessert werden? Welche Wirkungen waren beobachtbar? Und schließlich: In welchen Situationen soll das Verhalten die nächsten Male gezeigt werden?

Mit Rückblick zum Ausblick kommen

Für den Transfer förderlich ist es auch, den Coaching-Prozess nach einiger Zeit (ca. 4-8 Wochen) gemeinsam zu reflektieren, um die erarbeiteten Verhaltensweisen und Fähigkeiten nachhaltig zu stärken. Der richtige Zeitpunkt für diesen Rückblick-Ausblick ist, wenn die besprochenen Schritte zur Umsetzung des Anliegens erfolgt sind.

Coach: *„Lass uns jetzt gemeinsam den Coaching-Prozess und deine Entwicklung reflektieren."*

Strukturierte Reflexion des Coaching-Prozesses

Hierzu stellen sich Coach und Coachee nebeneinander an den Rand des Coaching-Raums und blicken gemeinsam auf die beiden Stühle, auf denen sie während des Coachings gearbeitet haben.

Reflektiert zunächst den gesamten Coaching-Prozess

- *„Wie ging es dir mit dem gesamten Prozess, wenn du jetzt zum Ende ein Resümee ziehst?"*
- *„Was hat gut funktioniert und war für dich hilfreich?"*

- *„Was hat dir gefehlt oder was hast du als störend empfunden?"*
- *„Welche Erkenntnisse hast du gewonnen?"*
- *„Welche Verhaltensweisen konntest du stärken?"*
- *„Was hat sich verändert?"*

Reflektiert danach die Umsetzung der Ziele

- *„Wie gut konntest du die geplanten Schritte umsetzen und was hast du dabei gelernt?"*
- *„Wo stehst du jetzt auf der Skala? Wie genau hast du das geschafft?"*
- *„Was würdest du deinen Kollegen sagen, was sich seit der Zeit verändert hat?"*
- *„Welche Erfolge konntest du feststellen?"*

Reflektiert anschließend die Zusammenarbeit

- *„Was hätte ich (als Coach) besser machen können?"*
- *„Was soll ich beibehalten?"*
- *„Was hättest du dir in der Zusammenarbeit noch gewünscht?"*

Reflektiert den Ausblick

- *„Welchen Rat gibst du dir selbst von hier aus?"*
- *„Was möchtest du in Zukunft weiter fortführen oder verstärken?"*
- *„Wofür kann das Erfahrene darüber hinaus hilfreich sein?"*

Coach und Coachee halten die Erkenntnisse aus der „Vogelperspektive" schriftlich fest und vereinbaren ggf. einen weiteren Reflexionstermin in vier bis acht Wochen.

Spezielle Coaching-Methoden für spezielle Situationen

Professionell mit Konflikten/Provokationen umgehen

Der Coachee berichtet, dass er von einem bestimmten Kollegen regelmäßig durch abwertende Äußerungen provoziert wird. Zusammen mit dem Coach wird im Rahmen des Coachings eine einfache und wirksame Möglichkeit des Umgangs mit derartigen Äußerungen erarbeitet.

Wenn uns jemand mit provozierenden oder verletzenden Äußerungen begegnet, besteht zum einen die Gefahr, in eine sogenannte „symmetrische Eskalation" einzusteigen. Das bedeutet, auf die Provokation des Gesprächspartners mit einer Gegenprovokation zu antworten, was in der Regel zu einem weiteren Schlagabtausch und einer Verschlimmerung der Konfliktsituation führt. Eine andere besteht darin, die Provokation zu „schlucken" und klein beizugeben, um die Beziehung zum Gegenüber nicht zu gefährden. Hier besteht die Gefahr, zu wenig Standing zu zeigen und dadurch Respekt (auch sich selbst gegenüber) zu verlieren.

Die VIR-Regel zum angemessenen „Gegenhalten"

Eine dritte Möglichkeit ist die sogenannte VIR-Regel, die im Konfliktfall ein angemessenes „Gegenhalten" ermöglicht und gleichzeitig nicht unnötig die Beziehung gefährdet.

V: Verständnis zeigen (das Gefühl des Gesprächspartners ansprechen)
I: eigenes Interesse äußern (mein Gefühl/Anliegen/Problem ansprechen)
R: Regelung (offene Frage stellen)

Anschließend sollte die VIR-Regel anhand provokativer Aussagen (vorgegeben durch den Coach) weiter eingeübt werden. Wie auch bei anderen kommunikativen Regeln kommt es darauf an, dass der Nutzer diese häufig übt und mit der Zeit seine eigene Sprache verwendet. Hierzu kann der Coach den Coachee auch in weiteren Coaching-Sessions immer wieder spontan mit gespielten Provokationen „überfallen", bis dieser die VIR-Regel flüssig und ohne großes Nachdenken anwenden kann.

Bei Krisen intervenieren

Gerade in akuten Krisensituationen sind wir als Coach gefordert, den Coachee zu unterstützen. Im besten Fall wird er durch unsere Krisenintervention stabilisiert und findet wieder Zugang zu hilfreichen Ressourcen, um die Situation aufarbeiten und eigenständig bewältigen zu können. Die folgenden Schritte sind dabei ein bewährtes Vorgehen.

Krisenintervention in sieben Schritten

Schritt 1 – Bestärkung: Bestätige den Coachee darin, dass er sich in der Krise Unterstützung holt.

- Coach: *„Gut, dass du dir in dieser Situation aktiv Unterstützung holst. Ich bin gerne für dich da und höre dir zu."*

Schritt 2 – Rahmenbedingungen checken: Versuche, trotz der Dringlichkeit die geeigneten Rahmenbedingungen (nächstmöglicher ungestörter Ort und nächstmögliche Zeit für das Gespräch) zu klären.

- Coach: *„Wann hast du die Möglichkeit, für ca. 60 Minuten ungestört zu sprechen?"*

Schritt 3 – Achtsames Zuhören: Höre aktiv und mitfühlend zu. Sei dabei achtsam in der Selbstwahrnehmung. Fühle mit dem Coachee mit, doch verwechsle kein eigenes Leiden/eigene Themen mit denen des Coachees.

- Coach: *„Was bewegt dich? Was ist passiert?"*
- Coachee: „Ich bin völlig fertig. Ich habe vergangene Woche erfahren, dass ich noch in diesem Jahr für mehrere Wochen ins Krankenhaus muss. Natürlich hatte ich mir vorgenommen, meine Arbeit bis dahin so gut wie möglich zu erledigen. Doch nun merke ich, dass ich nicht bei der Sache bin und Fehler mache."
- Coach: *„Das klingt für mich sehr menschlich. Das kann ich sehr gut nachvollziehen."*

Lass dabei Zeit für Emotionen und halte Gesprächspausen aus. Versuche, so gut es geht, mitzufühlen. Verzichte darauf, an den Coachee zu appellieren, insbesondere dann, wenn du seinen Leidensdruck nicht (gleich) nachvollziehen kannst. Vertraue darauf, dass der Coachee alle Ressourcen in sich hat, um mit der Situation gut umzugehen.

Schritt 4 – Stabilisieren: Aktiviere die Ressourcen des Coachees.

- Coach: *„Was brauchst du jetzt? Was würde dir guttun?"*

Reformuliere alle Ressourcen und stärkenden Aussagen, die der Coachee formuliert. Damit bestärkst du die Ressourcen und motivierst deinen Gesprächspartner, weitere Ressourcen hinzuzufügen.

Beispiele für Ressourcen und Referenzerfahrungen sind:

- Du fühlst dich ruhig und gelassen in einer herausfordernden Situation.
- Du schenkst anderen deine volle Aufmerksamkeit.
- Du bist stolz auf deine professionellen Fertigkeiten.
- Du beweist in schwierigen Situationen Mut.
- Du erlebst deine Kreativität.
- Du verwandelst einen Misserfolg in einen großen Erfolg.
- Du steckst andere mit deinem Humor an.
- Du kannst einem anderen Menschen erfolgreich helfen.
- Du warst in einer Situation außerordentlich geistreich und brillant.
- Du fühlst dich innerlich zufrieden.

Schritt 5 – Reframing: Wenn der Coachee sein Verhalten negativ deutet und sich selbst damit abwertet, ist das „Umdeuten" durch den Coach erforderlich, um den Coachee zu stärken und dessen Ressourcen wieder zugänglich zu machen.

- Coachee: „Ich konnte bislang Beruf und Privates immer recht gut trennen. Aber dazu bin ich auf einmal absolut unfähig."
- Coach: *„Du könntest das auch so betrachten, dass du sehr genau merkst, wann etwas besonders wichtig ist. Und im Augenblick steht deine Gesundheit an erster Stelle."*

Schritt 6 – Ziele vereinbaren: Unterstütze den Coachee darin, ein positiv formuliertes, selbst initiierbares und realisierbares Ziel zu formulieren.

- Coach: *„Was ist in diesem Zusammenhang dein Ziel? Was möchtest du erreichen?"*
- Coach: *„Okay. Was kannst du tun, damit du das schaffst?"*

Schritt 7 – Folgecoaching anbieten: Biete dem Coachee ein zeitnahes weiteres Coaching an.

Top-Performer coachen

Top-Performer als Vorbilder fürs Lernen

Das Coaching von Top-Performern ist eine besondere Herausforderung, aber aus zwei Gründen auch besonders effektiv und wertvoll: Top Performern ist häufig gar nicht bewusst, wie sie ihre exzellenten Leistungen erbringen. Gelingt es im Rahmen des Coachings, diese Fähigkeiten zu explorieren, so wird die hohe Leistung nicht nur für die Top-Performer selbst reproduzier- und steuerbar. Zusätzlich können mithilfe dieser Erkenntnisse wichtige Lernimpulse für andere Mitarbeitende und das Team gewonnen werden.

Mit den Logischen Ebenen die Top-Performance explorieren

Das Modell der Logischen Ebenen von Robert Dilts ist eine gute Strukturierungshilfe, um die Verhaltensweisen, Fähigkeiten, Denkstrategien, Überzeugungen und Werte des Coachee zu explorieren (siehe Abb. 20). Kläre mit dem Coachee zunächst den Nutzen der Methode und achte auf eine richtige Visualisierung der Pyramide und der Reihenfolge der Ebenen/Stufen, damit die Schrittfolgen verständlich sind.

Coach: *„Seit vielen Jahren bringst du eine konstant hervorragende Leistung. Was hältst du davon, wenn wir das Coaching dazu nutzen, deine Fähigkeiten genauer zu explorieren? Dadurch werden dein Denken und Handeln für dich selbst steuerbarer und wir können dich vielleicht sogar als Lernmodell für andere nutzbar machen. Dazu möchte ich gerne eine siebenstufige Performing-Analyse mit dir machen. Zur Visualisierung der Stufen habe ich einmal eine Pyramide aufgezeichnet."*

Stufe 1 – Kontextklärung: In welcher konkreten Situation ist die außergewöhnliche Fähigkeit zu beobachten?

- *„Wann und wo hast du deine exzellente Leistungsfähigkeit repräsentativ zum Einsatz gebracht?"*

Abb. 20: Top-Performer coachen (nach Robert Dilts)

Frage	Ebene
Was ist deine Vision? Wo siehst du dich in fünf Jahren?	Vision Mission
Was ist dein Selbstverständnis? Wie siehst du deine Rolle? Womit identifizierst du dich?	Rolle Selbstverständnis
Was sind dabei deine wichtigsten Werte? Was ist dir „heilig" oder, einfacher gesagt, besonders wertvoll? Was treibt dich innerlich an?	Werte Motivatoren
Was denkst du über dich und die anderen? Welche Überzeugungen leiten dein Handeln? Was empfindest du in der Interaktion mit deinem Gegenüber?	Überzeugungen Empfindungen
Welche Fähigkeiten und Stärken nutzt du dabei? Was befähigt dich, so handeln zu können? Welche Ressourcen aktivierst du hierfür?	Fähigkeiten/Strategien
Wie genau hast du dich in der Situation verhalten? Beschreibe bitte genau, was du getan hast.	Verhalten/Ziele
Wann und wo hast du deine exzellenten Leistungen beispielhaft zum Einsatz gebracht?	Umwelt/Kontext

Stufe 2 – Verhalten: Welche Verhaltensaspekte sind besonders signifikant, um das gewünschte Ergebnis zu erzielen?

- *„Wie genau hast du dich in der Situation verhalten? Beschreibe bitte genau was du getan hast? Wiederhole dabei bitte jede einzelne Handlung!"*
- *„Okay. Wie genau hast du das gemacht? Beschreibe mir bitte wie in Zeitlupe dein Verhalten vom ersten bis zum letzten Moment deines Beispiels."*

Stufe 3 – Fähigkeiten: Welche wichtigen Fähigkeiten aktiviert der Top-Performer zu welchem Zeitpunkt?

- *„Welche Fähigkeiten und Stärken nutzt du dabei? Was kannst du gut, um dich so zu verhalten? Welche Ressourcen aktivierst du dazu in dir?"*

Stufe 4 – Überzeugungen: Durch welche Gedanken und Emotionen werden diese Fähigkeiten aktiviert (Erlaubnis zur Handlung/Motivation)?

- *„Was denkst du dabei über dich und den anderen? Welche Überzeugungen leiten dabei dein Handeln? Was empfindest du in der Situation mit deinem Gegenüber?"*

Stufe 5 – Werte: Welche Werte werden zum Ausdruck gebracht? Was sind die inneren Motivatoren? Was ist dem Coachee besonders wertvoll und wichtig?

- *„Was sind dabei die wichtigsten Werte? Was ist dir sozusagen ‚heilig' oder, einfacher gesagt, besonders wertvoll? Was treibt dich innerlich an?"*

Stufe 6 – Rolle: Wie ist das Selbstverständnis des Cochees? Welche Rolle nimmt er ein?

- *„Kommen wir jetzt zu deinem Selbstverständnis als Projektleiter. Wie siehst du deine Rolle? Womit identifizierst du dich?"*

Stufe 7 – Vision: Welche Vision und Mission leiten ihn?

- *„Kommen wir nun zur Spitze der Pyramide. Was ist deine Vision? Wo siehst du dich in fünf Jahren?"*

Das Prinzip „Vom Umfeld zum Ich" beherzigen

Der Coach sollte bei diesem Prozess sein Augenmerk darauf haben, dass der Coachee sich möglichst wenig mit Beschreibungen der „Umstände" aufhält und stattdessen möglichst viel über sich selbst, über seine Gedanken und Gefühle berichtet. Konsequentes Umsetzen des Prinzips „Vom Umfeld zum Ich" heißt die Devise!

In einem Folgegespräch analysieren Coach und Coachee die gemeinsame Exploration noch einmal hinsichtlich der Frage: „Was ist relevant, was irrelevant?“ Ziel ist es, die wesentlichen Elemente auf ihre einfachste und gleichzeitig eleganteste Form zu reduzieren, damit sie als Lernmodell wirken können.

Verhaltenstipps für schwierige Coaching-Situationen

Situation 1: Wie reagiere ich, wenn mein Gesprächspartner schweigt oder nur zögerlich antwortet?

Im Coaching kann es wichtig sein, Gesprächspausen „auszuhalten“ und dem Coachee Zeit zum Nachdenken zu geben. Es ist gut möglich, dass die zögerliche Antwort ein gutes Zeichen für die Wirksamkeit deiner Frage ist. Es kann aber auch sein, dass deine Frage unverständlich oder unklar für dein Gegenüber formuliert war. Lass dem Coachee Zeit zum Antworten, höre aktiv zu und frage offen nach, wie verständlich deine Frage für den Coachee war.

Situation 2: Wie gehe ich mit einer Meinungsverschiedenheit um?

Reformuliere, wie du die Aussagen verstanden hast und frage offen nach der Intention und den Beweggründen. Stelle sicher, dass sich der Coachee von dir richtig verstanden fühlt. Anschließend erläuterst du deine Sichtweise anhand konkreter Beispiele und konkreter Beschreibungen deiner Wahrnehmung. Lass beide Meinungen und Interpretationen nebeneinander stehen. Vermittle, dass sowohl die eine als auch die andere Sichtweise möglich und richtig ist. Erzwinge keine Einigung, sondern lass den Raum und die Zeit für eine Annäherung. Ermögliche eine gemeinsame Sichtweise/Vereinbarung, in der beide Aspekte integriert sind.

Situation 3: Was mache ich, wenn das Selbstbild des Coachees sehr stark von meinem Eindruck (Fremdbild) abweicht?

Beschreibe so konkret wie möglich die Situation bzw. den Kontext, in dem du deinen Eindruck gewonnen hast. Benenne so konkret und akkurat wie möglich, welches Verhalten du gesehen oder gehört hast. Erläutere die Wirkung, die das wahrgenommene Verhalten bei dir erzeugt hat. Formuliere anschließend einen Wunsch oder mache einen konkreten Lösungsvorschlag.

Coaching von Teams: Grundlagen, hilfreiche Schritte und Methoden

Die bisher beschriebenen Anleitungen, Techniken und Methoden sind auch bei dem Coaching von Teams grundsätzlich gültig und einsetzbar, allerdings gibt es einige Besonderheiten.

Förderung der Selbstreflexion und Feedback-Kultur des Teams

Beim Coaching von Teams geht es darum, eine Gruppe von Menschen zu unterstützen und zu begleiten, um ihre Leistung und Zusammenarbeit zu verbessern. Die individuellen Stärken und Schwächen der Teammitglieder muss der Coach dabei ebenso im Blick haben wie das Team als Ganzes. Ein Teamcoach unterstützt die Teammitglieder dabei, ihre Kommunikation und Kooperation zu verbessern, Konflikte zu lösen, gemeinsame Ziele und Strategien zu entwickeln sowie ihre individuelle und kollektive Leistung zu steigern. Dabei geht es oft auch um die Förderung der Selbstreflexion und der Feedback-Kultur im Team. Eine offene und wertschätzende Haltung als Teamcoach ist dabei ebenso unerlässlich wie das Eingehen auf die Bedürfnisse des Teams.

Teamcoaching kann von externen Coachs durchgeführt werden oder auch von internen Führungskräften, die über entsprechende Coaching-Kompetenzen verfügen. Es kann in verschiedenen Kontexten eingesetzt werden, wie zum Beispiel innerhalb von Transformationsvorhaben, im Programm- und Projektmanagement, in der Produktentwicklung u.v.m.

Den Teamcoaching-Prozess initiieren

Um den Coaching-Prozess auch im Team zum Erfolg zu führen, hat sich folgendes Vorgehen bewährt:

1. Analyse der Ausgangssituation: Bevor du mit dem Coaching beginnst, solltest du die aktuelle Situation des Teams analysieren und herausfinden, wo es Handlungsbedarf gibt. Dazu kannst du Gespräche mit einzelnen Teammitgliedern führen oder auch Vor-Ort-Beobachtungen im Team machen.

2. Zielsetzung: Definiere gemeinsam mit dem Team klare Ziele und Schwerpunkte für das Coaching. Diese sollten messbar und realistisch sein und sich an den Bedürfnissen und Zielen des Teams orientieren.

3. Planung und Umsetzung: Entwickle gemeinsam mit dem Team einen Plan für das Coaching und setze diesen Schritt für Schritt um. Dabei solltest du Feedback-Mechanismen einbauen, um den Fortschritt regelmäßig zu überprüfen.

4. Stärkung der Zusammenarbeit: Unterstütze das Team dabei, seine Zusammenarbeit zu verbessern und eine offene Kommunikation aufzubauen. Versuche, die Lösung von Konflikten und die Entwicklung einer positiven Teamdynamik zu fördern.

5. Förderung der individuellen Stärken: Achte darauf, dass du die individuellen Stärken und Schwächen der Teammitglieder berücksichtigst und diese gezielt förderst. Setze individuelle Ziele und Maßnahmen, um die Leistung jedes einzelnen Teammitglieds zu steigern.

6. Evaluation und Weiterentwicklung: Evaluiere regelmäßig den Erfolg des Coachings und die Fortschritte des Teams. Pass die Maßnahmen und Ziele gegebenenfalls an.

Neben diesem Vorgehen erweisen sich vor allem folgende Methoden für das Teamcoaching als nützlich:

Reflexionsübungen: Reflexionsübungen ermöglichen es den Teammitgliedern, über ihre Erfahrungen und Eindrücke nachzudenken und daraus zu lernen. Hierbei können beispielsweise das Führen von Tagebüchern oder Feedback-Methoden wie das Johari-Fenster hilfreich sein.

Teamübungen: Teamübungen fördern die Zusammenarbeit und Kommunikation im Team. Hierfür können beispielsweise Rollenspiele, Konfliktlösungsübungen oder Gruppenaufgaben eingesetzt werden.

360-Grad-Feedback: Beim 360-Grad-Feedback erhalten die Teammitglieder Feedback von ihren Kollegen, Vorgesetzten und anderen Personen, mit denen sie zusammenarbeiten. Hierdurch können individuelle Stärken und Schwächen identifiziert werden, die anschließend gezielt gefördert oder verbessert werden können.

Einzel-Coaching-Gespräche: Coaching-Gespräche mit den einzelnen Teammitgliedern bieten die Möglichkeit, individuelle Themen und Herausforderungen anzusprechen und Lösungen zu erarbeiten. Dabei ist es wichtig, eine offene und wertschätzende Gesprächsatmosphäre zu schaffen und die Bedürfnisse und Ziele des Einzelnen in den Fokus zu stellen.

Retrospektiven: Retrospektiven ermöglichen es dem Team, gemeinsam den vergangenen Projekt- oder Arbeitsabschnitt zu reflektieren und Verbesserungspotenzial zu identifizieren (siehe auch „Retrospektiven" ab S. 329).

Es ist wichtig, Vorgehen und Methoden entsprechend der Bedürfnisse des Teams und der individuellen Situation anzupassen und flexibel zu bleiben. Auch eine Kombination mehrerer Methoden kann sinnvoll sein, um ein möglichst ganzheitliches Coaching zu gewährleisten.

Vorab

Der agile Wandel hat zum Ziel, eine adaptive und flexible Organisation zu schaffen, in der die Führungskräfte als Unterstützer und Enabler agieren. Das bedeutet für die Führung, ihre Rolle neu zu definieren und ihre Fähigkeiten und Denkweisen anzupassen. Ein agiles Führungsverständnis zielt darauf ab, eine Umgebung zu schaffen, in der Teams selbstorganisiert arbeiten können, Verantwortung übernehmen und kontinuierlich lernen, um sich verbessern zu können. Es fördert eine Kultur der Zusammenarbeit, Offenheit und Flexibilität, um den Erfolg des Teams und die Kundenzufriedenheit zu maximieren.

Das stellt für klassisch geprägte Führungskräfte nicht nur eine enorme Herausforderung dar, es birgt auch einen drastischen Interessenkonflikt. Was passiert mit meinem Status, den ich mir im Laufe der Jahre mühsam erarbeitet habe? Was schreibe ich auf meine Visitenkarte und wer bekommt den Dienstwagen? Auch wenn die Fragen auf den ersten Blick oberflächlich erscheinen, so hat die Firmenkultur über lange Zeit genau diese Erwartungen und Werte gefördert und meist auch keine Antwort auf die Frage nach den neuen Karrierepfaden. So ist es nicht verwunderlich, wenn Führungskräfte diese Entwicklung infrage stellen oder gar blockieren. Unternehmen sind Zweckgemeinschaften und keine Ehe. Wenn die Rolle nicht den Erwartungen des Rolleninhabers entspricht, wird das für keinen der Beteiligten funktionieren. Entweder findet die Führungskraft in der neuen Aufgabe als Coach oder Stakeholder andere Motive und Interessen für sich wieder oder es kommt früher oder später zu einer Trennung.

In klassischen Unternehmensstrukturen hatte insbesondere die mittlere Führungsebene die Funktion, die Dinge zu bewahren, um die Organisation zu schützen. Denn Unternehmen sind aufs Überleben ausgerichtet und die wichtigste Aufgabe der Führungskräfte war es gestern und ist es auch noch heute, genau dafür zu sorgen. Das führt bei Neuerungen häufig dazu, dass diese als zu bürokratisch oder unpassend abgetan werden oder die Innovationen so verändert werden, dass sie wieder dem Alten ähneln und damit kontrollierbarer erscheinen. So wird aus dem neu eingeführten Kanban-Board nach kürzester Zeit eine überladene To-do-Liste, die mit den Prinzipien von Kanban nichts zu tun hat und auch keine neue Wirkung entfalten kann. Damit sind Kanban und Pull-Prinzip als „getestet und für untauglich befunden“ abgestempelt und es wird nach neuen Methoden Ausschau gehalten, denen leider das gleiche Schicksal droht.

Das ist keine böse Absicht, sondern dem alten Auftrag an die Führung geschuldet. Da diese Prozesse meist unbewusst ablaufen, sind sie schwer zu identifizieren und noch schwerer zu umgehen.

Paradigmenwechsel der Führung

Agile Führung bedeutet einen Paradigmenwechsel. Von einer hierarchischen Command-and-Control-Funktion geht es hin zu Empowerment, Selbstorganisation und Wir-Kultur, die folgende Charakteristika aufweist:

Was agile Führung ausmacht

- **Ermöglichung und Befähigung:** Agile Führungskräfte dienen als Coachs und Mentoren für ihre Teams. Sie unterstützen die Einzelnen dabei, ihr volles Potenzial auszuschöpfen, und befähigen sie, eigenverantwortlich zu handeln. Die Führungskraft schafft ein Umfeld, in dem sich die Teammitglieder entwickeln und wachsen können.
- **Vertrauen und Transparenz:** Agile Führung basiert auf Vertrauen und Transparenz. Die Führungskraft schafft ein Umfeld, in dem offene Kommunikation gefördert wird und Informationen frei fließen. Transparenz ist wichtig, um Vertrauen aufzubauen und sicherzustellen, dass alle Beteiligten auf dem gleichen Wissensstand sind.
- **Entscheidungsfindung im Team:** Im agilen Wandel wird die Entscheidungsfindung ins Team verlagert. Die Führungskraft unterstützt das Team bei Priorisierung, Lösungs- und Entscheidungsfindung. Entscheidungen werden gemeinsam getroffen, wodurch das Engagement und die Verantwortungsbereitschaft der Teammitglieder gestärkt werden.
- **Kollaboration und Zusammenarbeit:** Agile Führung fördert die Kollaboration und Zusammenarbeit im Team. Die Führungskraft schafft Möglichkeiten für den Austausch von Wissen und Erfahrungen, um die Zusammenarbeit und den Teamgeist zu stärken. Es wird eine Kultur der Unterstützung und des Wissenstransfers geschaffen.
- **Ergebnisorientierung:** Agile Führung konzentriert sich auf Ergebnisse und Kundenzufriedenheit. Die Führungskraft unterstützt das Team dabei, klar definierte Ziele zu erreichen und den Fokus auf den Mehrwert für den Kunden zu legen. Es wird eine Kultur der kontinuierlichen Verbesserung und des Lernens geschaffen, um Ergebnisse zu optimieren.
- **Anpassungsfähigkeit und Agilität:** Agile Führung erfordert Anpassungsfähigkeit und Agilität. Die Führungskraft unterstützt das Team dabei, sich an Veränderungen anzupassen und flexibel auf neue Anforderungen zu reagieren. Sie fördert eine positive Einstellung gegenüber Veränderungen und agiert als Katalysator für den agilen Wandel in der Organisation.

Die fünf Handlungsfelder agiler Führung

Egal, welche Werte an den Wänden hängen oder welche schönen Worte der Veränderung gesprochen werden, zeigen wird sich das Führungsverständnis an den konkreten Handlungen: Sprecht ihr eher von Positionen oder Rollen am Arbeitsplatz? Werden eurem Team die Aufgaben häufiger zugeteilt oder „zieht" ihr sie eigenverantwortlich? Bekommt ihr Ziele vorgegeben oder wählt und messt ihr selbst euren Beitrag zu den Unternehmenszielen? Wer sich von klassischen Führungsmodellen verabschieden und das Team-Empowerment vorantreiben möchte, kann anhand der folgenden fünf Handlungsfelder einschätzen, wo sich das Team bzw. das Unternehmen auf dem Weg dorthin befindet.

Die Art der Führung manifestiert sich in konkreten Handlungsfeldern

1. Positionen oder Rollen?

In der Führung von agilen Teams wird nicht mehr von Positionen gesprochen, sondern von Rollen. Ein Zustand, der die eine oder andere konservativ eingestellte Mitarbeiterin vielleicht zunächst irritieren mag, aber der Verzicht auf die klassischen Positionen bedeutet nicht gleich, dass nun Anarchie herrscht. Agile Hierarchien – auch wenn es zunächst widersprüchlich klingen mag – sind kreisförmig und als Netzwerk aufgebaut.

Oben sticht unten

- Personengebundene Positionen
- Hierarchie ist festgelegt nach Wasserfall
- Bürokratie: festgelegte Abläufe

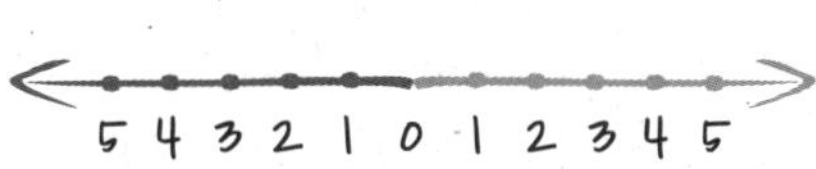

Selbstorganisierte Teams

- Rollengebundene Führung
- Crossfunktionale Teams rund um Wertschöpfung
- Flexible Strukturen und Netzwerke

Das klassische Wasserfall-Modell, in welchem die einzelnen Aufgaben jeweils an feste Positionen und somit auch Personen gebunden sind und sich in der Regel nicht verändern, wird durch eine rollengebundene Führung ersetzt. Hier entscheidet jede für sich, in welcher Rolle sie das Team bereichert – und bringt so gezielt ihre Stärken ein.

Rolleninhaberinnen wie beispielsweise Scrum Master, Kanban Owner, OKR-Master, Product Owner, agile Coachs oder auch agile Trainer/Facilitator übernehmen innerhalb und außerhalb der Teams anlassbezogen Verantwortung. Mithilfe einer Rollen-Canvas können Aufgaben, Kompetenzen und Ziele dabei klar und transparent erarbeitet werden.

Laterale Führung bleibt natürlich weiterhin wichtig, allerdings in dem Sinn, dass sie zum Selbstmanagement beiträgt und Verantwortlichkeiten stärkenorientiert verteilt. Dies erlaubt flexible Strukturen, die sich dem Aufgabenbedarf anpassen, und in der Summe die Bildung von crossfunktionalen Teams.

2. Homogene oder heterogene Teams?

Die entstandene Crossfunktionalität basiert wiederum auf der Heterogenität der selbst gefundenen Teams. Agile Teams sind in der Lage, in alle Richtungen schnell und flexibel zu agieren. Aufgrund ihrer individuellen Prägung und ihrem bunten Skillset – aber auch wegen der Möglichkeit des spontanen Umformierens der Teams – können agil arbeitende Teams sich ihrer Aufgabe stets anpassen.

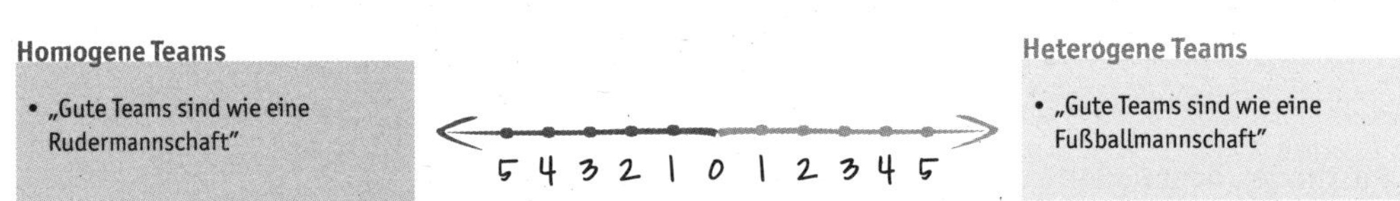

Die einzelnen Teamplayer verfügen dabei nicht selten über unterschiedliche Fähigkeiten, die es aufgrund ihrer Vielseitigkeit wahrscheinlicher machen, dass neue Anforderungen erfüllt werden können. Das Team ähnelt einer Fußballmannschaft, die Verteidiger, Mittelfeldspieler und Stürmer auf dem Platz stehen haben, deren Fähigkeiten stark unterschiedlich ausgeprägt sind und abhängig vom Spielverlauf benötigt werden.

In klassischen Teams sind die Mitarbeitenden eher ähnlich „geskillt" und werden von einer Führungskraft geleitet. Hier passt das Bild einer Rudermannschaft: Der Schlagmann gibt den Takt und die Richtung vor, das restliche Team ist für die Ruder verantwortlich – der Bewegungsablauf und somit die Anforderung an die Fähigkeiten ist hier für alle Ruderer ähnlich bis gleich.

Je nach Kontext funktioniert die eine Variante sicherlich besser als die andere. Die Arbeitswirklichkeit zeigt allerdings, dass es zunehmend wichtiger wird, dass Teams flexibel und kundenzentriert arbeiten. Häufig verändern sich kurzfristig die Anforderungen und oft reichen die herkömmlichen Methoden nicht mehr aus, um Schritt mit dem rasanten Fortschritt zu halten. Agile Teams sind in diesem Fall ein ganz entscheidender Erfolgsfaktor. Denn der Wandel gelingt nur durch einen hohen Grad an Selbstorganisation interdisziplinär arbeitender Teams.

3. Kontrolle oder Vertrauen?

In klassischen Führungsmodellen erfolgt eine ständige, mit der hierarchischen Ordnung einhergehende Kontrolle der einzelnen Teams durch ihre jeweiligen Vorgesetzten. Der Fokus liegt hier ganz klar auf der Fehlervermeidung, da ein eher statisch agierendes Projektmanagement darauf angewiesen ist, dass es zu keinen heftigeren Irritationen kommt. Der Mangel an Flexibilität erlaubt keine schnellen Neujustierungen oder Umwege in der Erreichung des Ziels.

Teams müssen kontrolliert werden

- Damit sie keine Fehler machen!

Teams brauchen Vertrauen

- Damit sie sich trauen, zu experimentieren und frühzeitig Fehler zu machen!

Das agile Team hingegen ist beinahe schon dazu aufgefordert, Irritationen zu ertasten und früh damit konfrontiert zu werden, um so in Zukunft die Lösungen bereits parat zu haben. Experimentierfreude und Kreativität finden in agilen Modellen wesentlich leichter ihre Umsetzung. Das Vertrauen in die Teams ist dabei eine Grundvoraussetzung agiler Führung. Daher muss auch Lenins weltbekanntes Sprichwort überdacht und angepasst werden, damit es nun im agilen Kontext lautet: „Kontrolle ist gut, Vertrauen ist besser."

4. Transaktional oder transformativ?

Im Gegensatz zur klassischen Führung in der Top-down-Kultur zeichnet sich agile Führung mehr durch Rollen und Aktionen als durch Position und Macht aus – es wird nicht mehr transaktional nach Zielen und Zahlen geführt, sondern transformativ.

Führung ist transaktional

- Top-down vorgegebene Ziele müssen erreicht werden!

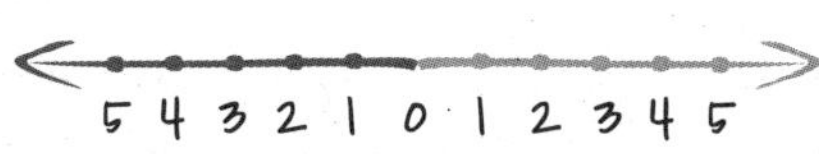

Führung ist transformativ

- Sinn und Nutzen für Kunden und das Gemeinwohl

Der moderne Führungsansatz mit seinen Teamzielen und innovativer Selbststeuerung orientiert sich stark an dem Sinn und Nutzen der Unternehmung. Transformative Führung stellt somit, im Gegensatz zur transaktionalen, nicht die Leistung durch Zielerreichung, sondern den Sinn der Arbeit durch ein größeres, erstrebenswertes Ziel ins Zentrum und verbindet die Transformation mit einer umfassenden Idee. Dieses kann ökologischer, sozialer, regionaler oder auch ökonomischer Natur sein.

Entscheidend dabei ist der Beitrag des Teams zum großen Ganzen. Es wird hier auch beispielsweise nicht mehr von KPIs (Key Performance Indicator) gesprochen. Stattdessen halten die selbst gewählten OKRs (Objectives and Key Results) Einzug: weg von Einzelzielen und Wettbewerb, hin zum Beitrag des Teams und zur Kollaboration. Transformative Führung soll den Teams Orientierung im agilen Wandel geben und mit der Beantwortung des „Warum" zu stärkerer Selbstverantwortung befähigen, was wiederum zu mehr Team-Performance und Kooperation über die Teams hinaus führt.

5. PUSH- oder PULL-Prinzip?

Durch die damit einhergehende Selbstverantwortung und besonders durch gelebte Selbstorganisation wird ein beliebtes Prinzip bei der klassischen Aufgabenverteilung obsolet: das PUSH-Prinzip. Im klassischen Modell vergibt die Führungskraft in ihrer autoritären Manier Aufgaben „nach unten" weiter – was durchaus Sinn macht, da die transaktionale Führung top-down verläuft. Von oben vorgegebene Ziele, also von oben erteilte Aufgaben, müssen erfüllt werden.

Abb. 21: Matrix zur Einschätzung agiler Führung als Download

In agilen Teams allerdings „zieht" sich jedes Teammitglied eine Aufgabe, die den eigenen Kompetenzen und den eigenen Ressourcen entspricht. Allein dadurch, dass die Entscheidung zur Aufgabenübernahme von der bearbeitenden Person selbst getroffen wurde, lässt auf Eigeninteresse und Eigenverantwortung schließen, was in der Regel sowohl die Aufwandszeit positiv reguliert als auch die Umsetzungsqualität deutlich steigert.

Selbsteinschätzung zu den Handlungsfeldern der Führung

Die fünf Handlungsfelder der Führung eignen sich für das Coaching von Führungskräften, die deine Unterstützung in der neuen Rollenfindung benötigen. Doch auch als Coach bist du in einer lateralen Führungsrolle und kannst die Handlungsfelder für deine Selbsteinschätzung nutzen. Ebenso können natürlich die einzelnen Mitarbeitenden oder dein Team parallel ihre Einschätzung eintragen, um einen Selbst-Fremdbild-Abgleich zu erhalten.

Die fünf Level von agiler Führung

Ich-Entwicklung und ihr Einfluss auf die Agilität

Bill Joiner und Stephen Josephs veröffentlichten im Jahr 2006 das Buch „Leadership Agility. Five Levels of Mastery", in dem sie erstmals die Ich-Entwicklung von Führungskräften mit Agilität verbanden. Die Ich-Entwicklung beeinflusst, wie sich die Persönlichkeit zeigt, ähnlich wie das Epigenom die Gene beeinflusst. Die Ich-Entwicklung ist nicht angeboren, sondern eine Variable, die durch Training und Entwicklung veränderbar ist. Joiner und Josephs identifizieren fünf Levels der Ich-Entwicklung für Leadership-Agility: Experte, Achiever, Katalysator, Co-Creator und Synergist. Diese Levels zeichnen sich durch unterschiedliche Wahrnehmung, Denkweise, Handlungslogik und Entscheidungsmuster aus. Ein höheres Level passt besser zu einem agilen Unternehmen und Kontext.

Es ist wichtig, zu verstehen, dass diese Levels nichts mit der Persönlichkeit an sich zu tun haben, sondern vielmehr die Art und Weise beeinflussen, wie Persönlichkeit und Intelligenz genutzt werden. Die Levels werden sowohl vom Kontext als auch von den handelnden Führungskräften geprägt. Der Kontext wirkt auf das Level ein und kann es beeinflussen. Aber auch das Level kann den Kontext prägen, muss es jedoch nicht. Krisen können die Entwicklung fördern, da sie bestehende Routinen und Gewohnheiten infrage stellen. Eine grundlegende Voraussetzung für die Entwicklung ist ein Growth Mindset und Freude an der Selbstentwicklung.

1. Experte

In Hierarchien zuhause

Ein Experte in der Führungspraxis konzentriert sich darauf, seine Expertise und Fachkenntnisse einzubringen. Diese Führungskräfte sind häufig in hierarchischen Organisationen zu finden, in denen die Erfüllung von Aufgaben und das Befolgen von Vorschriften im Vordergrund stehen. Ein Teamleiter, der seine autoritative Position nutzt, um seinen Mitarbeitenden genaue Anweisungen zu geben und zu kontrollieren, wie Aufgaben erledigt werden, steht sinnbildlich für dieses Level.

Merkmale	Entwicklungshinweise
– strebt danach, konform zu handeln – Wissen, Standards und Methoden geben ihm Sicherheit	– mehr Zuhören – Neues ausprobieren

Merkmale	Entwicklungshinweise
- führt durch Autorität der Position und durch Fachwissen - mag Vorgehensweisen und Vorschriften - will die Dinge richtig machen - denkt und handelt nach dem Entweder-oder-Prinzip	- auf kreative Prozesse ohne Agenda einlassen - neue Perspektiven zulassen - Zwischentöne erkennen statt Schwarz-Weiß-Denken

2. Achiever

Zielorientierte Strategen

Ein Achiever hat ein größeres Verständnis für die Organisation und ihre Ziele. Diese Führungskräfte denken strategisch und setzen sich ambitionierte Ziele, die ihre persönlichen Werte und Überzeugungen widerspiegeln. Ein Abteilungsleiter, der seine Mitarbeitenden motiviert und ermutigt, indem er klare Ziele setzt und ihnen Freiraum gibt, ihre Aufgaben eigenverantwortlich zu erledigen, steht typischerweise für einen Achiever.

Merkmale	Entwicklungshinweise
- gibt Orientierung und will Ziele erreichen - hat das Ganze im Blick und motiviert und fördert andere - strebt nach Zielerreichung - ist effizient und effektiv zugleich	- eigene Fehler zugeben - andere Werte zulassen - weniger bewerten - sich mehr zurücknehmen

3. Katalysator

Menschen zusammenbringen

Ein Katalysator ist in der Lage, Menschen zu verbinden und Beziehungen aufzubauen. Diese Führungskräfte zeichnen sich durch ein starkes Interesse an den Bedürfnissen und Meinungen ihrer Mitarbeitenden aus. Sie haben die Fähigkeit, verschiedene Perspektiven einzunehmen und empathisch auf andere einzugehen. Eine Teamleiterin, die ein offenes Kommunikationsklima schafft und aktiv zuhört, um das Engagement und die Kreativität ihrer Teammitglieder zu fördern, ist typisch für einen Katalysator.

Merkmale	Entwicklungshinweise
- schafft einen Teamgeist - kann den Sinn und Nutzen vermitteln - empathisch und konsensfördernd - handelt gemeinschaftsfördernd - ist tolerant und respektvoll	- anderen zu neuen Sichtweisen verhelfen - neue Ziele und Wege durchsetzen - aus der Metaperspektive denken und handeln - sich klar ausdrücken

4. Co-Creator

Kreative Kollaboration

Ein Co-Creator agiert über das reine In-Kontakt-Bringen von Menschen hinaus und fördert kollaboratives Arbeiten und Innovation. Diese Führungskräfte erkennen die Notwendigkeit an, verschiedene Talente und Meinungen zusammenzubringen, um gemeinsam Lösungen zu finden. Sie schaffen ein Umfeld, in dem Teammitglieder Ideen austauschen und miteinander lernen können. Ein Beispiel für einen Co-Creator ist ein Projektmanager, der multidisziplinäre Teams zusammenbringt und ihnen Raum gibt, Ideen zu generieren und neue Ansätze zu entwickeln.

Merkmale	Entwicklungshinweise
– kann Widersprüche aushalten – hat Polaritäten im Blick – ist verhaltensanpassend und entwicklungsstark – nimmt sich nicht wichtig und hört auf die innere Stimme – kann Neues entstehen lassen	– noch weniger in Bewertungen denken – ganzheitlich und nachhaltig denken

5. Synergist

Die systemischen Denker

Ein Synergist ist in der Lage, komplexe Systeme zu verstehen und zu optimieren. Diese Führungskräfte können unterschiedliche Perspektiven und Interessen in Einklang bringen, um Win-win-Lösungen zu schaffen. Sie denken systemisch und entwickeln langfristige Strategien, die das gesamte Unternehmen oder die Organisation beeinflussen. Ein Beispiel für einen Synergisten ist ein Unternehmensleiter, der ein integratives Führungsmodell implementiert, das verschiedene Abteilungen und Stakeholder einbezieht, um gemeinsame Ziele zu erreichen und nachhaltige Ergebnisse zu erzielen.

Merkmale	Entwicklungshinweise
– kann in widersprüchlichen Situationen fokussiert bleiben – weiß, dass er „nichts weiß" – nimmt Situationen und Interaktionen wahr, ohne zu bewerten – kann Ereignisse und Dilemmata akzeptieren, ohne Lösungen finden zu müssen – strebt danach, sich von eigenen Mustern zu befreien	– Wenn diese Führungskräfte zurückfallen, werden sie frustriert und ziehen sich aus der Situation zurück oder verlassen die Organisation, wenn sie sich nicht mehr mit dem Sinn identifizieren können. – Hier gilt es eventuell, den Anspruch an sich und die anderen zu senken.

Fazit als Coach: Diese Beispiele veranschaulichen, wie welcher Level in welchen Kontext passt. Je komplexer die Themenstellung, desto wichtiger ist die Fähigkeit, als Katalysator oder Co-Creator zu agieren. Es ist wichtig, zu beachten, dass sich die Levels entwickeln können und dass Führungskräfte nicht zwangsläufig auf einem festgelegten Level verharren, sondern ihr Verständnis und ihre Fähigkeiten weiterentwickeln. Die Entwicklung von einem zum anderen Level ist fließend und dauert zwei bis drei Jahre. Dafür ist jede Menge Reflexionsarbeit erforderlich und ein starker Wille zur Veränderung. Es ist von daher sinnvoll, eine solche Entwicklung bei den bestehenden Führungskräften zu fördern, aber auch empfehlenswert, diese nicht um jeden Preis auf ihrer Position halten zu wollen. Dabei ist es immer auch ratsam, sich zu fragen, welche Aspekte man gerade nicht gesehen und ausgeblendet hat. So kann der Kontext Menschen in ihren Verhaltensmöglichkeiten einschränken, sodass es viele „unentdeckte Perlen" geben könnte.

Die acht typischen Führungs-Dilemmata

Laut einer Studie von Bearing Point aus dem Jahr 2022 gehen 96 Prozent der befragten Unternehmen davon aus, dass die Relevanz agiler Führungsansätze in Zukunft steigen wird. Die Vorreiter sind dabei Unternehmen aus der IT- und Technik-Branche, die Schlusslichter bilden öffentliche Verwaltungen und Versicherungen. Die agile Führungskraft soll dabei in erster Linie Orientierung geben und die Selbstorganisation von Teams fördern. Sie führt lateral, auf Augenhöhe, und beseitigt Hindernisse, damit die Teams eigenverantwortlich arbeiten können. Doch gerade in Krisenzeiten kommt dieses Führungsverständnis schnell an Grenzen und der Ruf nach klarer Führung, die Sicherheit vermittelt und Entscheidungen trifft, wird lauter. Wie bei einem Schiff, das in einen Sturm gerät, bleibt bei Gefahr keine Zeit für ausgiebige Meetings oder Diskussionen über die verschiedenen Möglichkeiten, die Situation zu meistern. Jetzt ist schnelles und klares Handeln gefragt, bei dem zuweilen der Kapitän Entscheidungen trifft und die Mannschaft ihm vertraut und danach handelt. Erst nach dem Sturm kann gemeinsam reflektiert werden mit dem Ziel, das Team so zu gestalten, dass es beim nächsten Sturm bereits weiß, wer was zu tun hat, und sein Zusammenspiel selbst steuern kann. Dann kann sich der Kapitän auf andere wichtige Themen konzentrieren oder nur noch unterstützen, wenn er gebraucht wird. Führung bedeutet in erster Linie, genau zu erkennen, wann welches Verhalten gebraucht wird.

Command and Control ist mittlerweile als Führungsstil verpönt und soll vom Coachen im Führungsalltag abgelöst werden. Doch ist es angemessen, wenn wir das eine als schlecht und falsch verurteilen zugunsten der Idealisierung des Gegenpols? Oder bietet nicht vielmehr ein bewusstes Sowohl-als-auch als Haltung und Kompetenz die bessere Alternative, um beide Pole je nach Situation auszutarieren?

Dilemmata lassen sich weder lösen noch verhindern

Der Umgang mit derartigen Dilemmata ist in der zukunftsgerichteten Führung mit ihren verschiedenen funktionalen Rollen und der stärkeren Verantwortungsübergabe an die Teams noch ausgeprägter als im klassischen Kontext. Dilemmata kann man nicht lösen oder verhindern, man kann nur lernen, sie auszubalancieren bzw. die unterschiedlichen Aspekte zu integrieren. Leadership bedeutet, situativ zu erkennen, was wann geboten und hilfreich ist, die damit verbundenen Spannungen auszuhalten und das Beste aus beiden Seiten als Option verfügbar zu machen. Mit welchen Dilemmata sehen sich Führungskräfte am häufigsten konfrontiert?

1. Kontrolle versus Vertrauen

Auf der einen Seite wünschen sich Teams mehr Verantwortung und Führungskräfte, die lernen loszulassen. Auf der anderen Seite wird in Zeiten der Unsicherheit der Ruf nach Führung, die vorangeht und Sicherheit vermittelt, lauter.

Führung muss also beides bedienen und das je nach Bedarf in unterschiedlicher Ausprägung: Mal muss sie loslassen und den Rahmen für mehr Selbstverantwortung der Teams gestalten, gleichzeitig muss sie Sicherheit vermitteln und an einer Richtung, grundsätzlichen Struktur oder Entscheidung festhalten und diese in der Umsetzung nachhalten. In Zeiten des klassischen Projektmanagements ging es um Fehlervermeidung zugunsten klar strukturierter Prozesse, die auf „Richtigmachen" und „Expertenwissen" basierten, gemäß der Maxime Lenins: „Vertrauen ist gut, Kontrolle ist besser." Der Mangel an Flexibilität erlaubt keine schnellen Neujustierungen oder Umwege in der Erreichung des Ziels. In komplexen Themenstellungen hingegen sind agile Team geradezu aufgefordert, Irritationen zu erspüren und neue Lösungswege zu testen, um so in Zukunft die Antworten bereits parat zu haben. Experimentierfreude und Kreativität mit hoher Fehlerfreude und ständiger Anpassung ist hierbei der Weg zum Erfolg. Das Vertrauen in die Teams ist dabei eine Grundvoraussetzung agiler Führung. Es gilt das Motto: „Kontrolle ist gut, Vertrauen ist besser."

Kontrolle ist gut, Vertrauen ist besser

2. Vielfalt versus Fokus

Gerade die junge Generation sucht nach „Purpose" in ihrer Arbeit und will sich mehr entfalten. Das bringt Meinungsdiversität und Perspektivenvielfalt mit, die für Innovationen und komplexe Kontexte wichtig sind. Führung muss den Raum schaffen für diese Vielfalt, um die Wahrnehmung zu erweitern. Erst dadurch wird es möglich, eingeprägte Muster zu verändern und Bewertungsschubladen zu öffnen. Vielfalt zuzulassen ist somit eine wichtige Führungsaufgabe. Doch ebenso dringend brauchen Teams oder Einzelne einen klaren Fokus auf das Wesentliche und Leitplanken, die es ihnen ermöglichen, Prioritäten zu setzen und darin den Rücken gestärkt zu bekommen. Leitplanken funktionieren nur, wenn sie die Vielfalt beschränken und ein Sortiersystem einführen, nach dem Entscheidungen getroffen werden können. Beides scheint unvereinbar, denn weder das eine noch das andere ist richtiger. Sowohl Vielfalt wie auch Fokus sind bedeutsam. Beidhändig führen zu können, ist das Gebot der Stunde.

Beidhändige Führung ist gefragt

3. Nähe versus Distanz

Auch die Nähe zu den Teams und die coachende Haltung der Führungskraft entspricht den Erwartungen an eine moderne Führung. Weder der

Ledersessel im Einzelbüro des Chefs noch der Parkplatz für den dicksten Firmenwagen passt zu dieser Vorstellung, sondern eine Du-Kultur auf Augenhöhe, bei der Führungsrollen die Teams coachen und unterstützen. Doch Führung bedeutet auch, unliebsame Entscheidungen zu treffen, Grenzen aufzuzeigen oder Mitarbeitenden zu kündigen. Ohne professionelle Distanz ist es ungleich schwieriger, derart unliebsame, aber notwendige Entscheidungen zu treffen, die den Kunden und die Zukunft der Organisation in den Mittelpunkt stellen. Wie gelingt es, beides gleichzeitig zu ermöglichen? Ist Nähe bei gleichzeitiger Distanz zu meinem Gegenüber überhaupt realistisch? Können wir trotz des Verbundenheitsgefühls Distanz herstellen, um aus der Metaebene heraus die Beziehung zu betrachten? Hierzu bedarf es einer gut entwickelten Selbstreflexionsfähigkeit sowie eines ausgeprägten Differenzierungsvermögens.

Auch in der Du-Kultur sind unliebsame Entscheidungen zu treffen

4. Selbstorganisation versus Selbstüberlassung

Verantwortungsübernahme und selbstorganisierte Teams sind zwar der Anspruch, doch häufig haben Teams das Gefühl, vor allem sich selbst überlassen zu sein. Ein eigenes Praxisbeispiel: Ein Team sollte mit Unterstützung eines beauftragten Coachs zu mehr Selbstorganisation befähigt werden. Auslöser war die Kündigung zweier Teamleiter. Die Selbstorganisation sollte die Antwort auf das entstandene Führungsvakuum sein und zudem Kosten einsparen. Aus ehemals drei Teams wurde ein Team mit einem Teamleiter. Die Teams fühlten sich zwangsläufig alleine gelassen in einer Organisation, bei der nach wie vor top-down entschieden und gehandelt wird. Echte Selbstorganisation braucht aber einen passenden Gestaltungsrahmen und einen Schutzraum, innerhalb dessen sich ein Team organisiert und Handlungsfreiräume nutzen kann.

Selbstorganisation braucht Freiraum, aber kein Vakuum

5. Pull versus Push

Ist durch agile Teams und die damit einhergehende Selbstverantwortung jede Aufgabenverteilung der Führung obsolet? Im klassischen Modell delegiert die Führungskraft in ihrer autoritären Manier Aufgaben „nach unten". Was durchaus Sinn macht, solange die transaktionale Führung top-down verläuft. Von oben vorgegebene Ziele müssen erfüllt werden. In agilen Teams allerdings „zieht" sich jedes Teammitglied eine Aufgabe, die den eigenen Kompetenzen und Ressourcen entspricht. Allein dadurch, dass die Entscheidung zur Aufgabenübernahme von der bearbeitenden Person selbst getroffen wurde, lässt auf Eigeninteresse und Eigenverantwortung schließen, was in der Regel die Aufwandszeit positiv reguliert und auch die Umsetzungsqualität deutlich steigert. Doch auch hier kommt eine Führungskraft kaum drumherum, abzuwägen und Arbeitsaufträge ans Team zu delegieren und zu „pushen", wenn es erforderlich wird.

Nicht alle Arbeitsaufträge können „gezogen" werden

6. Guiding versus Coaching

In Krisen muss die Richtung vorgegeben werden

Wie viel Anleitung und Leitlinien brauchen Teams und wie stark kann die Führung als Coach wirksam sein? Viele vertreten die Ansicht, dass moderne Führung nur noch als Coach fungiert mit dem Ziel, Mitarbeitende und Teams zu entwickeln und zu unterstützen. Dem ist zuzustimmen – bei einem entsprechenden Reifegrad des Gegenübers. Doch gerade in unsicheren und turbulenten Zeiten oder Krisensituationen ist klare Führung erforderlich. Guiding als Führungskompetenz ist eine wichtige Option, um Teams sicher zum nächsten Ort zu bringen. Es gilt, den Weg zu bahnen und diesen manchmal auch mit der Machete freizuschlagen. Eine zukunftsgerichtete Führung braucht beide Kompetenzen.

7. Bewahren versus verändern

Stabilität schont die Kräfte – und macht bequem

Bei den zahllosen Veränderungen braucht es auch Bereiche in Teams, die bewahrt werden und stabile Zonen darstellen. Menschen brauchen als Gegenpol zum ständigen Erneuern und Optimieren auch bleibende Aufgabengebiete, Prozesse oder Rituale, in denen sie sich auskennen, die routiniert laufen und wenig Kraft kosten. Gleichzeitig verfallen Gruppen oder Einzelne sehr schnell in Gewohnheiten, die oftmals nicht die besten möglichen Resultate erbringen. Führung muss Teams helfen, diese eingefahrenen Muster immer wieder zu hinterfragen, unangemessene Verhaltensweisen zu verlernen und neue Möglichkeiten zu entwickeln. Am besten halten sich beide Bereiche die Waage: 50 Prozent darf bewahrt werden und 50 Prozent wird erneuert oder optimiert.

8. Action versus Reflection

Schnelles Handeln, Ausprobieren, Anpassen etc. erfordert Action und eine nach außen wirkende Kraft. Nachdenken, Innehalten, Hinterfragen, Achtsamkeit erfordern Reflexion sowie ein langsames Denken und Handeln, welche sich nach innen richten.

Operative Hektik verhindert den Blick auf die Metaperspektive

In vielen Fällen und gerade in jüngster Zeit wird der Action-Part in Unternehmen überstrapaziert. Vor lauter Action und operativer Hektik finden so gut wie kein Innehalten und erst recht keine Reflexion mehr statt. Die dadurch entstehende Spannung steigt und findet keine adäquate Entladung, was wiederum zu neuen Konflikten und Frustrationen führt. Führung muss sich selbst und den Teams in diesen Situationen konsequent den unerlässlichen Schutzraum fürs Innehalten, das Fuß-vom-Gas-Nehmen sowie für langsames, reflektierendes Denken schaffen, um das ganze Bild wieder sehen zu können und um aus der Metaperspektive tragfähige Entscheidungen zu treffen.

Vorab

Spannungen und Konflikte gehören dazu, insbesondere wenn verschiedene Persönlichkeiten, Arbeitsstile oder Meinungsverschiedenheiten aufeinandertreffen. In agilen Teams sind nach eigener Erfahrung Spannungen aber offensichtlicher und damit auch lösbarer als in hierarchisch geführten Teams. In klassischen Teams werden Konflikte oftmals über die Führungskraft ausgetragen, diese soll sich kümmern, Lösungen schaffen, die „Übeltäter" erziehen oder sogar bestrafen. Die disziplinarische Struktur und die Machtverteilung führen bei den „Untergebenen" dann häufig zu typischen Eltern-Kind-Mustern. Über den Vorgesetzten ausgetragen, ähneln Spannungen dem Gerangel um die Gunst von Mama oder Papa. Gleichzeitig fühlen sich Mitarbeitende schnell ungerecht oder unfair behandelt und sehnen sich nach Anerkennung. Die Mitarbeitenden verhalten sich dann nicht so erwachsen, wie es ihren Kompetenzen entsprechen würde. In agilen Teams ist die Beziehung mehr auf Augenhöhe angelegt, dadurch finden auch andere und in der Regel transparentere Interaktionsmuster statt.

Typische Spannungsfelder agiler Teams – und Lösungsansätze

Offenheit ist anstrengend

Die typischen Spannungsherde in agilen Teams entstehen überwiegend durch die stärkere Verantwortungsübernahme und die damit einhergehende Relevanz einer guten Abstimmung untereinander. Jeder hat das Recht und nimmt es sich auch gerne, seine Meinung zu äußern und seine Bedürfnisse und Interessen einzubringen. Was auf den ersten Blick positiv wirkt, birgt leider auch drastische Nachteile: Wenn jeder mitreden will und seine Interessen vertritt, kann es nicht nur zu langwierigen und uneffektiven Diskussionen führen, sondern es entstehen auch neuartige und bis dato unbekannte Herausforderungen, die zu Spannungen führen können. Deswegen ist es umso wichtiger, dass agile Teams eine offene und unterstützende Kultur entwickeln, in der Konflikte konstruktiv angegangen werden können. Die folgenden Spannungsfelder sind typisch für agile Teams.

Spannungen entstehen durch ...

- **Rollen- und Verantwortlichkeitskonflikte:** In agilen Teams gibt es oft verschiedene Rollen und Verantwortlichkeiten. Wenn die Aufgaben und Verantwortlichkeiten nicht klar definiert sind oder wenn es Überschneidungen oder Lücken gibt, kann dies zu Spannungen führen.

- **Kommunikation:** Unklare Kommunikation oder Missverständnisse können zu Spannungen führen, wenn beispielsweise Informationen nicht klar vermittelt werden oder wenn Teammitglieder unterschiedliche Kommunikationsstile haben.

- **Entscheidungsfindung:** Agile Teams treffen Entscheidungen zwar gemeinsam, doch unterschiedliche Meinungen und Vorlieben können zu Konflikten bei der Entscheidungsfindung führen. Es kann schwierig sein, einen Konsens zu finden oder sich auf einen Weg vorwärts zu einigen. Oftmals fehlt es an der Kompetenz, um alternative Entscheidungsformate wie den Konsent oder die Widerstandabfrage zu beherrschen.

- **Zeitmanagement:** Agile Teams arbeiten oft unter zeitlichen Einschränkungen. Wenn Teammitglieder unterschiedliche Prioritäten haben oder wenn Aufgaben nicht rechtzeitig erledigt werden, kann dies zu Frustration und Spannungen führen.

- **Konflikte zwischen Persönlichkeiten:** Unterschiedliche Persönlichkeiten und Arbeitsstile können zu Konflikten führen, weil beispielsweise ein Teammitglied dominanter auftritt als andere oder es unterschiedliche Herangehensweisen an die Arbeit bevorzugt. Gerade die interdisziplinäre Zusammensetzung der Teams bringt unterschiedliche Arbeitsstile und Sichtweisen mit sich.

- **Ressourcenknappheit:** Wenn es nicht genügend Ressourcen wie Zeit, Budget oder Personal gibt, sind Spannungen meist nicht weit. Oftmals werden agile Teams on top zu den operativen Fachteams gebildet. Die Teammitglieder müssen dann um die begrenzten Ressourcen konkurrieren und fühlen sich häufig gestresst, weil sie mit unzulänglichen Mitteln arbeiten müssen.

Lösungsansätze

Als Coach kannst du lernen, mit diesen Spannungen offen umzugehen und sie als Chance für das Team zu begreifen. Um ein gesundes Arbeitsumfeld in agilen Teams aufrechtzuerhalten, können folgende Ansätze helfen:

- offene Kommunikation fördern und Missverständnisse unmittelbar klären
- klar definierte Rollen und Verantwortlichkeiten sicherstellen
- alle Teammitglieder bei Entscheidungsprozessen einbeziehen und das Finden von Konsens erleichtern
- effektives Zeitmanagement und Priorisierung unterstützen
- Konfliktlösungsstrategien entwickeln und fördern, um Konflikte konstruktiv anzugehen
- Ressourcenmanagement verbessern und Engpässe aktiv angehen

Typische Hindernisse erkennen und nutzen

Insbesondere Transformationen erzeugen durch die fundamentalen Veränderungen der Kultur und der Struktur in Unternehmen jede Menge Hindernisse auf unterschiedlichsten Ebenen. Auf der Ebene der Aufbauorganisation gibt es typischerweise Hierarchie- und Entscheidungshürden zu überwinden und auf der Ebene der Ablauforganisation geht es vorwiegend um Schnittstellenprobleme oder Hürden durch veraltete Prozesse. Sehr häufig gibt es darüber hinaus zwischenmenschliche Hürden durch Missverständnisse, Konflikte oder unzureichende Kommunikation.

Hindernisse sind der größte Erfolgshebel

Hindernisse zu erkennen und zu überwinden ist die Königsdisziplin jedes Coachs in der Transformation, denn im Grunde genommen sind sie der mächtigste Erfolgshebel und zeigen auf, was gelöst werden will, um weiterzukommen. Doch die Konfrontation damit bereitet dem Coach oftmals Schwierigkeiten, denn viele Menschen wünschen sich genau das Gegenteil: nämlich harmonische und reibungslose Abläufe und Interaktionen in ihrem Arbeitsalltag.

Sobald wir uns bewusst sind, dass Hindernisse zugleich die größten Lernchancen darstellen, können wir diese als Begleiter für uns nutzbar machen. Der agile Coach braucht eine gute Beobachtungsgabe, um diese zu erkennen, sowie Wissen und Erfahrung im Umgang mit ihnen. Dann kann er den Hebel bei jedem Hindernis nutzen, um die agile Kultur und Struktur in Organisationen zu stärken.

In der Tabelle auf S. 215 sind die typischen Hindernisse auf dem Weg zum Ziel beispielhaft identifiziert. Sie liefert Ansatzpunkte, um die auftretenden Schwierigkeiten zuzuordnen und Lösungsansätze zu finden.

Zielbild	Typische Hindernisse
1. Fokussierung auf den Kunden	Die Organisation fragmentiert Ressourcen und Verantwortung für die Produkte und Dienstleistungen.
2. Selbstorganisation	Es gibt viele Hierarchiestufen von Vorgesetzten, welche die Verantwortungsübernahme bremsen.
3. Steigerung der Produktivität	Ein großer Stab in der Zentrale produziert Kosten und initiiert beständig teure Programme und Prozeduren.
4. Schnellere Wertschöpfung	Unabhängige Silos kommunizieren nicht und verlangsamen dadurch den gesamten Prozess.
5. Teamstrukturen und Wir-Kultur	Einzelziele verhindern die Kooperation und die Teamentwicklung. Missverständnisse und Konflikte werden nicht geklärt und eskalieren.
6. Flache Hierarchien	Führungskräfte wollen ihre Macht und Position bewahren und besetzen dann Rollen wie den Product Owner oder Tribe Lead, ohne ihr Verhalten zu ändern.
7. Innovation	Die Teams sind von operativen Tätigkeiten so überladen, dass kein Raum für Innovation existiert. Es werden keine Mittel für Labs oder kreative Köpfe investiert.
8. Reflexivität und Ich-Entwicklung	Es gibt zu viele Bewahrer oder führende Köpfe, die im „Fixed Mindset" verhaftet sind und glauben, sie selbst und andere könnten sich nicht mehr verändern oder weiterentwickeln. Durch den hohen Arbeitsdruck und operative Hektik wird Innehalten, Achtsamkeit und langsames Denken verhindert.
9. Netzwerken und Kooperation	Andere Bereiche oder Teams grenzen sich ab, es gibt eine „Wir gegen die anderen"-Schnittstellenkultur. Meetings sind ineffektiv. Gemeinsames Lernen wird durch die negative Fehlerkultur verhindert.
10. Agile Arbeitsweisen: schnell, transparent und anpassungsfähig	Mangelnde Erfahrungen mit Frameworks und agilen Prinzipien. Zu schnelle Veränderung der Rahmenwerke und fehlende Disziplin in der Umsetzung.
11. Mitarbeiterentwicklung	Es wird zu wenig in Weiterbildung und Coaching investiert oder es gibt Weiterbildung nach dem Gießkannenprinzip. Trainings sind unflexibel und langweilig. Es gibt keine Learning Bots.
12. Hohe Kompetenz	Fachliche Defizite werden vertuscht oder aus Angst vor Sanktionen wird wenig Neues ausprobiert und damit das Lernen blockiert.

Abb. 22: Hindernisse auf dem Weg zum Ziel

Mit den fünf typischen Widerständen umgehen

Nicht nur die Suche nach dem „richtigen" Weg des Wandels macht Entscheidern und Coachs jede Menge Kopfzerbrechen, sondern auch der Umgang mit den unvermeidbaren Widerständen, die spätestens nach der ersten Welle der Euphorie selbst die veränderungsfreudigen Innovatoren befällt. Spätestens dann geht vielen Führungskräften, Transformationsmanagern oder Coachs für agile Transformation die Puste aus und sie stellen selbst den neu eingeschlagenen Weg infrage.

Doch genau das ist die Falle: Anstatt die ersten Schritte als wichtige und erkenntnisreiche erste Lernschleife oder Iteration zu betrachten, wird der ganze Prozess infrage gestellt.

Beunruhigend ist eher, wenn alles störungsfrei abläuft

Im Grunde genommen ist die wirksamste Reaktion, dem Widerstand zu begegnen, sehr einfach: Die zwar paradox klingende und dennoch passende Reaktion ist Freude! „Hurra, Widerstand!" Ohne Widerstand gibt es keine echte Veränderung und jede echte Entwicklung geht mit Widerständen einher. Daher sollten wir eher beunruhigt sein, wenn alles störungsfrei abläuft. Der Umgang und die Mischung aus Fördern und Fordern entscheiden darüber, ob der Widerstand zum Scheitern oder zu Wachstum führt.

In unserer Beratungspraxis haben wir bei agilen Transformationen vor allem die folgenden fünf Widerstandsarten erlebt. Wichtig ist es, zunächst diese fünf Arten und somit Ursachen von Widerstand zu verstehen. Denn erst wenn wir wirklich verstanden haben, welche verschlüsselte Botschaft dahinter steht, können wir als Coach anschlussfähig und wirksam werden. Entschlüsselt also erst die Ursachen und leitet dann anschlussfähige Fragen und Handlungen ab.

1. Interessenwiderstand

Wenn die Interessen und Bedürfnisse Einzelner oder mehrerer in einer Veränderung nicht mehr erfüllt werden, entsteht Widerstand. Unternehmen sind Zweckgemeinschaften und Mitarbeitende sind nur so lange motiviert und engagiert, wie ihre grundlegenden Interessen und Bedürfnisse auch innerhalb der Arbeitssituation erfüllt werden. Wenn sich durch die Veränderungen beispielsweise Aufgaben oder Rahmenbedingungen verschlechtern, ist Widerstand vorprogrammiert. Klassische Vertriebler sind es gewohnt, ihre eigenen Kundenkontakte zu pflegen. Sie lebten lang und gut von Empfehlungsmanagement und einem treuen Kundenstamm. Wenn der Vertrieb agiler werden will und dadurch teamorientierter arbeitet, wird das vermutlich den Interessen des ein oder anderen Innen- und Außendienstmitarbeiters widersprechen und Widerstand erzeugen.

Einzelkämpfer sehen Teamarbeit selten euphorisch

Bei Interessenwiderstand hilft nur eins: die Bedürfnisse thematisieren und gemeinsam nach Lösungen suchen. Im genannten Beispiel wechselte der Innendienstmitarbeiter in das Großkundenteam. Dort entschied sich die Firma, weiterhin die Eins-zu-eins-Beziehung zu pflegen, weil Großkunden individuelle, eigene Prozesse und Abläufe erfordern. Andere Kolleginnen und Kollegen gewöhnten sich nach einem halben Jahr an die Umstellung und fanden sogar Gefallen an den unterschiedlichen Kontakten und damit einhergehenden abwechslungsreichen Gesprächspartnern und Anliegen.

2. Überforderungswiderstand

Gibt es heutzutage noch Teams, die unterfordert sind oder sich sogar langweilen? Früher war dieses „Bore out"-Phänomen ab und zu bei Vertriebscoachings oder Teamentwicklungsmaßnahmen anzutreffen. Seit vielen Jahren ist eher das Gegenteil der Fall: Teams, die am Rande ihrer Kapazität arbeiten und das Gefühl haben, niemals fertig zu werden. Sie verlassen den Arbeitsplatz mit 50 unbeantworteten Mails und 20 nicht getätigten Rückrufen, ganz zu schweigen von den aktiven Kundenansprachen, die wöchentlich hinten runterfallen. Hand aufs Herz: Wie begeistert wärst du, lieber Leser, in so einer Situation Veränderungen mitzugestalten, eigene Arbeitsroutinen zu hinterfragen und Neues zu integrieren? Viel wahrscheinlicher würdest auch du über den unpassenden Zeitpunkt fluchen und dich fragen, wie du das auch noch bewältigen sollst.

Veränderung wird nur bei schnellen Erfolgen akzeptiert

Überforderungswiderstand ist ein Schrei nach Hilfestellung und Unterstützung. Hier helfen nur kleine Schritte mit viel Ermutigung und schnellen Erfolgen. Die Stressoren müssen aufgedeckt, geklärt und beseitigt werden, damit die Bereitschaft zur nächsten Veränderung oder Entwicklung überhaupt wieder wachsen kann.

3. Einwandwiderstand

Einwände sind verunglückte Fragen! Jeder Verkäufer hat in diversen Verkaufsschulungen gelernt und im besten Fall verinnerlicht: Einwände sind letztlich Interessenbekundungen des Kunden. Unser Gegenüber gibt uns damit die Chance, den Nutzen des Produkts näher zu erläutern. So verhält

Abb. 23: Einwände und die eigentliche Frage dahinter

Typische Einwände in Teams	Dahinter liegende Fragen
„Das wollen unsere Kunden nicht."	Welche Kundenanforderungen und Bedarfe werden damit erfüllt?
„Dafür haben wir keine Zeit."	Wie sollen wir die anderen Tätigkeiten priorisieren?
„Das bringt uns nichts."	Was bringt uns das? Was sind Sinn und Nutzen fürs Unternehmen, für den Vertrieb, fürs Team und jeden Einzelnen?
„Das funktioniert bei uns nicht."	Wie überprüfen wir die Erfolge und passen die Arbeitsweisen an unsere Erfordernisse an?
„So was ist beim letzen Mal gescheitert."	Was ist dieses Mal anders und was wurde im Vergleich zum letzten Mal verbessert?
„Wir sind doch keine Entwickler."	Wie lernen wir die dafür notwendigen Technologien? Wie werden wir befähigt?
„Das passt nicht zu uns."	Wie schaffen wir den Transfer zu unserer Arbeitsweise und unserem Können?
„Das machen wir doch alles schon."	Was genau verändert sich und wozu? (Außerdem steckt in diesem Einwand das Bedürfnis nach Anerkennung für das bisher Geleistete.)
„Das ist doch nicht neu."	Was ist an den neuen Begriffen und Arbeitsweisen denn tatsächlich anders und wirkungsvoller als bisher?
„Dafür sind wir zu alt und eingefahren."	Was passiert mit unseren Gewohnheiten und unserem Wissen? Wie können wir uns dabei adäquat weiterentwickeln?

es sich im Grunde auch mit dem Einwandwiderstand. Hinter dieser Art von Widerstand verbirgt sich die wichtige Frage nach dem Nutzen oder Sinn der Veränderung.

Erkenne die Frage hinter dem Einwand

Die Empfehlung kann also nur lauten: Hör bei Einwänden gut zu und erkenne die Frage hinter dem Einwand (siehe auch Abb. 23)! Beantworte diese nutzenorientiert oder, noch besser, hilf dem Fragesteller, selbst eine Antwort zu finden, getreu dem Motto: „Der Wurm muss dem Fisch schmecken, nicht dem Angler." Warum soll ein Team seine Arbeitsweise verändern und sich in unsicheres Fahrwasser von Experimenten wagen? Was bringt das dem Unternehmen, dem Kunden und jedem einzelnen Mitarbeitenden? Nur wenn wir für diese berechtigten und wichtigen Fragen adressatengerechte Antworten finden, werden Teams bereit sein, ihre sicheren Fahrwasser zu verlassen und sich in das unsichere Feld der Lernzone zu begeben.

4. Dysfunktionswiderstand

Wenn Störungen in einem Team überhandnehmen und dadurch Perfomance und Funktionalität beeinträchtigt sind, sprechen wir von Dysfunktionen. Das Team leidet sozusagen an diversen Krankheiten, die es schwächen. Dysfunktionale Teams sind derart mit ihren Störungen beschäftigt, dass sie wenig Energie für Veränderungen zur Verfügung haben. Die Formel „Störungen haben Vorrang", wie sie Ruth Cohn so treffend formuliert hat, wird hier zum Problem: Sie zieht die Aufmerksamkeit der Beteiligten magnetisch an. Der amerikanische Manager und Berater Patrick Lencioni beschreibt fünf typische Dysfunktionen von Teams (Patrick Lencioni (2014): 5 Dysfunktionen eines Teams):

- kein Vertrauen haben
- Konflikte vermeiden
- mangelnder Einsatz/Commitment
- keine Verantwortung übernehmen
- Ziele und Ergebnisse nicht beachten

Jedes Team hat die eine oder andere Dysfunktion. Das ist in der Zusammenarbeit ganz natürlich und sogar förderlich, vorausgesetzt es findet eine konstruktive Auseinandersetzung damit statt sowie ein gemeinsamer Entwicklungsschritt. Wenn die Störungen allerdings ignoriert werden und ein gesundes Maß übersteigen, dann leidet die gesamte Team-Performance darunter.

Retrospektiven schützen vor Störungen

Regelmäßige Retrospektiven schützen Teams vor dysfunktionalen Störungen. Folglich muss sich das Team ab und zu bewusst die Zeit dafür nehmen, um über Störungen zu sprechen und gute Vereinbarungen miteinander zu treffen.

Agile Teams leben von Unterschiedlichkeiten und nutzen sie, doch die Heterogenität darf dabei nicht zu groß werden. Die meisten Menschen streben nach Kohärenz und einem gewissen Grad an Homogenität. Eine gute Mischung ist entscheidend für die Leistungsfähigkeit und dementsprechend auch für die Veränderungsbereitschaft.

Bei dysfunktionalen Teams ist es wie bei einem kranken Organismus. Erst muss dieser wieder gesund werden, bevor er zu neuen Leistungen und Entwicklungen bereit ist. Analysiert mit dem Team die Dysfunktionen und findet gemeinsam Wege zurück in die Funktionalität.

5. Inkongruenzwiderstand

Mismatch zwischen verbaler und nonverbaler Kommunikation

Um diesen Widerstand zu verstehen, ist es zunächst wichtig, den Begriff der Inkongruenz zu erläutern: Er bezieht sich auf eine Art der Kommunikation, bei der die verbale oder nonverbale Botschaft nicht mit den tatsächlichen Gefühlen, Gedanken oder Absichten der Person übereinstimmt, die sie ausdrückt. Es entsteht sozusagen ein Mismatch zwischen dem, was verbal oder nonverbal kommuniziert, und dem, was wirklich empfunden oder beabsichtigt wird.

Inkongruente Kommunikation kann zu Widerstand führen, weil sie Verwirrung, Missverständnisse und ein Gefühl der Unehrlichkeit hervorruft. Wir haben feine Antennen für widersprüchliche oder unklare Signale, spüren ein Unwohlsein und nehmen dem Sprecher seine Botschaft einfach nicht ab. Als Coach ist es wichtig, zu beachten, dass inkongruente Kommunikation in verschiedenen Situationen unterschiedliche Auswirkungen haben kann. Sie kann zwischen einzelnen Personen, in Teams oder in Organisationen auftreten und jeweils Widerstands hervorrufen. Eine offene und klare Kommunikation, die mit den tatsächlichen Gedanken und Gefühlen im Einklang steht, ist entscheidend, um Widerstand zu reduzieren und eine effektive Zusammenarbeit zu ermöglichen. Folgende Ursachen können zu inkongruenter Kommunikation und zum Widerstand beitragen:

Ursachen inkongruenter Kommunikation

- **Mangelnde eigene Kongruenz:** Wenn jemand seine wahren Gefühle oder Meinungen verbergen oder unterdrücken möchte, um bestimmten Erwartungen gerecht zu werden oder Konflikte zu vermeiden, kann dies zu inkongruenter Kommunikation führen. Die Diskrepanz zwischen dem, was die Person sagt, und dem, was sie wirklich fühlt, kann von anderen wahrgenommen werden und zu Widerstand führen. Manchmal reicht schon das Hochziehen einer Augenbraue oder ein Kopfschütteln, welches unbewusst vom Sender kommt und seine Aussagen konterkariert.

- **Fehlende Klarheit:** Inkongruente Kommunikation kann auch entstehen, wenn jemand nicht klar und präzise seine Bedürfnisse, Anliegen oder Erwartungen ausdrückt. Wenn die Kommunikation vage oder widersprüchlich ist, können Missverständnisse auftreten und zu Widerstand führen. Gerade in agilen Veränderungen sind die Aussagen von Entscheidern und Führungskräften oftmals sehr unspezifisch und widersprüchlich, was zu Widerstand führen kann.

- **Vertrauensverlust:** Inkongruente Kommunikation kann das Vertrauen der anderen Person untergraben. Wenn jemand wiederholt inkongruent kommuniziert, indem er beispielsweise Versprechen macht und sie nicht einhält oder Informationen zurückhält, entsteht ein Gefühl der Unehrlichkeit. Dies kann den Widerstand verstärken und die Bereitschaft zur Zusammenarbeit verringern.

- **Emotionale Reaktionen:** Inkongruente Kommunikation kann starke emotionale Reaktionen bei den Empfängern hervorrufen. Wenn jemand beispielsweise seine Wut unterdrückt und versucht, sie zu verbergen, aber dennoch Anzeichen von Ärger zeigt, kann dies zu Verwirrung oder Angst bei anderen führen. Solche emotionalen Reaktionen können zu Widerstand führen, da Menschen sich unwohl oder bedroht fühlen.

Mit Spannungen und Konflikten umgehen

Wenn ihr als agiler Coach regelmäßige Retrospektiven moderiert, schafft ihr damit eine sehr gute Konfliktprophylaxe. Hierzu liefert das entsprechende Kapitel Retrospektiven (siehe ab S. 329) zahlreiche Arbeitshilfen. Des Weiteren sind für den erfolgreichen Umgang mit Konflikten die folgenden Ansätze für den Coach sehr hilfreich.

Unterscheidung zwischen Meinungsverschiedenheiten, Spannungen und Konflikten

Der Psychologe und Konfliktforscher Friedrich Glasl hat in den 1980er-Jahren ein Modell der Eskalation beschrieben, das nach wie vor enorm hilfreich ist, um zu unterscheiden, wann welcher Handlungsbedarf besteht. Leider erleben wir in der Welt viele hocheskalierten Konflikte, bei denen immer noch die Stufe 9 „Vernichtung und gemeinsam in den Abgrund" gewählt wird und scheinbar keine Alternative möglich ist. Nach Glasl kann man deutlich sehen, wie viele Eskalationsstufen bis dahin stattfinden müssen – und wie viele Chancen wir im Vorfeld zur konstruktiven Lösung haben.

Die neun Eskalationsstufen nach Friedrich Glasl

- **Stufe 1: Spannung bis zu Verstimmung, Verärgerung oder Verhärtung.** Auf dieser Stufe gibt es leichte Spannungen oder Unzufriedenheiten im Team. Diese können als normale Unterschiede oder Meinungsverschiedenheiten angesehen werden und werden auch noch nicht als Konflikte wahrgenommen. Hier reicht es, ins Gespräch zu kommen oder mehr Gemeinsamkeiten zu erleben, um die Spannung wieder aufzulösen.

- **Stufe 2: Meinungsverschiedenheiten mit Streit oder Debatten.** Auf dieser Stufe entstehen Meinungsverschiedenheiten und auch Streit oder Debatten, die zu Spannungen führen können. Die Unterschiede in den Ansichten oder Interessen werden deutlicher, aber sie werden in der Regel noch auf informeller Ebene behandelt.

- **Stufe 3: Defensives Verhalten mit Taten und Gruppenbildung.** Die Spannungen nehmen weiter zu und die beteiligten Personen beginnen, sich defensiv zu verhalten. Es kann zu Schuldzuweisungen, Vorwürfen und der Bildung von Allianzen kommen. Die Kommunikation wird schwieriger und Konflikte werden offensichtlicher. Hier kann es bereits erforderlich sein, als Coach ein Gespräch zu moderieren oder eine andere neutralen Moderatorin hinzuziehen, um die Vorwürfe in Wünsche umzuwandeln und gemeinsame Lösungen zu finden.

- **Stufe 4: Offene Konfrontation und Koalitionen.** Nunmehr eskalieren die Konflikte zu offenen Konfrontationen. Die Spannungen werden aggressiver und es kann zu direkten Auseinandersetzungen, Machtkämpfen oder verbalen Angriffen kommen. Die Teamdynamik wird stark beeinträchtigt und die Zusammenarbeit schwierig. Bei den Eskalationsstufen 4 bis 6 ist ein professioneller Mediator gefragt, der dem Team hilft, seine Konflikte zu lösen, um daraus zu lernen. Als agiler Coach des Teams musst du ab Stufe 4 entscheiden, ob du die Neutralität und Erfahrung mitbringst, um die Konfliktlösung moderieren zu können. Oftmals braucht es hier mehrere Sitzungen oder auch ein zweitägiges Offsite mit dem gesamten Team.

- **Stufe 5: Imageschlacht und Gesichtsverlust.** In dieser Stufe verwenden die Konfliktparteien Image-Strategien, um ihre Position zu verteidigen oder andere zu diskreditieren. Es geht nicht mehr nur um den Konflikt selbst, sondern auch um die Beeinflussung der Wahrnehmung und Reputation der Beteiligten.

- **Stufe 6: Offene Drohungen, Drohstrategieen.** Die sechste Stufe beinhaltet Drohstrategien. Die Konfliktparteien versuchen, vollständige Kontrolle über den Gegner auszuüben und ihn mithilfe von Drohungen zum Aufgeben zu zwingen. Innerhalb von Teams versucht eine Partei, der anderen ihren Willen aufzuzwingen.

- **Stufe 7: Begrenzte Zerstörung/Vernichtungsschläge.** In dieser Stufe treten offene Konflikte und aggressive Verhaltensweisen auf, die zu begrenzter Zerstörung führen können. Dies kann sich in Form von verbaler oder sogar physischer Gewalt, Sabotage oder bewusster Schädigung von Beziehungen äußern. Die siebte Stufe wird auch teilweise Vernichtung genannt. Es wird über moralische Instanzen hinaus Schaden angerichtet. Jetzt ist die Eskalation so weit fortgeschritten, dass es kein Halten mehr gibt.

Ab hier hilft keine Mediation mehr

Ab dieser Stufe gibt es keine Lösung mehr über eine Mediation. Stattdessen müssen höhere Stellen einbezogen, juristische und moralische Grenzen gesetzt werden – oder aber Verursacher gehören abgemahnt. Hier ist schnelles Handeln nötig, um schwerwiegenden Schaden abzuwenden.

Abb. 24: Konfliktphänomene und wie man sie erkennt

Konfliktphänomen	Beschreibung
Emotionale Beteiligung	Was vorfällt, beschäftigt einen zunehmend, lässt einen nicht mehr los. Man kreist um das Konfliktgeschehen. Gefühle um Konflikte sind stark, andauernd, und wiederkehrend.
Beziehung	Anders als bei einem Streit führen Konflikte zu einem „Knacks" auf der Beziehungsebene. Man glaubt, der Schaden ist nie wieder gutzumachen. Unvoreingenommenheit ist undenkbar.
Wahrnehmung	Der „Farbregler" wird weggedreht und es gibt nur noch Schwarz und Weiß. Wir betrachten alles nur noch mit diesem Scheinwerfer. Grübeln führt zu Uminterpretationen von Verhalten.
Absichten und Ziele	Es muss einen Gewinner und einen Verlierer des Konflikts geben. Mittel und Ziele werden verknüpft. Wenn der Gewinner feststeht, so glaubt man, ist der Konflikt gelöst.
Verhalten	Die Beteiligten gehen sich aus dem Weg, meiden sich. Teilweise kommt es auch zu ganz gezieltem Handeln und Unterlassen (etwa Zurückhalten von Informationen).
Sachlichkeit	Ein Wald von Argumenten tarnt in der Regel die Absichten, Wünsche und Emotionen. An die wirklichen Konfliktursachen ist nur durch das Durchschreiten eines Waldes zu gelangen.

- **Stufe 8 und Stufe 9: Zersplitterung und Auflösung.** Auf diesem Eskalationsniveau kommt es zu einer Zersplitterung des Teams oder der Organisation. Die Konflikte haben zu einer so starken Entfremdung der Teammitglieder geführt, dass die Zusammenarbeit unmöglich wird. Das Team löst sich auf und die Mitglieder suchen nach neuen Gruppen oder Aufgaben.

Im Gegensatz zu Spannungen haben Konflikte oftmals mit alten Verletzungen oder mit grundlegenden Wertvorstellungen zu tun. Deswegen ist es ab einer bestimmten Stufe hilfreich, mit einer neutralen Person ins Gespräch zu kommen, um Eskalationen zu vermeiden, die Ursachen zu verstehen und passende Lösungen zu finden. In der Tabelle oben sind die zentralen Konfliktphänomene beschrieben (siehe Abb. 24).

Konflikte deeskalieren mit der SAG-ES-Formel

Die Verwendung von Ich-Botschaften ist ein guter Weg, Konflikte konstruktiv anzusprechen. In diesem Sinne bietet die SAG-ES-Formel eine strukturierte Herangehensweise, um persönliche Anliegen im Team klar zu kommunizieren und gemeinsam nach Lösungen zu suchen. Sie fördert eine offene Diskussionskultur und trägt zu einer konstruktiven Teamdynamik bei.

Sichtweise schildern (S)
Beschreibe die Situation objektiv und konkret, ohne Wertung oder Interpretationen. Es geht um eine klare Darstellung dessen, was passiert ist oder was beobachtet wird.

Beispiele:
A: „Als wir gestern die Teambesprechung hatten, habe ich bemerkt, dass einige Teammitglieder zu spät gekommen sind."
B: „In unserem Teamprojekt haben wir Schwierigkeiten, die Aufgaben gerecht aufzuteilen."

Auswirkungen beschreiben (A)
Beschreibe die Auswirkungen der Situation auf dich persönlich. Drücke Belastungen aus, die durch die Situation entstanden sind.

A: „Dadurch haben wir viel Zeit verloren und ich musste anschließend einen wichtigen Arzttermin verschieben."
B: „Dadurch übernehme ich aktuell einen Großteil der Arbeit, damit wir die Themen fristgerecht erledigen."

Gefühle benennen (G)
Teile mit, welche Gefühle und Emotionen das bei dir auslöst.

A: „Das frustriert und stresst mich, weil ich dann noch später nach Hause komme."
B: „Das überfordert und ärgert mich, weil ich zu viel auf dem Tisch habe."

Erfragen der Sicht des anderen (E)
Erfrage die Sichtweisen der anderen zu der Situation. Wie sehen sie das? Welche Sichtweisen haben sie auf die Situation?

A: „Wie seht ihr das mit unserem Meeting? Was ist euch dabei wichtig?"
B: „Wie schätzt ihr die Aufgabenverteilung ein? Was habt ihr für Eindrücke."

Schlussfolgerung ziehen (S)
Schlagt eine mögliche Lösung oder Handlungsschritte vor, um das Problem zu lösen oder die Situation zu verbessern. Zeigt die Bereitschaft zur Zusammenarbeit und vereinbart gemeinsame Maßnahmen.

A: „Können wir uns darauf einigen, dass wir uns in Zukunft bemühen, rechtzeitig zu erscheinen und uns bei unvorhergesehenen Verspätungen gegenseitig rechtzeitig informieren?"

B: „Lasst uns gemeinsam überlegen, wie wir die Aufgaben besser aufteilen können und sicherstellen, dass jeder seine Verantwortung übernimmt. Können wir vielleicht ein Kanban Board dazu erstellen?"

Unterschiedliche Konfliktstile und ihre Herangehensweisen

Unterschiedliche Situationen erfordern unterschiedliche Konfliktstile

Konfliktstile beschreiben unterschiedliche Herangehensweisen, wie Menschen bei der Bewältigung von Konflikten vorgehen können. Als Coach musst du bedenken, dass die Wahl des Konfliktstils von verschiedenen Faktoren abhängt wie der Natur des Konflikts, der Beziehung zwischen den Parteien oder den individuellen Persönlichkeiten und Werten. Flexibilität bei der Wahl und Ausgestaltung des Konfliktstils ist hilfreich, um unterschiedliche Situationen besser bewältigen zu können – zumal gerade in einer Teamkonstellation einzelne Teammitglieder auch unterschiedliche Konfliktstile verfolgen werden.

- **Durchsetzen:** Wer in Konflikten so agiert, will die eigenen Interessen und Standpunkte ohne Rücksicht auf die Bedürfnisse anderer durchsetzen. Personen, die diesen Stil anwenden, sind oft direktiv und nehmen eine dominante Position ein. Sie setzen ihre Macht oder Autorität ein, um ihre Ziele zu erreichen. Der Durchsetzungsstil kann effektiv sein, wenn schnelle Entscheidungen erforderlich sind oder in Situationen, in denen eine klare Leitung und Entscheidungsfindung notwendig sind. Allerdings kann er zu Konflikten und Unzufriedenheit bei den anderen Beteiligten führen.

- **Vermeiden:** Der Vermeidungsstil zeigt sich am Ausweichen oder Ignorieren von Konflikten. Personen, die diesen Stil anwenden, versuchen, Konfrontationen zu vermeiden und konfliktbehafteten Situationen aus dem Weg zu gehen. Sie ziehen es vor, Konflikte in der Hoffnung zu umgehen, dass sie sich von selbst auflösen oder dass andere Personen sich um die Lösung kümmern. Der Vermeidungsstil kann in einigen Situationen nützlich sein, um Eskalationen zu verhindern oder Zeit zu gewinnen, um weitere Informationen zu sammeln. Allerdings kann er dazu führen, dass wichtige Probleme nicht angegangen werden und sich der Konflikt weiter verschärft.

- **Nachgeben:** Wer nachgibt, weicht zurück und erfüllt die Forderungen oder Wünsche der anderen Partei, um Konflikte zu vermeiden oder zu beenden. Personen, die diesen Stil anwenden, opfern ihre eigenen Bedürfnisse und Interessen, um den Frieden zu bewahren oder eine harmonische Beziehung aufrechtzuerhalten. Nachgeben kann sinnvoll sein, wenn die Beziehung zu anderen Personen wichtiger ist als das Er-

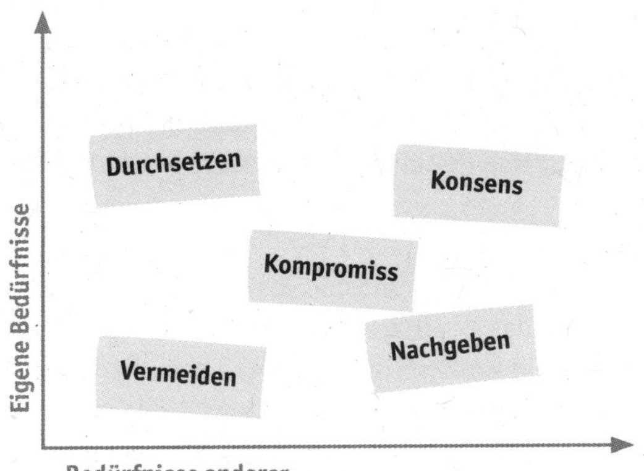

Durchsetzen: Ich habe die Weisheit mit Löffeln gefressen. Ich darf nicht zu kurz kommen.

Nachgeben: Ich muss es allen recht machen. Ich will, dass alle mich mögen. Ich weiß nicht.

Vermeiden: Ich will keinen Ärger. Ich kann nicht gewinnen. Ich werde es ohnehin nicht schaffen.

Kompromiss: Leben und leben lassen. Ich kann/muss nicht alles haben. Ich bin okay, du bist okay.

Konsens: Das Glas ist halb voll. Gemeinsam sind wir stark.

Abb. 25: Typische Konfliktstile

reichen eigener Ziele. Allerdings kann er zu Unzufriedenheit und dem Gefühl der Ausnutzung führen, wenn die eigenen Bedürfnisse regelmäßig vernachlässigt werden.

- **Kompromiss:** Der Kompromissstil zeigt sich am Finden einer akzeptablen Mittellösung, bei der alle Parteien Zugeständnisse machen. Personen, die diesen Stil anwenden, suchen nach einer fairen Vereinbarung, bei der jeder etwas gewinnt und etwas verliert. Der Kompromissstil kann effektiv sein, um schnell zu einer Lösung zu gelangen und eine Pattsituation zu überwinden. Allerdings kann er dazu führen, dass wichtige Interessen oder Bedürfnisse nicht vollständig erfüllt werden.

- **Konsens:** Der Konsensstil hat die Zusammenarbeit und den gemeinsamen Konsens aller beteiligten Parteien im Fokus. Personen, die diesen Stil anwenden, suchen nach gemeinsamen Interessen und streben Win-win-Lösungen an, bei denen alle Parteien zufrieden sind. Sie sind offen für die Perspektiven und Bedürfnisse anderer und arbeiten aktiv an der Entwicklung von Lösungen, die für alle akzeptabel sind. Der Konsensstil fördert die Kommunikation, das Verständnis und den Aufbau starker Beziehungen. Allerdings erfordert er Zeit, Offenheit und die Bereitschaft aller Parteien, Kompromisse einzugehen.

Konfliktgespräche moderieren nach dem Harvard-Konzept

Das Harvard-Konzept bietet einem Moderator eine bewährte Vorgehensweise, um ein Konfliktklärungsgespräch effektiv zu moderieren und eine konstruktive Lösung zu erarbeiten. Es ist wichtig, zu beachten, dass das Harvard-Konzept den Fokus auf eine kooperative und lösungsorientierte Herangehensweise an Konflikte legt. Es zielt darauf ab, Win-win-Lösun-

Bewährte Gesprächsstruktur für die Konfliktklärung

gen zu finden, bei denen die Interessen aller Parteien berücksichtigt werden. Der Moderator spielt eine entscheidende Rolle bei der Förderung eines konstruktiven Dialogs und einer gemeinsamen Entscheidungsfindung. Die folgenden fünf Stufen helfen bei der Strukturierung des Gesprächs:

- **Vorbereitung:** Bereits in der Vorbereitungsphase werden erste wichtige Schritte unternommen, um das Konfliktklärungsgespräch effektiv zu gestalten. Dies umfasst die Identifizierung der beteiligten Parteien, die Festlegung eines geeigneten Zeitpunkts und Ortes für das Gespräch sowie die Auswahl eines neutralen Moderators. Es können auch relevante Informationen über den Konflikt gesammelt und Unterlagen vorbereitet werden, um eine strukturierte Diskussion zu ermöglichen.

- **Einstieg:** Der Einstieg ist der Beginn des Konfliktklärungsgesprächs. Der Moderator begrüßt die Teilnehmenden und erklärt den Zweck des Gesprächs. Es werden klare Verhaltensregeln festgelegt, um eine respektvolle und konstruktive Kommunikation zu gewährleisten. Jede Partei hat die Möglichkeit, ihre Standpunkte und Bedenken zu äußern und ihre Erwartungen an das Gespräch mitzuteilen. Der Einstieg dient auch dazu, Vertrauen und Offenheit zu fördern.

- **Klärung:** In der Klärungsphase werden die zugrunde liegenden Interessen, Bedürfnisse und Sorgen der beteiligten Parteien ermittelt. Der Moderator stellt gezielte Fragen, um ein tieferes Verständnis für

Vorbereitung	• Eigene Gefühle, Bedürfnisse und Ziele klären • In Konfliktpartner hineinversetzen • Rahmen gestalten (wo und wann den Konflikt ansprechen)
Einstieg	• Kontakt herstellen • Anlass und Ziel des Gesprächs nennen • Vorgehensweise abstimmen
Klärung	• Konflikt konstruktiv ansprechen (SAG ES!) • Auf Konfliktpartner eingehen (offen fragen, aktiv zuhören) • Verlangsamten Dialog führen (Verstehen sicherstellen)
Lösungen	• Wünsche und Bedürfnisse äußern • Lösungsideen sammeln • Vereinbarungen treffen
Abschluss	• Klären, ob alles besprochen wurde • Das Gespräch reflektieren • Positiven Abschluss finden

Abb. 26: Verhandlungsführung nach dem Harvard-Konzept

die Motivationen und Gefühle jeder Partei zu erhalten. Es geht darum, Missverständnisse zu klären, Vorurteile abzubauen und eine empathische Kommunikation zu ermöglichen. Diese Phase ermöglicht es den Parteien, sich gegenseitig besser zu verstehen und gemeinsame Interessen zu identifizieren. Die eigenen Ansichten werden konsequent als Ich-Botschaften mit der SAG-ES-Formel mitgeteilt.

- **Lösungen:** Nachdem die Interessen und Bedürfnisse geklärt sind, wird in der Lösungsphase nach gemeinsamen Lösungen gesucht. Die Parteien werden ermutigt, verschiedene Optionen zu generieren und zu diskutieren, die ihren Interessen gerecht werden könnten. Der Moderator fördert eine kooperative Atmosphäre, in der Kreativität gefördert wird und alle Ideen respektiert werden. Es werden objektive Kriterien festgelegt, anhand derer die vorgeschlagenen Lösungen bewertet werden können.

- **Abschluss:** Im Abschluss des Konfliktklärungsgesprächs werden die getroffenen Entscheidungen zusammengefasst und schriftlich festgehalten. Die Parteien einigen sich auf konkrete Maßnahmen und Vereinbarungen, um die Konfliktsituation zu lösen oder zu verbessern. Der Moderator überprüft, ob alle Punkte ausreichend besprochen und geklärt wurden. Es ist wichtig, den Abschluss positiv zu gestalten und den Parteien die Möglichkeit zu geben, ihre Zufriedenheit oder etwaige Bedenken auszudrücken.

Vorab

Zu den agilen Frameworks und Methoden ist bereits viel geschrieben worden und jede Menge Wissen verfügbar. Die folgenden Ausführungen konzentrieren sich daher darauf, hierzu eine Übersicht und Orientierung zu liefern. Als agile Coachs sollten wir gar nicht erst versuchen, alle Tätigkeitsbereiche abzudecken und sowohl Scrum Master, wie OKR-Coach, Design Thinking Facilitator und Kanban-Experte zu sein und darüber hinaus auch noch als Berater für Teamdynamiken und Transformationen sowie Leadership Coach in einer Person zu agieren. Viel wirksamer ist es, sich auf seine Stärken zu fokussieren und zu wissen, bei welchen Themen wir wen hinzuziehen, um als starkes Coach-Team für den Kunden wirksam werden zu können.

Die Stacey-Matrix: einfach, kompliziert oder komplex?

Vor allen Überlegungen zum Einsatz der passenden agilen Methoden steht zunächst einmal die Frage: Sind wir im einfachen, komplizierten oder komplexen Umfeld unterwegs? Hier liefert die Stacey-Matrix eine erste hilfreiche Einschätzung für die Beteiligten aus den jeweiligen Arbeitsbereichen einer Organisation. Die Stacey-Matrix, auch bekannt als „State Transition Matrix" oder „State Change Matrix", ist ein Konzept aus dem Bereich des Organisationsmanagements und der Veränderungsprozesse. Diese Matrix wurde von Ralph D. Stacey, einem britischen Organisationsforscher, entwickelt, um verschiedene Ansätze zur Bewältigung von Veränderungen in Organisationen zu beschreiben. Die Matrix wurde erstmals in den 1990er-Jahren vorgestellt und hat seitdem in verschiedenen Management-Kontexten an Bedeutung gewonnen.

Die Stacey-Matrix stellt eine Möglichkeit dar, verschiedene Typen von Veränderungen zu klassifizieren und entsprechende Ansätze zur Bewältigung dieser Veränderungen zu identifizieren. Sie basiert auf zwei Hauptdimensionen:

- **Komplexität:** Diese Dimension bezieht sich auf den Grad der Vorhersagbarkeit und Kontrolle von Veränderungen. Sie reicht von einfacher, vorhersehbarer Veränderung bis hin zu komplexen, unvorhersehbaren Veränderungen.
- **Unsicherheit:** Diese Dimension beschreibt das Maß an Klarheit und Vorhersehbarkeit in Bezug auf die Veränderungen. Sie reicht von einer klaren, gut definierten Veränderung bis zu einer unsicheren, schwer abzuschätzenden Veränderung.

Mittels Punktabfrage auf einem vorbereiteten Flipchart o. Ä. kann jeder Einzelne seine persönliche Zuordnung auf den beiden Achsen vornehmen. Hieraus entsteht bereits die erste Diskussion, wie agil die Beteiligten in ihrem Bereich überhaupt agieren müssen. Diese Einschätzung liefert Antworten auf die Frage, ob es sich um einfache Aufgaben handelt, die mit klassischen Projektmanagement-Methoden bestens erfüllt werden können, oder um komplizierte Themen, die eher effektive Lean-Ansätze erfordern.

Agile Methoden und Praktiken sind die Antwort auf komplexe Anforderungen und innovative bzw. disruptive Märkte oder, anders ausgedrückt,

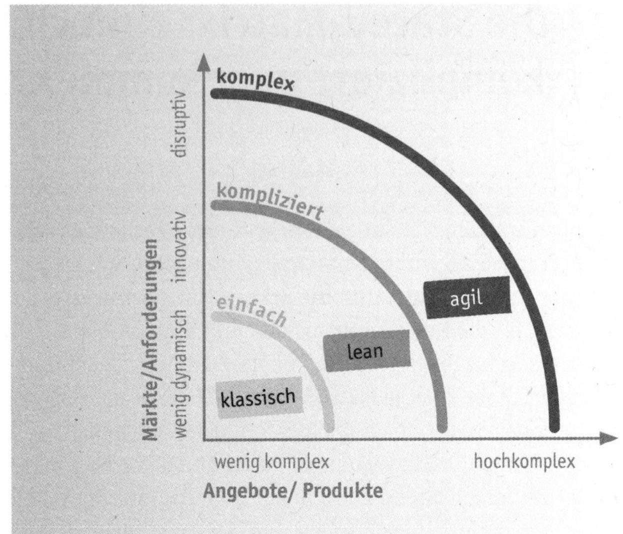

Abb. 27:
Die Stacey-Matrix

für unklare respektive mehrdeutige Anforderungen und unerprobte Lösungen.

Was bringt's?

Die Matrix verdeutlicht, wann welche Arbeitsweisen effektiv sind. Im wenig komplexen und wenig dynamischen Bereich passen hierarchische Wasserfall-Arbeitsweisen zu den Anforderungen. Hingegen brauchen wir im komplexen und dynamischen Bereich agile Strukturen und Prinzipien.

Wie läuft es ab?

Legt die Matrix auf dem Boden aus und erläutert lediglich die beiden Achsen. Anschließend fragt ihr die Teilnehmenden, wie sie ihre Aufgaben in der Organisation einschätzen und wo auf dem Diagramm sie diese positionieren würden. Schließlich stellen sich die Teilnehmenden dorthin, wo sie die Mehrzahl ihrer Aufgaben einschätzen. Es geht hierbei nicht um die absolute Einordnung, sondern um die Kommunikation und die Überlegungen, die bei den Betroffenen angeregt werden.

Was sind typische Hindernisse?

Oftmals fällt es den Teilnehmenden schwer, ihre Bereiche einzuordnen. Es erweist sich dann aber als hilfreich, mit den Kolleginnen und Kollegen genau darüber ins Gespräch zu kommen.

Cynefin-Framework

Auch das Cynefin-Framework ist ein hilfreiches Tool, um komplexe Herausforderungen in agilen Teams oder Organisationen zu verstehen und geeignete Vorgehensweisen zu wählen. Die Herausforderung, mit der das agile Team oder die Organisation konfrontiert ist – dies kann alles von Schwierigkeiten bei der Zusammenarbeit bis hin zu Unsicherheit über die richtigen Prozessabläufe sein –, wird dabei einer der fünf Domänen des Cynefin-Frameworks zugeordnet (siehe Abb. 28, S. 234). Für diese Zuordnung muss das Team überlegen, ob die Ursache-Wirkungs-Beziehungen klar sind, wie vorhersehbar die Ergebnisse sind, wie viel Unsicherheit oder Unbekanntes vorhanden ist und ob es bereits Erfolg versprechende Lösungsansätze gegeben hat.

Basierend auf der eingeschätzten Domäne entscheiden wir uns schließlich für eine passende Herangehensweise:

- **Einfach (Obvious):** Bei klaren Ursache-Wirkungs-Beziehungen setze auf bewährte Praktiken, Standards und Best Practices. Unterstütze das Team dabei, bekannte Methoden erfolgreich anzuwenden.
- **Kompliziert (Complicated):** Wenn Expertenwissen erforderlich ist, arbeite mit dem Team zusammen, um Experten zu konsultieren, Analysen durchzuführen und Lösungsansätze zu entwickeln.
- **Komplex (Complex):** Bei unvorhersehbaren Ergebnissen und vielen Wechselwirkungen ermuntere das Team, experimentelle Ansätze zu verwenden. Ermutige zu Prototyping, iterativem Lernen und Anpassung.
- **Chaotisch (Chaotic):** Bei instabilen Situationen konzentriere dich darauf, die Kontrolle wiederzugewinnen. Unterstütze das Team bei der schnellen Anpassung und dem Wiedererlangen von Stabilität.
- **Unordnung (Disorder):** Wenn die Situation unklar ist, hilf dem Team, Informationen zu sammeln und zu analysieren, um eine klare Einschätzung zu erhalten. Entscheide dann, wie weiter vorgegangen werden soll.

Was bringt's?

Die Anwendung des Cynefin-Frameworks im agilen Coaching hilft, die Komplexität agiler Umgebungen besser zu erfassen und die Flexibilität und Anpassungsfähigkeit des Teams zu fördern. Es ermöglicht dir, situativ angemessene Strategien zu entwickeln und sicherzustellen, dass

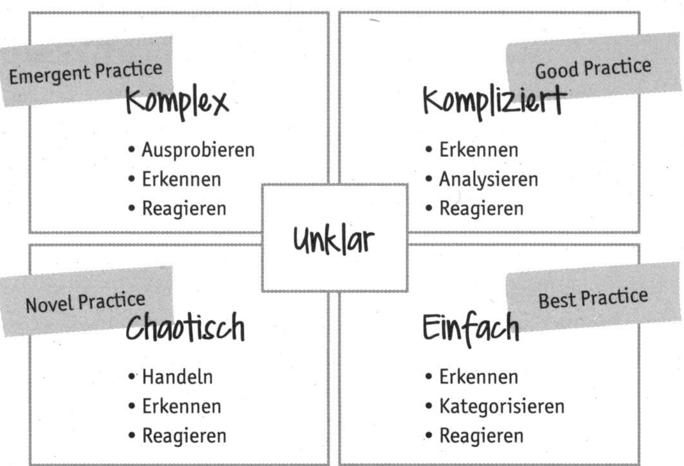

Abb. 28: Cynefin-Framework

das Team die richtigen Schritte unternimmt, um erfolgreich mit Herausforderungen umzugehen. Nutze das Cynefin-Framework als Werkzeug, um retrospektiv auf die angewendete Herangehensweise zurückzublicken. Diskutiere mit dem Team, was funktioniert hat und was nicht, und identifiziere Möglichkeiten zur kontinuierlichen Verbesserung.

Wie läuft es ab?

Wir nutzen gerne Lego-Steine, um die Anforderungen und Arbeitsweisen erleben zu lassen. Zunächst bekommt das Team eine einfache Aufgabe: „Sortiert die Steine nach Farben." Dann steigern wir die Anforderungen bis zur Komplexität, z.B.: „Baut ohne Worte ein Tier und erfüllt dabei spontane Aufträge vom Moderator zuerst." Die Teilnehmenden spüren die Herausforderung und können danach das Framework besser zuordnen und verstehen.

Was sind typische Hindernisse?

Der Unterschied zwischen kompliziert und komplex ist für viele schwer fassbar. Hier braucht es gute Beispiele.

Zusammenhänge verstehen mit der Baum-Metapher

Die Baum-Metapher – ursprünglich kennengelernt bei meinem Kollegen Boris Gloger – macht die Zusammenhänge agiler Ebenen plastisch und sorgt für Aha-Momente.

Dieser Baum repräsentiert das Konzept der Agilität in Organisationen, schließlich ist auch er in der Lage, sich seiner Umgebung und veränderten Rahmenbedingungen anzupassen und sein Wachstum darauf auszurichten (siehe Abb. 29, S. 236). Die verschiedenen Elemente des Baums symbolisieren die Elemente von Agilität.

Wurzeln: Die Wurzeln des Baumes repräsentieren die Grundwerte agiler Methoden, wie Zusammenarbeit, Kommunikation, Feedback, Mut, Commitment und Flexibilität. Diese Wurzeln sind tief in der Organisation verankert und dienen als stabile Basis für das Wachstum und die Anpassungsfähigkeit des Unternehmens. Gespeist werden sie durch das agile Mindset: also ein sich selbst aktualisierendes Denken und Handeln, welches flexibel ist und umdenkt.

Stamm: Der Stamm steht für die agilen Prinzipien. Diese bilden das Gerüst der Organisation und bieten eine klare Struktur für Teamarbeit, Prozesse und Abläufe. Prinzipien, wie kontinuierlichen Mehrwert liefern, mit Kunden zusammenarbeiten, „inspect and adapt" etc., dienen als Basis für die Verhaltensweisen und Handlungen.

Äste: Die Äste symbolisieren die verschiedenen Frameworks, die je nach Bereich oder Team ausgewählt werden, um effektiv zusammenzuarbeiten und die Komplexität zu reduzieren.

Blätter: Die Blätter stehen für die Methoden und Praktiken wie Events, Timeboxing, Schätzen etc. und helfen, das gewünschte Verhalten und Ergebnis zu erzielen.

Früchte: Die Früchte symbolisieren die Produkte und den Mehrwert, den wir für die Kunden erschaffen.

Wachstum und Anpassung: So wie ein Baum kontinuierlich wächst, passt sich eine agile Organisation ständig an ihre Umgebung an. Durch regelmäßiges Feedback, retrospektive Analysen und kontinuierliche Verbesse-

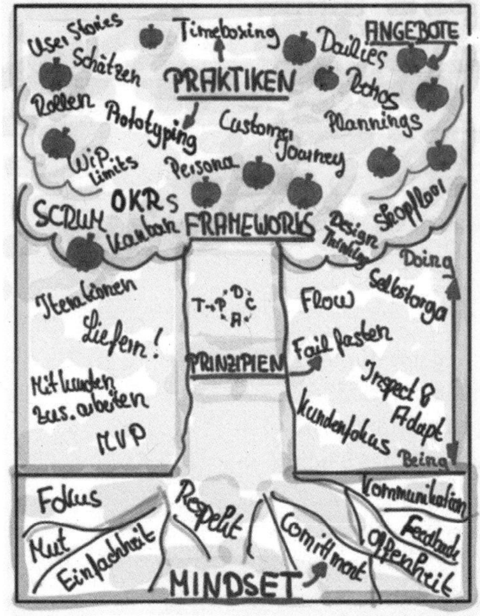

Abb. 29: Der Baum als Metapher für Agilität

rung wächst die Organisation in ihrer Fähigkeit, sich an Marktveränderungen und Kundenanforderungen anzupassen.

Sonnenlicht und Nährstoffe: In der agilen Metapher repräsentiert das Sonnenlicht die transparente Kommunikation und die offene Zusammenarbeit, die es den Teams ermöglicht, effektiv zu arbeiten. Die Nährstoffe stehen für Ressourcen wie Zeit, Budget und Unterstützung, die den Teams zur Verfügung gestellt werden, um erfolgreich zu sein.

Agilität in Organisationen sollte wie ein Baum funktionieren: fähig, sich den Veränderungen der Umgebung anzupassen, flexibel zu wachsen und gleichzeitig immer stark verwurzelt zu sein. Aus der Baum-Metapher leitet sich dann auch die Rolle des agilen Coachs ab: Er hat die Rolle eines Gärtners, der sicherstellt, dass der Baum gesund wächst, indem er die richtigen Bedingungen schafft und kontinuierlich Pflege und Anleitung bietet.

Was bringt's?

Die Metapher hilft enorm, die Zusammenhänge zu verstehen und die verschiedenen Ebenden der Agilität besser zuordnen zu können. Die Metaphorik ist nachvollziehbar und je nach Zielgruppe kann der Baum sehr differenziert oder sehr einfach gestaltet werden.

Wie läuft es ab?

Manchmal bringe ich den fertig gezeichneten Baum mit und manchmal zeichne ich den Baum während der Erklärung und gestalte ihn sozusagen gemeinsam mit den Teilnehmenden. Möglich ist auch, eine Art Puzzle zu machen und die Begriffe den jeweiligen Ebenen des Baums zuordnen zu lassen.

Was sind typische Hindernisse?

Die Begriffe sind für Menschen mit wenig Vorkenntnissen zu fachlich. Nutze in diesem Fall deutsche Worte und schreibe weniger Methoden und Praktiken in die Baumkrone.

Der agile Kreislauf

Der Demmingkreis oder auch PDCA-Zyklus beschreibt für komplexe Anforderungen das Grundgerüst der Arbeitsweise, auf der jedes Framework aufgebaut ist. Der klassische PDCA-Zyklus aus dem Projektmanagement wird allerdings im agilen Umfeld iterativ gelebt und um die wiederkehrende Innovation, das „Think new" bzw. das „T", aus Kundensicht erweitert.

In Abbildung 30 auf Seite 238 sind die diversen Methoden und Frameworks den fünf Phasen des TPDCA-Zyklus zugeordnet. Die Unterteilung ist dabei fließend und nicht statisch zu betrachten. Einige Frameworks wie SCRUM oder Design Thinking sind in mehr als einer Phase des Zyklus einsetzbar. Die vereinfachte Struktur hilft aber den Teammitgliedern, den Einsatz und Nutzen der Tools besser zu verstehen. Die Methoden sind zumeist nicht spezifisch für den Vertrieb, sondern für alle Bereichen geeignet, die mit komplexen oder innovativen Themen zu tun haben.

Was bringt's?

Dieser iterative Ansatz ermöglicht es, kontinuierlich bessere Ergebnisse zu erzielen und sich an sich ändernde Anforderungen anzupassen. Teams, die den Zyklus regelmäßig durchlaufen, können ihre Arbeitsweise optimieren, die Qualität erhöhen und effektiver auf Änderungen reagieren.

Wie läuft es ab?

1. Think new/Neu denken und innovieren

Der agile Kreislauf beginnt mit der Vision und den zukünftigen Angeboten und Lösungen aus Kundensicht. Folgende Fragestellungen werden in crossfunktionalen Teams durchdacht und „hands-on" entwickelt:

- Welchen Nutzen wollen wir den Kunden in Zukunft bieten?
- Was ist das einmalige Kundenerlebnis mit unseren Touchpoints (Kontaktpunkte)?
- Welche Probleme wird der Kunde zukünftig haben, wie können wir diese lindern und den Nutzen für jeden Kontaktpunkt stärken?
- Welche Innovationen werden den Kunden begeistern?
- Welche neuen Produkte und Dienstleistungen binden den Bestandskunden und erschließen neue Zielgruppen?

Hierzu eignen sich innovative Frameworks wie Design Thinking und Service Design Thinking.

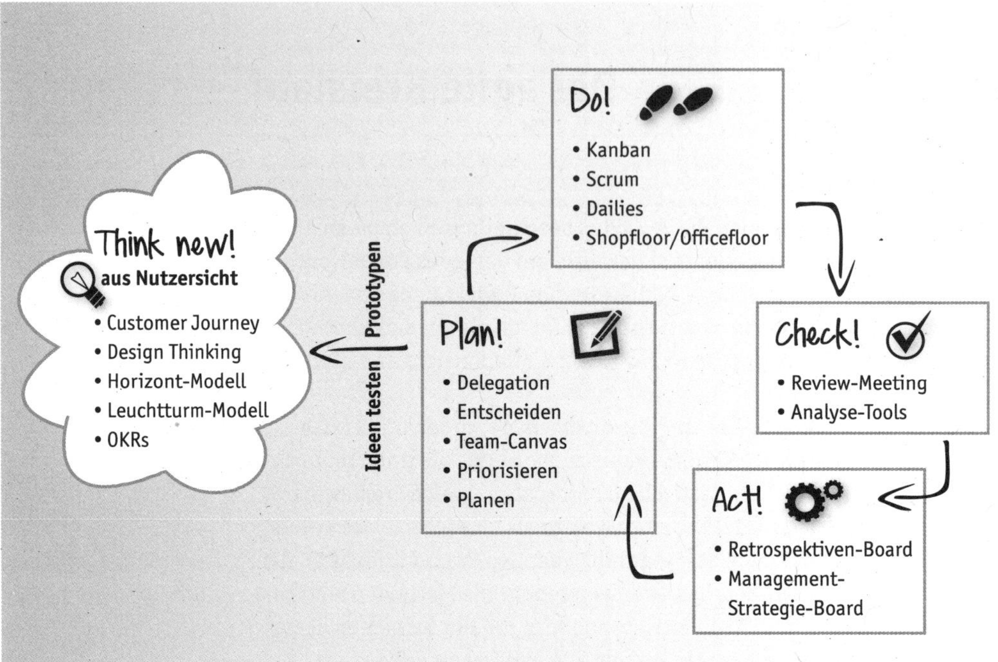

Abb. 30: Der agile Kreislauf

Die besten Ideen werden als Prototypen weiterentwickelt. Ein Prototyp ist wie ein Modell der Idee, die man dem Kunden zeigen kann. Durch den Prototyp kann der Nutzer das Produkt oder den Service sinnlich erfassen und sich plastisch vorstellen, was die Bewertung der Idee erleichtert. Anhand des Feedbacks der Stakeholder wird entschieden: Welche Prototypen entwickeln wir weiter? In welche Innovation investieren wir? Was davon wird tatsächlich umgesetzt?

2. Plan/Planen

Im zweiten Schritt des TPDCA-Zyklus wird ein Plan erstellt. Hier werden Ziele definiert, Maßnahmen identifiziert und Ressourcen zugewiesen. Es werden auch klare Kriterien festgelegt, um den Erfolg zu messen. In agilen Arbeitsweisen kann dies beispielsweise bedeuten, dass das Entwicklungsteam gemeinsam den Umfang des nächsten Sprints plant und die zu erreichenden Ziele festlegt.

- Um die Ideen umzusetzen, werden Arbeitspakete bzw. User Stories formuliert und mit dem gesamten Team geplant.
- Umsetzungszeit, Priorisierung und Kapazitäten werden im Planning Meeting mit dem Team gemeinsam geschätzt, entschieden und transparent gemacht. Zudem werden Umfang und Ziele für den nächsten Sprint in Scrum festgelegt.

- Ein Product Backlog wird erstellt, in dem die Anforderungen und Prioritäten festgehalten werden.
- Definieren von akzeptanzkritischen Kriterien für die Entwicklung neuer Funktionen.

3. Do/Umsetzen

Im nächsten Schritt wird der Plan umgesetzt. Die Aufgaben werden ausgeführt und die erforderlichen Änderungen implementiert. In agilen Arbeitsweisen bedeutet dies, dass das Team die geplanten Aufgaben ausführt und die erforderlichen Funktionen entwickelt. Iterativ wird die Umsetzung durch Frameworks wie Scrum, Kanban oder Scrumban strukturiert. Der tägliche Austausch über Bearbeitungsstände und der Fokus auf die Aufgaben helfen dem Team, seine Arbeitspakete schnell und effektiv zu erledigen. Das heißt, dass die Teams nicht unbedingt schneller fertig werden, doch in jedem Fall anpassungsfähiger und somit besser im Sinne des Kunden agieren. Durch das frühzeitige Einbinden und Feedback des Kunden werden die Produkte oder Dienstleistungen in jeder Arbeitsphase besser.

- Umsetzung der Aufgaben während des Sprints, um die geplanten Funktionen zu realisieren.
- Zusammenarbeit im Team, um die Aufgaben effizient zu erledigen und die geplante Arbeit zu erfüllen.
- Verwendung agiler Praktiken, um die Qualität der Arbeit sicherzustellen.

4. Check/Überprüfen

Nach der Umsetzung erfolgt eine Überprüfung der Ergebnisse. Es werden Daten gesammelt und analysiert, um festzustellen, ob die Ziele erreicht wurden.

- Das Team reflektiert mit dem Kunden oder Stakeholder gemeinsam die Ergebnisse und passt diese an die Anforderungen der Nutzer an.
- Reviews und Demos am Ende des Sprints werden durchgeführt, um die entwickelten Funktionen zu präsentieren und Feedback zu erhalten.
- Metriken, wie die Anzahl der abgeschlossenen Aufgaben, die Erfüllung der Akzeptanzkriterien oder die Kundenzufriedenheit, werden gemessen.
- Das Team analysiert Defekte oder Rückmeldungen aus dem Kundensupport, um mögliche Verbesserungsbereiche zu identifizieren.

5. Act/Handeln

Basierend auf den Ergebnissen der Überprüfung werden Maßnahmen ergriffen. Wenn die Ziele erreicht wurden, können die besten Praktiken weiter ausgebaut und angewendet werden. Wenn die Ziele nicht erreicht wurden, werden Anpassungen vorgenommen und Verbesserungen identifiziert.

Nicht nur auf der Produkt-, sondern auch auf der Interaktionsseite wird vor der nächsten Umsetzungsphase reflektiert. Check und adapt – prüfen und anpassen – lautet das Motto. Die Retrospektive ist das ideale Meeting-Format, um mit dem Team die Kooperation untereinander und über das Team hinaus zu reflektieren und weiterzuentwickeln.

- Das Team diskutiert die Ergebnisse des Sprints, um Stärken und Schwächen zu identifizieren.
- Verbesserungen und Anpassungen für den nächsten Sprint werden priorisiert und geplant, um auf das Feedback und die erkannten Verbesserungsmöglichkeiten zu reagieren.
- In Retrospektiven reflektiert das Team über seine Arbeitsweise und leitet Maßnahmen zur kontinuierlichen Verbesserung ab.

Nach dem Aktionsschritt beginnt der Zyklus von vorne, wobei der nächste Durchlauf auf den Erkenntnissen und Verbesserungen des vorherigen Durchlaufs aufbaut.

Was sind typische Hindernisse?

- Organisationen bzw. Teams sind oftmals zu ungeduldig und erwarten nach zwei Zyklen schon drastische Verbesserungen, bezogen auf die Ergebnisse und die Zusammenarbeit. Dann ist es wichtig, diese überzogenen Erwartungen zu managen, denn erfahrungsgemäß braucht es mindestens sechs Zyklen, bis sich die Effekte merklich einstellen und die Ergebnisse besser sind.

- Oftmals wird das „Act“ (die Retrospektive und der Rückblick auf die Zusammenarbeit) vernachlässigt und schnell aufs nächste Planning und die operativen Themen gesprungen. Hier gilt es, konsequent innezuhalten, damit wir nicht mehr des Gleichen tun, sondern uns Zeit für die wichtige Reflexion zur Verbesserung der Interaktionen nehmen. Reflexion ist praktisch die Tankstelle für den Treibstoff der Veränderungen, die sich dann auch in besseren Ergebnissen manifestieren.

Kanban

Kanban dient der Visualisierung, der Transparenz und der selbstorganisierten Steuerung von Arbeitsabläufen und Auslastungen. Das Framework kommt aus dem Lean Management und war ursprünglich für die Optimierung der Lagerhaltung bei Toyota entwickelt worden. Der Begriff kommt aus dem Japanischen und bedeutet sinngemäß „Signalkarte".

Kanban kann allerdings viel mehr leisten, als „nur" die Optimierung von Workflows. Richtig gelebt, zahlt Kanban auf alle agilen Werte und Arbeitsprinzipien ein. Es ist eine optimale Change-Management-Methode, denn zum einen macht Kanban transparent, was aktuell los ist und wo es Überlastungen, Verzögerungen oder Unklarheiten gibt. Dadurch können die Schwierigkeiten gut identifiziert und dann Schritt für Schritt angegangen werden. Zum anderen beruht Kanban auf folgenden Prinzipien, die du als agiler Coach im Auge haben und mit den Teams optimieren solltest, um die Effektivität der Zusammenarbeit und die Qualität der Ergebnisse zu steigern:

- **Visualisierung:** Ein zentrales Konzept im Kanban ist die Visualisierung der Arbeit. Der Arbeitsprozess wird auf einem physischen oder digitalen Kanban Board dargestellt, das die verschiedenen Arbeitsschritte in Spalten abbildet. Jede Aufgabe oder Arbeitseinheit wird durch eine Karte (Kanban-Karte) repräsentiert und bewegt sich durch die Spalten, um den Fortschritt zu verfolgen.
- **Limitierung von „Work in Progress" (WiP):** Kanban zielt darauf ab, Überlastung zu verhindern. In jedem Arbeitsschritt gibt es eine Begrenzung für die maximale Anzahl von Aufgaben, die gleichzeitig bearbeitet werden können. Dadurch wird verhindert, dass zu viele Aufgaben gleichzeitig den Arbeitsfluss behindern, was zu besseren Durchlaufzeiten führt.
- **Fluss:** Das Ziel von Kanban ist es, den kontinuierlichen Fluss von Arbeit zu fördern. Aufgaben sollen gleichmäßig durch den Prozess fließen, ohne größere Engpässe oder Staus. Durch das Beobachten des Flusses können Engpässe und Engstellen im Prozess erkannt und angegangen werden.
- **Pull-Prinzip:** Arbeit wird auf Grundlage von Bedarf und Kapazität abgerufen (gezogen), anstatt sie aktiv zuzuweisen (drücken). Dies fördert Flexibilität und verhindert, dass Arbeit unnötig in den Prozess gedrückt wird, wenn es Kapazitätsprobleme gibt.

- **Kontinuierliche Verbesserung:** Kanban legt Wert auf kontinuierliche, inkrementelle Verbesserungen. Teams werden ermutigt, den Prozess regelmäßig zu überprüfen, Probleme zu identifizieren und Lösungen zu finden, um die Effizienz und Qualität zu steigern.
- **Transparenz und Zusammenarbeit:** Kanban fördert eine offene Kommunikation und Zusammenarbeit im Team sowie mit Stakeholdern. Die Visualisierung des Arbeitsprozesses schafft Transparenz und erleichtert die Kommunikation über den Fortschritt und mögliche Hindernisse.
- **Serviceorientierung:** Kanban erkennt an, dass der Fokus auf die Bedürfnisse des Kunden und die Bereitstellung von wertvollen Produkten oder Dienstleistungen ausgerichtet bleibt. Der Prozess zielt darauf ab, Mehrwert für den Kunden zu schaffen.

Diese Prinzipien bilden für Coachs wie für Teams die Grundlage für die erfolgreiche Anwendung des Kanban-Systems in verschiedenen Kontexten, sei es in der Softwareentwicklung, im Projektmanagement oder in anderen Arbeitsbereichen.

Was bringt's?

Kanban ist bedeutend mehr als nur ein Board zur Visualisierung. Doch nur durch die agilen Prinzipien und Werte entfaltet das Framework seine volle Wirkung. Richtig eingesetzt, optimieren Teams nicht nur ihre Prozesse, sie stärken auch die Kooperation untereinander, arbeiten effektiver, indem sie Staus vermeiden, und machen genau die Dinge, die für die Wertschöpfung relevant sind.

Voraussetzung für die Wirksamkeit von Kanban sind selbstorganisierte Teams mit rollengebundener Führung sowie transparenter Kooperation mit Teams aus anderen Bereichen. Nur wenn das Team und die ganze Organisation bereit sind, sich von gängiger Machtverteilung und Hierarchien zu verabschieden, wird Kanban helfen, agiler zu werden.

Wie läuft es ab?

Bei Kanban geht es nicht nur um die Visualisierung und Transparenz von Arbeitsprozessen, entscheidend ist letztlich die Wertschöpfung für den Kunden. Startet damit, den Prozess der Wertschöpfung zu analysieren und in die wesentlichen Prozessschritte zu unterteilen:

- Beginnt mit der Analyse des bestehenden Workflows zur Wertschöpfung für den Kunden und notiert Schritt für Schritt, was jeder derzeit tut. Ermittelt auf dieser Basis den Wertschöpfungsprozess des Teams.
- Überlegt, welche Bereiche und Teams miteinander verknüpft sind und für den reibungslosen Ablauf integriert gehören.

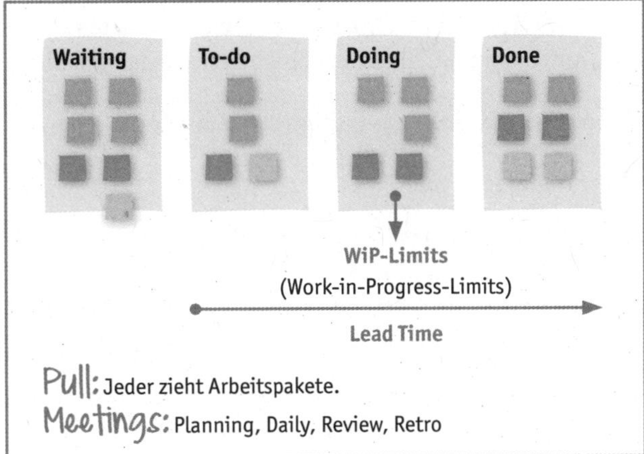

- Visualisiere den Arbeitsprozess (Prozess-Flow).
- Unterteile Arbeiten in Teilpakete und schreibe jeden Teil auf eine Karte.
- Visualisiere dieses auf einem Board (Whiteboard, Meta, Trello etc.).
- Zeige, wo sich jedes Teilpaket im Workflow befindet.
- Beschränke die Auslastung und messe die Durchlaufzeit (so kurz und vorhersehbar wie möglich).

Abb. 31: Kanban

- Schreibt den Workflow horizontal als Ablauf auf ein Board-System. Der einfachste Arbeitsfluss lautet: Waiting – To-do – Doing – Done (siehe Abb. 31). Boards gibt es in unzähligen Varianten, offline und online (Trello, Miro, Jira etc.).
- Nutzt sogenannte „Swimlines" (Schwimmbahnen), also horizontale Linien auf dem Kanban Board, mit dem die vertikalen Bereiche unterteilt werden können. Sie helfen dabei, mehrere Teams, Kunden oder Prioritäten besser zu koordinieren und eine optimale Übersicht im Arbeitsprozess zu ermöglichen. Ihr könnt auf diese Weise auch Prioritäten unterteilen (hoch, mittel, niedrig) oder die einzelnen Teammitglieder bekommen eine eigene Schwimmbahn.
- Überlegt im Team, welche Aufgaben anfallen und unterteilt diese in kleine Pakete. Jedes Paket wird auf eine Karte geschrieben und im Durchlauf durch den Arbeitsfluss auf dem Board visualisiert. Wo befindet sich welches Arbeitspaket zu welcher Zeit?
- Beachtet bei der Verteilung der Aufgaben unbedingt das Pull-Prinzip: Wenn das Team bzw. einzelne Mitglieder Kapazität frei haben, ziehen sie das nächste Paket in Form einer Karte und bewegen diese im Prozess einen Schritt weiter. Jeder zieht sich sozusagen seine nächsten Aufgaben selbstständig und selbst gewählt.
- Jede Karte wandert im Laufe des Workflows durch die Spalten. Jeder sieht also immer, wo sich gerade welche Karte im Prozess befindet. Ziel ist es, die Lead Time zu verkürzen, also die Zeit, in der ein Arbeitspaket den Prozess durchwandert.
- Oftmals ist eine „On Hold"-Spalte hilfreich, wenn Arbeiten durch äußere Faktoren oder fehlende Zuarbeiten blockiert werden.

- Auch eine sogenannte „Fast Lane“ kann effektiv sein. Dort kommen hoch priorisierte Aufgaben rein, die sofort bearbeitet werden müssen.
- Begrenzt die Anzahl der Arbeiten, die pro Teammitglied in Bearbeitung sind („Work in Progress"-Limit = WiP-Limit). Damit beugt ihr der Überforderung und der Ineffizienz vor.
- Daily: Das Herzstück des Kanban ist das tägliche Kurzmeeting. Der Bearbeitungsstand wird ausgetauscht und wichtige Themen werden mitgeteilt (Was habe ich gestern erledigt? Was gehe ich heute an? Welche Hindernisse sind aufgetreten? Wo brauche ich Unterstützung?).
- Die Führungskraft, ein Master oder ein Coach räumt im Anschluss die Hindernisse aus dem Weg und koordiniert aufgetretene Bedarfe, damit das Team reibungslos weiterarbeiten kann.
- Nach einer Arbeitsphase von drei bis vier Wochen erfolgt eine Review. Alle relevanten Produkte, Ergebnisse, die Lead Time etc. werden ausgewertet und Feedback von Stakeholdern wird eingeholt. Anpassungen werden umgesetzt.
- Dann erfolgt eine Retrospektive, in der das Team auf die Zusammenarbeit schaut und überlegt, was verbessert werden kann

Was sind typische Hindernisse?

- Verwechslung von Mittel und Zweck: Kanban wird als Methode anstatt als Mittel zur Steigerung der Agilität betrachtet. Sinn, Ziel und Kundenfokus gehen dann verloren.
- Die Abhängigkeiten zwischen den Teams und deren Produkten wird missachtet. Das führt zu gegenseitigen Staus statt zu geschmeidiger Kooperation.
- Der Wertstrom wird nicht zu Ende gedacht. Erst wenn der Kunde den Wert erhält, ist der Prozess erledigt. Vergisst ein Team diesen Fokus, dann generiert man für die Kunden keine Verbesserung. Hier hilft eine klare Definitions-of-Done-Formulierung, die erfüllt sein muss, um ein Arbeitspaket abzuschließen.
- „Work in Progress"-Limits (WiP-Limits) werden falsch gesetzt. Zu viele gleichzeitige Arbeiten blockieren das System unnötig. Die richtige Limitierung der Arbeit ist der eigentliche Hebel, um den Ablauf schneller zu machen.
- Es hängt zu viel in der „On Hold"-Spalte fest: Das muss thematisiert und gegebenenfalls eskaliert werden.
- Zu viele dringende Aufgaben kommen in die „Fast Lane". Das zeigt in der Regel, dass die ursprünglich geplanten Themen immer wieder durch Dringlichkeiten hintenangestellt werden.

Scrum & Scrumban

Scrum ist ein beliebtes und in der IT sehr verbreitetes Framework für agiles Projektmanagement. Es eignet sich neben der Software- auch allgemein für die Produktentwicklung – und im Grunde für jedes Projektmanagement in entsprechend angepasster Weise. Scrum ist umfassend und beschreibt neben dem iterativen Prozess auch die zugehörigen Rollen und Interaktionen. Auch Scrum zielt darauf ab, Flexibilität, Transparenz und Zusammenarbeit zu fördern, um bessere Ergebnisse in einer sich ständig ändernden Umgebung zu erzielen. Diese grundlegenden Elemente charakterisieren Scrum:

1. Rollen

- **Product Owner:** Ist verantwortlich für die Definition der Anforderungen des Produkts und die Priorisierung des Backlogs (Liste der Aufgaben und Funktionen). Der Product Owner entscheidet, welche Arbeit als Nächstes erledigt werden soll, und stellt sicher, dass das Team am effektivsten arbeitet, um Wert für den Kunden zu schaffen.
- **Scrum Master:** Ist verantwortlich für die Unterstützung des Teams bei der Einhaltung der Scrum-Praktiken und bei der Beseitigung von Hindernissen. Der Scrum Master fördert die Selbstorganisation und die kontinuierliche Verbesserung des Teams.
- **Entwicklungsteam:** Agiert als selbstorganisiertes, multidisziplinäres Team, das die Aufgaben aus dem Backlog in den Sprints (zeitlich begrenzte Arbeitsabschnitte) umsetzt. Das Team ist verantwortlich für die Planung, Umsetzung und Lieferung der Arbeit.

2. Artefakte

- **Product Backlog:** Eine geordnete Liste von Anforderungen, Funktionen und Aufgaben, die für das Produkt entwickelt werden sollen. Der Product Owner ist für die Pflege und Priorisierung des Backlogs verantwortlich.
- **Sprint Backlog:** Die Liste der Aufgaben und Funktionen, die das Entwicklungsteam während eines Sprints umsetzen wird. Der Sprint Backlog wird während der Sprint-Planung aus dem Product Backlog ausgewählt.
- **Inkrement:** Am Ende eines jeden Sprints liefert das Entwicklungsteam ein funktionsfähiges Produktinkrement, das eine erweiterte Version des Produkts darstellt. Jeder Sprint baut auf dem vorherigen Inkrement auf.

3. Veranstaltungen (Events):

- **Sprint:** Ein zeitlich begrenzter Arbeitsabschnitt, normalerweise 1 bis 4 Wochen lang, in dem das Entwicklungsteam die Arbeit aus dem Sprint Backlog umsetzt.
- **Sprint-Planung:** Am Anfang jedes Sprints trifft sich das Entwicklungsteam mit dem Product Owner, um die Arbeit aus dem Product Backlog auszuwählen und in den Sprint Backlog aufzunehmen.
- **Daily Scrum:** Ein tägliches, kurzes Meeting, bei dem das Entwicklungsteam den Fortschritt seit dem letzten Meeting, die aktuellen Herausforderungen und die Ziele für den Tag bespricht.
- **Sprint Review:** Am Ende eines Sprints präsentiert das Entwicklungsteam das Inkrement den Stakeholdern und erhält Feedback. Dieses Feedback kann dazu verwendet werden, das Produkt und den Backlog zu aktualisieren.
- **Sprint-Retrospektive:** Nach dem Sprint Review trifft sich das Entwicklungsteam, um den vergangenen Sprint zu bewerten und Möglichkeiten zur kontinuierlichen Verbesserung zu identifizieren.

Was bringt's?

Scrum basiert auf den Prinzipien von Transparenz, Inspektion und Anpassung. Indem es Teams befähigt, flexibel auf Änderungen zu reagieren und eng mit Kunden zusammenzuarbeiten, hilft Scrum, wertvolle Produkte in einer agilen Umgebung zu liefern.

Scrum ist mithin das Framework, das am stärksten auf alle agilen Werte einzahlt. Die klare Struktur von Scrum schafft, wenn sie richtig umgesetzt wird, automatisch eine agilere Arbeitsweise. Durch die lateralen und gleichberechtigten Management-Rollen des Product Owners, Scrum Masters und Teams ist die klassische Hierarchie aufgehoben. Die Meeting-Formate Daily, Review und Retrospektive schaffen gute Interaktionsbasen und führen zur Anpassung der Angebote an die Kundenwünsche und zur kontinuierlichen Weiterentwicklung der Teamreife.

Wie läuft es ab?

- Im Scrum werden fünf bis neunköpfige, crossfunktionale und selbstorganisierte Teams gebildet, die alle Kompetenzen und Expertise für die Umsetzung des Angebots abbilden.
- Der Projektauftrag wird aus Nutzersicht in User Stories unterteilt. Das Umsetzungsteam entwickelt oder bearbeitet innerhalb eines Sprints bzw. einer Iteration ein funktionsfähiges Teilprodukt (das Inkrement), das wiederum den Stakeholdern im Review Meeting vorgestellt wird, um es im nächsten Sprint weiterzuentwickeln.

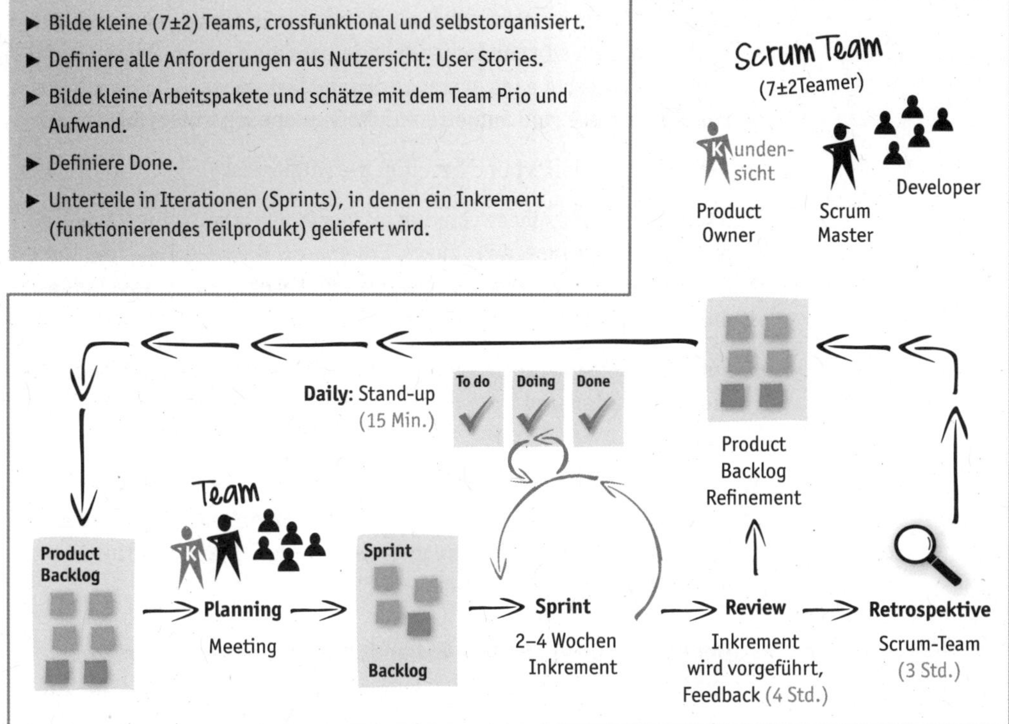

Abb. 32: Scrum

- Wähle einen Scrum Master, der für den Prozess verantwortlich ist und Hindernisse beseitigt, damit das Team störungsfrei arbeiten kann.
- Wähle einen Product Owner, der den Auftrag aus Nutzersicht formuliert und klärt, das Backlog mit den Arbeitspaketen pflegt und die Kundenperspektive vertritt.
- Definiere alle Anforderungen an das Produkt oder die Dienstleistung, die das Team umsetzen will, aus Kundensicht. Der Product Owner formuliert alle Aufgaben als User Story.
- Im Planning Meeting werden kleine Arbeitspakete gebildet und priorisiert. Das Team entscheidet, wie lange eine Arbeitsphase bzw. ein Sprint dauern soll.
- In der Arbeitsphase wird ein Teilprodukt bzw. eine Dienstleistung entwickelt, die dem Kunden Mehrwert bietet.
- Das Team wählt alle Arbeitspakete, die im Sprint abgearbeitet werden, und bildet daraus das Sprint Backlog.
- Während des Sprints bleiben die Anforderungen unverändert und werden anhand des Task Boards (ein einfaches Kanban Board) abgearbeitet und im Workflow visualisiert.

- Daily: Das Team tauscht sich täglich zehn bis 15 Minuten an dem Task Board aus. Jedes Teammitglied teilt den anderen seinen Bearbeitungsstand mit (Was habe ich gestern erledigt? Was gehe ich heute an? Welche Hindernisse sind aufgetreten? Wo brauche ich Unterstützung?).
- Der Master moderiert und beseitigt die Hindernisse.
- Nach einer Arbeitsphase von drei bis vier Wochen wird eine Review gemacht. Alle relevanten Produkte, Ergebnisse, die Lead Time, der Burndown-Chart etc. werden ausgewertet und Feedback von Stakeholdern eingeholt. Anpassungen werden umgesetzt.
- Vor dem nächsten Sprint erfolgt eine Retrospektive, in der das Team die Kooperation und Interaktionen reflektiert und optimiert.

Was sind typische Hindernisse?

Typische Hindernisse werden als „Scrum But" bezeichnet. Scrum But steht für alle Projekte, bei denen Rollen, Artefakte, Regeln oder Prinzipien von Scrum verändert oder weggelassen wurden. Nach Preußig (2017) sind die typischen Abweichungen:

- **Der Product Owner ist kein Teammitglied:** Wenn der Product Owner außerhalb des Teams tätig ist, muss er ausreichend Zeit für seine Aufgaben bereithalten, sonst blockiert er den Ablauf.
- **Der Product Owner (PO) ist der ehemalige Bereichs- oder Abteilungsleiter:** Dies ist aktuell fast schon inflationär bei den großen Unternehmen zu beobachten, die nach dem Spotify-Modell umbauen und Scrum Teams (Squads) bilden. Oftmals übernimmt der alte Abteilungsleiter die Rolle des Tribe Leads und führt unter einer anderen Bezeichnung genauso wie zuvor; die alten Teamleiter werden zu POs. Es ändert sich in der Regel wenig und agil arbeiten diese Teams unter dem neuen Label Squad und Tribe auch nur auf dem Portfolio.
- **Neue Anforderungen im Sprint:** Natürlich ist es grundsätzlich sinnvoll, schnelle Anpassungen vorzunehmen und neue Kundenanforderungen umzusetzen. Trotzdem lehnt Scrum Änderungen während eines Sprints wohlwissend ab. Denn wenn sich Anforderungen ständig ändern, wird kein Ergebnis geliefert, der Sprint kann nicht eingehalten werden und es entstehen Verwirrung und Ineffizienz. Tipp: Wählt lieber kürzere Sprints und passt danach die neue Anforderung an.
- **Die Rollen werden doppelt übernommen oder weggelassen:** In vielen Fällen werden Product Owner und Scrum Master in Personalunion übernommen. Das kann nicht gut gehen! Entweder wird eine wichtige Rolle

und Funktion vernachlässigt oder es entsteht ein Rollenkonflikt, der von einer Person nicht zugunsten des Projekts geklärt werden kann.

- **Meetings werden weggelassen:** Ein ganz fataler Fehler entsteht, wenn die relevanten Interaktionen gestrichen werden oder verwaschen. Alle drei Meetings sind für verschiedene Aspekte bedeutsam und bilden das Herzstück der agilen Arbeitsweise.

Scrumban

„Scrumban" ist ein hybrider Ansatz, der Elemente von Scrum und Kanban kombiniert, um die Vorteile beider Frameworks zu nutzen. Er ist vor allem für Teams geeignet, die die klare Struktur von Scrum schätzen, aber gleichzeitig die Anpassungsfähigkeit und Flexibilität von Kanban nutzen möchten. Die Entscheidung für Scrumban sollte jedoch sorgfältig auf Basis der spezifischen Bedürfnisse des Teams und des Projekts getroffen werden. Hier liegen die Unterschiede und Gemeinsamkeiten von Scrumban gegenüber den beiden originären Ansätzen:

- **Sprints:** Im traditionellen Scrum werden Arbeitsaufgaben in Sprints organisiert, die typischerweise zwei bis vier Wochen dauern. Bei Scrumban können Teams zum Beispiel die Sprint-Dauer ändern, wenn sie es für sinnvoll halten.
- **Rollen und Artefakte:** Auch Scrumban kennt Scrum-Rollen wie Product Owner, Scrum Master und Entwicklungsteam sowie Scrum-Artefakte wie Product Backlog und Sprint Backlog. Die Rollen und Artefakte können aber auch hier je nach Aufgabenstellung angepasst werden.
- **Kontinuierlicher Fluss:** Scrumban strebt nach einem kontinuierlichen Fluss von Arbeit durch den Prozess, ähnlich wie in Kanban. Aufgaben werden nach Bedarf und Kapazität abgearbeitet.
- **„Work in Progress (WiP)"-Limitierung:** Ein zentrales Konzept von Kanban ist die Begrenzung der Anzahl der gleichzeitig bearbeiteten Aufgaben in jedem Arbeitsschritt. Dies hilft, Engpässe und Überlastungen zu verhindern.

Was bringt's?

- **Kontinuierliche Verbesserung:** Wie bei Scrum und Kanban betont Scrumban die kontinuierliche Verbesserung. Teams sollen ihre Prozesse und Praktiken überprüfen, um optimale Ergebnisse zu erzielen.
- **Startpunkt:** Scrumban kann als Übergangsstadium für Teams dienen, die von Scrum zu Kanban wechseln möchten oder umgekehrt. Es kann auch für Teams geeignet sein, die Merkmale beider Ansätze kombinieren möchten.

- **Visuelles Management:** Visuelle Management-Tools wie Kanban Boards können verwendet werden, um den Arbeitsfluss und die Fortschritte sichtbar zu machen.

Wie läuft es ab?

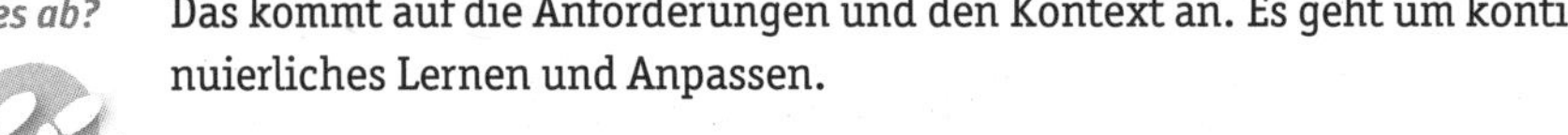

Das kommt auf die Anforderungen und den Kontext an. Es geht um kontinuierliches Lernen und Anpassen.

Was sind typische Hindernisse?

Manchmal liegen die Probleme nicht am Framework und in diesen Fällen hilft auch Scrumban nicht weiter. Wenn die Voraussetzungen und Rahmenbedingungen für agiles Arbeiten und Selbstorganisation nicht gegeben sind, wird auch der Wechsel der Methode nichts verbessern. Hier hilft nur die radikale Reflexion dessen, was ist, und der transparente Umgang mit Hindernissen.

Design Thinking Framework

Design Thinking ist ein systematischer Prozess zur Lösung komplexer Aufgabenstellungen. Im Gegensatz zu vielen Herangehensweisen steht dabei nicht das Unternehmen mit seinen Vertriebszahlen und Umsatzvorstellungen im Vordergrund, vielmehr haben die Nutzerwünsche und -bedürfnisse sowie kundenorientiertes Erleben Priorität.

Als kreativer und nutzerzentrierter Ansatz zur Problemlösung und zur Entwicklung innovativer Ideen wurde Design Thinking ursprünglich im Designbereich entwickelt. Das Framework geht auf David Kelley zurück und ist maßgeblich von den Professoren Terry Winograd und Larry Leifer der amerikanischen d.school an der Stanford University geprägt. Inzwischen hat sich Design Thinking auf verschiedene Disziplinen ausgedehnt, darunter Produktentwicklung, Unternehmensstrategie, Bildung und vieles mehr. Der Ansatz betont die Zusammenarbeit, Iteration und Empathie, um anspruchsvolle Probleme zu lösen und menschenorientierte Lösungen zu entwickeln.

Dabei unterstützt der strukturierte Prozess alle Beteiligten, neue Angebote aus der Brille des Anwenders zu entwickeln, die weit über den Tellerrand des üblichen Denkens hinausgehen. Es wird z.B. eingesetzt, um mit unterschiedlichen Denktypen aus verschiedenen Bereichen aus Persona-, also Kundensicht, die Schmerzpunkte der entwickelten Angebote zu erkennen. Oder um durch verschiedene kreative Prozessschritte im Team „Hands on"-Prototypen zu erstellen und auf optimalen Kundennutzen zu testen.

Was bringt's?

Design Thinking fördert Kreativität, Offenheit für verschiedene Perspektiven und die Bereitschaft, unkonventionelle Lösungen zu erkunden. Es betont auch die Iteration und den fortlaufenden Feedback-Prozess, um sicherzustellen, dass die entwickelten Lösungen tatsächlich die Bedürfnisse der Benutzer erfüllen. Design Thinking beschreibt dabei keinen linearen Prozess und die Phasen je nach Projekt und Kontext können überlappen oder auch wiederholt werden. Design Thinking ist dabei, wie alle agilen Frameworks, nicht nur eine Methode, sondern eine Philosophie an sich. Bereits die Denk- und Handlungsweisen fördern den innovativen Teamgeist und helfen Teams, Herausforderungen und Interaktionen anders zu betrachten. Neben der hohen Kundenzentrierung trainieren die

Methoden und Prinzipien Beobachtungsgabe, Empathie und Kreativität. Durch den Prozess lernen Menschen, neu zu denken und zu handeln. Unabhängig von dem direkten Return on Invest oder der Erwartung, sofort bahnbrechenden Ideen zu entwerfen, sollte jedes Team diese Methoden kennenlernen und nutzen, um einen innovativen Geist zu implementieren und das Mindset zu stretchen.

- **Menschenzentrierter Ansatz:** Design Thinking legt großen Wert auf das Verständnis der Bedürfnisse, Perspektiven und Verhaltensweisen der Menschen, für die Lösungen entwickelt werden. Dies führt oft zu besser angepassten und effektiveren Lösungen.
- **Kreativität und Innovation:** Der Prozess des Design Thinkings ermutigt zur freien Entfaltung von Kreativität, was zu unkonventionellen Ideen und neuen Lösungsansätzen führen kann.
- **Iterative Arbeitsweise:** Design Thinking beinhaltet wiederholte Zyklen des Prototypings, Testens und Überarbeitens. Dies ermöglicht es, Ideen schrittweise zu verfeinern und Schwachstellen zu identifizieren, bevor eine endgültige Lösung erstellt wird.
- **Interdisziplinäre Zusammenarbeit:** Design Thinking fördert die Zusammenarbeit verschiedener Disziplinen und Fähigkeiten. Dies kann zu vielfältigeren Perspektiven und umfassenderen Lösungen führen.
- **Risikominimierung:** Durch den frühen Prototyping- und Testprozess können mögliche Probleme oder Mängel frühzeitig erkannt und behoben werden, bevor große Ressourcen in die Entwicklung einer endgültigen Lösung fließen.
- **Besseres Verständnis von Nutzern:** Design Thinking nutzt Methoden wie Empathie-Interviews, Beobachtungen und Personas, um ein tieferes Verständnis für die Bedürfnisse und Herausforderungen der Benutzer zu entwickeln.
- **Flexibilität:** Design Thinking ermutigt dazu, Annahmen zu überdenken und verschiedene Ansätze auszuprobieren, was zu flexibleren Herangehensweisen an Probleme führen kann.
- **Anwendung auf vielfältige Probleme:** Design Thinking kann auf eine breite Palette von Herausforderungen angewendet werden, sei es in der Produktentwicklung, der Geschäftsstrategie, im Bildungswesen oder in sozialen Initiativen.
- **Förderung von Kommunikation:** Die visuellen Elemente des Designprozesses fördern die klare Kommunikation von Ideen und Konzepten innerhalb eines Teams oder gegenüber Stakeholdern.
- **Verbindung von Analyse und Kreativität:** Design Thinking kombiniert analytisches Denken mit kreativen Ansätzen, um umfassendere Lösungen zu finden.

Wie läuft es ab?

Google nutzt eine verkürzte Form des Prozesses, die sogenannten Design Sprints, um in fünf Tagen neue Angebote zu erschaffen. Ein kompletter Design-Thinking-Prozess dauert in der Regel länger, da für die Kreation neuer Produkte und Angebote meist ein oder mehrere crossfunktionale Teams aus verschiedenen Unternehmensbereichen zusammenwirken – bei gleichzeitiger Bewerkstelligung des Tagesgeschäfts. So bestehen Design Thinking Teams häufig aus fünf bis neun Freiwilligen verschiedener Schnittstellenbereiche. Diese treffen sich beispielsweise vier Stunden wöchentlich und durchlaufen den Prozess über Monate, bis sie attraktive Prototypen entwickelt haben. In einem Pitch bei Vorstand oder Geschäftsführung werden die besten Ideen zur Umsetzung freigegeben. Folgende sechs Phasen werden im Design Thinking unterschieden, für jede Phase gibt es eine Vielzahl von Methoden und Techniken:

1. **Verstehen:** Zu Beginn geht es darum, das Problem in seinen Dimensionen zu erfassen und genau zu verstehen. Folgendes wird recherchiert: Was genau ist das Problem? Welche Bereiche sind davon betroffen? Wie wirkt sich das worauf aus? Was sind die Hintergründe? Warum gibt es das Thema?

2. **Beobachten:** Anschließend wird das Thema aus Nutzersicht erforscht. Dazu werden Personas entwickelt, also Prototypen für typische Nutzer. Wichtig ist es, diese emotional zu verstehen und ihnen einen Namen

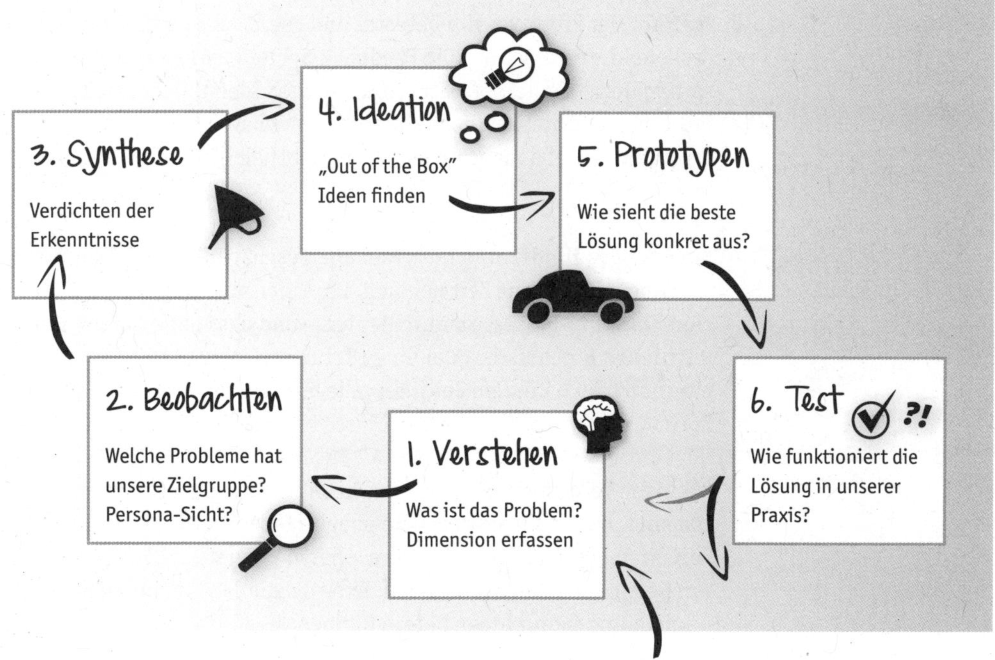

Abb. 33: Der Design-Thinking-Prozess

und ein Gesicht zu geben. Was sieht, tut, denkt und fühlt Lisa Muster, wenn sie die Kontaktnummer des Kundenservice auf der Website sucht? Welche Schmerzen und welche Gewinne erfährt sie dabei? Aufwendig, aber valide sind Interviews mit realen Nutzern in deren Alltag, die dann empirisch ausgewertet werden.

3. **Synthese:** Nach der Beobachtung wird entschieden, welches Problem gelöst werden soll. Dazu werden die gesammelten Informationen und Eindrücke im Team visualisiert und interpretiert. Die Fragestellung wird als User-Story mit den Akzeptanzkriterien formuliert: Lisa findet auf der Website von jedem Ort aus nach spätestens zwei Klicks das Kontaktfeld zum Kundenservice. Auf dem Weg dorthin werden die meisten ihrer Fragen bereits beantwortet.

4. **Ideen finden:** In der Ideenphase sammelt das Team möglichst viele neue Ideen für die Nutzerin. Dazu werden eine Vielzahl von Kreativitätstechniken wie die Sechs Hüte, Brainwriting, Flip-Flop-Technik, Walt-Disney-Methode, Analogietechnik, Kopfstandmethode etc. genutzt.

5. **Prototyping:** Die Ideen werden iterativ im Team in Form eines Prototypen „hands on" erstellt. Dabei wird gebastelt, gezeichnet und die Idee durch Rollenspiele erlebbar gemacht – auch um dadurch frühzeitig Fehlschläge zu erkennen und zu beheben.

6. **Testing:** Der Prototyp wird getestet und Feedback von Nutzern und Stakeholdern eingeholt. Die Feedback-Schleifen dienen der Verbesserung durch Fehlerkorrekturen und neuen Ideen. Dabei muss der Prototyp die Kriterien technologische Machbarkeit, wirtschaftliche Tragfähigkeit und menschliche Erwünschtheit erfüllen.

Was sind typische Hindernisse?

- Ein häufiges Hindernis ist das tägliche Geschäft. Welches Team kann sich über eine Woche Zeit nehmen, um einen ausführlichen Design-Thinking-Prozess zu durchlaufen – und dass ohne Garantie eines nützlichen Ergebnisses oder eines Return on Invest? Hier können alternativ auch kürzere Zeitintervalle mit zwei bis drei Tagen Design Sprints sehr wirkungsvolle Ergebnisse hervorbringen.

- Wenn die Teilnehmenden bereits seit Jahren mit dem Thema beschäftigt sind, haben sie oftmals keine neuen Ideen, sondern sind gefangen von ihren eingefahrenen Mustern. Hier müssen neue Leute aus anderen Bereichen oder, besser noch, Externe mit dazukommen, die jungfräulich und mutig Ideen liefern können.

Objectives and Key Results: OKRs

Objectives and Key Results (OKRs) ist ein Rahmenwerk zur Zielsetzung und Leistungsmessung, das Organisationen dabei unterstützt, sich auf klare Ziele zu verständigen und die entsprechenden Fortschritte transparent wie konsequent zu verfolgen. Dabei werden jedem strategischen und qualitativen Ziel (Objectives) konkrete Schlüsselergebnisse (Key Results) als Messkriterien zugeordnet. Oder anders formuliert: Die Ziele der Teams und der Beitrag jedes Mitarbeitenden werden mit der Unternehmensvision verknüpft. OKRs wurden von Intel entwickelt und später von Unternehmen wie Google populär gemacht.

Im Gegensatz zu klassischen, top-down verordneten Zielen entscheidet jedes Team eigenverantwortlich, welche qualitativen Ziele (Objectives) und quantitativen Ergebnisse (Key Results) es umsetzen möchte. Das Team muss also eine Antwort auf die Fragen liefern: Wie wird der Beitrag unseres Teams und jedes Einzelnen zur Vision in den nächsten zwei bis vier Monaten sein? Welche unserer Ziele zahlen auf die Unternehmensvision ein? Welchen Beitrag zum großen Ganzen werden wir leisten? Die Überlegung dahinter: Ihren Beitrag zum großen Ganzen werden Teams nur dann ernsthaft durchdenken und beantworten, wenn jeder Einzelne den Sinn erkennt und sich mit der Vision und der Strategie identifizieren kann. Die Mitarbeitenden ziehen sich sozusagen die Ziele und wählen ihren Beitrag freiwillig. Auch OKRs basieren damit auf dem Pull- statt dem Push-Prinzip. Und sie funktionieren nur im Rahmen einer transformativen Führung, was auch heißt: OKRs sollten Organisationen nur dann einführen, wenn sie bereit sind, die Zielverantwortung bei den Teams zu verorten. Dies sind die Grundprinzipien und Komponenten von OKRs:

- **Objectives (Ziele):** Die Ziele sind klar formulierte, inspirierende Aussagen darüber, was eine Person, ein Team oder eine Organisation erreichen möchte. Ziele sollten anspruchsvoll, aber erreichbar sein und die Ausrichtung auf eine übergeordnete Vision oder Strategie reflektieren.

- **Key Results (Schlüsselergebnisse):** Die Key Results sind messbare Ergebnisse oder Meilensteine, die den Fortschritt bei der Erreichung eines Ziels quantifizieren. Sie sind spezifisch, messbar, erreichbar, relevant und zeitgebunden (SMART-Kriterien). Key Results zeigen, ob das Ziel erreicht wurde, und bieten eine Möglichkeit zur objektiven Bewertung.

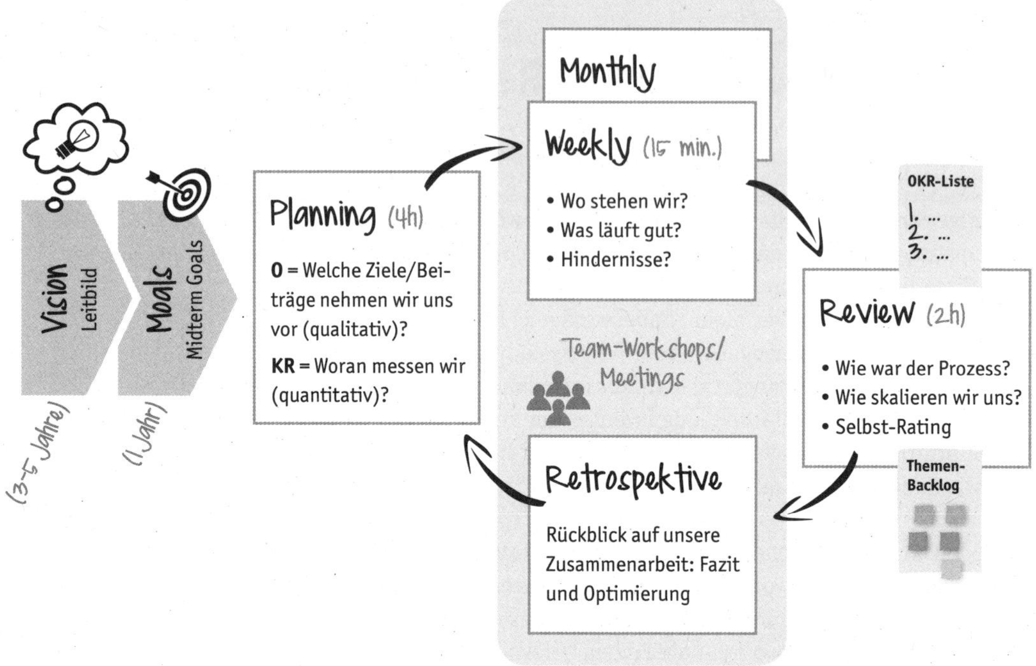

Abb. 34: Objectives and Key Results

Der OKR-Prozess (siehe Abb. 34) kann in mehreren Zyklen, in der Regel quartalsweise, wiederholt werden und wird wie folgt durchlaufen:

- **Festlegen:** Zu Beginn des Zeitraums setzen Teams oder Einzelpersonen ihre OKRs. Dies kann auf verschiedenen Ebenen geschehen, von Unternehmenszielen bis hin zu individuellen Zielen.
- **Verfolgen:** Während des Zeitraums verfolgen die Beteiligten ihre Fortschritte bei der Erreichung der Key Results. Regelmäßige Überprüfungen und Updates sind wichtig, um den Fortschritt zu verfolgen und bei Bedarf Anpassungen vorzunehmen.
- **Überprüfen:** Am Ende des Zeitraums wird eine Bewertung der OKRs vorgenommen. Wurden die Key Results erreicht? Wurden die Ziele erfüllt? Dies hilft, Erfolge zu feiern, Lernpunkte zu identifizieren und sich auf die nächsten Ziele zu konzentrieren.

Was bringt's?

OKRs sind nach Scrum und Kanban aktuell eines der am meisten gefragten agilen Frameworks und setzen dort an, wo andere Führungs- und Zielvereinbarungskonzepte versagen. Sie verbinden die Vision des Unternehmens mit den Zielen der Teams und fördern die Eigenverantwortlichkeit eines jeden Einzelnen.

- **Ausrichtung:** OKRs helfen dabei, sicherzustellen, dass die Arbeit auf Unternehmensziele und Strategien ausgerichtet ist.
- **Transparenz:** OKRs schaffen Transparenz über Ziele und Fortschritt auf allen Ebenen der Organisation.
- **Agilität:** OKRs ermöglichen es, sich auf wechselnde Umstände einzustellen und Prioritäten anzupassen.
- **Motivation:** Klare und anspruchsvolle Ziele können Teams und Einzelpersonen motivieren, ihr Bestes zu geben.

Wie läuft es ab?

Die erfolgreiche Implementierung von OKRs erfordert eine Kombination aus klarer Kommunikation, ausgerichteter Führung, Teamarbeit und kontinuierlicher Anpassung. In einem agilen Umfeld sind Flexibilität, das Bemühen um kontinuierliche Verbesserung und die Förderung von Eigenverantwortung wesentliche Faktoren für eine erfolgreiche OKR-Implementierung.

- **Klare Kommunikation des Konzepts:** Erkläre den Teams den Zweck und die Vorteile von OKRs im agilen Umfeld. Betone die Bedeutung der strategischen Ausrichtung und des messbaren Fortschritts ebenso wie die Kultur der Zusammenarbeit und des offenen Feedbacks, damit die Teams das Beste aus dem OKR-Ansatz herausholen.
- **Leitungsebene einbinden:** Sorge dafür, dass die Führungsebene das Konzept von OKRs unterstützt und bereit ist, als Vorbild voranzugehen.
- **Definieren von übergeordneten Zielen (Objectives):** Arbeite gemeinsam mit den Teams und der Führungsebene daran, inspirierende übergeordnete Ziele für den anstehenden (Quartals-)Zeitraum zu formulieren.
- **Entwicklung messbarer Schlüsselergebnisse (Key Results):** Unterstütze die Teams dabei, konkrete und messbare Schlüsselergebnisse zu erstellen, die den Fortschritt der Ziele quantifizierbar darstellen.
- **Herunterbrechen auf Teamebene:** Hilf den Teams, die übergeordneten Ziele in ihre eigenen Team-Ziele aufzuteilen, um sicherzustellen, dass jeder Beteiligte seinen Beitrag zur Gesamtvision leistet. Das Team kann die Ziele auch auf Individualebene runterbrechen, diese sollten allerdings nicht über das Team hinaus transparent gemacht werden, damit nicht das Gefühl einer unangemessenen Kontrolle entsteht.
- **Kollaborative OKR-Erstellung:** Fördere die Zusammenarbeit innerhalb der Teams, um die OKRs gemeinsam zu entwickeln. Dabei sollten sowohl die angestrebten Ergebnisse als auch die erforderlichen Maßnahmen berücksichtigt werden.

- **Abstimmung und Zustimmung:** Stelle sicher, dass die erstellten OKRs in Einklang mit den übergeordneten Zielen stehen. Begleite die Teams dabei, ihre OKRs zu überprüfen und abzustimmen.
- **Durchführung und regelmäßiges Tracking:** Unterstütze die Teams dabei, ihre OKRs im Laufe des Zeitraums umzusetzen. Ermutige sie, regelmäßig den Fortschritt der Schlüsselergebnisse zu verfolgen.
- **Kontinuierliche Reflexion:** Führe regelmäßige Treffen durch, in denen die Teams den Fortschritt, die Hindernisse und mögliche Anpassungen diskutieren. Dies fördert eine lernende und anpassungsfähige Kultur.
- **Abschluss und Evaluierung:** Unterstütze am Ende des OKR-Zeitraums die Teams dabei, ihre Ergebnisse zu bewerten und zu reflektieren. Betone die Bedeutung des Lernens aus Erfolgen und Misserfolgen.
- **Planung für den nächsten Zyklus:** Hilf den Teams dabei, neue OKRs für den nächsten Zeitraum festzulegen, wobei sie auf den vorherigen Erfahrungen aufbauen.

Events im OKR-Zyklus

Das Planungsmeeting/Plannings

An Anfang eines jeden OKR-Zyklus steht das Planungsmeeting, bei dem sich alle Teams gemeinsam mit den vom Management festgelegten Zielen der Organisation beschäftigen. In jedem Planungsmeeting besprechen die Teammitglieder die Unternehmensvision sowie die daraus abgeleiteten Moals (Mid-Term-Goals, mittelfristige Ziele, welche auf ein Jahr ausformuliert werden). Sie formulieren ihre eigenen kurzfristigen Ziele, also ihre OKRs. Dabei geht es darum, möglichst klar und fokussiert zu formulieren, was der jeweilige Teambeitrag zur Erreichung der Vision innerhalb der nächsten drei bis vier Monate leistet (Objectives) und wie genau die Erreichung dieses Beitrags mess- und sichtbar gemacht werden kann (Key Results).

Dabei ist darauf zu achten, dass sich das Team auf nicht mehr als drei bis vier Objectives für den kommenden Zyklus einigt und zu jedem dieser Objectives ebenso maximal drei bis vier Key Results definiert. Am Ende werden die festgelegten OKRs nochmals gegen Moals und Vision gecheckt, um sicherzustellen, dass alles zusammenwirkt.

Für das Planning sollte ruhig ein wenig mehr Zeit einplant werden. Gerade in unerfahrenen Teams kann dieses Event schon mal länger dauern, drei bis vier Stunden sind erfahrungsgemäß ein gutes Zeitfenster. Die Moderation des Meetings übernimmt der OKR-Coach resp. -Master.

Wöchentliche Meetings/Weeklies

Arbeiten mit OKRs bedeutet Arbeiten im Fokus. Um Fokus zu halten und stetig für Transparenz zu sorgen, trifft sich das OKR-Team einmal wöchentlich zu einem festgelegten Termin. Dieses Event wird als OKR-Weekly bezeichnet und ist ein fester Bestandteil des Frameworks. Dabei geht es nicht darum, alle Details des Tagesgeschäfts zu diskutieren, sondern vielmehr um einen regelmäßigen Abgleich der Aufgaben, die im Team erledigt werden. Weeklies sind zeitlich begrenzte Treffen von maximal 30 Minuten Länge, in denen die Teams über ihre aktuellen Bearbeitungsstände sprechen, sich die Zielerreichung ihrer Objectives & Key Results anschauen, über Hindernisse berichten und sich die Frage stellen, was noch benötigt wird, um den Zyklus erfolgreich abzuschließen.

Der OKR-Master nimmt auch hier die moderierende Rolle ein, trägt dafür Sorge, dass alle Teilnehmenden zu Wort kommen und nimmt Hindernisse auf, die er löst oder zur Lösung weitereskaliert.

Die Reviews

Am Ende eines Zyklus treffen sich alle Beteiligten zu einem Review Meeting, um die Erkenntnisse und Umsetzungen aus dem vergangenen Zyklus zu reflektieren und Learnings daraus zu ziehen. Die Kernfragen des Meetings sollten sein:

- Was haben wir im letzten Zyklus gelernt?
- Was hat dazu beigetragen, dass wir unser Ziel so gut erreicht haben?
- Was ist der Grund, warum wir unsere Ziele nicht erreicht haben?

Die Zielsetzung eines Reviews ist es also, alle Vorhaben noch einmal zu betrachten und daraus Schlüsse zu ziehen, aus der Vergangenheit zu lernen und sich im nächsten Zyklus zu verbessern. Auch hier ist der OKR-Master wieder der Moderator und sorgt für Fokus und die Einhaltung des Zeitrahmens. Für eine Review sollte das Team sich mindestens zwei Stunden Zeit nehmen.

Die Retrospektive/Rückblickende Meetings

Oftmals werden in der Praxis Review und Retrospektive miteinander verwechselt oder gar vermischt, doch sind beide Meetings eindeutig voneinander zu trennen. Geht es bei der Review um Prozess und Zielerreichung, betrachtet die Retrospektive die Zusammenarbeit im Team aus systemischer Sicht. Für einen gelungenen Austausch braucht es mindestens ein Zeitfenster von zwei Stunden und, ganz besonders wichtig, einen geschützten Raum, in dem sich das Team über die wesentlichen Themen der

Zusammenarbeit austauschen und diese optimieren kann. Ziel der Retrospektive ist es, aus Fehlern der Vergangenheit zu lernen und Optimierungen in der Teamarbeit sofort zu integrieren.

Was sind typische Hindernisse?

Leider passiert es immer wieder, dass begeistert und hingebungsvoll OKRs für sogenannte weiche und strategische Ziele geplant werden, um dann nach zwei Monaten aus dem Fokus zu geraten. Auch dieses Framework wird nur durch regelmäßige Lernschleifen und laterale Führung durch einen OKR-Master gelingen. Oft kocht jedes Team oder jeder Einzelne sein eigenes Ziel-Süppchen, anstatt alle Objectives und Key Results für jeden transparent und zugänglich zu gestalten und zu pflegen.

Es bringt nichts, OKRs zu planen und einzuführen, ohne sie in einen iterativen Kreislauf mit den zugehörigen Rollen und Prinzipien zu überführen. Der agile Kreislauf ist gerade auch bei Zielen existenziell, um sie lebendig und am Laufen zu halten. OKRs sind vor allem kein Add-on zu bestehenden Strategien und Konzepten, ansonsten stellen sich sehr schnell folgende Symptome ein:

- Statt klarer Ausrichtung erleben die Teams zusätzliche Belastungen durch noch mehr Ziele und damit einhergehende Zielkonflikte. Denn zusätzlich zu den üblichen KPIs (Key Performance Indicators), die oftmals mit entsprechenden Boni gekoppelt sind, sollen jetzt on-top noch OKRs umgesetzt werden.
- Statt mehr Freiraum für strategische Themen zu haben, füllen sich die Kalender durch zusätzliche OKR-Meetings und weitere Arbeitspakete, die aus den OKRs resultieren.
- Statt mehr Selbstbestimmung erleben viele Mitarbeitende das Gefühl, gläsern zu sein und kontrolliert zu werden. Denn nicht nur die OKRs, die die Teams sich gesetzt haben, sondern auch der jeweilige Zielerreichungsgrad ist für jeden in der Organisation sichtbar.
- Statt durch einen klaren Bottom-up-Ansatz Teil des großen Ganzen zu werden, empfinden viele Mitarbeitende, dass noch mehr als vorher top-down auf die Teams einprasselt.

Toolset

Tools können sehr wirksam sein und schaffen durch ihre Struktur und Vereinfachung eine Reduktion der Komplexität. Sie versprechen multiplizierbare Lösungen, die für die richtigen Themen wunderbar funktionieren können. So wie ein Arzt durch die richtige Medikation schnelle Abhilfe schafft, kann auch der Coach mit der richtigen Analyse durch Tools immense Ergebnisse bewirken. Für ein Medikament wie für ein Toolset gilt indes auch: Nachhaltig wirksam ist es nur, wenn das ganze System und die krankmachenden Faktoren mit betrachtet und verbessert werden.

Toolset an Canvas und Boards zur Übersicht von Rollen, Teams, Modellen ... 262

Toolset zu Modellen und Checklisten zur Einschätzung der Agilität ... 283

Toolset Entscheidungen ... 298

Toolset zu Hindernissen und Abhängigkeiten ... 305

Toolset agile Meetings ... 311

III. Toolset an Canvas und Boards

Team-Canvas

Das Team-Canvas ist ein Visualisierungstool, das auf einem Blick alle relevanten Komponenten eines agilen Teams bündelt. Das Team erarbeitet mithilfe der agilen Coachs alle Felder des Canvas gemeinsam und hält die Ergebnisse auf dem Board fest. Das Canvas stellt immer den aktuellen Status des Teams dar und wird kontinuierlich und bedarfsorientiert von den Teams weiterentwickelt bzw. an aktuelle Gegebenheiten angepasst. Agile Teams sind bestenfalls selbstorganisierte, crossfunktionale und innovative Einheiten, die mit End-to-End-Verantwortung für ein Produkt oder ein Projekt über einen längeren Zeitraum zusammenarbeiten und alle Kompetenzen bündeln, die dafür gebraucht werden. Mit dem Team-Set-up anhand des Canvas gelingt es dem Coach, eine solide Basis für die Zusammenarbeit und ein gemeinsames Verständnis für die Aufgabe und die Rollen herzustellen. Das Visualisierungstool bringt ein Team schnell auf einen gemeinsamen Nenner, macht Sinn, Nutzen und Ziele transparent.

Durch das gemeinsame Set-up wird auch der Relevanz gruppendynamischer Prozesse Rechnung getragen. Denn wenn diese nicht von Beginn an in die gewünschte Richtung gesteuert werden, bilden Teams Verhaltensweisen aus, die oftmals nicht wünschenswert und nur schwer wieder abzustellen sind. Ohne Führung, Reflexion und Strukturen tendieren Gruppen dazu, mit sich selbst statt mit den Aufgaben beschäftigt zu sein. Es bilden sich separierende Untergruppen heraus, Rang- und Hackordnungen lenken von dem eigentlichen Auftrag zum Wohle des Kunden ab.

Was bringt's?

Das Wesen crossfunktionaler Teams ist die Vielfalt an Perspektiven, Kompetenzen und Arbeitsweisen ihrer Teammitglieder. Diese Vielfalt gilt schließlich als Voraussetzung, um anspruchsvolle wie innovative Aufgabenstellungen meistern zu können, ist aber immer auch eine Herausforderung. Damit die Abstimmungsprozesse und Interaktionen auf Anhieb gut funktionieren, empfiehlt es sich, zu Beginn der Arbeit gemeinsam ein Team-Canvas zu entwickeln. Alle wichtigen Komponenten der Zusammenarbeit werden hier auf einem digitalen oder analogen Whiteboard zusammengetragen, um sie auf einen Blick zu bündeln. Schon durch diesen gemeinsamen Prozess wächst das Team zusammen und stärkt die agilen Werte wie:

- **Transparenz:** Mithilfe des Team-Canvas werden wesentliche Komponenten des Teams wie Auftrag, Ziele, Rollen, Aufgaben, Vereinbarungen etc. für alle ersichtlich.
- **Kommunikation:** Alle Teammitglieder werden aktiv eingebunden und schaffen dadurch ein gemeinsames Verständnis.
- **Fokus:** Durch das Canvas hat das Team „alles auf einen Blick".
- **Commitment:** Das Team entscheidet eigenverantwortlich, wie die Canvas gestaltet und mit Inhalt befüllt wird. Das stärkt die Selbstverpflichtung.

Ein agiles Team kann sich also mithilfe des Team-Canvas selbst organisieren und dadurch eine hohe Selbstverpflichtung sowie gegenseitige Verantwortlichkeit generieren und ausstrahlen. Denn selbst gewählte Rollen und stärkenorientierte Verantwortlichkeiten sorgen bei dieser Methode für einem hohen Grad an Selbstmanagement und Teamverantwortung – eine absolut agile Tugend.

Wie läuft es ab?

1. Vorbereitungs-Phase

- Eine komplexe Aufgabenstellung wird gewählt, die ein crossfunktionales Team selbstorganisiert bearbeitet.
- Per Ausschreibung oder durch ein Kick-off wird das Thema veröffentlicht und Teammitglieder können sich darauf bewerben. Wichtig ist die freiwillige Teilnahme an dem Thema.
- Ressourcen wie Zeit, Freistellungen, Budget, Räume etc. werden geklärt.

2. Auftrag: Der Coach startet das gemeinsame Ausfüllen der Team-Canvas im Zentrum mit dem „Wozu". Wozu gibt es das Team? Was sind Sinn und Nutzen für den Kunden? Was ist der Auftrag des Teams aus Stakeholder-Sicht? Wichtig ist, dass sich das Team hierbei auf einen bis maximal drei

Abb. 1: Aufbau eines Team-Canvas

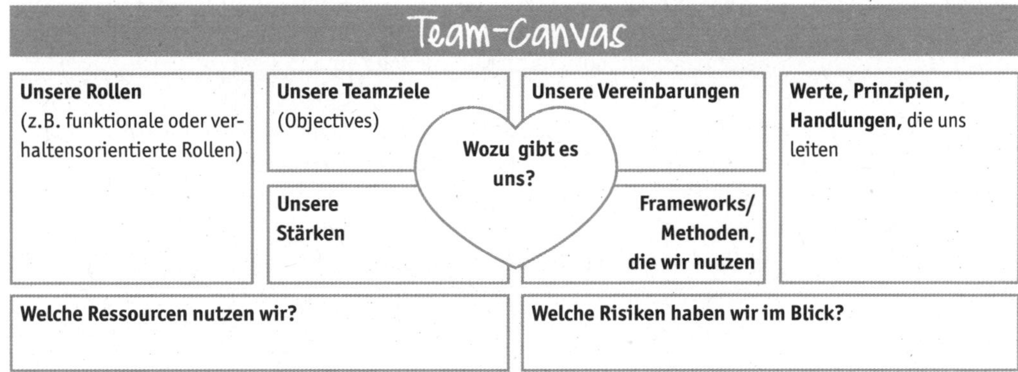

Sätze einigt. Was im Zentrum der Team-Canvas steht, muss absolut tragfähig sein und von allen Teammitgliedern im Konsens beschlossen werden.

Hierfür kann der Coach beispielsweise die „Think, Pair, Share"-Methode nutzen:

- **Think:** Jeder formuliert in Stille einige Minuten lang seine 1 bis 3 Sätze.
- **Pair:** Dann tauschen sich zwei Teammitglieder einige Minuten aus und bilden gemeinsame Formulierungen.
- **Share:** Dann werden die gemeinsamen Sätze im Plenum ausgetauscht und zusammengeführt.

3. Ziele: Als Nächstes werden die Teamziele erarbeitet. Welche Ziele und Etappen möchte das Team erreichen? Woran wird es den Erfolg messen? Ziele sollten diese vier Perspektiven herausbilden:

a. Ziele aus Kundensicht
b. Ziele aus Organisationssicht
c. Ziele aus Teamsicht
d. Persönliche Ziele

4. Stärken: Die Stärken jedes Einzelnen werden mithilfe von Stärken-Interviews reflektiert. Erst erarbeitet und reflektiert jeder für sich: Welche fachlichen und mentalen Stärken bringe ich ins Team ein? Dann bilden sich Interviewpaare aus möglichst unterschiedlichen Charakteren, die sich darüber austauschen und gegenseitig Selbst- und Fremdbild abgleichen. Die Interviewpartner stellen sich dann gegenseitig im Plenum vor und ergänzen weitere Stärken, die vom übrigen Team wahrgenommen werden.

5. Team-Rollen: Anschließend werden die Rollen im Team durch stärkenorientierte Verantwortlichkeiten verteilt, die das Team braucht, um seine Ziele umzusetzen. (Beispiel: Coach, Moderator, Prinzipienwächter, Product Owner, Entwickler, Fokusbeschleuniger etc.). Wichtig ist, dass die Rollen den vorher reflektierten Stärken entsprechen und der Rolleninhaber intrinsisch motiviert ist, diese Rolle auszufüllen.

Tipp: Es ist hilfreich, die Rollen im Nachgang in einem Rollen-Workshop zu vertiefen, um die Aufgaben und die Grenzen jeder Rolle genau zu klären.

6. Vereinbarungen treffen: Das Team selektiert gemeinsam die wichtigsten Vereinbarungen, um in der Zusammenarbeit selbstorganisiert voranzukommen. Die Vereinbarungen werden möglichst konkret und messbar geschrieben (Beispiel: „Wir nehmen uns regelmäßig mindestens einmal pro Monat Zeit, um unsere Zusammenarbeit zu reflektieren.").

7. Werte: Das Team reflektiert die agilen Werte und vereinbart konkrete Handlungen, um die Werte gemeinsam zu fördern. Dazu nutzt der Coach zum Beispiel die Wertespinne (siehe Abb. 27 auf S. 350 f.): Jeder Wert wird mit konkreten Handlungen in Kleingruppen ausdifferenziert und anschließend auf einer Skala bewertet: Wie gut setzen wir das bisher in unserem Team oder in dem Bereich um? Wo sehen wir den größten Erfolgshebel? Was werden wir konkret dafür tun?

8. Frameworks: Auch Frameworks oder Methoden werden besprochen und ausgewählt. Welche Frameworks passen zu unserem Auftrag? Wie genau werden wir vorgehen, und wer übernimmt welche Aufgaben?

9. Risiken: Zum Schluss betrachtet das Team sowohl die Risiken, die es im Blick behalten muss, als auch die Chancen und Ressourcen, die verfügbar sind.

Was sind typische Hindernisse?

- **Auftragsunklarheiten:** Sobald das Team das Zentrum der Canvas – also das „Wozu gibt es uns?" – beantworten soll, kommen oftmals die Unklarheiten bezüglich des Auftrags des Teams an Licht. Hier kann die 30-Fragen-Technik helfen, den Auftrag in Richtung Auftraggeber zu schärfen: Das Team überlegt sich innerhalb von fünf bis zehn Minuten 30 Fragen (am effektivsten schreibt jeder auf Klebezettel, was ihm dazu einfällt). Davon werden die wichtigsten Fragen gemeinsam geclustert und dann eine Klärungsrunde mit dem Auftraggeber einberufen.

- **Unklare Entscheidungskompetenzen:** Die Entscheidungskompetenzen des Teams sind nicht klar und somit auch der Grad der Selbstorganisation (siehe auch Stufen der Selbstorganisation, S. 14 f.): Darf das Team lediglich inhaltlich und fachlich eigenständig agieren (Stufe 1)? Kann es seine Ziele selbstständig bestimmen (Stufe 2) oder kann es sogar über Budget und Personal selbst entscheiden (Stufe 3)? Hier ist der Coach gefordert, die Stufe der Selbstorganisation klar zu kommunizieren und im Blick zu behalten.

- **Rollen-Chaos:** Die Team-Rollen sind nicht klar bestimmt oder voneinander abgegrenzt. Hier bringt die im Folgenden vorgestellte Rollen-Canvas die notwendige Klarheit, damit die Rolleninhaber genau wissen, was ihre Verantwortung ist und auch das Team die Dos and Don'ts jeder Rolle kennt.

Rollen-Canvas

Rollen beinhalten auf einer subtilen Ebene die gesammelten Erwartungen aller Beteiligten an eine Funktion. Das Rollen-Canvas bietet eine Methode, um Erwartungen zu klären und damit Enttäuschungen und Missverständnisse zu minimieren. Damit sind die Rolle und die daran geknüpften Erwartungen für alle besprechbarer und transparent.

Klarheit und Transparenz bedarf es insbesondere hinsichtlich der Rolle der Führung in agilen Teams. Führung bedeutet hier vor allem, die Richtung zu weisen und Hindernisse aus dem Weg zu räumen. Das heißt, Führung wird nicht an einem bestimmten Verhalten, sondern am Ergebnis bzw. der Wertschöpfung festgemacht. Nicht der Stil ist entscheidend, sondern der respektvolle Umgang auf Augenhöhe und die psychologische Sicherheit, die durch die Führung vermittelt und gepflegt wird. Es gibt funktionale Rollen, die Führung für definierte Aufgaben übernehmen, und es gibt temporäre Rollen, die für eine spezifische Situation genutzt werden. Es gibt Teams, die ihre Rollen zu einem bestimmten Prozentsatz (30 bis 50 Prozent, je nach Aufwand des Verantwortungsbereiches) ihrer Arbeitszeit ausführen wie auch „Vollzeit-Rollen", die oftmals diese Funktion für mehrere Teams übernehmen.

Was bringt's?

Gerade zu Beginn der Transformation eines Teams gibt es oft Verwirrung über die Aufgaben, Kompetenzen und Verpflichtungen der Rollen. Je transparenter Rollen gebildet werden und deren Auftrag und Funktion kommuniziert wird und je klarer das Rolleninhaber und Team definiert haben, desto weniger Missverständnisse, Konflikte und Enttäuschungen entstehen.

Wie läuft es ab?

1. **Auftrag:** Im Zentrum des Rollen-Canvas steht der Auftrag an die jeweilige Rolle. Für einen agilen Coach könnte der Auftrag beispielsweise lauten: „Der Coach unterstützt das Team und jeden Einzelnen bei der Entwicklung hin zu einem agilen, selbstorganisierten Team. Dabei ist er Vertrauensperson und Sparringspartner, der sowohl stärkend als auch fordernd im Sinne des Kulturwandels handelt."
2. **Dos:** Hier stehen die Aufgaben und Verantwortlichkeiten der Rolle.
3. **Don'ts:** Was soll der Rolleninhaber in keinem Fall tun? Wo sind Grenzen seines Handelns?

4. **Ziele/OKRs:** Welche qualitativen Ziele sind mit der Rolle verbunden und was für quantitative Messkriterien werden zur Bewertung herangezogen?
5. **Kompetenzen/Fähigkeiten:** Welche Fähigkeiten braucht die Rolle? Und was für Kompetenzen sind dafür erforderlich?
6. **Entscheiden:** Auf welcher Stufe im Delegation Board darf der Rollenträger Entscheidungen treffen?
7. **Arbeitsprinzipien:** Welche Arbeitsprinzipien charakterisieren sein Tun? Als agiler Coach steht man beispielsweise für Werte und Prinzipien wie Respekt, Selbstverpflichtung, Offenheit und Kommunikation ein.
8. **Frameworks/Methoden:** Welche Rahmenwerke und Methoden strukturieren sein Handeln?
9. **Ressourcen:** Welche Mittel, Kompetenzen, Freiheiten, Kooperationspartner etc. kann der Rolleninhaber nutzen?
10. **Schnittstellen:** Mit wem soll er sich kontinuierlich abstimmen? Wen muss er informiert halten? Welche Netzwerke pflegt er?

Was sind typische Hindernisse?

Probleme und Missverständnisse ergeben sich vor allem aus der Frage, wie die Rollen ausgewählt und besetzt werden. Geht es hier klassisch zu und die Rollen werden von HR als Stellen beschrieben und besetzt oder gar top-down benannt? Oder entstehen diese funktionalen Rollen vielmehr aus dem Kollektiv heraus, bilden sich dort durch die Stärken aus und werden im Pull gezogen? Den entsprechenden Reifegrad vorausgesetzt, ist die selbstverantwortliche Wahl aus dem betroffenen Team heraus auch die bessere Wahl.

- **Position wird in Rolle umbenannt:** Anstatt etwas zu verändern, wird es umbenannt. Die Führungskraft wird jetzt Product Owner oder Coach, ohne dass die Kompetenz dazu geprüft wird.

Abb. 2: Aufbau eines Rollen-Canvas

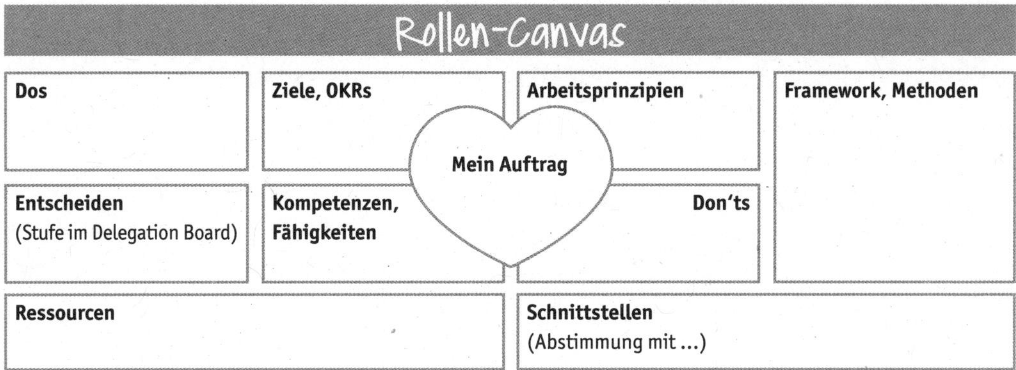

- **Rollen werden top-down bestimmt:** Ohne die Zustimmung des agilen Teams machen top-down vorgegebene Rollen Probleme, wenn die fachliche oder mentale Kompetenz des Rolleninhabers nicht zu der Aufgabe passt oder wenn die Beziehungsgestaltung zum Team misslingt.
- **Rollenunklarheiten:** Weder der agile Coach noch der OKR-Master dürfen beispielsweise Teil des operativen Teams sein, welches sie coachen. Das gibt massige Rollenkonflikte und ungesunde Vermischungen. Je klarer die Rollen von den operativen Rollen unterschieden werden, desto besser gelingt die rollengebundene Selbstorganisation.

Gelungenes Fallbeispiel: Nachdem ein Führungsteam zum Thema agile Leadership seinen Auftrag als agiles Führungs- und Strategieteam definiert hatte (Wozu gibt es uns?), wählte es gemeinsam funktionale Rollen, die es zur Erfüllung des Auftrags und seiner strategischen Ziele (OKRs) für notwendig erachtete: Einen Visionär, einen Kanban Owner, einen Facilitator und einen OKR-Master wollten sie als Funktion zu 20 bis 30 Prozent der Arbeitszeit des jeweiligen Rolleninhabers benennen. Zunächst wurde jede der Rollen durch ein Rollen-Canvas genau beschrieben und definiert.

Dann wählte das Führungsteam die Rolleninhaber durch eine sogenannte Wahl aus der Mitte: Jeder, der sich für die Rolle berufen fühlte, konnte sich in die Mitte stellen. Gab es mehr als einen Bewerber, tauschten die in der Mitte stehenden Rollenbewerber untereinander ihre Gründe und Argumente für die Rolle aus. Im Falle dieses Teams waren zwei Bewerber pro Rolle sogar sehr willkommen, um eine Vertretung zu gewährleisten.

Die Wahl dauerte für alle vier Rollen insgesamt nur zehn Minuten und alle waren mit dem Ergebnis einverstanden.

Leadership-Canvas

In Workshops zu agilen Transformationen erleben wir bei den Führungskräften sehr häufig Aufbruchstimmung und den Willen, die Strukturen und Arbeitsweisen zu verändern und auch Experimente zuzulassen. Die ersten Maßnahmen werden beschlossen, Umstrukturierungen in die Wege geleitet, das Team hat sein Team-Canvas entwickelt und darüber einen ersten Orientierungsrahmen gebaut. Rollen wurden thematisiert, hinterfragt und neu definiert. Spätestens jetzt kommt auch die Frage der Führungsrolle auf den Tisch – oft mit großer Wucht und Irritation für die Betroffenen. Dieser Phase begegnen viele Führungskräfte, indem sie ihrem Aktivismus völlig freien Lauf lassen. Sie versuchen dann an vielen Stellen im Unternehmen zu stützen, auszuführen – immer wieder darum bemüht, die „richtigen" Dinge zu tun und Zeit dafür finden. Und sehr schnell beschleicht auch Führungskräfte das Gefühl, es ständig falsch zu machen: Wir müssten alles gleichzeitig anpacken, Hilfe, was ist jetzt der agile Weg? Hören wir zu wenig zu? Machen wir noch immer zu viele Vorgaben? Oder zu wenig?

Natürlich kommt von allen Seiten viel Kritik, wie es besser zu machen sei. Dies ist grundsätzlich sogar ein positives Zeichen: Die Kolleginnen und Kollegen sind ambitioniert und dem Ziel comittet. Alle sind dabei und haben Erwartungen an die agile Führungsrolle. Und natürlich haben auch die Führungskräfte Erwartungen an sich selbst. Diese Suche nach den zur neuen Führungsrolle passenden „richtigen" Dingen erfordert Reflexion und Offenheit. Die nötige Unterstützung und Orientierung kann an diesem Punkt das Leadership-Canvas liefern – nicht als Rezept, sondern eher als eine Reflexionsunterstützung, um ein gemeinsames Grundverständnis von agiler Führung zu definieren und die Suche nach der eigenen Haltung zu unterstützen.

Denn Führung bleibt weiterhin wichtig und das Leadership-Canvas ist das passende Instrument, sie in einem neuen Sinne zu gestalten: Es gibt zum einen die lateralen Rollen im Team, die funktionale Führung auf Augenhöhe übernehmen wie beispielsweise der Product- oder Prozess-Owner und der agile Coach. Dann gibt es die Führung über die klare Struktur und Methodik des jeweils eingesetzten Frameworks. Darüber hinaus gibt es weiterhin die Unternehmensführung, die je nach Größe der Organisation für die Ausrichtung und Orientierung sorgt und die Klammer um alles bildet. Das gilt sowohl für rein agile arbeitende wie auch für hybride Or-

Leadership-Canvas

Unsere Führungsaufgaben
- Unter welchen Rahmenbedingungen führen wir?
- Wie befähigen wir die Teams?
- Wie geben wir Orientierung?
- Wie fördern wir Kundenorientierung und Selbstorganisation?

Unsere Vision/Moals/Ziele
- Wie lautet unsere Vision?
- Was sind die Midterm Goals in der Führung, die uns der Vision ein Jahr näher bringen?

Strukturen/Organisation
- Wie strukturieren wir die Teams?
- Welchen Rahmen geben wir selbstorganisierten Teams?

Unsere Werte & Prinzipien
- Wonach richten wir unser Handeln aus?
- Wie gestalten wir den Wandel und die Zukunftsfähigkeit?

Unser Auftrag:
Wozu gibt es uns?

Wer übernimmt welche Rolle?
- Hierarchische Rollen: People Lead, Technical Lead ...
- Agile Rollen: Product Owner, Agile Coach ...

Performance, Ergebnisse
- Wie messen wir Wertschöpfung?
- Wie skalieren und messen wir Fortschritte?
- Was sind unsere wichtigsten Ergebnisse?

Frameworks/Methoden
- Welche Frameworks unterstützen die komplexen Prozesse?

Wie treffen wir Entscheidungen?
- Welche Entscheidungsformate nutzen wir (Konsens, Konsent, Widerstandsmessung ...)?

Ressourcen, die wir nutzen

Risiken, die wir im Blick haben

Abb. 3: Aufbau eines Leadership-Canvas

ganisationen, bei denen klassische Arbeitsweisen und agile Bereiche wie zwei Betriebssysteme vernetzt werden. Leadership ist in diesem Sinne Rahmengestaltung, um als Mentor, Moderator und Inkubator den Teams die notwendigen Arbeitsbedingungen zu ermöglichen.

Was bringt's?

Das Leadership-Canvas ist ein Tool, mit dem Führungskräfte die wichtigsten Komponenten ihrer Führungskultur (Werte, Prinzipien, Aufgaben etc.) und Struktur (Teamstruktur, Frameworks, Skalierungen etc.) gestalten und ständig anpassen können. „Canvas" bedeutet Leinwand und betont die Bedeutung der Visualisierung: Alle Führungskomponenten sowie all das, was für die Umsetzung zu tun ist, wird auf einer Pinnwand, einem Flipchart, digitalen Kooperationsboard o. Ä. festgehalten.

Wie läuft es ab?

1. Starte als Moderator/Coach im Zentrum **mit dem „Wozu?"**, also der Frage nach dem Auftrag. Wozu gibt es die Führung? Was ist Sinn und Nutzen für die Organisation und für die Mitarbeitenden? Was ist der Auftrag der Führung aus Stakeholder-Sicht? Achte darauf, dass sich das Führungsteam auf einen bis zwei Sätze einigt. Was hier im Zentrum steht, muss absolut tragfähig sein und von allen Führungskräften Zustimmung erfahren.

2. **Erarbeite als Nächstes die Vision.** Wohin soll sich Führung in den nächsten Jahren entwickeln? Wie sieht Führung der Zukunft aus? Dazu kannst du die Moals (Mid Term Goals) ableiten mit der Frage: „Was sind die aktuellen Ziele, die uns der Vision ein Jahr näher bringen? Hier können sowohl Jahresziele definiert oder der Beitrag der Führung zur Unternehmensvision in Form von **Objectives und Key Results (OKRs)** beschrieben werden.

3. Schließe dann die **Fragen nach den Werten und Prinzipien** an und nutze die agilen Werte als Grundlage:

- Wonach richten wir unser Handeln aus? Beispiel: „Wir richten unser Denken und Handeln an der Wertschöpfung für unsere Kunden aus."
- Wie gestalten wir den Wandel und die Zukunftsfähigkeit?

4. Vergebe **Rollen im Führungs-Team** durch stärkenorientierte Verantwortlichkeiten, die die Führung braucht, um ihre Ziele umzusetzen. Beispiel: Team Lead, Technical Lead, Product Owner, Coach ...

5. Formuliere gemeinsam die **Aufgaben der Führung.** Dazu stellst du als Moderator die Fragen:

- Unter welchen Rahmenbedingungen führen wir?
- Wie befähigen wir die Teams?
- Wie geben wir Orientierung?
- Wie fördern wir Kundenzentrierung und Selbstorganisation?

6. Zeige die **Strukturen** von crossfunktionalen und selbstorganisierten Teams auf (nenne Beispiele wie das adaptierte Spotify-Modell oder die holokratischen Kreisstrukturen) und überlegt gemeinsam:

- Wie strukturieren wir die Teams?
- Welchen Rahmen geben wir selbstorganisierten Teams?

7. Reflektiert zusammen die passenden Möglichkeiten, wie **Performance und Ergebnisse** gemessen werden sollen:

- Wie messen wir Wertschöpfung?
- Wie skalieren und messen wir Fortschritte?
- Was sind unsere wichtigsten Ergebnisse?

8. **Frameworks/Methoden**

- Welche Frameworks unterstützen die komplexen Prozesse?

9. Wie treffen wir **Entscheidungen**?

- Welche Entscheidungsformate nutzen wir? (Konsens, Konsent, Widerstandsmessung, ...)

10. Welche **Ressourcen** nutzen wir?

11. Welche **Risiken** müssen wir im Blick behalten?

Was sind typische Hindernisse?

- Es fehlt die psychologische Sicherheit im Führungsteam, um die eigenen Konfliktthemen oder Meinungsverschiedenheiten anzusprechen. Dann kann das Canvas zu einer Farce und mit Plattitüden statt mit wahrhaften Absichten gefüllt werden.
- Das Canvas wird zwar gemeinsam erstellt und vereinbart, doch nicht nachgehalten, sodass die Themen in Vergessenheit geraten und nicht umgesetzt werden.
- Das Canvas wird nicht mit den Teams besprochen, die davon betroffen sind, sondern wirkt als eine Art Geheimpapier unter der Führung, was eher Schaden als Nutzen für die geführten Teams nach sich zieht.

Fazit als Coach: Mithilfe der Leadership-Canvas gestaltet sich die Führung als Führungsteam neu und fungiert selbst als agiles, crossfunktionales Leadership Team. Das schafft Orientierung und Transparenz auf vielen Ebenen und erlaubt es, auch Leadership Tasks klar aufzudröseln, für alle verständlich zu visualisieren und somit fortlaufend zu verfolgen. Führung auf der Metaebene, Zuarbeiter für alle Teams und Leuchtturm im Wandel: All dies bedeutet Führung im agilen Kontext.

Business-Model-Canvas

Das Business-Model-Canvas wurde von Alexander Osterwalder und Yves Pigneur entwickelt. Sie präsentierten diese Methode erstmals in ihrem Buch „Business Model Generation", das 2010 veröffentlicht wurde. Seitdem hat sich das Canvas als beliebtes visuelles Werkzeug etabliert, um ein Geschäftsmodell auf eine strukturierte und anschauliche Weise zu entwickeln, zu beschreiben und zu analysieren.

Was bringt's?

Auch für Unternehmen, die agile Praktiken anwenden, Innovationen angehen und neue Geschäftsfelder erschließen wollen, bietet sich das Business-Model-Canvas als hilfreiches Analyse-Tool an. Das Canvas besteht aus neun Bausteinen, die das gesamte Geschäftsmodell eines Unternehmens abdecken und „auf einen Blick" visualisieren. Die systematische Bearbeitung jedes einzelnen Felds hilft, Themen auf den Punkt zu bringen und die nicht bedachten oder kritischen Felder zu hinterfragen.

Wie läuft es ab?

1. **Kundensegmente:** Identifiziere die Zielgruppen, die dein Produkt oder deine Dienstleistung ansprechen soll. Betone als agiler Coach die Wichtigkeit, die Kundenbedürfnisse zu verstehen und sich auf ihre Anforderungen zu fokussieren.

2. **Wertangebot:** Definiere, welche spezifischen Probleme oder Bedürfnisse der Kunden dein Angebot lösen soll. Als agiler Coach kannst du helfen, das Wertangebot iterativ zu entwickeln und kontinuierlich auf Kunden-Feedback zu reagieren.

3. **Kanäle:** Bestimme, wie du deine Produkte oder Dienstleistungen zu deinen Kunden bringst. Ermutige dazu, flexible Vertriebskanäle zu erkunden und anzupassen, um agil auf Marktveränderungen reagieren zu können.

4. **Kundenbeziehungen:** Analysiere, wie du mit deinen Kunden interagierst und welche Art von Beziehungen du aufbauen möchtest. Betone die Notwendigkeit, auf Kunden-Feedback zu hören und ihre Erwartungen kontinuierlich zu erfüllen.

5. **Einnahmequellen:** Identifiziere die verschiedenen Möglichkeiten, wie du Einnahmen generieren kannst. Unterstütze das Unternehmen dabei,

Business-Model-Canvas

Key Partners	Key Activities	Value Proposition	Customer Relationsship
	Key Resources	Channels	Customer Segments
Cost Structure		Revenue Streams	

Abb. 4: Aufbau eines Business-Model-Canvas

verschiedene Preismodelle auszuprobieren und aufgrund von Feedback anzupassen.

6. Schlüsselressourcen: Zeige die kritischen Ressourcen auf, die für den Betrieb deines Geschäftsmodells erforderlich sind. Als agiler Coach kannst du bei der Priorisierung von Ressourcen und der Identifizierung von Engpässen unterstützen.

7. Schlüsselaktivitäten: Beschreibe die wichtigsten Aktivitäten, die erforderlich sind, um dein Geschäftsmodell erfolgreich umzusetzen. Hilf bei der Anwendung agiler Prinzipien, um sich schnell an veränderte Anforderungen anzupassen.

8. Schlüsselpartnerschaften: Identifiziere externe Partner oder Lieferanten, die dazu beitragen können, das Geschäftsmodell zu stärken. Ermutige dazu, strategische Partnerschaften einzugehen, die die Agilität des Unternehmens unterstützen.

9. Kostenstruktur: Analysiere die Kosten, die mit dem Betrieb deines Geschäftsmodells verbunden sind. Betone die Bedeutung, Kosten im Einklang mit den Zielen des Unternehmens zu verwalten und unnötige Ausgaben zu reduzieren.

Was sind typische Hindernisse?

Gerade bei einer neuen tollen Geschäftsidee sind die Erfinder/Gründer manchmal blind für die kritischen Punkte. Bei dem Hinweis auf das Motto „Never fall in Love with your Prototyp“ reagieren sie auf kritische Fragen, als würde man ihr liebstes Baby zerstören wollen. Doch auch das andere Extrem ist möglich: Die Initiatoren sind so kritisch, dass der nötige Drive fehlt, um eine motivierende Kraft für die Umsetzung zu entfachen.

Beide Extreme muss der agile Coach im Blick haben, kritisch ansprechen und, wenn möglich, ausgleichend einwirken.

Vision-Canvas

Immer wieder erleben wir Unternehmen, die keine Vision haben oder die niemandem in der Organisation wirklich präsent ist – geschweige denn das eigene Handeln und die Entscheidungen an ihr ausrichtet werden. Wenn wir bei Unternehmen OKRs einführen sollen und beim ersten Workshop mit den Führungskräften alle mit den Achseln zucken oder anfangen, im Laptop danach zu suchen, können wir ziemlich sicher sein, dass die Vision nicht wirksam ist.

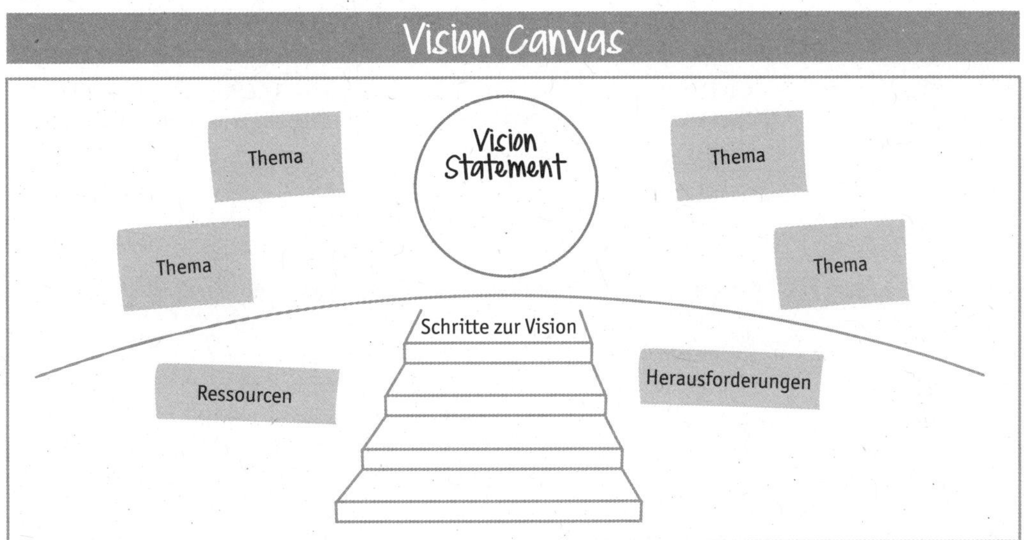

Abb. 5: Aufbau eines Vision-Canvas

Nach Peter Senge ist eine Vision ein klares und plastisches Bild von der Zukunft, die man erschaffen möchte. Sie ist ein Ziel, das man sich mit seinem Vorstellungsvermögen so anschaulich ausgemalt hat, dass es als Bild deutlich vor Augen steht. Dieses Bild der Zukunft soll den Menschen Lust machen, sich dahin zu bewegen, und Sinn vermitteln, der mit Werten verknüpft ist. Dazu eignen sich weder Umsatzziele („Wir wollen unseren Marktanteil verdreifachen.") noch leere Parolen („Wir sind die Besten."). Wirksame Visionen sind der Rahmen, der einzelne Ziele umfasst und mit Sinn und Bedeutung verknüpft. Ziele sind somit quasi die Erfüllungsgehilfen auf dem Weg zur Verwirklichung der Vision.

Was bringt's?

Das Vision-Canvas ist eine Strukturierungshilfe, die einen Überblick über diejenigen Themen, Herausforderungen, Maßnahmen und Schritte liefert, um die Unternehmensvision in der Organisation lebendig zu verankern. Das Canvas kommt also erst dann ins Spiel, wenn die Vision bereits „steht" und die Beteiligten sich uneingeschränkt hinter ihr versammelt haben.

Abb. 6: Eigenschaften wirkungsvoller Visionen

Die acht Eigenschaften wirkungsvoller Visionen

1. Für die Zielgruppe definiert	Diejenigen, die die Vision umsetzen und sich von ihr leiten lassen sollen, müssen sich darin emotional wiederfinden oder sie bestenfalls selbst entwickeln.
2. Festgelegter Zeithorizont	Wann soll die Vision Wirklichkeit geworden sein? Früher hat man Visionen viel langfristiger entwickelt (15 bis 30 Jahre), um die Menschen auch zu langfristigen Vorhaben zu motivieren. Heute macht das wenig Sinn, die Entwicklungen sind zu rasant.
3. Institutionelle Verankerung	Die Vision muss transparent sein und Verantwortlichkeiten aufzeigen. Wichtig sind die Freiwilligkeit und Beteiligung der Zielgruppe.
4. Anschauliche Darstellung	Die Darstellung ist entscheidend. Die Visualisierung in Wort und Bild, in Geschichten und Metaphern soll die Komplexität vereinfachen und sehr anschaulich sein.
5. Positive Formulierung	Visionen sollen Zuversicht ausstrahlen und Anreiz schaffen, sich persönlich dafür einzusetzen. Sie geben Orientierung.
6. Persönliche Herausforderung	Eine gute Vision stellt für jeden eine persönliche Herausforderung dar. Sie darf nicht leicht erreichbar sein, sondern dient dazu, über sich hinauszuwachsen und sich zu entwickeln. Der persönliche Anreiz und der eigene Bezug zur Vision sind dabei entscheidend.
7. Gemeinsamkeit	Idealerweise ist die Vision wie ein Mosaik, welches bei näherer Betrachtung aus lauter Einzelvisionen zusammengesetzt ist.
8. Anpassungsfähig	Gerade im disruptiven Wandel ist die Anpassungsfähigkeit von Visionen wichtiger denn je. Sie dürfen nicht in Stein gemeißelt sein, sondern müssen an neue Situationen angepasst werden.

Wie läuft es ab?

Zur Gestaltung einer Unternehmensvision eignen sich spielerische Kreativtechniken wie z.B. Lego® Serious Play® o. Ä. besonders gut. Damit gestalten die Beteiligten „Hands on" ihre Vision und integrieren den Kunden, die Organisation und die Mitarbeitenden in ihr Bild der Zukunft. Entscheidend dabei ist das Storytelling und die eigene Interpretation des Entstandenen. Die Vision wird anschließend als Fazit in zwei bis drei Sätzen ausformuliert. Vorausgesetzt, die Vision entfaltet die nötige

Strahlkraft, können die Teams nun den Weg dorthin mithilfe von OKRs als Meilensteine gestalten. An dieser Stelle kommt auch das Vision-Canvas ins Spiel, um die wichtigsten Themen, Herausforderungen, Ressourcen und Schritte zur Vision zu definieren und festzuhalten.

- Dazu notiert das Führungsteam die Vision in die Mitte des Canvas und leitet die wichtigsten Kern-Themen ab, die mit der Vision zusammenhängen.
- Als Nächstes erarbeitet das Team die Ressourcen, die in der Organisation vorhanden sind, um die Vision zu erreichen, sowie die wichtigsten Herausforderungen, die es zu bewältigen hat.
- Aus all dem werden schließlich die nächsten Schritte hin zur Vision abgeleitet und im Canvas festgehalten.

Was sind typische Hindernisse?

- Die Vision ist nicht attraktiv, ambitioniert und langfristig genug, sodass sich alle Unternehmensbereiche damit identifizieren können.
- Die operativen Aufgaben verschlingen so viel Kapazitäten, dass keine Zeit für die Arbeit an strategischen Zielen bleibt.
- Die Vision wird nicht durchgängig in der Organisation kommuniziert und ihre Relevanz wird nicht betont.
- Das Top-Management lebt andere Verhaltensweisen vor, die nicht mit der Vision übereinstimmen und dadurch für Irritation sorgen.

Kulturwandel-Canvas

Agiler Kulturwandel ist ein komplexes Unterfangen, diesen Prozess zu planen, eine Herausforderung (siehe auch Kap. 6 „Skillset Kulturwandel" ab S. 124). Mit einem reinen Meilensteinplan wird dieser Wandel nicht funktionieren. Vielmehr bedarf es einer guten Mischung und Abfolge von Aktion und Reflexion. Aktion bezieht sich dabei auf konkrete strukturelle und prozessuale Veränderung und Reflexion auf die Beobachtung und Entwicklung der bestehenden Kultur und der Interaktionsmuster.

Die Planung dieses herausfordernden Fitnessprogramms lässt sich mit dem Kulturwandel-Canvas visualisieren, welches auf dem Modell des „Kulturwandelhauses" fußt (siehe S. 130 ff.). Das Kulturwandelhaus besteht aus fünf Räumen, in denen agile Entwicklung stattfinden sollte:

1. **Die gemeinsamen Grundannahmen als Fundament:** Hier wird durch ehrlichen und offenen Diskurs deutlich gemacht, wovon alle im Unternehmen stillschweigend ausgehen und was nicht infrage gestellt wird. Die Leitfrage dabei ist: Wer sind wir und was wollen wir?
2. **Das Mindset als erste Säule:** Sie enthält alles, was das Unternehmen prägt, was aber nicht direkt sichtbar ist – im weitesten Sinne die Haltung, im engeren Sinne die Werte und Prinzipien. Beides gilt es auf individueller und auf organisationaler Ebene zu erforschen. Leitfrage dabei: Welche Annahmen prägen unser Handeln?
3. **Das Verhalten als zweite Säule:** Hier geht es um Methoden und das konkrete Üben neuer Verhaltensweisen. Dabei muss die Kopplung mit dem Mindset eng sein, denn beides entscheidet darüber, wie Führungskräfte Feedback geben oder Informationen geteilt werden. Die Leitfrage lautet hier: Welches Verhalten ist gewünscht?
4. **Architektur & Design als dritte Säule:** Alles, was Struktur gibt, findet hier seinen Platz: der Zuschnitt von Teams, die Organisation von Prozessen und Frameworks wie Scrum etc. Die Leitfrage: Welche Struktur unterstützt die Ziele der anderen Bereiche?
5. **Die Vision als das Dach des Hauses:** Die gemeinsame Vision schützt und verbindet und muss gut gepflegt werden – durch gute Kommunikation und Strategie. Die Leitfrage dabei: Wer wollen wir in Zukunft sein?

Alle fünf Elemente sind miteinander verzahnt und bedingen gleichermaßen das Ergebnis. Sie sinnvoll aufeinander abzustimmen, gelingt mithilfe des Canvas leichter, es sorgt für Übersicht und reduziert so Komplexität.

Was bringt's?

Zum Kulturwandel gehört ein tiefgreifender Diskurs mit Entscheidern. Es müssen verschiedene Positionen und Sichtweisen auf den Tisch, es muss über Dinge gesprochen werden, die sonst nicht thematisiert werden. Nur wenn man alles hervorgeholt hat, kann man ein gemeinsames Verständnis von etwas entwickeln, das man verstärken oder verändern möchte. Das Canvas unterstützt die Reflexion und Planung der erforderlichen Interventionen. Es sortiert die Ebenen, auf denen Kulturveränderung stattfinden sollte, und erleichtert so den Überblick sowie die Ableitung konkreter Maßnahmen zum Wandel.

Wie läuft es ab?

Hierfür gibt es keine wirkliche Blaupause, aber Erfahrungswerte. Häufig bewährt hat es sich, mit einem Management-Kick-off zu starten, in dem grundsätzliche Entscheidungen getroffen und die Rahmen gesteckt werden. In der Folge könnte das erarbeitete Canvas dann weiter ausgerollt werden, etwa auf eine Standortbestimmung mit allen Mitarbeiterinnen und Mitarbeitern und der Aufstellung eines interdisziplinären Kernteams, das die Veränderung treiben soll. Das Management kann diesem Team dann das Zepter übergeben – mit klarer Absprache, wann es wieder eingebunden wird. Das Kulturwandel-Canvas an sich umfasst folgende Felder:

1. Grundannahmen

Die Grundannahmen sind das Fundament, auf dem sich alle in der Organisation begegnen und gemeinsam immer wieder neu aushandeln: Wer sind

Abb. 7: Aufbau eines Kulturwandel-Canvas

Vision/Metakommunikation

- Das wollen wir in Zukunft sein
- So stellen wir sicher, dass jeder weiß, wo wir gerade stehen
- Damit stellen wir sicher, dass wir regelmäßig über uns selbst reflektieren

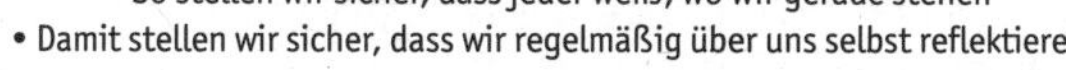

Mindset

- Das sind die Annahmen, die unser Handeln prägen
- Das sind unsere gelebten Werte
- Daraus leiten wir folgende Prinzipien ab
- So wollen wir unsere Denk- und Handlungslogik entwickeln

Verhalten

- So verhalten wir uns
- Das sind wirkungsvolle Verhaltensänderungen auf Führungs- und Teamebene
- Das sind unsere Führungsrollen
- Diese Strukturen verbessern unsere Kommunikation
- Das nehmen wir in unser Skillset auf

Architektur & Design

- Diesen Aufbau strebt unsere Organisation an
- So strukturieren wir Veränderungen
- Das sind erste strukturelle Elemente für die Weiterentwicklung
- Diese Frameworks passen zu uns
- Diese Tools beschleunigen den Wandel (auch Workshops etc.)

Grundannahmen

- Das sind wir und das wollen wir
- Das ist unser gemeinsames Verständnis von Organisation, Verhältnis zur Umwelt, Team, Führung und Agilität
- Wo kommen wir als Unternehmen her und was davon wollen wir bewahren?

wir und was wollen wir? Grundannahmen liegen fast jeder Handlung und jeder Entscheidung zugrunde und werden in jeder Interaktion sichtbar. Dabei sind sie für Außenstehende oft leicht zu erkennen, für Organisationsmitglieder jedoch so selbstverständlich, dass sie oft unsichtbar sind. Daher ist es nötig, bewusst hinzuschauen, Gewohntes zu hinterfragen und sich über Fragen auszutauschen wie:

- Wovon gehen alle in der Organisation stillschweigend aus?
- Was wird gar nicht erst infrage gestellt?
- Könnte es auch anders sein?
- Welche Fragen könnten wir uns sonst noch stellen?

2. Mindset

Hier geht es um alles, was nicht direkt sichtbar ist, aber dennoch die Arbeit und die Atmosphäre in einer Organisation beeinflusst. Das ist im weitesten Sinne die Haltung der Menschen, im engeren Sinne sind es die Werte und Prinzipien. Zusammengenommen spricht man hier von Mindset. Die zentrale Methode, um ihm auf die Spur zu kommen, ist die Reflexion, beispielsweise mit Gesprächen und Retrospektiven. Je höher die Reflexivität einer Organisation, desto produktiver kann sie mit Veränderungen umgehen – und desto agiler kann sie agieren.

Welche Form der Reflexion passt, hängt von der Zielrichtung ab, die angedacht wird. Das Nachdenken kann z.B. in folgende Richtung gehen:

- Welchen individuellen Grundannahmen folgen wir?
- Welche Werte liegen uns bzw. mir am Herzen?
- Welche Prinzipien sind mir wichtig?
- Und müssten diese angesichts der gewünschten Veränderung – auf individueller und organisationaler Ebene – revidiert werden?

3. Verhalten

Der Ansatz dieses Feldes heißt: Experiment. Um neue Verhaltensweisen zu etablieren, werden sie zunächst ausprobiert. Beispielsweise werden mit den Betroffenen drei verschiedene Situationen erarbeitet, die markant für den angestrebten Kulturwandel sind (z.B. das Einstellungsgespräch, die Meeting-Moderation, der Umgang mit Konflikten). Dann wird gefragt: Wie handeln die Mitarbeitenden jetzt? Was tun die Führungskräfte? Anhand der Betrachtung der konkreten Situationen wird allen Beteiligten meist schnell bewusst, welches Verhalten zurzeit stattfindet und welches sich alle wünschen.

Danach werden sinnvolle Vorgehensweisen, hilfreiche Methoden und nützliche Ansätze für die agile Verhaltensänderung vermittelt. Die neuen

Verhaltensweisen – ob zwischen den Teams, zu den Kunden oder zu den Führungskräften – werden dann durch „Trial and Error" ausprobiert. Erfahren und Üben nach dem Motto „Safe enough to try!" stehen im Vordergrund. Jedes Experiment muss also so gestaltet sein, dass es keinen Schaden anrichten kann und sich alle Betroffenen auf den Versuch einigen können. Um vom Verhalten vor und nach dem Kulturwandel ein spezifisches Bild zu entwerfen, werden folgende Fragen geklärt:

- Wonach handeln Führungskräfte und Mitarbeitende? Wonach sollten sie handeln? Was gibt ihnen Handlungsimpulse?
- Wie wird ein Meeting abgehalten? Wie geben Führungskräfte Feedback?
- Wie könnten sie sich anders verhalten und was muss sich dazu ändern?
- Wie wird geführt – aus der Mitte (Selbstführung), von unten (durch Mitarbeiter-Initiativen), von oben (Heldenführung, Ansage) oder von der Seite (lateral und dienstleistend)?
- Wie viel Führung von oben braucht es in Zukunft? Wie sieht diese genau aus? Welche Führung von der Seite (lateral) brauchen wir und wie gestalten wir sie konkret?

4. Architektur & Design

Das Feld „Architektur & Design" umfasst alles, was die Zusammenarbeit ordnet und einen Rahmen bietet – sei es in Abläufen und Prozessen oder in Organisations- und Teamdesigns. Man könnte diesen Baustein auch als den „Sachlichen" bezeichnen, während alle anderen den Menschen in den Mittelpunkt setzen. Da die Struktur aber ebenfalls menschliches Verhalten prägt, gehört sie als wichtiges Element zum Kulturwandel-Canvas dazu.

Die Leitfrage lautet: Wie setzen wir Agilität auf? Denn es gibt verschiedene Ansätze und Tools, die das tägliche Praktizieren von Agilität erleichtern. Einen guten Ansatz, um Struktur zu planen, bieten folgende Fragen:

- Wie soll das Unternehmen aufgebaut sein? Wie soll es umgebaut werden?
- Was tun wir mit unseren Hierarchien? Halten wir daran fest? Streichen wir eine Ebene?
- Wie bauen wir Teams?

Die Architekturfrage führt vom großen Ganzen zum kleinen Detail, immer entlang der strukturellen Entscheidungen. Welche passend sind, sollte genau analysiert werden – am besten mit externer Unterstützung.

- Was passt zum Fundament und zum Mindset? Augenhöhe und Eigeninitiative lassen sich z.B. strukturell dadurch unterstützen, dass Hierarchien abgebaut oder ausgedünnt werden.

- Ist Selbstorganisation eine Möglichkeit? Soll diese auf das ganze Unternehmen oder nur auf Teile ausgerollt werden? Und wie nehmen wir die beteiligten Menschen mit? Das gelingt z.B. durch vereinfachte Entscheidungsprozesse oder verteilte Budgets, die es Mitarbeitenden leicht machen, Verantwortung zu übernehmen.
- An welchen Modellen und Frameworks orientieren wir uns? Scrum oder Kanban z. B. geben mit ihren vorgegebenen Abläufen umfassende Orientierung, aber auch einzelne Tools und Meeting-Formate aus diesen Frameworks können helfen, ein bestimmtes, gewünschtes Verhalten zu formen. Agile Reviews und Retrospektiven etwa sorgen dafür, dass es regelmäßig Raum für Reflexion und Teamentwicklung gibt, und tragen so dazu bei, dass sich eine gute agile Feedback-Kultur entwickelt.

5. Vision/Metakommunikation

Nur durch gemeinsame Kommunikation, gemeinsames Lernen und regelmäßigen verbindenden Austausch auf der Metaebene kann die Veränderung gelingen. Wir müssen immer wieder den Adlerblick einnehmen und auf alles mit Abstand schauen, was wir erreicht haben und was wir aus dem Bisherigen lernen können. Zentrale Fragen in diesem Feld sind:

- Wie schaffen wir eine durchgängige Kommunikation, wo wir hinwollen und wo wir stehen?
- Wie reflektieren und lernen wir kontinuierlich?
- Was hilft uns, immer wieder aus der Metaperspektive Zusammenhänge zu erkennen?

Was sind typische Hindernisse?

- Die Grundannahmen der eigenen Organisation herauszufinden, ist von Innen betrachtet schwierig und unbequem. Dazu braucht es oftmals auch ein Außenbild.
- Das Canvas wird zwar erarbeitet, doch es fehlt die kontinuierliche Arbeit an allen Ebenen.
- Es gibt keine Kulturwandel-Teams, welche crossfunktional das Thema iterativ voranbringen.
- Die Veränderung wird nicht durchgängig in der Organisation kommuniziert und ihre Relevanz wird nicht betont.
- Das Top-Management lebt andere Verhaltensweisen vor, die nicht mit dem Mindset und Verhalten übereinstimmen und dadurch für Irritation sorgen.
- Die alten Strukturen werden beibehalten und begrenzen damit den Wandel zu stark.

Agilitätsgrad von Teams/Bereichen – Selbsttest

Oftmals hören wir als Coach den Satz: „Wir sind doch schon agil!" Gemeint ist damit bestenfalls eine gewisse Flexibilität und Innovationskraft, die dazu führt, weiterhin wettbewerbsfähig zu sein. Häufig steht der Satz aber eher für: „Wir agieren spontan-planlos, chaotisch und schmeißen jeden Tag die Entscheidungen von gestern über den Haufen." Solches Verhalten wird leider auch mit Agilität verwechselt.

Dieser Selbsttest ist dann eine gute Möglichkeit, sehr subjektive Vorstellungen von Agilität transparent und die Bedeutung sowie die verschiedenen Reifegrade von Agilität bewusst zu machen. Anhand der Themenfelder und aufsteigenden Agilitätsgrade erhalten die Teams eine bessere Selbsteinschätzung und erkennen, welche Potenziale ausbaufähig sind.

Was bringt's?

Der Test führt erfahrungsgemäß zu einem regen Austausch zwischen den Teammitgliedern. Durch den Selbst- und Fremdbildabgleich entsteht ein klareres Bild von den eigenen Begrenzungen und den unausgeschöpften Möglichkeiten. Bisweilen führt das Ergebnis auch zur Ernüchterung. Wo agil draufsteht, ist noch lange nicht agil drin. Letztlich ist das eine positive Enttäuschung, denn das Ende der Täuschung ist auch der Startpunkt zu einer heilsamen Selbsterkenntnis. Ziel ist es, den Hebel zur Steigerung der Agilität zu finden und Maßnahmen abzuleiten, die das Team reifer werden lässt.

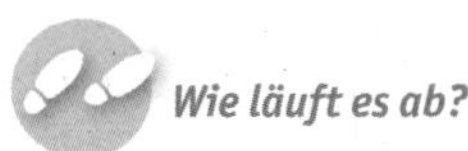

Wie läuft es ab?

Erkläre als Coach die vier Reifegrade der Agilität und dass diese Reifegrade aufeinander aufbauen. Agilitätsgrad 4 schließt also alle anderen inhaltlichen Beschreibungen der Stufen 1 bis 3 mit ein. Jede Einzelne im Team oder im Bereich füllt die Selbsteinschätzung für sich aus. Folgende Themen werden in dem Selbst-Test erfragt und diskutiert:

- **Kundenzentrierung:** Wie kundenzentriert denkt und handelt ein Team, welche Hierarchiehürden bremsen?

- **Selbstorganisation:** Auf welcher Stufe managt das Team sich selbst? Fachlich und inhaltlich, zielbestimmt oder auch wirtschaftlich?
- **Rollen:** Werden Rollen stärkenorientiert verteilt und gleichwertig gelebt? Kann das Team die Rollen selbst wählen und abwählen?
- **Vernetzung:** Wie vernetzt und auf welcher Flughöhe arbeitet das Team?
- **Crossfunktionalität:** Wie crossfunktional und interdisziplinär ist das Team aufgestellt?
- **Frameworks:** Wie wirksam werden agile Frameworks und Methoden genutzt?
- **Kommunikation/Meetings:** Wie effektiv und entwicklungsfördernd sind die Meetings und Kommunikationsstrukturen?

Abb. 8: Fragebogen Agilitätsgrad von Teams und Organisationen

Nach dem individuellen Ausfüllen des Tests bietet es sich gegebenenfalls an, die Unterschiede bei der Einschätzung des Agilitätsgrads in den fünf

Agilitätsgrad 1	Agilitätsgrad 2	Agilitätsgrad 3	Agilitätsgrad 4
☐ Unser Team/unsere Teams denken und handeln kundenorientiert.	☐ Unser Team/unsere Teams arbeiten mit „Personas“, um die Kundensicht in alle Prozesse, Produkte und Dienstleistungen zu integrieren.	☐ Unser Team/unsere Teams haben immer neue Ideen und Initiativen zur Verbesserung von Prozessen, Produkten und Dienstleistungen.	☐ Unser Team/unsere Teams setzen konsequent neue Ideen zur Verbesserung von Prozessen, Produkten und Dienstleistungen um und binden dabei die Kunden ein.
☐ Unser Team/unsere Teams können sich fachlich und inhaltlich jederzeit einbringen und Vorschläge zur Verbesserung machen.	☐ Unser Team/unsere Teams entscheiden fachlich und inhaltlich selbstständig, wie sie Themen umsetzen.	☐ Unser Team/unsere Teams arbeiten fachlich und inhaltlich selbstständig und stimmen sich lediglich untereinander ab.	☐ Unser Team/unsere Teams organisieren sich fachlich und inhaltlich komplett selbstständig und entscheiden in diesem Rahmen autark.
☐ Unser Team/unsere Teams haben Teamziele statt Einzelziele.	☐ Unser Team/unsere Teams werden in die Bestimmung der Teamziele einbezogen.	☐ Unser Team/unsere Teams bestimmen ihren Beitrag zum Unternehmensziel selbstständig.	☐ Unser Team/unsere Teams werden in die Ziele des Unternehmens eingezogen und bestimmen/messen selbstorganisiert ihren Beitrag dazu.
☐ Unser Team/unsere Teams haben ein Budget zur Verfügung.	☐ Unser Team/unsere Teams haben ein Budget zur Verfügung, über welches sie selbstständig entscheiden.	☐ Unser Team/unsere Teams bestimmen über die Höhe des Budgets und planen sämtliche Ausgaben und Einnahmen.	☐ Unser Team/unsere Teams sind betriebswirtschaftlich eigenständig und selbstorganisiert.

Bereichen sichtbar zu machen und diese zu diskutieren. Diese sind ein guter Ansatzpunkt für real erlebte Defizite in den eigenen Agilitätsbemühungen.

Was sind typische Hindernisse?

- Die Aussagen des Tests werden von den Teilnehmenden sehr unterschiedlich interpretiert, wodurch keine klaren Ergebnisse herauskommen. Hier hilft es, vorher die Aussagen durchzugehen und bei der Interpretation zu helfen.
- Die Einschätzungen können sehr stark voneinander abweichen. Hier unbedingt nachfragen, womit das zusammenhängt (s.o.).
- Manche Teams erkennen durch den Test, dass sie sich noch nicht einmal auf Reifegrad 1 befinden. In dem Fall ist es erlaubt, das Kreuz auch vor der 1 zu machen.

Agilitätsgrad 1	Agilitätsgrad 2	Agilitätsgrad 3	Agilitätsgrad 4
☐ Unser Team/unsere Teams kennen die Stärken jedes Einzelnen und setzen diese bewusst für das Team ein.	☐ Unser Team/unsere Teams fördern neben den Teamzielen die Ziele und Bedürfnisse jedes Einzelnen.	☐ Unser Team/unsere Teams besetzen die Rollen und Aufgaben im Team selbstorganisiert.	☐ Unser Team/unsere Teams hinterfragen darüber hinaus regelmäßig ihre Routinen und optimieren Prozesse, Strukturen und Interaktionen.
☐ Unser Team/unsere Teams tauschen sich regelmäßig mit anderen Bereichen/Unternehmen aus.	☐ Unser Team/unsere Teams netzwerken mit anderen Bereichen/Unternehmen und integrieren die Erkenntnisse.	☐ Unser Team/unsere Teams arbeiten empirisch und teilen gewonnenes Wissen mit internen und externen Netzwerken.	☐ Unser Team/unsere Teams arbeiten empirisch und iterativ und kooperieren mit internen und externen Netzwerken.
☐ Unser Team/unsere Teams akzeptieren Unterschiedlichkeiten untereinander.	☐ Unser Team/unsere Teams nutzen bewusst unterschiedliche Denk- und Handlungsweisen zur Innovation und Entwicklung.	☐ Unser Team/unsere Teams sind crossfunktional aufgestellt und haben eine Teamgröße von 7 (±2) Teamern mit konvergenten und divergenten Denkern.	☐ Unser Team/unsere Teams sind selbstorganisierte, crossfunktionale, agile Keimzellen, die nach den agilen Werten und Prinzipien handeln.
☐ Unser Team/unsere Teams kennen agile Frameworks und Methoden.	☐ Unser Team/unsere Teams nutzen agile Frameworks und Methoden.	☐ Unser Team/unsere Teams sind Experten in der Umsetzung agiler Frameworks und Methoden.	☐ Unser Team/unsere Teams entwickeln die Frameworks und Methoden darüber hinaus für ihre Belange stetig weiter.
☐ Unser Team/unsere Teams nutzen Meetings zum Austausch der Bearbeitungszustände und Hindernisse.	☐ Unser Team/unsere Teams machen darüber hinaus regelmäßig Reviews mit Kunden/Stakeholdern zu den Inkrementen.	☐ Unser Team/unsere Teams beteiligen sich alle aktiv in Meetings und sorgen für gemeinsame Effizienz.	☐ Unser Team/unsere Teams reflektieren und hinterfragen darüber hinaus regelmäßig in Retros ihre Zusammenarbeit.

Agile Flughöhe einschätzen

Den Begriff „Flight Levels" oder „Flughöhen" von Agilität habe ich beim Kanban-Experten Klaus Leopold kennengelernt. Er definierte drei Levels, die beschreiben, aus welcher Perspektive etwas betrachtet wird und wie das eine mit dem anderen verzahnt werden kann. Leopold ist dabei stark von der Projektmanagementperspektive der optimalen Koordination und Kommunikation geprägt. Damit ist sein Modell und der daraus entwickelte Fragebogen aber auch gut auf den agilen Kulturwandel übertragbar, denn dieser findet ebenso auf verschiedenen Leveln statt.

In Bezug auf das Thema Agilität ist es hilfreich, ein nächstes Level, also Flughöhe 4, einzufügen. Dieses steht für die organisationsübergreifende Perspektive, die Verzahnung mit der Außenwelt. Gemeint ist damit die direkte Zusammenarbeit mit Wettbewerbern oder auch branchenfremden Partnern, um gemeinsame Erlebnisse für die Kunden zu erschaffen, von denen alle profitieren.

Das Flughöhen-Modell veranschaulicht, welche Ebenen der Organisation welche Hebel für den Wandel in die gewünschte Richtung bieten.

Flughöhe 1: Teamebene des Operativen

„Flughöhe 1" bedeutet, einzelne Teams arbeiten wie agile Inseln in der Organisation. Das ist ein Anfang, der es einzelnen Teams erlaubt, agiler zu arbeiten und trotz Hierarchien und klassischer Silos wendiger und innovativer zu denken und zu handeln. Doch damit fegt man metaphorisch gesprochen nur die unteren Stufen der Treppe und bekommt den Dreck der oberen beständig ins eigene Handlungsfeld gestreut. Das ist mühsam, aufwendig und schlichtweg uneffektiv. Wenn die oberste Strategie- und Management-Ebene den agilen Schraubendreher hingegen an sich selbst ansetzt und den Dreh vorlebt, dann lassen sich alle Stufen der Organisation viel leichter vom Staub des Silodenkens reinigen.

Flughöhe 2: Koordinations-und Schnittstellenebene

Auf „Flughöhe 2" wird die Interaktion der Teams untereinander und mit anderen Bereichen verbessert. Dabei soll der Arbeitsfluss über die Teamgrenzen hinaus gewährleistet sein. Als agiler Coach ist die Kooperation mit den Schnittstellen ein enormer Fortschritt in Richtung agilere Kultur.

So wird über kurz oder lang sichergestellt, dass die internen Grenzen aufgelöst werden und eine bessere übergreifende Zusammenarbeit stattfinden kann. Dazu gehört oft auch ein ganz neues Selbstverständnis.

Flughöhe 3: Organisationsebene

„Flughöhe 3" stellt die Strategie- und Managementebene der Organisation dar. Dort werden zentrale Entscheidungen „mit Helikopterblick" getroffen. Auf dieser Flughöhe macht das Management seine Strategie transparent. Alle drei Horizonte werden offen thematisiert und verknüpft. Je stärker die oberste Führungsebene die agilen Prinzipien umsetzt und dementsprechend transparent, offen, kooperativ und flexibel handelt, desto schneller transformieren alle anderen Bereiche und die gesamte Organisation. Keine Frage, die Treppe wird hier von oben nach unten gefegt. Die unteren Stufen auf der Pyramide werden erst dann vom Alten befreit, wenn von oben kein Dreck nachkommt, der das Neue wieder zudeckt. Das führt zu einem Kulturwandel und trägt zur persönlichen Entwicklung jedes Einzelnen bei. Es ist nötig, Macht und Kontrolle einzutauschen gegen Offenheit und Beteiligung. Das klingt eingängig, ist aber in der tatsächlichen Umsetzung auf Verhaltensebene umso sperriger und herausfordernder.

Flughöhe 4: Organisationsübergreifende Ebene

Die höchste Flugebene stellt das konsequent vernetzte Arbeiten und Innovieren auf dem organisationsübergreifenden Level dar. Warum entwickelt jede Bank oder Versicherung eine eigene App? Die größten Chancen eröffnet die Zusammenarbeit über die Unternehmensgrenzen hinaus. Der alte Wettbewerbsgedanke hat ausgedient, eine neue Form der Kollaboration muss her. Immer mehr Unternehmen arbeiten an technologischen Themen inzwischen übergreifend zusammen. Wenn die alten Konkurrenten Daimler und BMW es schaffen und Mobilität gemeinsam denken und entwickeln, schaffen andere das auch.

Was bringt's?

Der auf diesem Modell basierende Fragebogen (siehe Abb. 9, S. 288) lässt sich u.a. zur Auftragsklärung nutzen. Dazu gehst du mit dem Top-Management die Fragen durch und reflektierst, auf welcher Flughöhe sie das Unternehmen derzeit verorten und wo sie hinwollen. Daraus lassen sich Ansatzpunkte für die eigene Arbeit ableiten und was dein Auftrag als agiler Coach bedeutet. Die Selbsteinschätzung verhilft dem Auftraggeber zu höherer Transparenz: Je höher die Flughöhe, desto wirksamer ist jede Veränderung. Je höher er den Veränderungshebel ansetzt, desto schneller und tiefgreifender wird sich die Organisation wandeln.

Für Teams oder einzelne Bereiche lässt sich die Checkliste zur Überprüfung der eigenen Flughöhe nutzen, um die Beteiligten zu motivieren, Flughöhe, eigene Wirksamkeit und Schnittstellenkoordination zu verbessern.

Abb. 9: Checkliste zur agilen Flughöhe einer Organisation

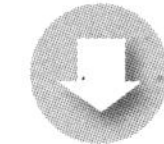

Flughöhe 4

- ☐ Wir sind mit anderen Organisationen global vernetzt und kollaborieren miteinander.
- ☐ Unser Unternehmen ist für alle Besucher offen. Wir dienen als Beispiel funktionierender agiler Arbeitsweise.
- ☐ Wir haben neben dem Geschäftserfolg jederzeit die Verantwortung gegenüber Kunden und der Umwelt im Blick und richten unser Handeln danach aus.

Flughöhe 3

- ☐ Unsere Geschäftsführung macht ihr Handeln transparent und stimmt Entscheidungen mit anderen Bereichen ab bzw. delegiert Entscheidungen an crossfunktionale Teams.
- ☐ Exploitation und Exploration sind bei uns vernetzt. Wir verbessern unser heutiges Geschäft ständig und investieren in zukünftige Märkte und Produkte.
- ☐ Wir haben holokratische Strukturen und unsere Hierarchien sind teilweise abgebaut.
- ☐ Flexible und verteilte Führung sorgt für eine gute Mischung aus Aktion und Reflexion.

Flughöhe 2

- ☐ Unser agiles Kernteam funktioniert wie ein zweites Betriebssystem und bildet agile Initiativen aus, in denen crossfunktional Neues entwickelt und Bestehendes verbessert wird.
- ☐ In den komplexen Bereichen wie Marketing, Entwicklung und Vertrieb arbeiten die Teams übergreifend zusammen und entwickeln neue Ideen, die agil umgesetzt werden.
- ☐ Wir haben teamübergreifende und anlassbezogene Meetings.
- ☐ Unsere Teams bilden sich eigeninitiativ weiter und lernen voneinander.

Flughöhe 1

- ☐ Wir haben vereinzelt agile Teams, die mit Frameworks arbeiten und sich selbst organisieren.
- ☐ Wir haben ein agiles Kernteam, das Initiativen und Innovationen im Unternehmen plant.
- ☐ Wir haben Schulungen zum agilen Projektmanagement und agiler Führung durchgeführt.
- ☐ Einzelne Bereiche transformieren sich und arbeiten kundenzentriert und innovativ.

Wie läuft es ab?

1. Erläutere als Coach die Flughöhen und nutze dazu konkrete Beispiele.
2. Lass die Anwesenden die zutreffenden Aussagen zu den Flughöhen ankreuzen (Einzelarbeit in Stille).
3. Lass dann in Kleingruppen die Ergebnisse miteinander diskutieren und bitte die Gruppen, eine gemeinsame Einschätzung der Flughöhe zu treffen.
4. Tauscht die Ergebnisse im Plenum aus und findet Ansätze, wie das Team die Flughöhe eigenverantwortlich steigern kann, um eine größere Hebelwirkung in der Organisation zu erzielen.

Was sind typische Hindernisse?

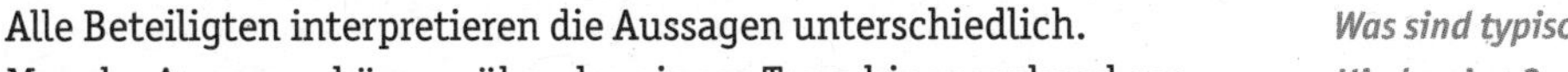

- Alle Beteiligten interpretieren die Aussagen unterschiedlich.
- Manche Aussagen können über das eigene Team hinausgehend gar nicht beantwortet werden.
- Die Selbsteinschätzung kann stark vom Fremdbild abweichen. Hier ist ein Selbst-Fremdbild-Abgleich sehr wirksam.

Reflexionsbogen Agiles Mindset

So wie keine Pflanze ohne ein gutes Wurzelwerk gedeiht und wächst, so gelingt auch keine Transformation in Richtung selbstorganisiertes und innovatives – sprich: agiles – Handeln ohne das entsprechende Mindset. Führungskräfte und Teams in agilen Veränderungsprozessen brauchen eine bestimmte Denk- und Handlungslogik, um die erforderliche Organisations- und Selbstentwicklung zu bewältigen, die eine Transformation abverlangt. Komplexität und Ungewissheit fordern uns psychisch heraus und schubsen uns sozusagen in eine Stretchingzone.

Was bringt's?

Mit dem Schnelltest zum agilen Mindset kannst du als Coach zur Reflexion anregen. Wohlwissend, dass sich Menschen meist viel dynamischer einschätzen, als sie tatsächlich handeln, lassen sich auf der Basis dieses Tests mit den Teilnehmenden erste Schritte zu einer wachstumsorientierteren Haltung entwickeln.

Wie läuft es ab?

Erkläre als Coach die Unterschiede zwischen dem statischen und dem dynamischen Mindset und betone die Wichtigkeit beider Ausprägungen (siehe hierzu auch „Das agile Mindset", S. 36 ff.). Folgende Themen werden in dem Selbst-Test erfragt und diskutiert:

- **Charakter:** Wie veränderbar ist der Charakter eines Menschen und damit auch mein eigener?
- **Herausforderungen:** Wie gehe ich mit Herausforderungen um? Meide oder suche ich sie?
- **Hindernisse:** Wie betrachte ich Hindernisse, die mir begegnen, und wie gehe ich mit ihnen um?
- **Fehler:** Vermeide ich Fehler oder nutze ich diese?

Nun sind die Beteiligten gefordert:

1. Jede Person schätzt sich selbst zu jedem der vier Themen auf der Skala zwischen statischem und dynamischem Mindset ein und notiert konkrete Situationen, in denen sich die Einschätzung an Handlungen zeigt. Unsere Denk- und Handlungslogik zeigt sich viel mehr in unseren täglichen Handlungen als in unseren Überzeugungen.
2. Nach dem Offenlegen der Selbsteinschätzung sollte eine gute Kollegin aus dem Team (oder auch ein Freund) ihre Einschätzung abgeben.

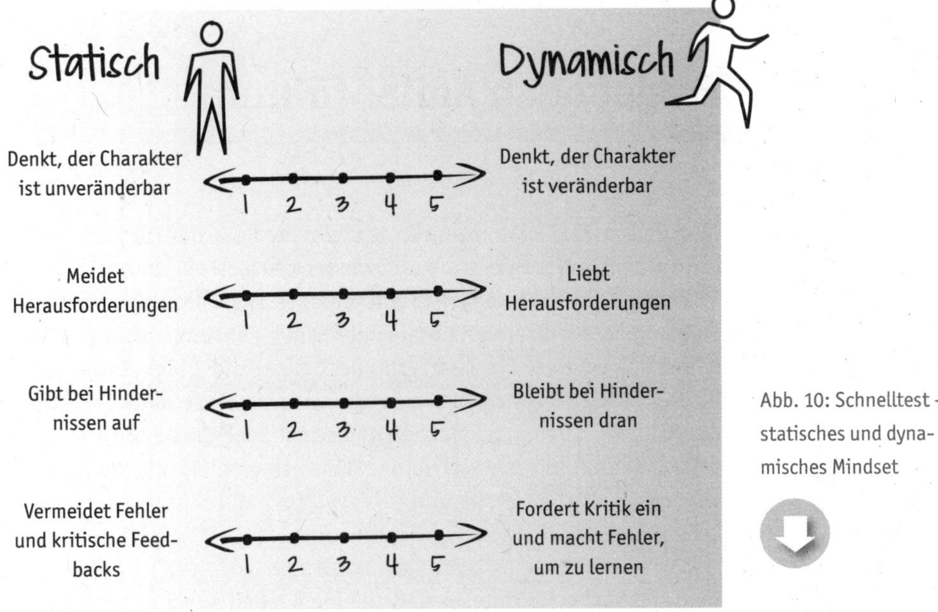

Abb. 10: Schnelltest – statisches und dynamisches Mindset

Damit bekommt jeder ein Fremdbild, welches oftmals interessante Korrekturen im Selbstbild bewirkt.

3. Anschließend bewegt sich jeder gedanklich einen Schritt weiter Richtung dynamisches Mindset und notiert, woran sich das konkret bemerkbar machen würde. Welche Gedanken und Handlungen wären anders? Woran würde es das Umfeld merken?
4. Als Fazit nimmt sich jeder einen konkreten Schritt vor und setzt sich ein erreichbares und attraktives Ziel.

Was sind typische Hindernisse?

- Die Menschen schätzen sich viel dynamischer ein, als sie handeln. (Daher ist die Fremdeinschätzung sehr hilfreich und wertvoll.)
- Statische Denk- und Handlungsweisen werden negativ bewertet und dadurch vertuscht.
- Untereinander fehlt die psychologische Sicherheit, um sich zu offenbaren und Unsicherheiten oder Schwierigkeiten zu besprechen.

Fragebogen Agiler führen

Aller Selbstorganisation zum Trotz bleibt die Rolle der Führung weiterhin ein treibender Faktor, ob und wie schnell sich ein Unternehmen in Richtung Agilität bewegt. Wie agil schätzen sich Führungskräfte oder Führungsteams mit ihren unterschiedlichen Führungsrollen ein? Und wie realistisch ist diese Einschätzung. Der Selbsttest ist hier eine gute Möglichkeit, die Bedeutung und die verschiedenen Reifegrade von Agilität in der Führung bewusst zu machen und damit auch die häufig anzutreffende Selbstüberhöhung zu relativieren. Selbsterkenntnis ist bekanntermaßen der erste Schritt zu Besserung.

Was bringt's?

Der Test führt erfahrungsgemäß zu einem regen Austausch zwischen agilem Coach und Führungskraft oder – je nach Durchführungskontext – zwischen den Führungskräften untereinander. Durch den Selbst-und Fremdbild-Abgleich entsteht ein klareres Bild von den eigenen Begrenzungen und den unausgeschöpften Potenzialen. Und das ist sehr relevant, denn Führung ist immer noch der Multiplikator schlechthin zur Steigerung der Agilität.

Wie läuft es ab?

Erkläre als Coach die vier Reifegrade der Agilität und dass diese Reifegrade aufeinander aufbauen. Agilitätsgrad 4 schließt also alle anderen inhaltlichen Beschreibungen der Stufen 1 bis 3 mit ein. Jede Führungsrolle füllt die Selbsteinschätzung für sich aus. Folgende Themen werden in dem Selbst-Test erfragt und diskutiert:

- **Ausrichtung:** Wie sorge ich für eine gemeinsame Ausrichtung?
- **Selbstorganisation:** Wie gebe ich Verantwortung ab?
- **Frameworks:** Wie gut kenne und nutze ich Frameworks zur Führung im komplexen Umfeld?
- **Hindernisse:** Wie gehe ich in der Führung mit Hindernissen um?
- **Fehlerfreude:** Wie gehe ich mit Fehlern um und ermutige zu Veränderungen?
- **Netzwerken:** Wie vernetze ich mich und wie nutze ich dies für mein Team?

Nach dem individuellen Ausfüllen des Tests bietet es sich an, die Unterschiede bei der Einschätzung des Agilitätsgrads in den sechs Bereichen sichtbar zu machen und diese zu diskutieren. Ziel ist es, wirksame Hebel zur Steigerung der Agilität zu finden und Maßnahmen abzuleiten, die die Führung reifer werden lassen.

Abb. 11: Fragebogen Agilitätsgrad der Führung (Forts. nächste Seite ->)

Agilitätsgrad 1	Agilitätsgrad 2	Agilitätsgrad 3	Agilitätsgrad 4
☐ Denkt über das aktuelle Tagesgeschäft hinaus.	☐ Vermittelt Teams ein gemeinsames Zukunftsbild.	☐ Vermittelt und/oder entwickelt mit Teams eine motivierende Vision und sorgt für die gemeinsame Ausrichtung.	☐ Vermittelt und/oder entwickelt gemeinsam mit Teams eine motivierende Vision und sorgt für gemeinsame Ausrichtung.
☐ Lässt das Team bei fachlichen Entscheidungen mitbestimmen.	☐ Fördert verschiedene Rollen und Kompetenzen im Team mit dem Ziel, dem Team mehr Verantwortung zu geben.	☐ Verteilt im Team/Bereich passende Rollen und Kompetenzen, die verschiedene Perspektiven und Verantwortlichkeiten übernehmen bzw. Entscheidungen treffen.	☐ Stärkt und coacht konsequent die Selbstorganisation der Teams/des Bereichs und räumt Hindernisse aus dem Weg.
☐ Versteht die Wirkungsweise von Frameworks.	☐ Weiß, welches Framework wie wirksam ist.	☐ Kann die Praxis eines Frameworks sinnvoll anpassen und effektiv steuern.	☐ Kann die Arbeit mit dem Framework wirksam in alle Abläufe integrieren und mit Blick auf die Organisation weiterentwickeln.
☐ Beseitigt offensichtliche Hindernisse, die das Team meldet.	☐ Erkennt zusätzlich auch weniger offene Hindernisse und spricht sie an.	☐ Räumt Hindernisse aus dem Weg und fördert proaktiv die Zusammenarbeit.	☐ Räumt Hindernisse aus dem Weg, fördert proaktiv die Zusammenarbeit und entwickelt das Team wirksam.
☐ Geht mit seinen eigenen Schwierigkeiten und Fehlern offen um.	☐ Betrachtet seine eigenen und die Fehler anderer als Lernchance und ermutigt das Team, Neues auszuprobieren.	☐ Ist darüber hinaus ein Vorbild an Pioniergeist und sorgt für zielführende und mutige Experimente im Team.	☐ Fördert darüber hinaus die „Stretchingzone" des Teams und jedes Einzelnen. Geht mit dem Team immer wieder neue Wege.
☐ Fördert die Kommunikation zu Schnittstellen.	☐ Kann an Schnittstellen auf unterschiedliche Art und Weise wirksam kommunizieren und kollaborieren.	☐ Kann darüber hinaus auch obere Führungsebenen einbinden und von notwendigen Vorgehensweisen überzeugen.	☐ Ist in der Lage, im Sinne des Unternehmens auf jeder Ebene zu kollaborieren und zu netzwerken – auch über Bereichsgrenzen hinaus.

Agilitätsgrad 1	Agilitätsgrad 2	Agilitätsgrad 3	Agilitätsgrad 4
☐ Kann Meetings erfolgreich moderieren.	☐ Kann unterschiedliche Meeting-Formate angemessen und über einen längeren Zeitraum interessant gestalten.	☐ Kann zusätzlich die Selbstorganisation des Teams stärken und die Moderationsformate auch anderen vermitteln.	☐ Ist darüber hinaus in der Lage, Meetings stetig zu hinterfragen und sie zu optimieren, um die Entscheidungskompetenz im Team zu steigern.
☐ Hat die Ziele des Unternehmens und Teams im Blick und steuert diese effektiv.	☐ Fördert neben den Teamzielen die Ziele und Bedürfnisse jedes Einzelnen.	☐ Fördert das Team darin, seinen Beitrag zur Unternehmensvision leisten zu wollen.	☐ Schafft es, dass das Team und jeder Einzelne stolz darauf ist, seinen Beitrag zur Unternehmensvision beizusteuern und die Ziele zu übertreffen.
☐ Denkt und handelt lösungsorientiert.	☐ Fördert die Lösungsorientierung des Teams und jedes Einzelnen.	☐ Sieht in allen Hürden und Hindernissen Chancen und lernt selbst daraus. Fördert die Teamreflexion.	☐ Schafft es, dass jeder unterschiedliche Perspektiven einnehmen kann und sich reflektiert.
☐ Bezieht das Team in die Aufgabenverteilung mit ein	☐ Berät das Team zur Aufgabenverteilung und lässt es dann selbst entscheiden.	☐ Lässt das Team die Aufgaben selbst ziehen und eigenverantwortlich umsetzen.	☐ Coacht das Team und Einzelne, über die eigene Komfortzone hinaus Aufgaben zu ziehen und eigenverantwortlich umzusetzen.
☐ Lässt Meinungsverschiedenheiten im Team zu.	☐ Fördert unterschiedliche Perspektiven und Meinungen.	☐ Fördert bewusst kritisches Feedback und unterschieldiche Sichtweisen, um Bestehendes zu hinterfragen.	☐ Coacht das Team darin, Unterschiedlichkeiten zu nutzen und sich kontinuierlich zu „stretchen".

Was sind typische Hindernisse?

- Die Aussagen des Tests werden von den Teilnehmenden sehr unterschiedlich interpretiert, wodurch keine klaren Ergebnisse herauskommen. Hier hilft es, vorher die Aussagen durchzugehen und bei der Interpretation zu helfen.
- Die Selbsteinschätzung kann stark vom Fremdbild abweichen. Hier ist ein Selbstbild-Fremdbild-Abgleich sehr wirksam.

Prinzipien-Checkliste

Die zwölf agilen Prinzipien (siehe S. 65 ff.) verstehen sich als Orientierungshilfe für Teams, sich auf die Realitäten eines dynamischen Geschäftsumfelds einzustellen. Sie fördern eine Kultur der Flexibilität, Zusammenarbeit und kontinuierlichen Verbesserung, die letztlich zu erfolgreichen Ergebnissen und zufriedenen Kunden führt. Mit der Prinzipien-Checkliste können die Beteiligten schnell ihren Status quo als agiles Team ermitteln. Sie werden sich unterschiedlicher Einschätzungen oder auch aktueller Schwachpunkte bewusst, können sich leichter über Prioritäten verständigen oder auch Prinzipien für ihre Bedürfnisse weiterentwickeln.

Was bringt's?

- **Motivation der Teammitglieder:** Agile Prinzipien setzen auf selbstorganisierte Teams, die Verantwortung für ihre Arbeit übernehmen. Dies führt oft zu höherer Motivation und Zufriedenheit der Teammitglieder, da sie sich stärker mit dem Projekt identifizieren können.
- **Risikomanagement:** Durch die Aufteilung in kleinere Iterationen können Risiken früher erkannt und angegangen werden. Das minimiert die Wahrscheinlichkeit großer Ausfälle und ermöglicht eine kontrolliertere Entwicklung.
- **Flexibilität:** Agile Teams können flexibel auf Änderungen reagieren, ohne den gesamten Projektplan umzuwerfen. Dadurch wird der Umgang mit unerwarteten Umständen erleichtert.
- **Kontinuierliche Anpassung an Marktbedürfnisse:** Durch die regelmäßige Lieferung von Teilergebnissen können Teams schnell auf Marktveränderungen reagieren und das Produkt kontinuierlich anpassen.
- **Schnelle Veränderungen und Unsicherheit:** In der heutigen Geschäftswelt ändern sich Anforderungen und Umgebungen oft rasch. Agile Ansätze ermöglichen es Teams, sich an diese Veränderungen anzupassen und rasch auf neue Informationen zu reagieren, ohne den gesamten Prozess neu zu gestalten.
- **Kundenorientierung:** Agile Prinzipien legen großen Wert darauf, den Kunden in den Mittelpunkt des Entwicklungsprozesses zu stellen. Durch regelmäßige Kommunikation und Rückmeldungen können Teams sicherstellen, dass das Endprodukt den Bedürfnissen und Erwartungen der Kunden entspricht.
- **Kontinuierliche Verbesserung:** Agile Methoden betonen den Wert von retrospektiven Analysen und Anpassungen nach jeder Iteration. Teams

haben die Möglichkeit, aus Erfolgen und Misserfolgen zu lernen und ihre Arbeitsweise kontinuierlich zu optimieren.

- **Frühe Lieferung von Werten:** Agile Ansätze betonen die Aufteilung von Projekten in kleinere, lieferbare Einheiten. Dadurch können Teams frühzeitig Mehrwert für den Kunden schaffen und schneller auf dem Markt präsent sein.
- **Bessere Zusammenarbeit:** Agile Prinzipien fördern die interdisziplinäre Zusammenarbeit und offene Kommunikation innerhalb des Teams. Dadurch wird das kollektive Wissen und die Fähigkeiten aller Mitglieder genutzt, um effektivere Lösungen zu entwickeln.
- **Transparenz:** Durch regelmäßige Meetings wie Daily Stand-ups und Sprint Reviews werden Fortschritt und Herausforderungen für alle sichtbar. Das schafft Transparenz.

Wie läuft es ab?

1. Erläutere als Coach die Prinzipien und erkläre sie anhand von konkreten Beispielen aus dem Arbeitsalltag.

2. Lass die Anwendenden die Prinzipien nach folgenden Kriterien einschätzen (siehe Tabelle rechts):

- Setzen wir bereits erfolgreich um.
- Passt (noch) nicht zu uns.
- Wäre notwendig und wichtig für uns.

3. Lass dann in Kleingruppen die Ergebnisse miteinander diskutieren und bitte die Gruppen, zu entscheiden, welches Prinzip wichtig ist und umgesetzt werden soll.

4. Tauscht die Ergebnisse im Plenum aus und findet Ansätze, wie das Team die gewählten Prinzipien eigenverantwortlich umsetzen kann.

Was sind typische Hindernisse?

- Alle Beteiligten interpretieren die Prinzipien und deren Umsetzung unterschiedlich.
- Manche Aussagen können über das eigene Team hinausgehend gar nicht beantwortet werden.
- Manche der zwölf Prinzipien müssen erst in den Kontext des jeweiligen Unternehmens bzw. der jeweiligen Organisation übersetzt bzw. angepasst werden.

Prinzipien-Checkliste	Setzen wir bereits erfolgreich um	Passt (noch) nicht zu uns	Notwendig und wichtig
1. Unsere höchste Priorität ist es, den Kunden durch frühe und kontinuierliche Auslieferung wertvoller Produkte oder Dienstleistungen zufriedenzustellen.	☐	☐	☐
2. Anforderungsänderungen sind selbst spät in der Entwicklung willkommen. Agile Prozesse nutzen Veränderungen zum Wettbewerbsvorteil des Kunden.	☐	☐	☐
3. Liefere funktionierende Produkte/Dienstleistungen regelmäßig innerhalb weniger Wochen oder Monate und bevorzuge dabei die kürzere Zeitspanne.	☐	☐	☐
4. Fachleute aus verschiedenen Bereichen müssen während des Projekts täglich zusammenarbeiten.	☐	☐	☐
5. Errichte Projekte rund um motivierte Individuen. Gib ihnen das Umfeld und die Unterstützung, die sie benötigen, und vertraue darauf, dass sie die Aufgabe erledigen.	☐	☐	☐
6. Die effizienteste und effektivste Methode, Informationen an das Team und innerhalb des Teams zu übermitteln, ist das Gespräch von Angesicht zu Angesicht.	☐	☐	☐
7. Funktionierende Dienstleistungen und Produkte sind das wichtigste Fortschrittsmaß.	☐	☐	☐
8. Agile Prozesse fördern nachhaltige Entwicklung. Die Auftraggeber, das Team und die Nutzer sollten ein gleichmäßiges Tempo auf unbegrenzte Zeit halten können.	☐	☐	☐
9. Ständiges Augenmerk auf fachliche Exzellenz und gute Gestaltung der Arbeitsabläufe fördern Agilität.	☐	☐	☐
10. Einfachheit – die Kunst, die Menge nicht getaner Arbeit zu maximieren – ist essenziell.	☐	☐	☐
11. Die besten Architekturen, Anforderungen und Entwürfe entstehen durch selbstorganisierte Teams.	☐	☐	☐
12. In regelmäßigen Abständen reflektiert das Team, wie es effektiver werden kann und passt sein Verhalten entsprechend an.	☐	☐	☐

Abb. 12: Checkliste mit den zwölf agilen Prinzipien

13. Toolset Entscheidungen

Delegation Board und Delegation Poker

Selbstorganisation von Teams funktioniert nur mit angemessenen Entscheidungskompetenzen. Wenn Teams für jeden Kugelschreiber eine Unterschrift vom Chef benötigen, ist die Selbstorganisation nur ein Slogan auf dem Papier. Dazu muss die Führung lernen, Verantwortung abzugeben, und das Team muss lernen, diese zu tragen. Im Delegation Board wird geregelt, auf welche Art die Führung in Entscheidungsprozessen agiert. Entscheidet das Management alleine, bindet es das Team ein oder gibt die Führung die Entscheidung komplett in die Zuständigkeit des Teams? Die Abstimmung und Entscheidung dazu geschieht meistens mithilfe des sogenannten Delegation Pokers.

Was bringt's?

Überall dort, wo wir den Übergang von Entscheidungskompetenzen auf das Team planen, lässt sich der Prozess gut mit einem Delegation Board gestalten und mittels Delegation Poker im Team spielerisch umsetzen. Führung und Teams klären anhand des Boards gemeinsam, auf welcher Stufe der Delegation sie ein Thema verorten. Die verantwortliche Führung macht damit transparent, was sie selbst entscheidet und was sie dem Team überlässt. Gleichzeitig schätzt jeder im Team ein, welche die zielführendste Stufe der Entscheidung darstellt.

Delegation Poker hilft, unterschiedliche Meinungen zu Entscheidungsbefugnissen zu klären, fördert die Kommunikation im Team und trägt zur Stärkung der Selbstorganisation bei. Es kann sich auch förderlich auf das agile Mindset innerhalb des Teams auswirken, indem Verantwortung und Befugnisse angemessen verteilt werden.

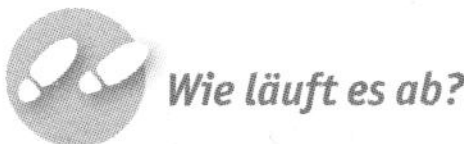

Wie läuft es ab?

Vorbereitung: Stelle sicher, dass alle Teammitglieder und Beteiligten verstehen, worum es beim Delegation Poker geht. Du benötigst eine Reihe von Delegation-Poker-Karten oder alternativ Zettel mit verschiedenen Delegationsstufen, die von „1" (volle Kontrolle) bis „7" (volle Delegation) reichen.

Besprechung der Stufen: Erkläre den Beteiligten die Bedeutung der verschiedenen Delegationsstufen:

1. **Ich verkünde (Micro-Management):** Die Person entscheidet eigenständig und trifft alle Entscheidungen alleine.
2. **Ich verkaufe euch meine Entscheidung.**
3. **Ich befrage euch und sammle eure Meinungen**, entscheide aber selbst.
4. **Wir einigen uns** und entscheiden gemeinsam auf Augenhöhe.
5. **Ich berate euch**, aber ihr als Team entscheidet.
6. **Ich erkundige mich** nach eurer Entscheidung.
7. **Ich delegiere** (Selbstorganisation): Die Person delegiert die Entscheidungsbefugnis vollständig an andere.

Szenarien identifizieren: Wähle eine Reihe von realen oder hypothetischen Szenarien oder Entscheidungen aus, bei denen die Delegationsstufen definiert werden sollen.

Kartenverteilung: Teile jedem einen Satz von Delegation-Poker-Karten oder entsprechend beschrifteten Zetteln aus.

Diskussion und Abstimmung: Präsentiere ein Szenario und lade die Teilnehmenden ein, individuell eine Delegationsstufe auszuwählen, die sie für angemessen halten. Die Teilnehmenden legen ihre ausgewählten Karten gleichzeitig verdeckt auf den Tisch.

Vergleich und Diskussion: Sobald die Karten auf dem Tisch liegen, werden die ausgewählten Stufen verglichen und diskutiert. Die Teilnehmenden können ihre

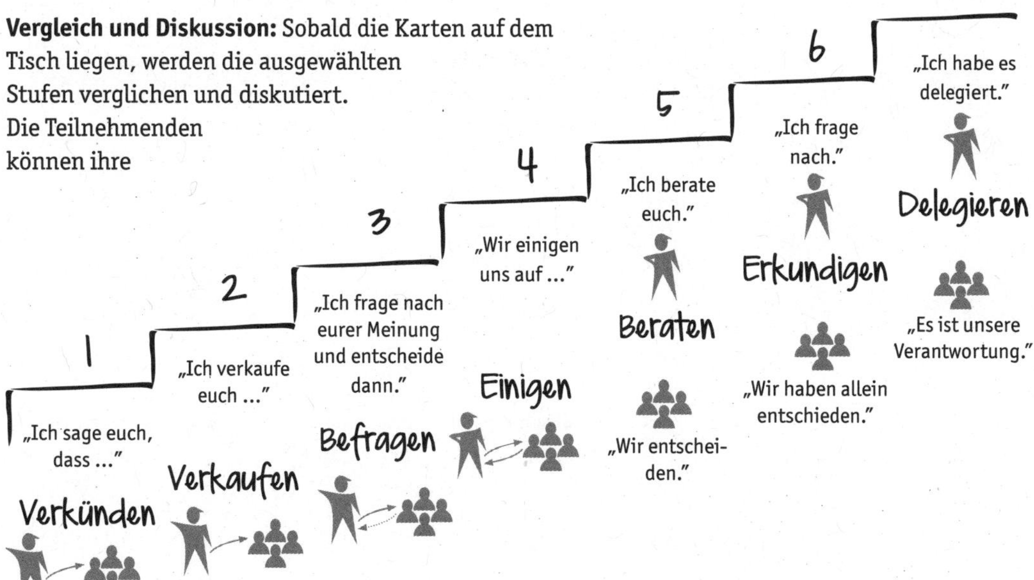

Abb. 13: Die sieben Stufen des Delegation Boards

Entscheidungen begründen und über Unterschiede oder Missverständnisse sprechen.

Einigung: Die Gruppe arbeitet darauf hin, sich auf eine Delegationsstufe für das jeweilige Szenario zu verständigen. Dies kann durch Diskussionen, Verhandlungen und Überlegungen erreicht werden.

Es müssen sich nicht alle auf eine Stufe einigen, sondern es reicht eine Annäherung. Wenn die Führungskraft beispielsweise das Team noch beraten möchte, bevor es über Anzahl der Beteiligten und Art des mobilen Arbeitens im Team entscheidet, und das Team diese Entscheidung lieber vollständig delegiert bekommen möchte, dann reicht in der Regel eine Einigung auf Stufe 6: Das Team entscheidet selbst über seine Aufteilung doch die Führungskraft kann sich jederzeit über die Umsetzung informieren.

Was sind typische Hindernisse?

Bei mehrdeutigen oder unpräzisen Fragestellungen können keine klaren Ergebnisse herauskommen. Die Beteiligten brauchen ein gemeinsames Verständnis über die Tragweite und den Kontext jeder Entscheidung. Oftmals werden erst durch das Delegation Poker Missverständnisse aus dem Weg geräumt und trennscharfe Fragestellungen gefunden. Wie soll ein Team beispielsweise über Homeoffice entscheiden, wenn nicht klar ist, unter welchen Rahmenbedingungen das Arbeiten von zu Hause genutzt werden soll?

So passiert es häufig, dass erst durch das Pokern die unterschiedlichen Interpretationen des Themas und dessen Auswirkungen transparent werden. Wenn das Team mit der Führung beispielsweise das Thema mobiles Arbeiten pokert, werden die Interpretationen klar. Der eine versteht unter mobilem Arbeiten, er kann auch von seiner Zweitwohnung in Spanien arbeiten, wohingegen die Führungskraft darunter versteht, dass derjenige jederzeit auch in Präsenz zur Verfügung steht, wenn er gebraucht wird. Solche Abgleiche sind genauso wichtig wie das Pokern über die Stufe.

Entscheidungsmatrix & Co.

Klare Entscheidungen, die möglichst von allen mitgetragen werden, sind die Voraussetzung, um produktiv arbeiten zu können. Mitwirkung und Transparenz gelten dafür in agilen Organisationen als unerlässliche Voraussetzung und haben einen entsprechend hohen Stellenwert. Solange Entscheidungen nicht auf Stufe 6 oder 7 im Delegation Board lokalisiert sind, ist es zielführend diese Entscheidungen gesammelt in einem Meeting zu treffen. Beim Entscheidungsmeeting werden wichtige Entscheidungen vorab gesammelt und kommuniziert, um entsprechend vorbereitet möglichst viele gute Beschlüsse treffen zu können.

Was bringt's?

Im Meeting selbst hilft die Entscheidungsmatrix (siehe Abb. 14, S. 302), welche Form der Entscheidungsfindung für den jeweiligen Beschluss die beste Wahl ist. Sie ermöglicht eine Einordnung der Entscheidung in einfach oder komplex sowie hinsichtlich ihrer Tragweite:

Einfache Entscheidungen
Bei einfachen Entscheidungen ohne weitreichende Folgen reicht ein Mehrheitsentscheid.

- **Vorteil:** Er ist schnell und unkompliziert.
- **Nachteil:** Die Einwände der Minderheit bleiben bestehen.

Bei einfachen Entscheidungen mit hoher Tragweite eignet sich der Konsens.

- **Vorteil:** Alle sind sich einig und akzeptieren den Beschluss.
- **Nachteil:** Es dauert oftmals lange, bis alle einer Lösung zustimmen.

Komplexe Entscheidungen
Bei komplexen Entscheidungen eignet sich oftmals der Konsent. Solange es kein triftiges Gegenargument gibt, wird die Entscheidung bzw. der Vorschlag beschlossen. Sobald eine neue und bessere Lösung vorgeschlagen wird, verhandeln die Entscheider erneut darüber.

- **Vorteil:** Die Entscheidung ist flexibel und kann jederzeit optimiert werden. Bis dahin gehen alle mit.
- **Nachteil:** Der Konsent muss moderiert werden und braucht entsprechend Zeit (mind. 30 Min.). Auch muss sich jeder im Vorfeld argumentativ mit dem Thema auseinandersetzen.

Wie läuft es ab?

Mehrheitsentscheide und Konsens sind vermutlich den meisten gut bekannt. Deswegen gehen wir im Folgenden nur auf den Konsent, die Widerstandsabfrage und den konsultativen Entscheid ein.

Konsent

- Entscheidungsvorschlag erklären: Der Initiator erklärt seinen Entscheidungsbedarf sowie die Vorgeschichte und welches Ziel verfolgt wird.
- Meinungsbildende Runde: Die Moderatorin klärt, ob alle entscheidungsrelevanten Informationen vorliegen. Dazu kommen alle Anwesenden reihum zu Wort und können Fragen stellen zu dem, was ihnen für die Meinungsbildung noch fehlt. Wichtig: Es findet keine Meinungsäußerung oder Diskussion statt, sondern es werden nur Verständnisfragen gestellt.
- Erste Meinungsrunde: Erst wenn der Initiator alle Fragen beantwortet hat, starten die Meinungsrunden. Jedes Mitglied äußert seine Meinung. Das Rundenprinzip verhindert hitzige Diskussionen, da nacheinander jeder zu Wort kommt. Die Moderatorin kann währenddessen wichtige Aspekte auf einem Flipchart notieren.
- Gemeinsame Lösungserarbeitung: Der Initiator hat nun die Möglichkeit, den ursprünglichen Vorschlag beizubehalten, anzupassen, um

Abb. 14: Die Entscheidungsmatrix

Einwände zu integrieren, oder auch seinen Vorschlag zurückzuziehen. Der Vorschlag sollte schriftlich ausformuliert werden. Die Moderatorin stellt sicher, dass die Formulierung für alle Beteiligten stimmig ist.

- Konsentrunde: Der Vorschlag wird zur Abstimmung gestellt. Die Moderatorin fragt das Votum per Handzeichen „Fist of Five" ab, vorhandene Einwände müssen integriert werden (Abbruch oder Anpassung).
- Sollten mehrere Vorschläge existieren, muss die Moderatorin dafür sorgen, dass nur ein Vorschlag zur Abstimmung gestellt wird. Diese Auswahl kann durch die Widerstandsabfrage, durch Mehrheitsbeschluss oder durch Entscheidung des Initiators erfolgen.

Die Abstimmung via Fist of Five

- **5 Finger:** Ich bin dafür und voll dabei.
- **4 Finger:** Okay für mich mit kleinen Einschränkungen.
- **3 Finger:** Okay, aber mit gemischten Gefühlen.
- **2 Finger:** Nein, ich bin dagegen, blockiere die Entscheidung aber nicht.
- **1 Finger:** VETO – ich bin dagegen und sehe große Gefahr für Team/Organisation.

Die Widerstandsabfrage

Bei der Widerstandsabfrage wird nicht abgestimmt, was die meisten wollen, sondern was die wenigsten ablehnen. Dadurch darf jeder seinen Widerstand äußern, was meistens zu einem konstruktiveren Umgang mit der Lösung führt.

- Alle Entscheidungsvorschläge sowie die Ist-Situation werden abgefragt.
- Die Fragestellung lautet: Wie hoch ist der Widerstand gegen Vorschlag A auf einer Skala von 1 (Zustimmung) bis 5 (extremer Widerstand)?
- Die Widerstandsabfrage geht zügig und ist trotzdem genauer und differenzierter als der Mehrheitsentscheid.
- Das Ergebnis wird als Matrix auf dem Flipchart visualisiert (siehe Abb. rechts).
- Nachteil: Die Widerstandsabfrage macht nur Sinn und führt zu einem Beschluss, wenn Entscheidungsalternativen vorliegen.

Abb. 15:
Die Widerstandsabfrage

Widerstandabfrage

1 = Zustimmung, 5 = extremer Widerstand

	Vorschlag A	Vorschlag B	Vorschlag C
	2	3	4
	1	3	3
	2	2	4
	5	**8**	**11**

Konsultativer Einzelentscheid

Beim konsultativen Einzelentscheid fungiert eine Person als Entscheider für das Team. Vor seinem Beschluss spricht der Entscheider mit allen relevanten Betroffenen und Experten und bindet deren Fragen, Ratschläge und Ideen mit ein.

- Der Entscheidungsbedarf wird identifiziert und formuliert.
- Meinungsbildende Fragerunde: Jeder äußert seine Fragen und Wünsche zum Thema und schlägt ggf. weitere Personen/Experten vor, die hilfreich sein könnten.
- Entscheider-Auswahlrunde: Die Beteiligten einigen sich auf einen Entscheider und beauftragen diesen.
- Nach der Konsultation der Experten und Analyse der Vorschläge und Lösungsalternativen trifft der Entscheider für die Gruppe den Beschluss und verkündet diesen. Dabei legt er auch seinen Entscheidungsprozess dar und die Gründe für seine Entscheidung.

Was sind typische Hindernisse?

Bei Entscheidungen geht es ans Eingemachte, hier wird offensichtlich, wie reif eine Gruppe mit Entscheidungen und Argumenten umgeht. Nicht alle Interessen können berücksichtigt werden. Je sachlicher eine Gruppe mit Beschlüssen umgehen kann und je weniger Machtkämpfe dabei ausgetragen werden, desto besser funktionieren nicht nur diese Meetings, sondern auch das Vorankommen der betroffenen Teams.

Konsent-Entscheidungen sollten von einer neutralen Moderation facilitiert werden. Wer in dieser Rolle eigene Interessen vertritt, begibt sich zwangsläufig in einen Rollenkonflikt der niemandem zugutekommt. Allparteilichkeit ist hier der Schlüssel zum Erfolg.

Beim konsultativen Einzelentscheid muss das Team den Beschluss des Entscheiders akzeptieren. Hol dir als Coach dazu von jedem im Team die Zustimmung vorher ab.

Vorab

Wenn Transformationen scheitern, dann liegt das sehr häufig an nicht kommunizierten und gelösten Hindernissen. Dabei sind Hindernisse unumgänglich und ähnlich wie Widerstand eine unserer wichtigsten Helfer auf dem Weg zu Kulturwandel oder bei der Implementierung agiler Methoden. Hindernisse zeigen auf, wo das System stockt oder Strukturen rigide sind. Durch das Benennen der Hürden ist schon viel gewonnen. Denn das ist der erste Schritt zur Lösung. Eine der wichtigsten Aufgaben für den agilen Coach besteht dann auch darin, die Hindernisse zu erkennen, sie klar und analysierend zu beschreiben und für alle transparent zu machen.

Wenn Hindernisse nicht vom Team aus dem Weg geräumt werden können, muss der Coach sie an die nächsthöhere Entscheidungskompetenz übergeben, die mit dem Hindernis gekoppelt ist. Alles was nicht lösbar, aber wichtig ist, muss letztlich vom Top-Management geklärt werden.

Hindernisse beschreiben mit der Impediment Map

Was bringt's?

Die Impediment Map ist für agile Coachs ein häufig genutztes Tool, um die wichtigsten Parameter im Blick zu haben, die mit dem Hindernis verbunden sind (siehe Abb. 16). Sie schafft Transparenz und macht den Beteiligten die Relevanz des Problems deutlich, insbesondere wenn das Hindernis eine Eskalation erfordert.

Impediment Map

Impediment Titel	...
Beschreibung Auswirkung	...
Ursachen, Abhängigkeiten, Verantwortlichkeiten	...
Bisherige Lösungsversuche des Teams oder Coachs	...
Ziele und Learnings	...

Abb. 16: Beispielhafte Impediment Map

Wie läuft es ab?

Der Einsatz der Impediment Map ist letztlich selbsterklärend. Umso wichtiger ist es als agiler Coach, die flankierenden Rahmenmaßnahmen im Blick zu haben, die bei der Auseinandersetzung mit Hindernissen über Erfolg und Misserfolg von Lösungswegen mitentscheiden.

Hindernisse identifizieren und sichtbar machen: Ermutige das Team, eine offene Kommunikation über Hindernisse zu fördern. Dies kann in den Daily Stand-ups oder während anderer regelmäßiger Treffen erfolgen.

- Verwende visuelle Hilfsmittel wie Task Boards oder virtuelle Boards, um Hindernisse deutlich zu kennzeichnen.

Dokumentation und Beschreibung: Fordere das Team auf, Hindernisse zu dokumentieren und klar zu beschreiben. Dies hilft bei der Kommunikation und verhindert Missverständnisse.

- Verwende klare und präzise Sprache, um die Natur des Hindernisses zu erklären, beschreibe seine Auswirkungen auf das Projekt und mögliche Lösungsansätze.

Priorisierung: Unterstütze das Team dabei, Hindernisse nach ihrer Dringlichkeit und ihrem Einfluss auf den Projektfortschritt zu priorisieren. Nicht alle Hindernisse benötigen sofortige Aufmerksamkeit.

- Verwende Kriterien wie den Wertbeitrag für das Projekt und die Risikobewertung, um Hindernisse in eine Rangfolge zu bringen.

Teamlösungen: Ermutige das Team, selbst Lösungen für die Hindernisse zu finden. Dies fördert die Eigenverantwortung und das Engagement der Teammitglieder.

- Halte regelmäßige Retrospektiven ab, um gemeinsam über Hindernisse zu sprechen und kontinuierliche Verbesserungen zu planen.

Eskalation: Nicht alle Hindernisse erfordern eine Eskalation. Reserviere die Eskalation für Hindernisse, die das Team selbst nicht bewältigen kann oder die schwerwiegende Auswirkungen auf das Projekt haben.

Falls ein Hindernis eskaliert werden muss, suche nach internen Eskalationswegen, bevor du externe Eskalationen in Erwägung ziehst.

- **Interne Eskalation:** Sprich mit anderen Coachs oder der agilen Führungsebene über das Hindernis. Diese Personen können möglicherweise Ressourcen, Unterstützung oder Richtlinien bereitstellen.
- **Externe Eskalation:** Falls interne Ressourcen nicht ausreichen, um das Hindernis zu bewältigen, ziehe eine externe Eskalation in Betracht.

Suche nach Ansprechpartnern auf höheren Ebenen in der Organisation oder bei Stakeholdern, die die Autorität haben, das Hindernis aus dem Weg zu räumen. Abb. 17 zeigt eine saubere Eskalation von Impediments, wie du sie als agiler Coach anstreben solltest.

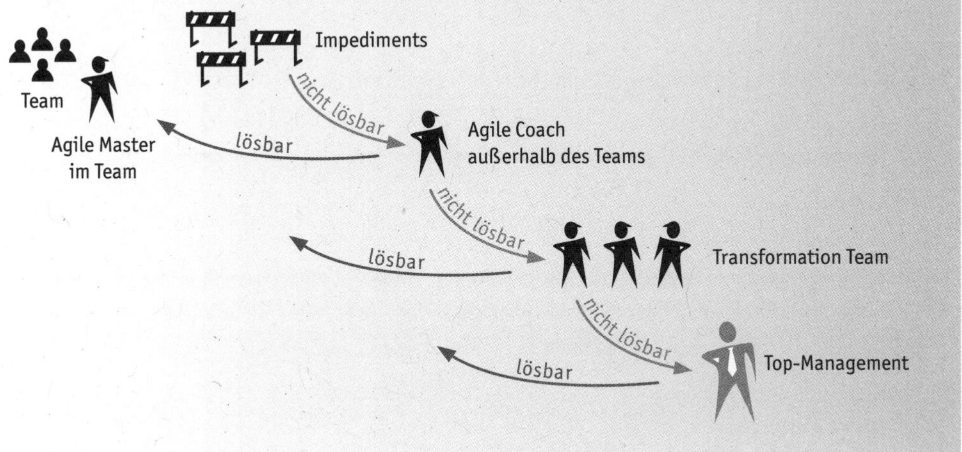

Abb. 17: Saubere Eskalation von Impediments

- **Klare Kommunikation:** Wenn du Hindernisse eskalierst, sorge für klare und präzise Kommunikation. Beschreibe das Hindernis, seine Auswirkungen und die Schritte, die bereits unternommen wurden, um es zu bewältigen. Ziehe hierfür die Impediment Map hinzu.
- **Verfolgung und Überwachung:** Behalte den Verlauf der Eskalation im Auge und sorge dafür, dass angemessene Maßnahmen ergriffen werden, um das Hindernis anzugehen.

Was sind typische Hindernisse?

- Das größte und gefährlichste Hindernis ist es, Hindernisse nicht zu beachten oder sie nicht zu beschreiben und transparent zu machen.
- Coachs trauen sich oftmals nicht, penetrant genug ihre Impediment zu eskalieren.
- Gerade interne Coachs sind häufig in interne Verflechtungen eingebunden und es fehlt die Neutralität oder auch die Positionierung, um in den Machtstrukturen wirksam zu sein.

Mit Dependency Boards Abhängigkeiten transparent machen

Oftmals blockieren nicht transparente Abhängigkeiten die Fertigstellung von Arbeitspaketen, stören den Arbeitsfluss und verhindern schließlich die Einhaltung der Lieferzeiten. Deswegen ist es empfehlenswert, wenn du als Coach darauf achtest, diese sichtbar zu machen und auch in der Planung und Aufgabenverteilung innerhalb des Teams sowie in der Kooperation mit Schnittstellen einzukalkulieren.

Was bringt's?

Das Dependency Board ist ein visuelles Hilfsmittel, das verwendet wird, um Abhängigkeiten zwischen verschiedenen Aufgaben, User Stories oder Arbeitspaketen in einem agilen Projekt darzustellen. Indem du ein Dependency Board erstellst und pflegst, trägst du dazu bei, die Transparenz, Kommunikation und Zusammenarbeit im agilen Projekt zu verbessern.

Wie läuft es ab?

- **Vorbereitung und Werkzeuge:** Wähle ein geeignetes Tool oder Medium, um das Dependency Board zu erstellen. Das kann ein physisches Whiteboard, ein digitales Tool wie Jira, Trello und Miro oder auch nur eine Wandtafel sein.
- **Erfassung der Abhängigkeiten:** Sammle Informationen über die bestehenden Abhängigkeiten zwischen den Aufgaben oder User Stories im Projekt. Diese können sich auf zeitliche Abhängigkeiten, technische Abhängigkeiten oder andere Aspekte beziehen.
- **Erstellung des Boards:** Erstelle eine visuelle Darstellung der Abhängigkeiten auf dem ausgewählten Medium. Hier sind einige Schritte, die du befolgen könntest:
  - Teile den Platz auf dem Board in Spalten, die die verschiedenen Aufgaben oder User Stories repräsentieren.
  - Verwende Zeilen oder Verbindungslinien, um die Abhängigkeiten zwischen den Aufgaben darzustellen. Du könntest Pfeile verwenden, um die Richtung der Abhängigkeit anzuzeigen (z.B.: Welche Aufgabe wartet auf welche andere Aufgabe?).
  - Verwende Farben oder Symbole, um verschiedene Arten von Abhängigkeiten zu kennzeichnen (z.B. technische Abhängigkeiten, zeitliche Abhängigkeiten).

- **Aktualisierung und Pflege:** Halte das Dependency Board aktuell, indem du regelmäßig überprüfst, ob neue Abhängigkeiten entstanden sind oder ob bestehende Abhängigkeiten sich geändert haben.

- **Nutzung und Kommunikation:** Nutze das Dependency Board in Meetings, um die Abhängigkeiten zu besprechen und das Team auf dem Laufenden zu halten. Das Dependency Board dient als visuelles Hilfsmittel, um Stakeholdern, dem Team und anderen Beteiligten einen klaren Überblick über die Abhängigkeiten im Projekt zu geben.

- **Fortschritt und Anpassung:** Verwende das Dependency Board, um den Fortschritt bei der Auflösung von Abhängigkeiten zu verfolgen. Aktualisiere das Board, wenn Abhängigkeiten aufgelöst oder geändert werden.

- **Reflexion und Lernen:** Halte in regelmäßigen Abständen Reflexionsgespräche mit dem Team ab, um zu überprüfen, wie effektiv das Dependency Board ist, und um mögliche Verbesserungen zu identifizieren.

Was sind typische Hindernisse?

Das größte Hindernis besteht darin, die Abhängigkeiten nicht transparent zu machen. Wenn zu viele Abhängigkeiten vorhanden sind, kann das ein Hinweis auf einen unpassenden Zuschnitt des Teams sein. Es geht in der Wertschöpfung darum, die Teams so zusammenzusetzen, dass sie wenig Abhängigkeiten haben und eine End-zu-End-Verantwortung für ihre Produkte innehaben. Wenn zu viele Abhängigkeiten zu anderen Teams vorhanden sind, sollte das überprüft werden.

Grundsätzliches zur Meeting-Moderation

Struktur schafft Verhalten. Agile Meetings sorgen für Fokus und Ergebnisorientierung. Fange also genau dort an und revolutioniere die Struktur deiner Meetings:

- Verkürze jene Besprechungen, die der reinen Information dienen, drastisch – denn lesen kann jeder selbst. Dafür braucht es nun wirklich kein Meeting!
- Gestalte jedes Treffen unterschiedlich. Das macht Meetings interessant, abwechslungsreich und beschert dir die volle Aufmerksamkeit und Beteiligung der Teilnehmenden.
- Schaue dir deine Meetings genau an und unterscheide die Anlässe und die Ziele voneinander. Welchen Zweck haben deine Besprechungen? Ist Präsenz erforderlich oder reicht für den Zweck auch eine Videokonferenz?

Typische Anlässe für Meetings

1. Informationsweitergabe
2. Innovation und Ideenentwicklung aus Stakeholder-Perspektive
3. Planung, Verteilung von Aufgaben
4. Ziele festlegen, verteilen und nachhalten
5. Austausch über Bearbeitungsstände
6. Hindernisse erkennen und beseitigen
7. Ergebnisse bzw. Produkte vorstellen und optimieren
8. Kontinuierlicher Verbesserungsprozess
9. Gemeinsames Lernen
10. Optimierung der Zusammenarbeit

In der Abbildung 18 auf Seite 312 siehst du, wann ein Meeting erforderlich ist und welches Format – und wann eine andere Art der Kommunikation ausreicht.

Die Meeting-Strukturen agiler Frameworks liefern viele Ideen, um agile Moderationsmethoden für deine eigenen Meeting-Anlässe zu adaptieren. Nutze beispielsweise das Daily für einen zehn- bis fünfzehnminütigen durchgetakteten Austausch über Bearbeitungsstände und Hindernisse. Komprimiere die Informationsweitergabe auf fünf Minuten und fordere jeden Teilnehmenden auf, die Informationen bereits vorab selbstständig

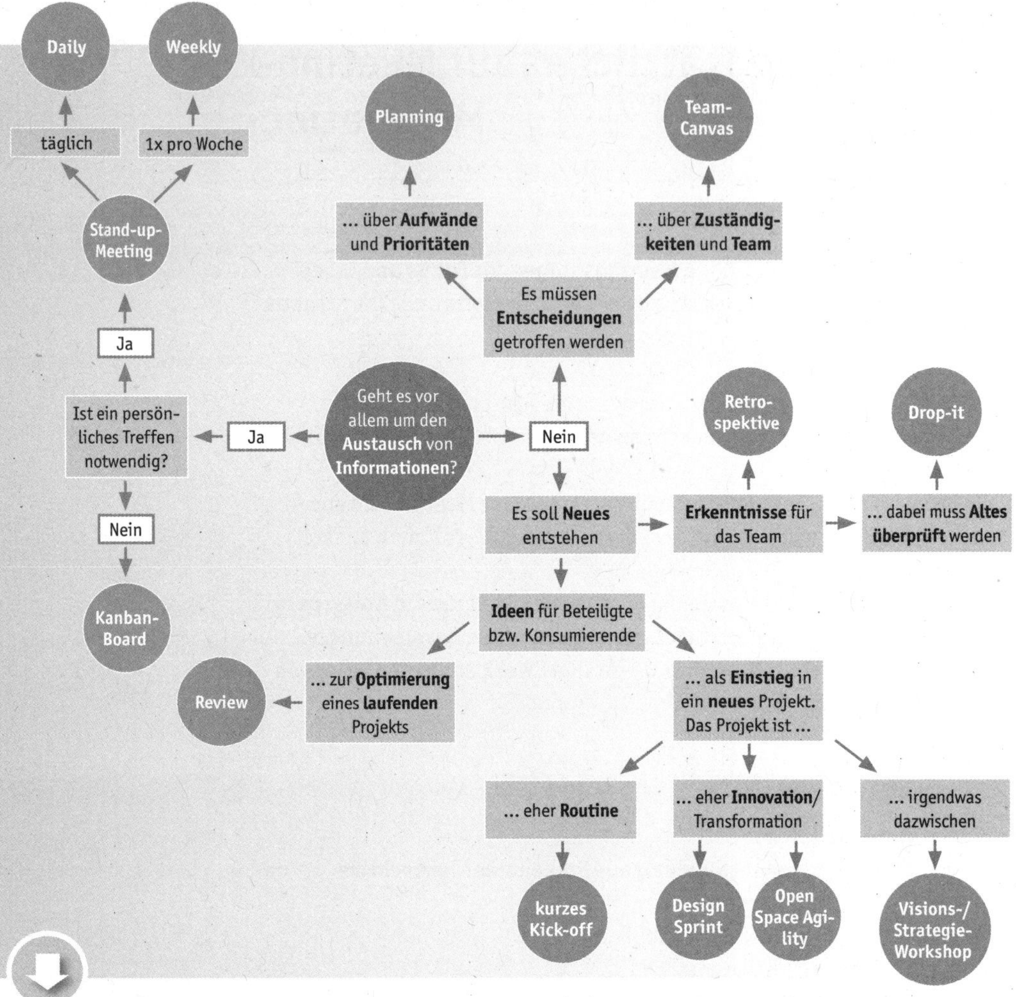

Abb. 18: Der Weg zum passenden Meeting-Format

zu lesen und zu reflektieren. Schon durch konsequentes Timeboxing (Zeitverknappung) werden Meetings auf beeindruckende Weise fokussierter. Nimm dir stattdessen für Innovationen mit dem Team eine bewusste Auszeit und schaffe in entsprechender Arbeitsatmosphäre Raum für die Ideenentwicklung aus Stakeholder-Perspektive. Dafür gibt es jede Menge Kreativitätstechniken und -formate wie etwa Design Thinking. Ein Review Meeting, bei dem das Team gemeinsam mit Stakeholdern auf Ergebnisse schaut, musst du wiederum anders strukturieren und gestalten. Lade dazu Stakeholder ein und präsentiere Prototypen neuer Produkte oder Services.

Entscheidend für jede Entwicklung und Veränderung ist es, sich in größeren Abständen genügend Zeit für eine Retrospektive zu nehmen, damit das Team sowohl Werte und Prinzipien weiterentwickeln als auch die Zusammenarbeit optimieren kann.

Der agile Meeting-Zyklus

Der agile Kreislauf – auch TPDCA-Zyklus genannt – umfasst fünf Phasen. Erst wird Neues erdacht und ein Ziel entwickelt (Think new), dann folgen vier Schritte, die iterativ wiederholt werden: das Planen (Plan), Umsetzen (Do), Überprüfen (Check) und Optimieren (Act). Für jede Phase gibt es unterschiedliche Meeting-Anlässe und die dafür passenden Formate.

Startpunkt des Meeting-Zyklus ist das Neudenken aus Kundensicht (siehe Abb. 19): Dabei steht folgende Frage im Fokus: Was ist unser Auftrag und wie können wir heute und zukünftig beste Ergebnisse für unsere Zielgruppen schaffen?

Verschiedene Formate bieten sich an, um die entsprechenden Antworten und damit den Zugang zu Neuem zu finden: Das können kurze Kick-off-Meetings sein, längere Barcamps, vertiefende Visions- und Strategie-Workshops oder kreative Design Sprints. Welches Format sich am besten eignet, hängt vom Ausmaß der Neuerung ab, die gestaltet werden soll. Die Faustregel: Je größer die Transformation oder Neuentwicklung, desto länger sollte das Kick-off-Meeting dauern. Bei kleinen Veränderun-

Abb. 19: Agile Meetings im iterativen Kreislauf

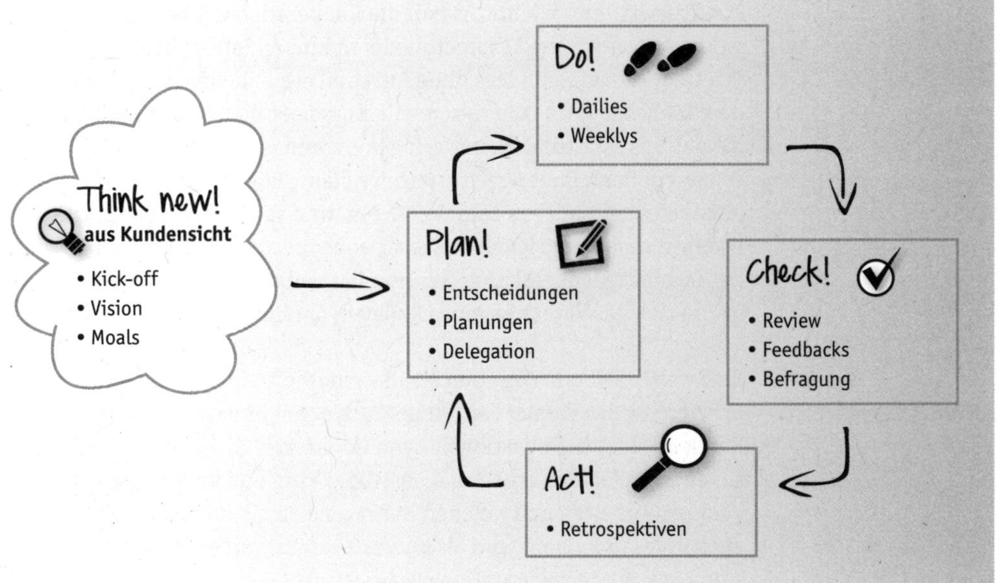

gen kann ein einstündiges Meeting reichen, bei dem sich alle Beteiligten kennenlernen und den Nutzen klären. Bei sehr großen Transformationsvorhaben kann es hingegen sinnvoller sein, das Neue sogar mit einer ganzen Eventreihe anzugehen. Für die Einführung agiler Prozesse und Strukturen etwa ist ein mehrmonatigen Metaprozess Open Space Agility (OSA) sinnvoll.

Um die im OSA, Kick-off oder Design Sprint entwickelten Ideen umzusetzen beziehungsweise die entstandenen Prototypen weiterzuentwickeln, werden nun Teams gebildet, Arbeitspakete formuliert und deren Umsetzung geplant. Dafür haben sich klassische Plannings bewährt: Fokus dieser Meetings ist der Backlog, den das Entwicklungsteam mit interessierten Beteiligten erstellt, also eine Liste der Aufgaben und Anforderungen, die abgearbeitet werden sollen. Einzelheiten wie die Umsetzungszeit, Priorisierung und Kapazitäten werden gemeinsam geschätzt, beschlossen und transparent gemacht.

Dabei werden die Arbeitspakete auch dem geschätzten Aufwand entsprechend markiert, etwa mit verschiedenen T-Shirt-Größen (von XS bis XXL). Dargestellt wird die Planung auf einem Kanban Board: Das bekannte agile Instrument sammelt an einer großen Wand oder einem Whiteboard zunächst alle anstehenden Arbeitspakete als „To-dos“. Die auf Post-its o. Ä. notierten Aufgaben warten in der ersten Spalte des Boards darauf, dass jemand sie übernimmt und bearbeitet.

Auf die Planung folgt die Umsetzung, die im agilen Kontext iterativ strukturiert wird. Wichtig, damit die Kooperation effektiv funktioniert, ist ein Austausch der Teammitglieder in kurzen Intervallen. Spezielle Meeting-Formate, die dies ohne Aufwand ermöglichen, sind insbesondere Dailies und Weeklies – schnelle Kurzmeetings, die oft im Stehen als „Stand-ups“ stattfinden, um keine bremsende Gemütlichkeit aufkommen zu lassen. Dank ihres strukturierten Ablaufs können in diesen Besprechungen innerhalb von zehn bis 15 Minuten sowohl freie Kapazitäten, Überlastungen oder Hindernisse als auch die aktuellen Befindlichkeiten der Teammitglieder erkannt werden. Das verbessert oft die Kommunikation, da sich das Verhalten eines Kollegen daraufhin besser einordnen lässt.

Eine weitere Möglichkeit, um alle Beteiligten auf den aktuellen Stand zu bringen, ist das Format „All Hands“. Hier geht es darum, verschiedene Bereiche einer Organisation zu synchronisieren. Dazu treffen sich Personen aus allen Bereichen und berichten kurz und knapp davon, was sie gerade bearbeiten und welchen Beitrag sie damit zur Vision leisten. Ein einseitiges Dokument wird als kurzes Wrap-up vorbereitet. Die Leitfragen sind ähnlich wie bei Stand-ups: Was ist unser Fokus? Was haben wir umgesetzt? Wo gab es Hindernisse? Wo brauchen wir Unterstützung? Was gehen wir als Nächstes an? Das Ganze soll nicht mehr als zwanzig Minuten dauern, für jeden Punkt stehen also nur einige Minuten zur Verfügung.

Leitmotiv für die beiden Phasen „Check" und „Act" des TPDCA-Zyklus ist die Suche nach Optimierungsmöglichkeiten. Dies betrifft zum einen das Endprodukt: Dazu überprüft das Team nach der möglichst kurzen Umsetzungsphase die Teilergebnisse gemeinsam mit dem Kunden in einem **Review.** In einer Art Analyse-Meeting führt das Team die Ergebnisse der letzten Arbeitsphase der Kundin, dem Product Owner und anderen Stakeholdern vor. Anhand eines möglichst vorzeigbaren Teilprodukts sollen sie die Wirkung erleben und Feedback geben. Nach dem ein- bis zweistündigen Analyse-Meeting weiß das Team dann, welche Bedarfe schon erfüllt sind und was in der nächsten Arbeitsphase noch angepasst werden muss. In jeder neuen Iteration werden die Ergebnisse so besser – und wirkungslose Angebote frühzeitig verworfen.

Optimiert wird vor dem nächsten Durchlauf des agilen Kreislaufs zum anderen aber auch die Zusammenarbeit im crossfunktionalen Team. Das klassische Meeting-Format dafür ist die **Retrospektive.** Für sie nimmt sich das Team etwa alle ein bis drei Monate drei bis vier Stunden Zeit, um die vergangene Iteration zu reflektieren. Die Teammitglieder schauen zurück und bewerten, was gut und was schlecht gelaufen ist. Gemeinsam werden die Hintergründe erforscht und Lösungen vereinbart. Retrospektiven funktionieren so wie eine komprimierte, selbstorganisierte Team- und Persönlichkeitsentwicklung. Ergänzen lassen sich beide Meetings durch sogenannte **„Drop-its"**, einer Art systemischer Müllabfuhr. Dazu nimmt sich das Team alle sechs bis zwölf Monate Zeit, um Gewohnheiten, Aufgaben, Prozesse, Routinen, Ablagen und so weiter durchzugehen und zu bewerten. Dazu eignet sich beispielsweise das Format Keep – Drop – Try. Die drei Leitfragen zur Bewertung sind: Was wollen wir behalten? Was wollen wir aufgeben? Was wollen wir vielleicht anders oder neu versuchen? Alles, was das Team aufgeben möchte, wird dann im wahrsten Sinne entsorgt.

Wie schon ein altes Sprichwort sagt: Es passt kein frischer Tee in eine volle Tasse. Das gilt natürlich auch für die Meeting-Kultur in einem Unternehmen. Bevor neue Formate eingeführt werden, ist es ratsam, sich in einem stilvollen Drop-it von den alten Wollmilchsau-Meetings zu verabschieden – vielleicht mit einem beherzten Zerknüllen einer entsprechenden Tagesordnung.

Meeting Board

Als Moderator kannst du für die meisten Besprechungen das bewährte Meeting Board (siehe Abb. 20, S. 317) nutzen. Es hilft dir, Meetings didaktisch hochwertig zu gestalten und die wichtigsten Elemente im Blick zu behalten, die für echte Wirksamkeit sorgen.

Was bringt's?

Durch die Struktur kannst du jedes Meeting abwechslungsreich, zielgerichtet und effektiv gestalten. Du vermeidest betreutes Vorlesen und baust stattdessen auf Interaktion und Beteiligung aller. Deine Aufgabe in der Moderation ist es, mit dem Meeting für jeden Beteiligten Mehrwerte zu schaffen, sodass sich die investierte Zeit lohnt. Und Meetings sind in der Regel nur dann wirklich relevant, wenn es um gemeinsame Entscheidungen, Reflexion und Feedback, Rollen- und Aufgabenverteilung oder Konfliktklärung geht.

Wie läuft es ab?

Zur Vorbereitung klärst du den Anlass und das Ziel der Zusammenkunft. Das Meeting Board hat fünf Phasen, die je nach Meeting mit unterschiedlicher Gewichtung von dir geplant werden.

Auch der Kreis der Beteiligten ist entscheidend für den Erfolg: Sind die Menschen eingeladen, die für das Meeting Mehrwert stiften und unabkömmlich sind und bringt die Besprechung auch für sie einen Nutzen?

Ort und Zeit von Meetings haben enormen Einfluss auf Konzentration und Beteiligung: Wie gut sind Menschen abends nach 18 Uhr noch bei der Sache oder wenn Meetings in Pausen gelegt werden, die zur Erholung wichtig sind? Wie vorbereitet und aufnahmefähig sind eure Teilnehmenden, wenn sie ohne Break von einem Meeting zum anderen hetzen? Agile Strukturen zeichnen sich gerade dadurch aus, dass wir während der Arbeitsphasen nur minimal Zeit in Meetings verbringen: Die Menschen sollen im Flow sein und arbeiten können und nicht ständig rausgerissen werden.

Als Faustregel gilt: Nimm dir am Anfang einer Arbeitsphase viel Zeit für gute Planung und Abstimmung und reduziere in der Umsetzungsphase Meetings auf kurze Synchronisation. In der Phase der Ergebnispräsen-

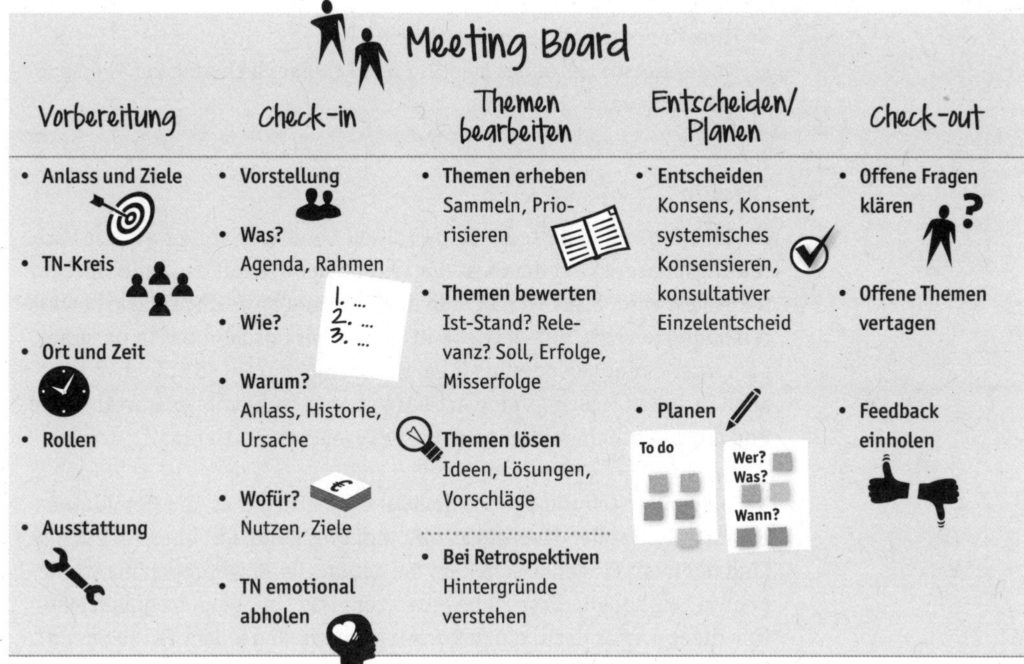

Abb. 20: Aufbau Meeting Board

tation und Feedback nimm dir wieder ausreichend Zeit zum Lernen und Optimieren.

Auch Rollen überlegen wir in der Vorbereitung. Wer moderiert die verschiedenen Meetings? Überlege vorab, wer hier den Hut aufhaben sollte: du als Coach, der Product Owner oder eine Führungskraft?

Nutze zusätzlich eine überaus effiziente Spielart: Vergebe Meeting-Rollen an die Teilnehmenden. Das sorgt für jede Menge Abwechslung und trainiert dabei auch noch die laterale Führung. Beispiele für hilfreiche Rollen in Meetings sind:

- **Fokus-Beschleuniger:** Hat die Aufgabe, den Fokus im Meeting zu verfolgen.
- **Persona:** Hat die Aufgabe, die Kunden-/Stakeholder-Sicht konsequent einzunehmen.
- **Prinzipien-Wächter:** Sorgt für die Einhaltung der Prinzipien (z.B. agile Arbeitsprinzipien).
- **Protokoll-Leader:** Achtet auf Visualisierung und Zusammenfassung der Ergebnisse.
- **Querdenkerin:** Hinterfragt und bringt neue Perspektiven ein.
- **Konsensfinder:** Sucht bei scheinbar unvereinbaren Standpunkten die gemeinsame Basis.

- **Time Keeper:** Achtet auf Timeboxing.
- **Moderatorin:** Leitet das Meeting und schlägt Methoden zur Themenbearbeitung vor.

Check-in

Um Meetings im Team agiler zu gestalten, benötigen wir eine kurze Vorbereitungsphase, in der der Geist der Teilnehmenden auf das agile Meeting fokussiert wird. Starte daher jede Besprechung im Team mit dem bewussten Einloggen bzw. einem Check-in. So wie wir uns morgens in unseren Computer einloggen oder in einem Hotel einchecken, so brauchen wir auch in agilen Meetings eine Art Aufwärmphase, bevor wir startklar sind und die eigentlichen Inhalte an unser Team transportieren.

Neben der Vorstellung der Personen und Inhalte gilt es, die Beteiligten emotional im agilen Meeting abzuholen. Dies kann z.B. über ein kurzes Einloggen mit Fragen geschehen, bei denen alle Anwesenden max. eine Minute Zeit haben, diese zu beantworten. Das Einloggen im agilen Meeting dient primär dazu, einen kurzen Moment lang jedem Teilnehmenden die Chance zu geben, gehört zu werden und sich gemeinsam auf das bevorstehende Meeting einzustimmen. Dabei ist es wichtig, dass auch wirklich jede Person gehört wird und die Inhalte des Team-Meetings aufeinander abgestimmt sind.

Um die Teilnehmenden inhaltlich abzuholen, kannst du die vier W-Fragen nutzen. Das sind häufig unausgesprochenen Fragen, die die Teilnehmenden mehr oder weniger bewusst beschäftigen, wenn sie einer Veranstaltung beiwohnen:

- **Was** werden wir im Meeting behandeln? – Themen und Inhalte
- **Warum** beschäftigen wir uns damit? – Auslöser und Hintergründe
- **Wie** werden wir vorgehen? – Interaktionen, Beteiligung
- **Wozu** ist das wichtig? – Sinn und Mehrwert

Themen bearbeiten

Auch wenn mit der Einladung zum agilen Meeting eine Agenda verschickt wurde, startet die dritte Phase mit der Zustimmung und Priorisierung der Themen, die bearbeitet werden. Nutze hierzu ein Themen-Kanban. Zunächst visualisierst du die Themen, die auch in der Agenda der Einladung standen. Dann fragst du, welche weiteren wichtigen Themen zu dem Anlass besprochen werden sollen und visualisierst diese im Backlog. Anschließend werden die Themen gemeinsam mit allen priorisiert und die Bearbeitungszeit pro Thema vereinbart. Weniger wichtige Themen bleiben im Backlog und werden ins nächste agile Meeting verschoben. Die wichtigsten Themen werden nacheinander ins „Doing“ verschoben und noch während des agilen Meetings bearbeitet.

Das Themen-Kanban-Board fungiert als eine Art offene Agenda zum Meeting. Zwar hat das Meeting ja schon in sich eine Agenda, welche es zu besprechen gilt. Und diese ist auch notwendig, um die Meetings fokussiert und themenbezogen – eben agil – abzuhalten. Dennoch gibt es immer auch ungeplante Inhalte, die für das Gelingen von Relevanz sind. Auf diese Weise können alle am Meeting Beteiligten zu jedem Zeitpunkt nachvollziehen, ob ein Bestandteil der Meeting-Agenda bereits in der Bearbeitung ist oder schlimmstenfalls noch gar nicht angefasst wurde. Wie auch beim Task- oder Kanban-Board übernehmen dadurch alle Teilnehmenden die Verantwortung für die Erledigung der Themen und für deren Vollständigkeit. So kann jede Person ihren Beitrag leisten und die Gruppe bestimmt gemeinsam über die Priorität nach den Kriterien:

- **Must have:** Das Thema ist integral wichtig und muss unbedingt behandelt werden.
- **Should have:** Das Thema ist wichtig und sollte besprochen werden.
- **Could have:** Das Thema könnte behandelt werden.

Zum Schluss wandert alles, was die Meeting-Teilnehmer als wichtig erachten, in die Spalte „To do“ und wird auch als Erstes bearbeitet. Alles, was während des agilen Meetings an weiteren Themen auftaucht, kommt natürlich ins Backlog und wird von den Meeting-Teilnehmenden bearbeitet, sobald die wichtigsten Themen in die Spalte „Done“ verschoben wurden.

Achte darauf, dass nicht mehr als ein bis zwei Themen gleichzeitig im Doing sind und behandelt werden, sonst entsteht ein Engpass, der nur schwer aufzulösen ist. Stichwort: Auf Fokus achten!

Zunächst wird das aktuelle Thema während des agilen Meetings in der Spalte „Doing“ ins Themen-Kanban verschoben, um es dann zu betrachten und aus unterschiedlichen Perspektiven heraus agil zu bewerten:

- Wie ist der Soll- und Ist-Abgleich?
- Was lief gut und was kann verbessert werden?
- Wie kam es bei unterschiedlichen Stakeholdern an?
- Was ist erledigt und was ist noch offen?

Nach der Betrachtung werden Lösungsvorschläge gemacht, Ideen zusammengetragen und Lösungen entwickelt. Hier bieten sich neben den bewährten Moderationstechniken auch Methoden aus dem Design Thinking an. Lade die Teilnehmenden ein, kreativ und neu zu denken, um agile Lösungsansätze zu finden. Viele sind immer wieder erstaunt, wie schnell und innovativ in agilen Meetings Ideen entstehen, wenn wir mit Kreativtechniken und Perspektivenwechsel arbeiten.

Entscheiden und Planen

Wenn erforderlich, erfolgt nach der Priorisierung die Entscheidungsphase zu den bearbeiteten Themen und Vorschlägen. Ein hohes Maß an Agilität und Selbstorganisation hängt sehr eng mit erlebter Selbstwirksamkeit bei Entscheidungsprozessen zusammen. Bereits die folgenden beiden Entscheidungsformate erweisen sich in diesem Sinne als äußerst hilfreich:

1. Punktabfragen: Punktabfragen sorgen für ein schnelles und transparentes Voting – und dafür, dass auch jedes Teammitglied und jede Meinung gehört wird und es nicht darauf hinausläuft, dass sich der Stärkere mit den am häufigsten wiederholten Argumenten durchsetzt. Wer Meetings erlebt hat, kennt das: Argumente über Argumente und daraus resultierende unendliche Diskussionen führen zu keinem Ergebnis und erst recht nicht zu agilen Entscheidungsprozessen. Daher einfach wählen lassen, dann entscheidet die Mehrheit innerhalb des Teams.

2. Aufwand-Wirkung-Diagramm: Eine weitere Variante, Themen in agilen Meetings zu priorisieren, ist das Aufwand-Wirkung-Diagramm. Hierbei entscheidet die Gruppe gemeinsam die To-dos nach dem Outcome.

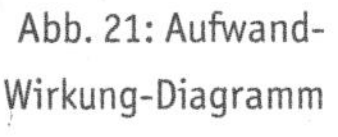
Abb. 21: Aufwand-Wirkung-Diagramm

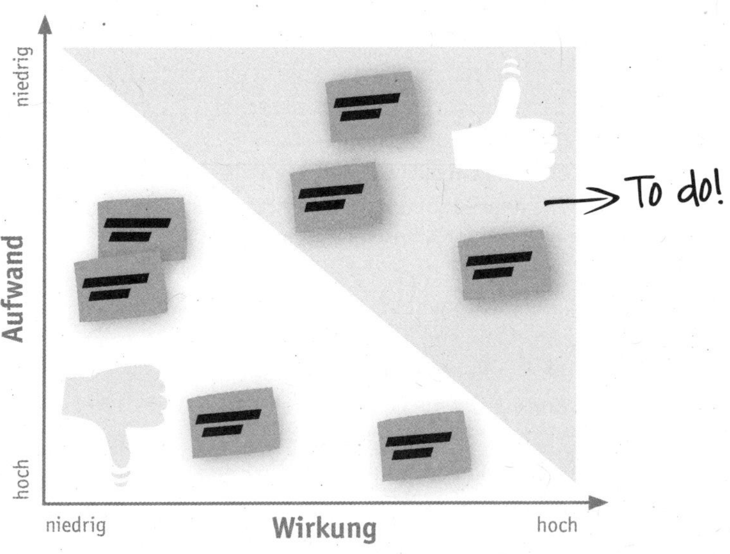

Wie in Abbildung 21 dargestellt, werden zwei Achsen gezeichnet: eine für die Wirkung des Themas und eine für den Aufwand. Jedes Thema wird gemeinsam nach der erwarteten Wirkung und dem Arbeits- bzw. Umsetzungsaufwand bewertet. Alle Themen mit großer Wirkung werden weiterverfolgt, wobei die „unaufwendigen" sofort umgesetzt werden.

Ausloggen

Wie beim Einloggen erfolgt bei jedem Meeting auch ein bewusstes Ausloggen zum Abrunden und Beenden der Runde und der Themen durch das Team. Dazu werden nach der Entscheidungs- und Planungsphase alle im Meeting offen gebliebenen Fragen gesammelt und durch das Team beantwortet. Hierzu nehmen die Beteiligten noch einmal das Themen-Kanban mit den erledigten und unerledigten Themen in den Blick. Offene Themen aus dem Backlog werden entweder auf das nächste agile Meeting vertagt oder die Beteiligten verständigen sich auf eine anderweitige Form der Klärung.

Abgerundet wird das agile Meeting mit einem Feedback des Teams zur Moderation und zur inhaltlichen Bearbeitung. Das Feedback wird je nach Thema und Zeit unterschiedlich gestaltet und eine „timegeboxte" offene Feedback-Runde sein oder auch nur ein kurzes Quick Feedback.

Was sind typische Hindernisse?

- In herkömmlichen Organisationsstrukturen halten häufig die Führungskräfte die Meetings ab und informieren zu Themen, die sie als wichtig erachten. Dadurch ist oftmals keine professionelle und neutrale Moderation möglich.

- Auch bei agilen Teams und Projekten passiert es häufig, dass agile Meetings zusätzlich zu den üblichen Infomeetings stattfinden. Der Overload an Meetings geht auf Kosten der eigentlichen Arbeit und der Konzentration auf das Wesentliche: nämlich der Wertsteigerung für den Kunden.

Dailies/Weeklies moderieren

Bei Dailies oder Weeklies solltest du als Coach besonders darauf achten, dass diese agilen Praktiken effektiv und produktiv ablaufen und das Team untereinander synchronisiert ist. Zudem sind Dailies eine wertvolle Gelegenheit, Probleme frühzeitig zu erkennen und kontinuierliche Verbesserungen zu fördern. Die Meetings dienen dazu, den Fortschritt im Projekt zu besprechen, Herausforderungen zu identifizieren und die Teamzusammenarbeit zu fördern. Das Team kann diese Meetings zur Synchronisation seiner Arbeit auch alleine durchführen, doch erfahrungsgemäß ist eine gute Moderation zumindest am Anfang sehr hilfreich. Vor allem drei Aspekte solltest du bei der Moderation solcher Meetings beherzigen:

- Achte darauf, dass alle gleich gewichtet zu Wort kommen.
- Sammle auftauchende Hindernisse lediglich und kläre sie nicht innerhalb des Kurzmeetings.
- Lass keine Zeitüberziehung zu.

Was bringt's?

- **Transparenz:** Dailies fördern die Transparenz im Team, da jedes Teammitglied täglich seine Arbeit, Fortschritte und Herausforderungen teilt. Als Coach kannst du damit sicherstellen, dass alle Informationen offen ausgetauscht werden, um eine gemeinsame Sicht auf den Projektfortschritt zu gewährleisten.
- **Kommunikation:** Leite das Team bei der Moderation dazu an, sich auf relevante Aspekte zu konzentrieren und die Diskussionen kurz und prägnant zu halten.
- **Fokus:** Dailies helfen, den Fokus der Teammitglieder auf die wichtigsten Aufgaben für den Tag zu lenken. Du unterstützt alle darin, sich auf die Arbeit zu konzentrieren, die zur Erreichung der Ziele des Sprints notwendig ist.
- **Problemerkennung:** Als agiler Coach kannst du während der Dailies mögliche Probleme oder Engpässe im Projekt frühzeitig erkennen. Prüfe durch Fragen, ob die Hindernisse innerhalb des Teams zu lösen sind.
- **Selbstorganisation:** Um die Selbstorganisation des Teams während der Dailies zu fördern, ermutigst du Teammitglieder, ihre eigenen Fortschritte zu teilen und Herausforderungen zu benennen. Dies stärkt das Verantwortungsbewusstsein und die Selbstverwaltung im Team.

Wie läuft es ab?

- Sorge als Coach für eine gute Routine im Daily: Es soll jeden Tag zur gleichen Zeit stattfinden und in der Regel nicht länger als 15 Minuten dauern. Das Team versammelt sich an einem Ort, an dem alle gut sichtbar stehen können, um die Sitzung kurz zu halten.
- Alle Teammitglieder sind dabei integriert.
- Du bzw. das Team kann das Daily frei moderieren oder anhand von Fragen strukturieren. Die bewährten Fragen sind:
  - Was habe ich gestern getan? Jedes Teammitglied teilt kurz mit, was es am Vortag erreicht hat. Dies sollte sich auf die Arbeit im Rahmen des Sprints oder der Iteration beziehen.
  - Was werde ich heute tun? Die Teammitglieder geben einen kurzen Überblick darüber, was sie für den aktuellen Tag geplant haben.
  - Gibt es Hindernisse oder Probleme? Hierbei werden eventuelle Hindernisse, Probleme oder Abhängigkeiten angesprochen, die den Fortschritt behindern könnten.
  - Um die 15 Minuten einzuhalten kannst du als Moderator auch jedem Teammitglied eine Sanduhr (Zeitlimit: 1 Min.) in die Hand drücken.

Abb. 22: Ablauf Daily

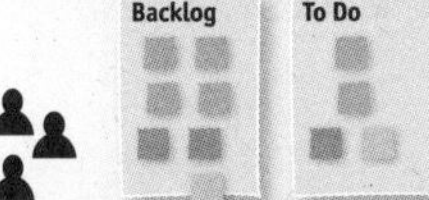

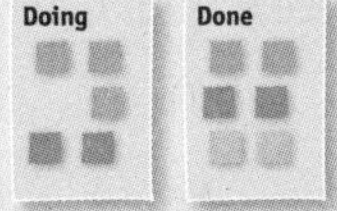

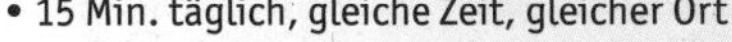

Was sind typische Hindernisse?

Erfahrungsgemäß ist es wichtig, Dailies oder Weeklies wie ein festes Ritual zu pflegen. Der Wechsel von Zeit und Ort führt meistens zu Unklarheit und fehlender Verbindlichkeit. Sorge als Coach für disziplinierte Einhaltung der Regeln (Timeboxing, Struktur ...) und überziehe das Meeting niemals. Sonst verwässert die Wirksamkeit und das Meeting verliert an Prägnanz.

Ein weiteres Hindernis besteht bei verteilten Teams, die nicht an einem Ort arbeiten. Führe in diesem Fall die Kurzmeetings online durch und nutze Videokonferenzen, um die Interaktionen und Befindlichkeiten wahrzunehmen und das Teamgefühl zu stärken.

Plannings moderieren

Im Planning Meeting schnürt und priorisiert das Team die Arbeitspakete, die zur Umsetzung von Neuerungen oder zur Erstellung von Produkten anfallen und schätzt den Aufwand für jede Aufgabe konkret ein. Aus Sicht eines agilen Coachs ist die Moderation von Planning Meetings (auch Sprint Planning Meetings genannt) von entscheidender Bedeutung, um sicherzustellen, dass das Team einen klaren Plan für den bevorstehenden Sprint erstellt und sich auf gemeinsame Ziele einigt.

Was bringt's?

Das Ziel der Plannings ist das gemeinsame Verständnis und der Fokus für die anstehende Arbeit. Sind die Arbeitspakete eindeutig formuliert, kann jeder im Team die Kompetenzen einschätzen, die zur Bearbeitung gebraucht werden. Das ist die Basis für das eigenverantwortliche Ziehen und Umsetzen der Pakete während der Umsetzungsphase.

Wie läuft es ab?

- **Lade als Coach die relevanten Teilnehmenden ein:** das Team, bestehend aus allen Teammitgliedern und anderen relevanten Beteiligten, sowie den Product Owner.
- **Vorbereitung:** Der Product Owner hat bereits den Product Backlog vorbereitet, eine Liste von Anforderungen und Aufgaben, die im Projekt umgesetzt werden sollen. Diese sind in Form von User Stories oder Aufgaben beschrieben.
- **Zielsetzung:** Der Product Owner erläutert die Ziele des Meetings, insbesondere welche Aufgaben oder Funktionalitäten im nächsten Sprint umgesetzt werden sollen.
- **Besprechung der User Stories/Aufgaben:** Das Team bespricht die einzelnen User Stories oder Aufgaben aus dem Product Backlog. Der Product Owner erklärt die Anforderungen und beantwortet Fragen des Teams.
- **Aufwandsschätzung:** Das Team schätzt den Aufwand (in Story Points, Stunden oder einem anderen Maßstab), der erforderlich ist, um jede User Story oder Aufgabe abzuschließen. Dies hilft bei der Priorisierung und der Festlegung der Sprint-Ziele.

- **Kapazitätsplanung:** Das Team überlegt, wie viel Arbeit es während des kommenden Sprints bewältigen kann, basierend auf seiner bisherigen Leistungsfähigkeit und den geschätzten Aufwänden der User Stories.
- **Auswahl der Aufgaben:** Das Team entscheidet, welche User Stories oder Aufgaben in den nächsten Sprint aufgenommen werden sollen. Dies basiert auf der Kapazität des Teams und der Priorisierung durch den Product Owner.
- **Sprint-Ziel:** Das Team definiert ein klares Ziel für den kommenden Sprint, das beschreibt, welche Funktionalitäten oder Aufgaben bis zum Ende des Sprints abgeschlossen sein sollen.
- **Aufteilung der Aufgaben:** Die ausgewählten User Stories oder Aufgaben werden in kleinere Aufgaben oder Sub-Aufgaben unterteilt. Das Team diskutiert, wer welche Aufgaben übernehmen wird.
- **Festlegung der Verantwortlichkeiten:** Die Teammitglieder übernehmen Verantwortlichkeiten für die verschiedenen Aufgaben und stellen sicher, dass alle relevanten Fähigkeiten im Team abgedeckt sind.

Was sind typische Hindernisse?

Oftmals werden Arbeitspakete zu groß und komplex geschnürt. Derjenige, der das Paket übernimmt, ist infolgedessen zu lange damit absorbiert. Das beeinträchtigt die Effizienz des ganzen Teams.

Sind die Anforderungen aus Nutzersicht nicht klar erkennbar, werden Aufgaben nicht zufriedenstellend gelöst und erzeugen Mehraufwand.

Reviews moderieren

Die Moderation von Reviews trägt dazu bei, dass das Team seine Fortschritte präsentiert, wertvolles Feedback erhält und sich auf die kontinuierliche Verbesserung konzentriert. Der agile Coach fördert in diesem Sinne eine offene, konstruktive und wertschätzende Atmosphäre, in der das Team und die Stakeholder gemeinsam die Arbeit reflektieren und zukünftige Schritte planen können.

Der größte Nutzen des Review Meetings ist, die Kommunikation zu verbessern, Feedback einzuholen, die Qualität sicherzustellen und die Ausrichtung auf die Ziele sicherzustellen. Es bietet eine Plattform für den Austausch und die Zusammenarbeit zwischen dem Team und den Stakeholdern, unabhängig vom spezifischen Projektmanagement-Ansatz.

Was bringt's?

- **Feedback und Validierung:** Ein Review Meeting bietet die Gelegenheit, den Fortschritt eines Projekts, einer Aufgabe oder eines Produkts zu präsentieren und Feedback von relevanten Stakeholdern einzuholen. Dies stellt sicher, dass das Projekt auf dem richtigen Weg ist und den Anforderungen entspricht.

- **Transparenz:** Die Präsentation des aktuellen Status und Fortschritts schafft Transparenz gegenüber Stakeholdern, Teammitgliedern und Interessenvertretern. Dies fördert die offene Kommunikation und verhindert Überraschungen.

- **Entscheidungsfindung:** Ein Review Meeting ermöglicht es den Stakeholdern, informierte Entscheidungen zu treffen, indem sie den tatsächlichen Fortschritt und die Implementierung sehen können. Dies kann dazu beitragen, mögliche Abweichungen von den Zielen frühzeitig zu erkennen und anzugehen.

- **Kontrolle und Qualitätssicherung:** Der Projektfortschritt und die Qualität der Arbeit liegen überprüfbar auf dem Tisch. Dies trägt dazu bei, Probleme oder Qualitätsmängel frühzeitig zu erkennen und zu beheben.

- **Anpassung und Iteration:** Zusätzlich können Arbeitsabläufe angepasst und optimiert werden.

- **Einbindung der Stakeholder:** Stakeholder werden aktiv in den Prozess einbezogen, sodass ihre Bedürfnisse und Erwartungen erfüllt werden können. Dies kann die Akzeptanz und das Engagement erhöhen.

- **Motivation und Anerkennung:** Das Präsentieren von Fortschritten und Erfolgen während eines Review Meetings kann das Team motivieren und bietet Gelegenheit, die erzielten Leistungen zu würdigen.

- **Vermeidung von Fehlinterpretationen:** Klare und visuelle Darstellungen des Fortschritts und der Ergebnisse vorausgesetzt, lassen sich Missverständnisse und Fehlinterpretationen vermeiden.

Wie läuft es ab?

1. **Einladung:** Als Coach lädst du alle relevanten Stakeholder, einschließlich des Product Owners, des Teams und eventuell anderer Interessenvertreter, zur Sprint Review ein. Das Meeting sollte am Ende der Umsetzungsphase stattfinden, normalerweise am letzten Tag.

2. **Präsentation:** Während der Sprint Review präsentiert das Team die abgeschlossenen Aufgaben, Features oder User Stories. Jedes Teammitglied, das an der Umsetzung beteiligt war, kann seinen Beitrag erläutern. Die Präsentation kann durch Demos, Visualisierungen oder kurze Erläuterungen erfolgen.

3. **Feedback:** Während der Präsentation haben die Stakeholder die Möglichkeit, Fragen zu stellen und Feedback zu geben. Der Fokus liegt darauf, die Funktionalität und den erreichten Fortschritt zu überprüfen. Dies kann auch dazu dienen, Unklarheiten zu beseitigen und sicherzustellen, dass das Team und die Stakeholder auf dem gleichen Stand sind.

4. **Diskussion über künftige Schritte:** Nach der Präsentation und dem Feedback können die Beteiligten gemeinsam diskutieren, wie es weitergeht. Welche Aufgaben oder Features sollen als Nächstes angegangen werden? Sind Anpassungen oder Priorisierungen erforderlich?

5. **Reflexion und Verbesserung:** Das Sprint Review Meeting bietet auch eine Gelegenheit für das Team, auf fachlicher Ebene zu reflektieren und zu diskutieren, was gut lief und was verbessert werden könnte.

6. **Dokumentation:** Wichtige Informationen, gewonnenes Feedback und vereinbarte Änderungen sollten dokumentiert werden, um sicherzustellen, dass alle Beteiligten auf dem gleichen Stand sind und die Kommunikation transparent bleibt.

Was sind typische Hindernisse?

- Die Arbeitspakete sind nicht fertiggestellt und das Teilprodukt ist fehlerhaft oder unvollständig. Zeigt insbesondere in agilen Projekten Fehlertoleranz und haltet trotzdem die Review ein. Präsentiert das, was bisher erschaffen worden ist, und erläutert die Hindernisse. Rechtfertigungen, Vorwürfe oder Diskussionen („Warum hat das so lange gedauert, X fertigzustellen?") sollten vermieden werden.

- Manager nehmen sich nicht die Zeit für die Review oder wollen lieber alles mit der Führungskraft direkt besprechen. Das konterkariert den Kulturwandel. Nicht mehr die Führung klärt relevante Entscheidungen untereinander, vielmehr sind die selbstorganisierten Teams Ansprechpartner. Für diesen Wandel braucht es Stringenz – und gerade die Manager müssen als Vorbild unterstützen.

Retrospektiven

Als Coach sind Retrospektiven (auch kurz: Retros) das wichtigste Format, um dein Team in Richtung Selbstorganisation, psychologische Sicherheit, agiles Mindset und Reifegrad voranzubringen. Retros sind das eigentliche Herzstück deiner Coach-Tätigkeit. Sie zielen darauf ab, gemeinsam mit dem Team den zurückliegenden Arbeitsabschnitt zu reflektieren und Verbesserungspotenzial zu identifizieren. Ihr schaut sprichwörtlich gemeinsam in den Rückspiegel und betrachtet die Teamdynamik, die Kommunikation untereinander, die Ballabgabe bei der Bearbeitung gemeinsamer Aufgaben und die Effektivität des Zusammenspiels. Dabei geht es darum, sowohl die positiven als auch die negativen Erfahrungen und Erlebnisse des Teams zu betrachten und daraus zu lernen. Diese Fragen beantwortet beispielsweise die agile Retrospektive:

1. Wie haben wir in dem letzten Zyklus zusammengearbeitet?
2. Was macht uns aus?
3. Welchen Teamgeist pflegen und strahlen wir aus?
4. Was sind unsere Stärken und wie können wir diese festigen?
5. Was können wir im Zusammenspiel optimieren?
6. Wie lernen wir am besten aus unseren Fehlern und meistern bestehende Hürden?

Dazu werden die vergangene Iteration und gemeinsame (tägliche) Routinen in einer strukturierten Form reflektiert und bewertet. So kommen Probleme und Schwierigkeiten direkt und ohne Umschweife ans Licht. Gemeinsam werden die Hintergründe erforscht und verstanden, um daraus zu lernen und konkrete Schritte – Action Items – zu vereinbaren.

Was bringt's?

Agile Retrospektiven bringen Teams und einzelne Mitglieder in ihrer Entwicklung weiter, sorgen für eine komprimierte Teamentwicklung und erhöhen den Reflexionsgrad des Teams. Für interdisziplinäre Teams ist das ein absolutes Muss, um mit der Divergenz untereinander umgehen zu können. Für eine effektive Selbstorganisation braucht es einen hohen Reifegrad. Dieser entsteht nicht zufällig, sondern ist das Ergebnis konsequenter Arbeit an der gemeinsamen Entwicklung.

Leider wird dieser Aspekt häufig vernachlässigt und mit ausgefallenen oder schlecht moderierten Retros beantwortet. Meetings, in denen

Menschen auf sich und ihre Interaktionen schauen, sind zutiefst beunruhigend und unbequem. Und unbequemen Dingen wollen wir natürlicherweise ausweichen. Zugleich sind aber konstruktive und lösungsorientierte Teamzusammenkünfte der Schlüssel zum Glück. Wer wünscht sich nicht, Teil eins Teams zu sein, in dem jeder in seinem Wesen akzeptiert, in seinen Stärken gefördert und in seiner Entwicklung befeuert wird? Das fällt nicht vom Himmel, sondern ist das Resultat konsequenter Reflexion und Beziehungsarbeit untereinander und mit sich selbst.

Wie läuft es ab?

Je nach Dauer der Iteration, Teamzustand und Reifegrad sollte es außerhalb von täglichen Routinen einen Retrospektiven-Zyklus von vier bis zwölf Wochen geben. Das Meeting braucht einen geschützten Rahmen, professionelle Moderation und ein Zeitfenster von zwei bis drei Stunden. Agile Retrospektiven brauchen gute Vorbereitung: Master, Moderatorin oder der agile Coach wählen eine zum Team und zur Teamstimmung passende Retrospektivenmethode aus und bereiten alle Materialien vor. Das funktioniert auch online sehr gut – außer bei Konflikten, die bereits eskaliert sind. In diesem Fall ist immer eine Präsenz-Retro empfehlenswert.

Es gibt für unterschiedliche Zwecke eine Vielzahl unterschiedlicher Methoden für gute Retros, die im Folgenden anhand der Teamentwicklungsphasen nach Tuckman vorgestellt werden (siehe S. 114 ff.). Das heißt auch: Die Anforderungen an den agilen Coach oder die Moderatorin sind vielschichtig und erfordern Erfahrung und Moderationskompetenz.

1. **Vorbereitung:** Lege ein Datum und eine Zeit für die Retrospektive fest und lade alle Teammitglieder ein. Kläre auch, welche Art von Retrospektive du durchführen möchtest (z.B. klassische Retrospektive, Segelboot-Retro etc.). Sorge dafür, dass alle notwendigen Materialien und Ressourcen (z.B. Moderationskarten, Stifte, Flipcharts etc.) vorhanden sind.
2. **Einloggen:** Starte die Retrospektive mit einer kurzen Einleitung. Erkläre, welche Ziele und Erwartungen du an die Retro hast und welche Regeln für die Diskussion gelten sollen (z.B. Respekt, Offenheit etc.). Hole alle Teilnehmenden mit ins Boot und erkläre den Sinn und Zweck.
3. **Themen erheben und bewerten:** Reflektiert gemeinsam die letzte Iteration. Sammelt und priorisiert die Themen.
4. **Einsichten gewinnen:** Ergründet die Ursachen und Zusammenhänge für Missverständnisse, Schwierigkeiten oder Hindernisse.
5. **Themen lösen und entscheiden:** Trefft im Team gemeinsam Vereinbarungen und Entscheidungen, die die Kooperation und den Teamgeist fördern.
6. **Ausloggen:** Beende die Retrospektive mit einer Zusammenfassung der Ergebnisse und einem Ausblick auf die nächste Arbeitsphase. Bedanke

dich bei den Teammitgliedern für ihre Teilnahme und das Feedback. Lass alle Beteiligten ihr Feedback zur Retro geben und sorge für einen guten Abschluss.

Es ist wichtig, während der Retrospektive eine offene und wertschätzende Gesprächsatmosphäre zu schaffen. Sorge dafür, dass alle Teammitglieder aktiv teilnehmen können und dass niemand dominiert oder ausgeschlossen wird. Auch die Umsetzung der Maßnahmen sollte im Anschluss an die Retrospektive regelmäßig überprüft und angepasst werden.

Retrospektiven finden üblicherweise in regelmäßigen Abständen statt – häufig in Intervallen von 4 bis 12 Wochen. Um als Coach dem Team hierbei etwas Abwechslung und Spannung zu bieten, solltest du unterschiedliche Formate mit jeweils leicht unterschiedlichen Schwerpunkten nutzen.

Was sind typische Hindernisse?

- Halbherzig vorbereitete oder schlecht moderierte Retrospektiven richten mehr Schaden an, als sie Nutzen bringen.
- Die Moderation verlangt immer eine neutrale Haltung und professionelle Distanz. Sobald sie als Teammitglied eigene Interessen verfolgt, ist sie nicht mehr in der Lage, der Aufgabe gerecht zu werden.
- Befindlichkeiten und ungünstige Interaktionen untereinander, wie gegenseitige Schuldzuweisungen, sind oftmals anstrengend und destruktiv. Sorge für radikale Akzeptanz der verschiedenen Charaktere. „Jeder ist als Mensch eine Zehn" – das ist der gelebte Slogan (siehe S. 49 f.). Niemand ist wertvoller oder als Mensch den anderen überlegen.
- Fehlendes Vertrauen macht Retrospektiven zu einer Farce. Denn ohne psychologische Sicherheit sagt keiner mehr, was er wirklich denkt – die relevanten Themen werden unter den Teppich gekehrt.
- Vermeidet von Retro zu Retro „mitgeschleppte" Themen und sucht immer direkt und gemeinsam nach einer Lösung.
- Achtet darauf, dass die Retrospektive zeitlich nicht aus dem Ruder läuft und wie bei den meisten nicht agilen Meetings zu einem Zusammentreffen wird, bei dem zu viel (Irrelevantes) und ohne echtes Ergebnis geredet wird.
- Schaut euch vor der Retro das Team genauer an und schätzt die Teamphase ein. Je nach Entwicklungsphase hat das Team unterschiedliche Bedürfnisse oder Herausforderungen, die es zu meistern gilt.

Im Folgenden sind die Retrospektiven-Tools den vier Teamphasen nach Tuckman zugeordnet. Die Zuordnung ist lediglich als Orientierung zu verstehen, grundsätzlich wirken viele der Retrospektiven auch sehr gut in anderen Teamphasen. Die Systematik erleichtert es aber, speziell für die Phase eine passende Retro zu finden, in der sich euer Team aktuell befindet.

Retro-Tools für die Forming-Phase

In der Forming-Phase soll sich das Team untereinander kennen- und verstehen lernen. Es rückt im Idealfall auch menschlich zusammen, um eine gute psychologische Sicherheit aufzubauen und als Wir-Gemeinschaft zusammenzuwachsen. In der Abbildung 23 findet ihr für die Retro-Phasen Einloggen, Themen erheben und Einsichten gewinnen, Themen lösen und entscheiden sowie Ausloggen die passenden Tools.

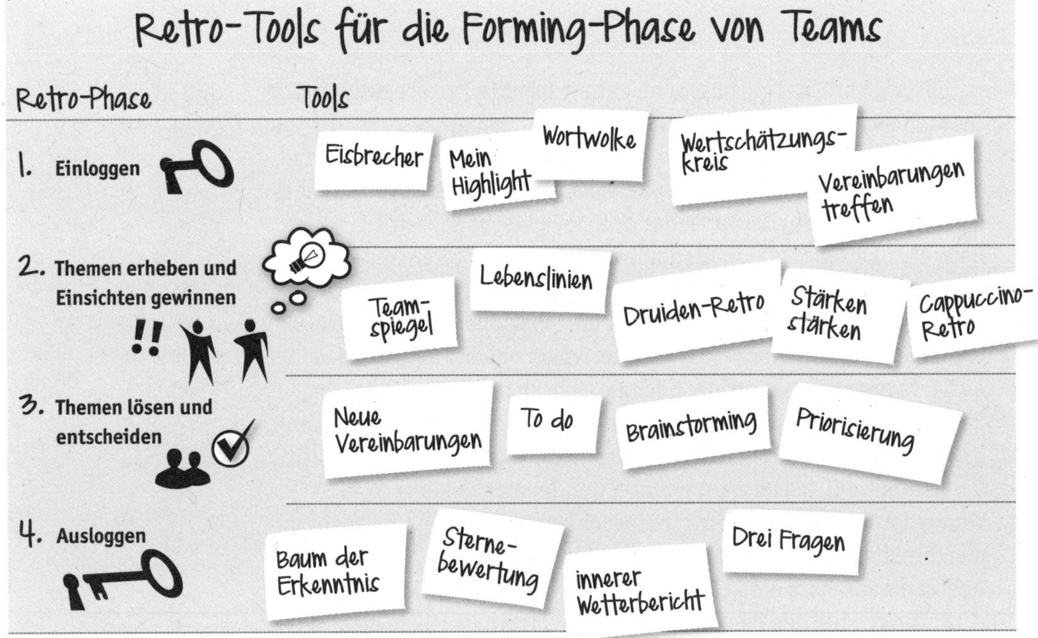

Abb. 23: Geeignete Retrospektiven für die Forming-Phase

1. Einloggen

Zum Warmwerden in der Forming-Phase nutzt du am besten einfache Fragen oder Bilder, um die Atmosphäre zu lockern und mehr übereinander zu erfahren. Vertrauen aufbauen gelingt sehr viel besser, wenn wir miteinander lachen oder Ähnlichkeiten beim anderen entdecken.

Lebensmotto
Jedes Teammitglied teilt ein persönliches Lebensmotto oder eine inspirierende Phrase mit und erklärt, wie diese sie in ihrem Leben beeinflusst.

Dadurch werden häufig ganz neue und wichtige Aspekte einer Person sichtbar.

Eisbrecher-Frage

Stell eine lockere Frage, die das Team dazu anregt, sich auf eine spielerische und humorvolle Weise näher kennenzulernen, wie zum Beispiel: *„Wenn du ein Superheld wärst, welche Fähigkeit würdest du haben?", „Wenn du einen Abend mit einer prominenten Persönlichkeit verbringen könntest, welche würdest du wählen und warum?", „Welches Tier passt am besten zu dir und warum?"*

Persönliches Highlight

Lass jedes Teammitglied ein persönliches Highlight aus der vergangenen Woche teilen. Das Teilen von Erfolgen fördert eine positive Stimmung.

Wortwolke

Gib ein Thema vor (Team, Vertrauen, Zusammenarbeit o. Ä.) und bitte die Teammitglieder, Wörter oder Begriffe aufzuschreiben, die ihnen zu diesem Thema einfallen. Erstelle eine gemeinsame Wortwolke und diskutiere die Bedeutung der einzelnen Begriffe. Das kannst du auch sehr gut mit Mentimeter oder Slido durchführen.

Wertschätzungskreis

Bildet einen Kreis und lass jedes Teammitglied eine Wertschätzung an denjenigen reichen, der rechts von ihm steht. Diese Wertschätzung kann ein Kompliment, eine Dankesbotschaft oder eine positive Rückmeldung sein.

Vereinbarungen zur Zusammenarbeit

Lass jeden Teilnehmenden notieren, was ihm in der Zusammenarbeit besonders wichtig ist, um sich wohlzufühlen und konstruktiv zusammenarbeiten zu können. Anschließend könnt ihr die Notizen jeweils zu zweit oder zu dritt besprechen und clustern, um sich dann im moderierten Plenum bzw. Gesamtteam auf die wesentlichen Vereinbarungen zu einigen. Hier gilt das Motto „Klasse statt Masse". Achte auf konkrete Formulierungen mit messbaren Verhaltensbeschreibungen.

2. Themen erheben und Einsichten gewinnen

a) Teamspiegel

Der Teamspiegel dient dem intensiven Kennenlernen. Die Teammitglieder interviewen sich gegenseitig zu folgenden Fragen und üben dabei gleichzeitig aktives Zuhören:

- Was sind meine Ziele im Team?
- Was sind meine Bedürfnisse?
- Was sind meine Stärken, die ich einbringen kann?
- Was sind meine roten Knöpfe?
- Was sind meine Lernfelder?

Was bringt's?

Die Teamspiegel-Retro ist ein sehr verbindendes Format, um sowohl die einzelnen Interview-Partner als auch das ganze Team besser zu verstehen und die Themen miteinander zu teilen, die alle in der Zusammenarbeit als wichtig erachten. Das baut Vertrauen auf und stärkt das Wir-Gefühl.

Wie läuft es ab?

Lass Paare zusammenkommen, die sich noch nicht gut kennen. Diese ziehen sich für 20 bis 30 Minuten zurück, um sich gegenseitig zu den oben genannten Fragen zu interviewen. Der Fragesteller hört zu und notiert sich Stichpunkte, um den Gesprächspartner anschließend im Plenum den anderen vorstellen zu können. Alle Notizen werden an einer Moderationswand gesammelt.

Um für die Zusammenarbeit Einsichten zu gewinnen, schaut euch die Antworten gemeinsam an und überlegt, wie das Team diese für eine gute Zusammenarbeit nutzen kann:

- Wie können die Ziele der Einzelnen zumindest teilweise erfüllt werden?
- Wie können die Bedürfnisse beachtet werden?
- Wodurch können die Stärken optimal eingebracht werden?
- Was kann das Team tun, um die roten Knöpfe nicht zu oft zu drücken?
- Und was kann es tun, um die Lernfelder zu düngen?

b) Lebenslinie

Jedes Teammitglied zeichnet eine Linie auf ein Blatt Papier, die für seine persönliche oder berufliche Reise steht. Lass vorab im Team entscheiden, ob alle lieber den persönlichen oder den beruflichen Weg reflektieren möchten.

Was bringt's?

Wenn wir uns miteinander vertraut machen und persönliche Themen in einem für uns angemessenen Maß preisgeben, schafft das psychologische Sicherheit untereinander. Wir können persönliche Verhaltensweisen wesentlich besser einschätzen und verstehen, wenn wir die Kontexte und Herkünfte der anderen kennen.

Wie läuft es ab?

Nach der Entscheidung, ob berufliche oder persönliche oder gar beide Themen bearbeitet werden, zeichnen alle ihre Linie mit den entsprechenden Höhen und Tiefen ein.

Anschließend teilen alle die Höhen und Tiefen ihrer Entwicklungsreise und diskutieren Gemeinsamkeiten und Unterschiede. Außerdem können Verhaltensweisen reflektiert und besser verstanden werden, die bei den Einzelnen sichtbar geworden sind. Um daraus Einsichten für die weitere Zusammenarbeit zu gewinnen, bespricht das Team die daraus folgenden Befürchtungen, Erwartungen und Wünsche an den Teamspirit. Hierbei unterstützen die folgenden Fragen:

LEBENSLINIEN

Alle zeichnen ihre Lebenslinien mit Höhen und Tiefen und tauschen diese aus.

a. Was macht sich durch die Geschichte im täglichen Miteinander an Verhaltensweisen bemerkbar?
b. Was brauchen/wünschen sich die Einzelnen aus der Historie heraus vom Team?
c. Welche Stärken brachten die geschilderten Höhen und Tiefen hervor?

c) Druiden-Retro

Diese agile Retrospektive macht es auf eine märchenhafte Weise möglich, die Entwicklungszone des Teams zu reflektieren und durch die Zaubertrank-Metapher Eigenschaften, Fähigkeiten oder Verhaltensweisen zu benennen, die das Team stärken können.

Was bringt's?

Die Druiden-Metapher hilft uns, agile Entwicklungsthemen des Teams in Form von Zaubertrank-Zutaten auszudrücken. Auf konstruktive und humorvolle Art können dabei Potenziale oder Schwierigkeiten in Zutaten umgeformt werden. Dadurch soll jeder/jede Einzelne und das gesamte Team Superkräfte erhalten. Das Team kann auf vorhandene Stärken aufbauen und diese potenzieren oder es benennt Eigenschaften, die bisher zu wenig vorhanden sind.

Retros dienen der Weiterentwicklung der Kooperation. Entwicklungszonen zu besprechen, ist für viele Menschen unangenehm oder sogar beängstigend. Viele haben in ihrer Historie negative Erfahrungen mit Feedback gemacht und dieses als Bewertung oder Abwertung erlebt. Durch die Zaubertrank-Metapher wird das Team automatisch positiv und in einem psychologisch sicheren Rahmen über seine Weiterentwicklung sprechen.

Wie läuft es ab?

Die Moderatorin leitet in einer Märchenerzähler-Stimmführung diese Retro an: *„Es war einmal ... ein kleines gallisches Dorf mit ganz besonderen Einwohnern. Einer von ihnen war der Druide. Er konnte für die Dorfbewohner einen magischen Zaubertrank herstellen. Wer auch immer davon trank, bekam Superkräfte. Dadurch wurde das Dorf fast unbesiegbar und konnte es mit den größten Herausforderungen aufnehmen."*

1. Frage: *„Jetzt dürft ihr wählen: Welche Zutaten muss der Druide in euren Teamtrank hineintun, damit ihr richtig stark und unbesiegbar werdet? Notiert bitte drei konkrete Zutaten in Form von Eigenschaften, Werten, Prinzipien, Verhaltensweisen etc."*

Jedes Teammitglied notiert drei Zutaten auf jeweils einem Post-it.

2. Frage: *„Welche geheimen Kräfte und Fähigkeiten konnte der Druide bei uns in letzter Zeit beobachten? Notiert bitte mindestens zwei geheime Kräfte."*

3. Frage: *„Und welche Erkenntnisse und schlauen Hebel würde der Druide uns für die Zukunft mitgeben? Notiert mindestens eine Erkenntnis."*

Anschließend werden die Notizen zu den drei Fragen geclustert und besprochen. Das Team wählt daraus ein bis drei Aktionen oder Vereinbarungen, die es vorantreiben wird.

d) Stärken-stärken-Retro

„Stärken stärken" ist eine konstruktive Feedback-Methode. Die Stärken werden klar ausgesprochen und die Optimierungsthemen werden umgedeutet in Verhaltensweisen, die auf den Stärken aufbauen. Das ist gerade bei neu zusammengestellten Teams eine hervorragende Methode, um Kritik positiv umzudeuten und das Vertrauen füreinander zu stärken.

Was bringt's?

Diese Retro sorgt erfahrungsgemäß für besonders konstruktives Feedback und erzeugt beim Gegenüber echte Resonanz. Dadurch werden tatsächlich zielgerichtete und wirksame Impulse gesetzt, die einen Menschen in seiner Selbsterkenntnis und Entwicklung weiterbringen können. Der Dreh beim Stärken-stärken-Feedback besteht im Reframing, sprich: der Umdeutung der Kritikpunkte oder Wünsche des Feedback-Gebers in eine zielgerichtete Botschaft. Statt Kritik zu verpacken, wird das „Stattdessen"-Verhalten verbalisiert.

Feedback ist nach wie vor ein heiß umstrittenes Thema. Die einen schwören auf direkte und kritische Rückmeldungen, um beim Gegenüber die Entwicklung anzustoßen und blinde Flecken bewusst zu machen. Die anderen warnen vor negativem Feedback und betonen den Schaden, der angerichtet werden kann. Beide Ansichten sind wichtig und haben ihre Berechtigung. Und gerade die agile Moderation braucht eine Variante, die beide Ansätze auf gute Weise integriert. Denn wir wollen im agilen Kontext schnell und konstruktiv auf den Punkt kommen.

Wie läuft es ab?

a. Visualisiert eine Tabelle mit den Spalten „Stärken" und „Stärken stärken" und überlegt mit dem Team gemeinsam, ob ihr zusätzlich bestimmte Feedback-Bereiche (z.B. Aufgabenverteilung, Umgang miteinander, Ergebnisorientierung, Abstimmung) definiert.

b. Lasst jeden für sich alle Stärken auf Post-its notieren und diskutiert im Plenum das Ergebnis miteinander: Welche Stärken, Fähigkeiten, Kompetenzen, Erfahrungen etc. haben wir als Team?

c. Macht anschließend einzeln Notizen zu der Frage: Was können wir noch stärken, ergänzen, mehr machen, ausweiten etc., um noch besser, effektiver, zufriedener, balancierter, fokussierter zu werden?

d. Auch diese Antworten werden im Plenum ausgetauscht, geclustert und priorisiert.

e. Mindestens eine konkrete Handlung wird bis zur nächsten Retro vereinbart und umgesetzt.

f. Was sind bei der Umsetzung mögliche Hürden und welche Tipps aus der Praxis können helfen?

g. Um die Stärken zu stärken und keine Defizite zu formulieren, braucht das Team Übung im Umdeuten und in positiver Formulierung. Welche bereits vorhandenen Stärken, Fähigkeiten, Erfahrungen helfen uns, um noch besser zu werden oder Schwierigkeiten zu bewältigen?

e) Cappuccino-Retro

Retros dienen dem Rück- und Ausblick mit dem Ziel, die Aufmerksamkeit auf die Zusammenarbeit zu lenken und diese kontinuierlich zu verbessern. Dazu ist es wichtig, sowohl über das Positive wie auch über die Herausforderungen und die Lernfelder zu sprechen. Diese Retrospektive hilft auf spielerische Art, die letzte Arbeitsphase zu reflektieren und dabei genau die drei Bereiche Positives, Herausforderungen und Lernzonen anzusprechen.

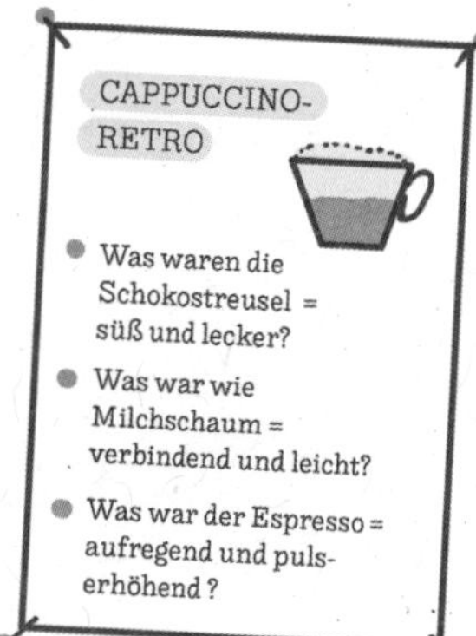

Was bringt's?

Die Cappuccino-Metapher hilft uns, den Rückblick auf die vergangene Teamarbeit strukturiert zu reflektieren. Die drei Fragen sind dabei Komponenten der Kaffee-Spezialität zugeordnet und geben so eine gute und eingängige Feedback-Struktur vor.

Wie läuft es ab?

Im Idealfall hast du als Moderator die Möglichkeit, jedem einen Cappuccino anzubieten. Moderiere die Retro an: *„Ein Cappuccino hat drei Schichten: das Kakaopulver, den Milchschaum und den Espresso. Wir geben uns jetzt als Team Feedback in eben dieser Form der drei Schichten:*

1. *Was war das Kakaopulver? Was lief super? Worin hatten wir einen guten Lauf? Was hat besonders gut funktioniert? Welche Stärken konnten wir zeigen? Welche Kompetenzen haben uns dabei geholfen?*
2. *Was war wie Milchschaum? Was hat uns untereinander verbunden und was nach außen? Was war leicht und locker? Was lief wie automatisch?*
3. *Was war der Espresso? Was war besonders wirksam? Was war aufregend? Was müssen wir beachten, damit es nicht zu viel wird? Was hat uns den Puls in die Höhe getrieben und uns aufgeregt?"*

Jedes Teammitglied notiert zu den drei Ebenen seine Antworten. Anschließend wird das Feedback sofort besprochen und sortiert. Das Team wählt ein bis drei Aktionen, die es aus dem Feedback in die nächste Arbeitsphase mitnehmen und umsetzen will.

3. Themen lösen und entscheiden

Neue Vereinbarungen treffen

Durch die Phase „Themen erheben und Einsichten gewinnen" sind neue Vereinbarungen entstanden oder alte Vereinbarungen müssen überarbeitet werden. Die gilt es zu fixieren.

To-do bestimmen

Ein sogenanntes Action-Item – also eine konkrete Handlung – wird aus der vorangegangenen Reflexion abgeleitet und dessen konkrete Umsetzung geplant.

Brainstorming

Das Team macht eine Ideensammlung zu Vorschlägen, wie die Themen gelöst bzw. optimiert werden können, und stimmt ab, welches Vorhaben umgesetzt werden soll.

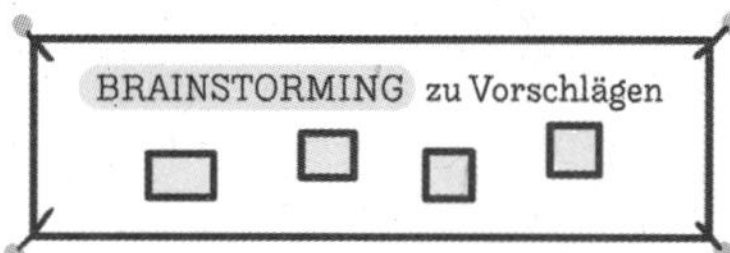

Priorisierung
Vorschläge werden nach Umsetzbarkeit und Wirksamkeit in einem Diagramm eingeordnet und dadurch priorisiert (siehe auch S. 320 f.).

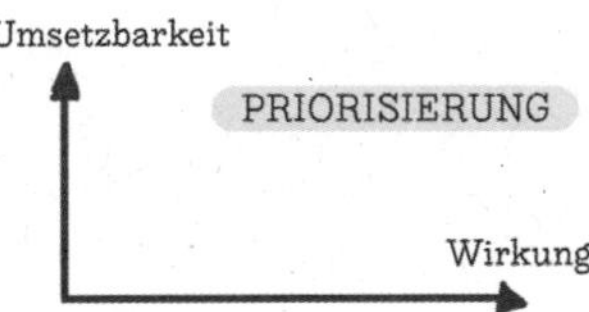

4. Ausloggen

Baum der Erkenntnis
Die Teilnehmenden reflektieren ihre Erkenntnisse aus der Retro anhand der Baum-Metapher (siehe auch S. 235 f.):

- Was sind meine Erkenntnisse?
- Welche Früchte der Erkenntnis hängen dabei niedrig und lassen sich einfach und schnell umsetzen? (Low hanging Fruits)
- Welche hängen hoch und brauchen mehr Aufwand zur Umsetzung? (High hanging Fruits)

BAUM DER ERKENNTNIS
• Was waren meine Erkenntnisse?
• Low und high hanging fruits?

Sterne Bewertung

- Wie viele Sterne von 1 bis 5 vergibst du unserer Retro?
- Was würde für einen Stern mehr sorgen?

Innerer Wetterbericht
Die Teilnehmenden drücken ihre Emotionen zu der Retro anhand der Wetterlage aus:

- Regnerisch, teils sonnig oder sonnig?

Drei Fragen

- Was mochte ich an der Retro?
- Was habe ich gelernt?
- Was hätte ich mir gewünscht?

Retro-Tools für die Storming-Phase

1. Einloggen

„Sicherer Hafen" – Vereinbarungen für Storming
Vereinbarungen sind für Retrospektiven im Storming ganz besonders wichtig. Gute Vereinbarungen wirken wie ein sicherer Hafen. Auch wenn es mal sprichwörtlich stürmisch wird, weiß jeder, dass das Teamboot nicht kentern wird oder Einzelne über Bord gehen.

„Sicherer Hafen"-Vereinbarungen sind:

- Wir suchen nach Lösungen und nicht nach Schuldzuweisungen.
- Wir gehen davon aus, dass jeder in seinem Rahmen sein Bestes gegeben hat.
- Wir sprechen in Ich-Botschaften.
- Wir schätzen unsere Unterschiedlichkeit und nutzen diese konstruktiv fürs Team.

Abb. 24: Geeignete Retrospektiven für die Storming-Phase

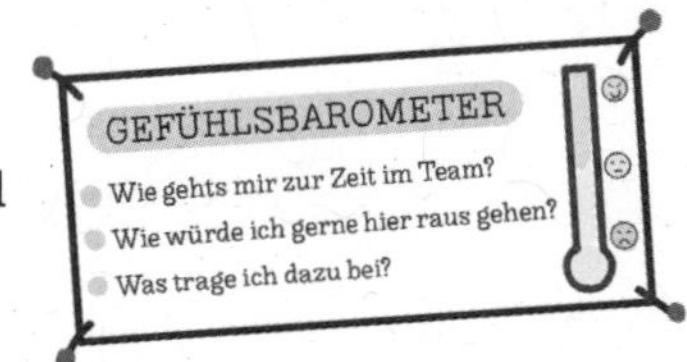

Gefühlsbarometer
Ein Gefühlsbarometer mit den entsprechenden drei Smileys wird auf dem Boden ausgelegt und die Teilnehmenden positionieren sich entsprechend zu den Fragen oder machen sich Notizen:

- Wie geht es mir zurzeit im Team? – Aufstellung auf dem Barometer
- Mit welchem Gefühl will ich heute hier rausgehen? – Aufstellung auf dem Barometer
- Was werde ich dazu beitragen? – Teilnehmende notieren ihre Antworten

Konflikt-Ball
Das Team wirft sich im Kreis gegenseitig einen Ball zu und jede Werferin drückt dabei ihre Gedanken, Gefühle oder Bedenken in Bezug auf den Konflikt aus. Durch das Werfen und Fangen bekommen die Aussagen nicht nur eine andere Wirkung, auch das Zusammenspiel und die Verbindungen zwischen den Themen werden erkennbar.

Feedback-Ampel
Mit dem Bild einer Ampel fragst du zum Check-in jedes Teammitglied nach seiner Einschätzung, wie konstruktiv das Feedback untereinander ist (rot = destruktiv; gelb = mittel; grün = konstruktiv) und was es braucht, um nach grün zu kommen.

KONFLIKT-MATRIX
Sammlung der Themen im Team und Wertung nach Dringlichkeit und Bedeutsamkeit
Dringlich
Bedeutsam

2. Themen erheben und Einsichten gewinnen

a) Konflikt-Matrix

Wenn in der Storming-Phase Konflikte auftreten und mehrere Themen anstehen, kann eine Matrix helfen, die Themen zu sortieren.

Was bringt's?

Die Sortierung und Versachlichung hilft oftmals, Konfliktthemen einzuordnen. Außerdem hilft die Priorisierung nach Relevanz bei der Bearbeitung der Themen.

Wie läuft es ab?

Erstell als Coach eine Matrix mit den wichtigsten Konfliktthemen und lass die Teammitglieder Punkte vergeben, um die Dringlichkeit und Bedeutung jedes Themas zu bewerten.

Dazu zeichnest du eine X-Achse und eine Y-Achse und benennst die eine davon mit dem Begriff „Dringlichkeit" und die andere mit „Bedeutsamkeit". Es kann durchaus sein, dass das Team einige Themen als sehr dringlich wahrnimmt, diese aber gar nicht so wichtig sind. Fokussiert euch lieber auf die bedeutsamen Themen.

b) Wertschätzende Erkundung

Die wertschätzende Erkundung ist eine Retrospektive, bei der das Team sich selbst und sein Umfeld ausschließlich wertschätzend betrachtet. Das kann gerade in der Storming-Phase sehr entlastend und stärkend für das Team sein. Die Konflikte werden dadurch zwar nicht gelöst, der Blick geht jedoch weg vom Negativen hin zu Dankbarkeit und Wertschätzung. Genau dieser Blick ist in Konflikten oft vernebelt und die Wahrnehmung ist dafür umso mehr verzerrt. Mit der wertschätzenden Erkundung sammelt das Team einzeln und gemeinsam alles Positive, Gute, Stärkende, Fördernde, Begeisternde etc.

Was bringt's?

Die wertschätzende Erkundung dient der positiven Psychologie und deren Wirkung: Durch die konsequente Betrachtung der guten Seiten des Unternehmens, der Kunden, des Teams und jedes Einzelnen wird das Team gestärkt und aufgerichtet.

Schnelle, fokussierte und selbstverantwortliche Zusammenarbeit erzeugt viele Spannungen bei jedem Individuum und in der Gruppe. Häufig kreisen wir dann zu sehr um Mängel und Defizite und werden blind für die positiven Seiten bzw. erachten sie als selbstverständlich. Wertschätzung und positives Feedback tun in einer solch angespannten Situation nicht nur gut, sondern sind ein wichtiger Treibstoff für jede Entwicklung.

Wie läuft es ab?

Erläutere zunächst die Relevanz von positiver Psychologie und sorge mit positiven Warm-ups für eine angenehme Atmosphäre. Wichtig ist, dass du in der Moderation sehr wertschätzend mit dem Team und dir selbst umgehst und positive Formulierungen nutzt. Visualisiere die Bereiche, Themenfelder oder Umfeldfaktoren, die betrachtet werden sollen.

Was schätzen/mögen/lieben/achten/bewundern/genießen/respektieren wir (ich):

- an unseren Kunden/unserem Markt
- an unserer Organisation
- an unserem Team
- an jedem Einzelnen

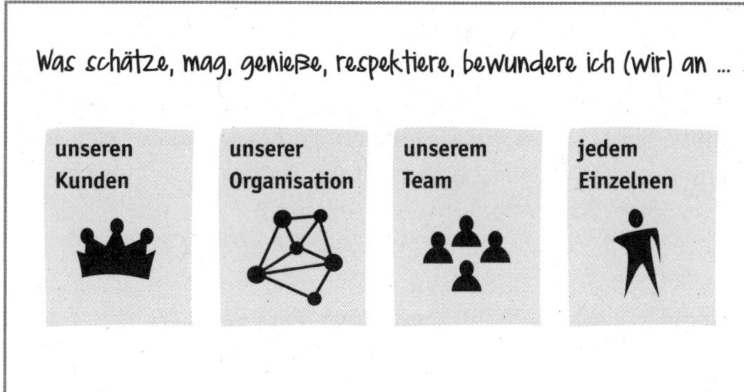

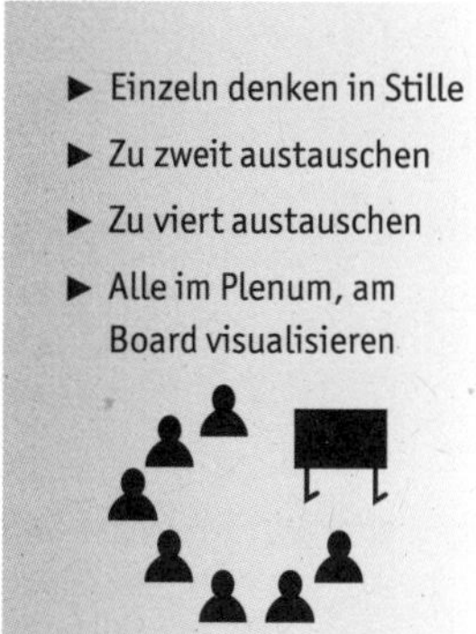

Abb. 25: Wertschätzende Erkundung

Das Team teilt sich nun in 2er- oder 3er-Gruppen auf und interviewt sich gegenseitig zu den zuvor gesammelten Perspektiven. Die Interviewer sollten dabei gezielt nachfragen:

- Was schätzt du noch?
- Was magst du außerdem?
- Was begeistert dich?

Pro Interview sollen sich die Partner 20 Minuten Zeit nehmen und alle Antworten stichpunktartig mitschreiben.

Alternativ könnt ihr „Think – Pair – Share" moderieren. Dazu schreibt jeder seine Antworten alleine in Stille auf, danach tauschen sich zwei zusammen aus, danach vier – und schließlich stellen die Übungspartner gegenseitig ihre Antworten im Plenum vor und visualisieren diese am Board.

Wichtig: Lasst anschließend die vielen positiven Perspektiven im Team wirken, ohne die Dinge zu zerreden.

c) Flaschengeist-Retro

Diese Retrospektive macht es auf eine märchenhafte Weise möglich, auch kritische Themen sehr konstruktiv anzusprechen und auf mehreren Ebenen gleichzeitig zur Reflexion anzuregen. Dabei werden Wünsche nicht nur für sich selbst, sondern auch für die Teamebene und für die Organisation formuliert und mit den anderen geteilt.

Was bringt's?

Vorwürfe sind verunglückte Wünsche! Die Flaschengeist-Metapher hilft uns, Themen, die das Team bewegen, in Form von Wünschen auszudrücken. Dabei werden Prinzipien der Gewaltfreien Kommunikation (GFK)

geübt und Bedürfnisse oder Hindernisse in konstruktive Botschaften umgeformt. Dies schafft zugleich einen psychologisch sicheren Rahmen. Außerdem reflektieren die Beteiligten durch die drei Ebenen der Fragen (für sich selbst, für das Team, für die gesamte Organisation) die wichtigsten Komponenten der Zusammenarbeit hin zur Entwicklung eines performanten Teams: Ich + Wir + Alle.

Wie läuft es ab?

Leite in einer Märchenerzähler-Stimmführung diese Retro an:

„Es war einmal … ein Geist, der sich in einer Wunderlampe versteckte. Wie bei Aladin. Du hast diese Wunderlampe entdeckt und den Geist daraus befreit. Nun hast du tatsächlich drei Wünsche frei!

- *Einen Wunsch kannst du ganz für dich selbst äußern.*
- *Einen Wunsch hast du für euch als Team frei.*
- *Und einen dritten Wunsch hast du für die gesamte Organisation frei.*

Wähle deine Wünsche weise – denn sie werden sich erfüllen und du hast nur diese drei Wünsche offen!"

Jedes Teammitglied notiert einen Wunsch auf jeweils einem Post-it (am besten nutzt ihr unterschiedliche Farben pro Ebene: Ich + Team + Alle). Anschließend werden die Wünsche für die drei Ebenen an der Pinnwand geclustert und besprochen. Pro Ebene wird eine Aktion oder Vereinbarung gewählt, die konsequent verfolgt bzw. umgesetzt werden soll.

d) Heißluftballon-Retro

Die Heißluftballon-Retro eignet sich für Teams ab der Storming-Phase. Anhand der Metapher eines steigenden Heißluftballons werden die Zusammenarbeit und die Umfeldeinflüsse auf das Team reflektiert und sichtbar gemacht.

Was bringt's?

Der Heißluftballon steht für fördernde oder hemmende Aspekte, die in irgendeiner Weise auf das Team einwirken. Außerdem schärft die Retro die Orientierung und Ausrichtung auf die Strategie. Das Team reflektiert sowohl seine Vision und seine Ziele durch die Frage „Was lässt uns steigen?" als auch seine Bremsklötze und Hemmnisse mit der Frage „Was sind unsere Sandsäcke? Was hält uns am Boden?". Die Metaphorik unterstützt das Team sehr wirkungsvoll bei den gedanklichen und emotionalen Vorstellungen und Antworten zu den verschiedenen Fragen. Gleichzeitig sorgt die Fragestellung „Wo müssen wir mehr einheizen?" für Selbstwirksamkeit des Teams und verhindert Schuldzuweisungen.

Wie läuft es ab?

- Zeichnet einen Heißluftballon auf eine Flipchart, eine Pinnwand oder ein Kollaborationsboard und fügt Wolken als Ziele und Sandsäcke als Hindernisse hinzu.
- Formuliert gemeinsam im Team, welche strategischen Ziele auf den Wolken stehen sollen. Was ist die Ausrichtung des Ballons? Wohin will er aufsteigen?
- Dann schreibt jedes Teammitglied für sich alleine zu folgenden Fragen Antworten auf Notes oder Post-its (stellt dazu einen Timer auf 5 Min.):
  - Was lässt uns steigen?
  - Was bringt uns vom Kurs ab?
  - Was hält uns am Boden oder zieht uns nach unten?
  - Wo müssen wir mehr einheizen?

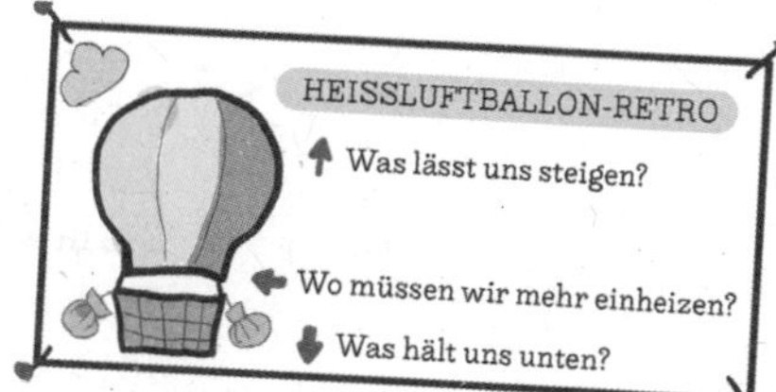

- Nutzt am besten unterschiedliche Farben für die Antworten, dann sind die Notizen für die Teilnehmenden und später auch fürs Team leichter den vier Fragen zuzuordnen.
- Anschließend werden die Notizen von jedem mit kurzer Erklärung präsentiert oder ihr lasst die Beiträge erst in Kleingruppen (2 bis 3 TN) austauschen und diskutieren, bevor sie im Plenum ausgetauscht werden.
- Nach dem Austausch entscheidet sich das Team für mindestens eine konkrete Handlung, ein Action-Item, um die Zusammenarbeit zu verbessern. Dieses wird bis zur nächsten Retro umgesetzt.

e) Segelboot-Retro

Auch das Segelboot ist eine eingängige Metapher. Das Team kann sich schnell in die Situation, gemeinsam auf der Reise zu sein, hineinversetzen und Analogien zur Zusammenarbeit herausarbeiten.

Was bringt's?

Ähnlich wie der Ballon kann die Bootsmetapher für verschiedenste Betrachtungen des Teams genutzt werden. Boote und Schiffe jeder Art verkörpern viele Aspekte eines Teams und eines Auftrags. Das Team bekommt eine neue Perspektive auf sich selbst und kann dissoziiert über Themen sprechen, die außerhalb des Tagesgeschäfts relevant sind.

Durch die Projektion auf eine fiktive Situation kommen oftmals Dinge ans Licht, die sonst nicht ausgesprochen werden. Als Moderator kannst du dann situativ die passenden erkenntnisleitenden Fragen stellen.

Wie läuft es ab?

- Zeichnet ein Schiff (je nach Team und Kontext kann auch ein Tanker, Schnellboot oder ein Ausflugsdampfer passender sein) auf ein Flipchart, eine Pinnwand oder online auf ein Kollaborationsboard und fügt einen Anker, einen Hafen etc. hinzu.
- Schmückt gemeinsam im Team die Metapher aus.
- Dann schreibt jedes Teammitglied für sich alleine zu folgenden Fragen Antworten auf Notes oder Post-its (stellt dazu einen Timer auf 5 Min.):
  - Wo reisen wir hin? Was ist unser Ziel?
  - Was für ein Boot sind wir? Ein Tanker, ein Schnellboot, ein Segelboot, ein U-Boot?
  - Was gibt uns Fahrtwind?
  - Was bringt uns zum Kentern oder wirft Einzelne über Bord?
  - Was ankert uns und gibt uns Halt?
  - Was bremst uns aus? Wo hängen wir fest?
  - Welchen sicheren Hafen können wir bei Sturm immer ansteuern?
  - Welche Eisberge müssen wir im Blick behalten?
  - Was gibt uns Orientierung?

- Nach dem Austausch entscheidet sich das Team für mindestens eine konkrete Handlung, ein Action-Item, um die Zusammenarbeit zu verbessern. Dieses wird bis zur nächsten Retro umgesetzt.

3. Themen lösen und entscheiden

Neue Vereinbarungen treffen
Durch die Phase „Themen erheben und Einsichten gewinnen" sind neue Vereinbarungen entstanden oder alte Vereinbarungen müssen überarbeitet werden. Die gilt es zu fixieren.

To-do bestimmen
Ein sogenanntes Action-Item – also eine konkrete Handlung – wird aus der vorangegangenen Reflexion abgeleitet und dessen konkrete Umsetzung geplant.

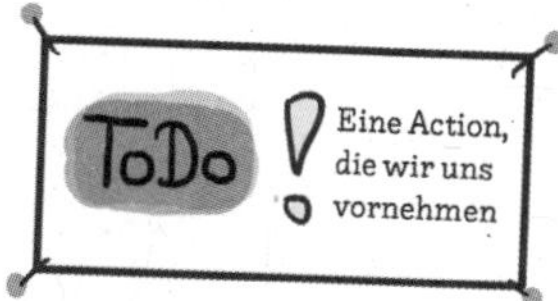

Brainstorming
Das Team macht eine Ideensammlung zu Vorschlägen, wie die Themen gelöst bzw. optimiert werden können, und stimmt ab, welches Vorhaben umgesetzt werden soll.

Priorisierung
Vorschläge werden nach Umsetzbarkeit und Wirksamkeit in einem Diagramm eingeordnet und dadurch priorisiert (siehe auch S. 320 f.).

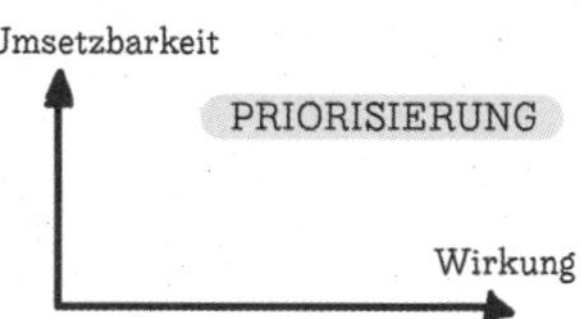

2. Ausloggen

Baum der Erkenntnis
Die Teilnehmenden reflektieren ihre Erkenntnisse aus der Retro anhand der Baum-Metapher (siehe auch S. 235 f.):

- Was sind meine Erkenntnisse?
- Welche Früchte der Erkenntnis hängen dabei niedrig und lassen sich einfach und schnell umsetzen? (Low hanging Fruits)
- Welche hängen hoch und brauchen mehr Aufwand zur Umsetzung? (High hanging Fruits)

Zwei-Wege-Reflexion
Die Zwei-Wege-Reflexion bringt sowohl eine sachliche wie eine persönliche Ebene in das Feedback mit ein. Jedes Teammitglied beantwortet reihum die beiden folgenden Fragen im Plenum:

- Was setze ich ab morgen um?
- Was erzähle ich zu Hause?

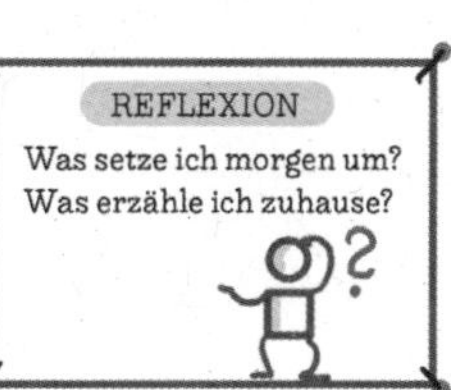

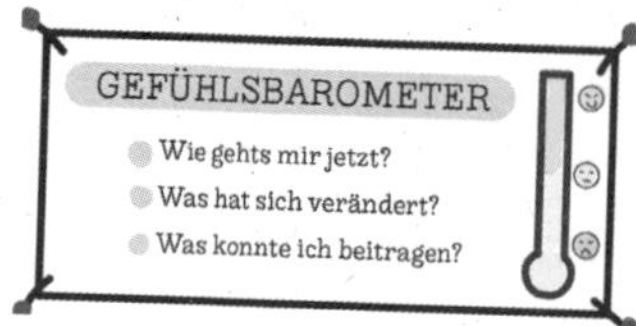

Gefühlsbarometer
Ein Gefühlsbarometer mit den entsprechenden drei Smileys wird auf dem Boden ausgelegt und die Teilnehmenden positionieren sich entsprechend zu den Fragen oder machen sich Notizen:

- Wie geht es mir jetzt? – Aufstellung auf dem Barometer
- Was hat sich im Vergleich zum Beginn der Retro verändert? – Aufstellung auf dem Barometer
- Was konnte ich dazu beitragen? – Teilnehmende notieren ihre Antworten

Themen-Parkplatz
Lass zum Ende alle offenen und wichtigen Themen aus der Retro auf dem Parkplatz notieren, damit sie nicht in Vergessenheit geraten.

Feedback-Ampel
Mit der Ampel-Metapher fragst du abschließend noch einmal jedes Teammitglied nach seiner Einschätzung, wie konstruktiv das Feedback untereinander in der Retro war (Rot = destruktiv; Gelb = mittel; Grün = konstruktiv) und was es braucht, um weiter nach Grün zu kommen.

Retro-Tools für die Norming-Phase

1. Einloggen

Typisch wir

Bei „Typisch wir“ notiert jeder im ersten Schritt für sich alleine typische Merkmale für das anwesende Team (Zeit: 2 Min.):

- Was ist absolut typisch für uns?
- Mit welchen vier Begriffen würdest du unser Team jemand anderem beschreiben?
- Was zeichnet uns aus?

Anschließend tauschen sich 2 bis 3 Personen zu ihren Notizen mit dem Ziel aus, diese zu kondensieren oder auch weitere Begriffe, die im Gespräch entstehen, hinzuzufügen. Dazu bekommen die Partner 4 Minuten Zeit.

Nun tauschen sich jeweils Gruppen à 4 bis 6 Personen in gleicher Weise wie im zweiten Schritt miteinander aus. Auch dazu bekommen sie 4 Minuten Zeit.

Abb. 26: Geeignete Retrospektiven für die Norming-Phase

Die Ergebnisse werden im Plenum besprochen und visualisiert.

Variante „Typisch wir nicht": Gleicher Ablauf wie oben, die Fragen lauten nun jedoch:

- Was ist absolut untypisch für uns?
- Welche vier Begriffe haben gar nichts mit zu uns zu tun?

WEGEKARTEN

Nutze ca. 20 verschiedene Wegekarten zum Aussuchen

Wo stehen wir als Team?

Was ist der nächste Schritt?

Wegekarten
Lege Bilder von unterschiedlichen Wegen aus und lass jeden Teilnehmenden ein Bild zu der Frage wählen:

- Wo stehen wir zurzeit als Team?
- Was ist der nächste wichtige Schritt?

Tagesschau
Jeder im Team überlegt sich eine – möglichst reißerische und „Tagesschau"-taugliche – Headline, die die vergangene Arbeitsphase beschreibt.

2. Themen erheben und Einsichten gewinnen

a) Werte- & Prinzipien-Retro

Werte werden sehr unterschiedlich interpretiert und verstanden. Deswegen ist die genauere Betrachtung anhand des agilen Verständnisses wichtig, bevor das Team seine eigenen Interpretationen in die Begriffe hineinlegt. Mit der Wertespinne kannst du als Coach die agilen Werte und Prinzipien im Team bewusst reflektieren, weiterentwickeln und implementieren.

Abb. 27: Aus Werten Handlungen ableiten

Wert	Prinzipien	Handlungen
Commitment, Selbst-verpflichtung	Selbstorganisation, Sinnhaftigkeit, Ergebnisorientierung	Stärkenorientierte Autonomie ist im Team möglich und wird gestärkt. Das Team zieht Aufgaben (Pull-Prinzip) und lebt rollengebundene Selbstorganisation. Jeder versteht den Purpose und den Nutzen für das Gemeinwohl und jeden Einzelnen.
Fokus	Maximiere die Menge nicht getaner Arbeit (da nicht notwendig). Iteratives arbeiten mit Timeboxing	Das Team reduziert Verschwendung und fokussiert auf Wertschöpfung durch Kundenfokus. Jeder engagiert sich für schnelle Ergebnisse.
Offenheit	Transparenz, Neues lernen, sagen statt fragen	Das Team macht den Workflow transparent. Neue Praktiken werden ausprobiert. Das Teamklima lässt es zu, dass jeder seine Meinung direkt sagt.

Wert	Prinzipien	Handlungen
Mut	Experimente, Fehlerfreude	Das Team lebt Fehlerfreude und fördert Experimente und Risikofreude.
Respekt	Vielfalt, Diversitiy, Growth Mindset	Das Team akzeptiert sich in seiner Unterschiedlichkeit. Vielfalt durch konvergente und divergente Denker, Alter, Geschlecht, Kompetenzen etc. wird als Vorteil betrachtet.

Was bringt's?

Werte sind innere Motivatoren und Handlungsimpulse für das Team. Die Werte aus dem agilen Manifest stellen die Arbeitsbasis dar, um als Team flexibel, innovativ und kundenzentriert zu handeln. Mit der Wertespinne zu den fünf agilen Werten (siehe Abb. 27) gelangt das Team zu einer Standortbestimmung – von wo aus es die nächsten Schritte in Richtung höhere Agilität planen kann.

Wie läuft es ab?

- Zeichne einen Wertespinne auf ein Flipchart, eine Pinnwand oder ein Kollaborationsboard. Die fünf Werte werden in einem äußeren Kreis angeordnet, vom Mittelpunkt führt zu jedem Wert eine Skala von 0 bis 10. Die 0 bedeutet „Wir handeln nach diesem Wert noch gar nicht" und die 10 bedeutet „Wir leben diesen Wert vollständig".

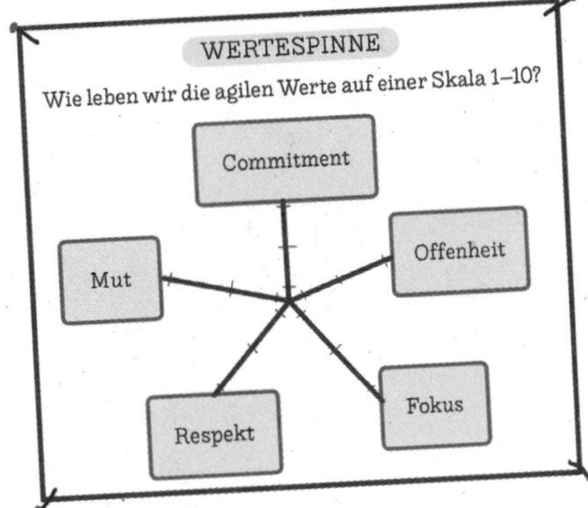

- Verteile oder visualisiere die Tabelle oder gib jedem eine Liste mit den Werten, Prinzipien und Handlungen, wie sie aus dem agilen Manifest definiert wurden, damit alle wissen, was sich hinter den Begriffen Mut, Respekt, Fokus etc. verbirgt.
- In Stille nimmt nun jeder einzeln seine Bewertung vor. Wie gut leben wir die fünf Werte? Durch welche Handlungen hauchen wir ihnen Leben ein? Wie stark handeln wir in der Zusammenarbeit danach? Was würden auch andere bemerken und über uns sagen?
- Jedes Teammitglied erhält Klebepunkte (eine Farbe pro TN) und gibt nun seine Einschätzung auf der Skala der Wertespinne ab.
- Wenn alle ihre Punkte auf die fünf Skalen geklebt haben, analysiert das Team das Ergebnis:
  - Was fällt auf? Wo kommen wir zu unterschiedlichen Einschätzungen?
  - Welche Werte leben wir schon ausgeprägt?
  - Welche Werte können wir noch stärken?

- Erarbeitet und formuliert gemeinsam im Team, welche Konsequenzen sich daraus für das Team und die Zusammenarbeit ergeben.

- Anschließend sucht sich jedes Teammitglied seine zwei Hebelwerte aus und notiert dazu konkrete Handlungen als Arbeitsauftrag für das Team (pro Hebelwert eine Notiz). Die Leitfragen hierzu lauten:
  - Welche zwei Hebel-Werte findest du für uns als Team am wichtigsten, um uns in der agilen Zusammenarbeit weiterzuentwickeln?
  - Welche Handlungen würden diese jeweils stärken?

- Alle Teammitglieder pinnen ihre beiden formulierten Arbeitsaufträge an den jeweiligen Begriff der Wertespinne. Das Team diskutiert die Vorschläge und entscheidet sich für mindestens eine konkrete Handlung, ein Action Item, zur Verbesserung der Zusammenarbeit, die bis zur nächsten Retro umgesetzt wird.

TEAMKONTO

Was erleben wir als Einzahlung auf unser imaginäres TEAMKONTO und was als Abhebung?

⊕ Einzahlungen	⊖ Abhebungen

b) Teamkonto

Das Teamkonto ist ein hervorragendes Instrument, um bei einem fortgeschrittenen Teamentwicklungsprozess Erkenntnisse über die Systemdynamik und den Beitrag jedes Einzelnen zum Team zu gewinnen. Gleichzeitig beinhaltet der Prozess ein intensives Feedback mit Selbst- und Fremdbild-Abgleich, das konstruktiv und ausgeglichen gestaltet ist.

Was bringt's?

Das Teamkonto ist ein komplexes, strukturiertes Verfahren, in dem die Teammitglieder ihre Zusammenarbeit reflektieren. Sie gleichen gegenseitig das Selbst- und Fremdbild jedes Teammitglieds ab und feedbacken die individuellen Beiträge zum Team. Außerdem erklärt und veranschaulicht das Modell auf einprägsame Weise das systemische Ausgleichsprinzip in Teams. Dadurch verstehen die Beteiligten die Dynamik in ihrem Team und erkennen ihren eigenen Beitrag bzw. ihr „Standing" bei den Kollegen. Genau diese strukturierte Retrospektive ist wichtig, um agiler zu moderieren und dabei die Selbstreflexion zu steigern. Nutzen und Ziele der Methode im Einzelnen:

- Die Metapher des Teamkontos verdeutlicht den Teammitgliedern die Gruppen-Dynamik des Ausgleichs.
- Das Team erarbeitet gemeinsam eine Definition und konkrete Beispiele zu positiven und negativen Beiträgen.
- Jeder Teilnehmende reflektiert anhand von Checklisten seinen eigenen Beitrag und dessen Auswirkungen.
- Durch den Selbst- und Fremdbild-Abgleich erhalten alle intensives Feedback zur Wahrnehmung der anderen Teammitglieder.

- Jeder erhält konkretes Feedback zu Möglichkeiten, um seinen Beitrag zum Team zu verbessern.
- Wünsche und Bedürfnisse der Teammitglieder werden sichtbar.
- Das Team lernt, dass auch solche Verhaltensweisen und Fähigkeiten zählen, die sonst nicht (oft) thematisiert werden.

Wie läuft es ab?

- Der Coach veranschaulicht der Gruppe die Metapher des Teamkontos anhand eines Girokontoprozesses (der Kunde muss erst einmal Einzahlungen erbringen und nachweisen, bevor er einen Dispo eingeräumt bekommt, Überziehungen kosten hohe Zinsen etc.).

- Das Team sammelt per Zurufabfrage und Ergänzungen durch den Moderator Verhaltensweisen und Fähigkeiten, die als Einzahlungen und Abhebungen wahrgenommen werden (siehe Abb. 28).

- Anschließend teilt der Coach das Team in 4er-Gruppen.

- Zunächst beschäftigt sich jeder Teilnehmende alleine mit seiner Selbsteinschätzung und notiert jeweils mindestens drei Einzahlungen und mindestens zwei Abhebungen. (Zeit: 5 Min.)

- Anschließend schätzt jeder die drei Kollegen aus seiner Gruppe und deren Kontobilanz ein und notiert die Einzahlungen und Abhebungen (mehr Einzahlungen!) jeweils pro Teamkollege. Zu den Abhebungen wird jeweils ein Wunsch formuliert („Was wünsche ich mir stattdessen von der Kollegin/dem Kollegen?"). (Zeit: 20 Min.)

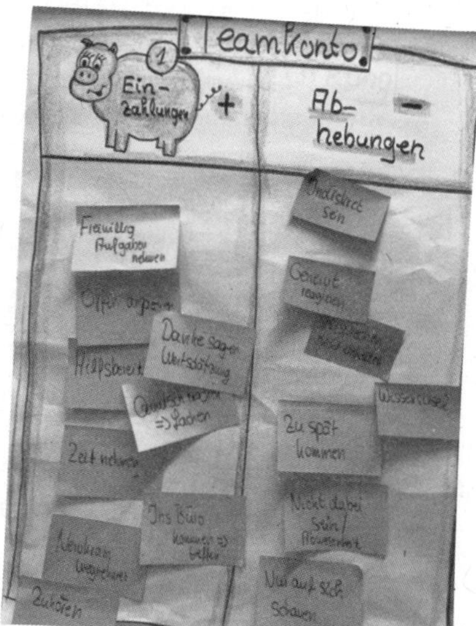

Abb. 28: Einzahlungen und Abhebungen auf dem Teamkonto werden gesammelt

- Nun werden die Selbst- und Fremdbilder nacheinander ausgetauscht. Gestartet wird jeweils mit dem Selbstbild, das jeder Teilnehmende vorliest. Dabei werden die Selbsteinschätzungen nicht diskutiert. Die anderen dürfen aber Verständnisfragen stellen. Hier gilt: Diskutiert wird zunächst nicht.

- Jeder Teilnehmende sammelt seine Checklisten ein, also sein Selbstbild und die drei Fremdbilder. In Einzelarbeit notiert er dann sein Fazit, für das er die beiden Fragen beantwortet:
  - Was werde ich ab sofort noch bewusster als Einzahlung auf das Konto leisten?
  - Welche Abhebung werde ich wie in einen Wunsch umwandeln?

- Das Fazit jedes Teammitglieds wird im Plenum ausgetauscht. Auch hier gilt es, Diskussionen zu vermeiden und nur Verständnisfragen zuzulassen.

Abb. 29: Beispiele für Einzahlungen und Abhebungen

Teamkonto

„+"-Einzahlungen aufs Konto	„-"-Abhebungen vom Konto
– Geteiltes Wissen und Erfahrungen	– Vereinbarungen nicht einhalten
– Einsatzbereitschaft	– Geringer Beitrag zur Zielerreichung
– Zuverlässigkeit	– Ausfälle/viele Fehltage
– Gute Stimmung	– Negatives und destruktives Denken
– Hilfsbereitschaft	– Unflexibel agieren
– Flexibilität	– Anderen Vorwürfe machen
– Eingebrachte Ideen	– Kritisches Feedback
– Positives Denken	– Verantwortung meiden
– Verantwortungsübernahme	– Missachtung/Respektlosigkeit
– Veränderungsbereitschaft	– Ignoranz
– Komplimente/Anerkennung geben	– Jammern/demotiviert sein
– Positives Feedback/Lob geben	– Unaufmerksam gegenüber anderen
– Zuverlässiges Handeln	– Geringe Beteiligung an gemeinsamen Verpflichtungen (Aufräumen etc.)
– Präsenz (wenig Krankheitsausfälle)	
– Übernahme von Verpflichtungen	

Bei der Sammlung der Kontobewegungen ist es wichtig, dass du als Coach das Team bittest, die genannten Begriffe zumindest mündlich näher zu definieren. Was versteht das Team oder jeder Einzelne unter „Zuverlässigkeit", „Hilfsbereitschaft" oder „Respekt"? An welchem Verhalten wird das festgemacht? Genauso verhält es sich bei den Feedbacks: Regt die Teilnehmenden dazu an, ihre Rückmeldungen als beobachtbares Verhalten näher zu beschreiben.

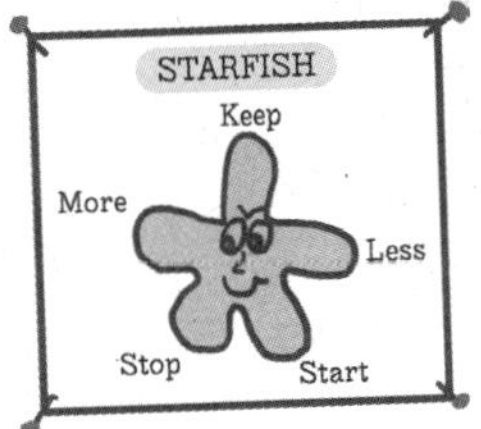

c) Starfish-Retro

Mit der Seestern-Retrospektive kannst du als Coach ein differenziertes Feedback für einen „Blick zurück" anregen.

Was bringt's?

Durch die folgenden fünf Fragen wird die Zusammenarbeit reflektiert nach:

- **Keep:** Was wollen wir beibehalten? Was lief richtig gut?
- **Stop:** Was wollen wir sein lassen, stoppen, nicht mehr machen?
- **Start:** Was wollen wir neu machen, zusätzlich tun?
- **Less:** Was wollen wir weniger machen, was wollen wir reduzieren?
- **More:** Wovon brauchen wir mehr? Was wollen wir ausbauen?

Wie läuft es ab?

Gib dem Team für jede Frage ca. eine Minute Zeit, um die Gedanken dazu aufzuschreiben. Nach 5 Minuten hast du alle wichtigen Feedbacks von allen Beteiligten.

Dann kannst du mit dem Team die Antworten gemeinsam anschauen und sortieren. Die häufigsten Nennungen liefern in der Regel auch einen Hinweis für wichtige Erkenntnisse und konkreten Handlungsbedarf.

d) Fünf-Finger-Retro

Dieses Feedback-Format eignet sich für ein Team, welches bereits mit Kritik umgehen kann. Als Gesprächsstruktur kann die Fünf-Finger-Retro sowohl im Einzelfeedback als auch auf Teamebene eingesetzt werden, wobei gleichermaßen positive wie negative Themen zur Sprache kommen:

- **Top:** Stärken, Highlights, Positives, Kompetenzen, Erfolge etc.
- **Achtung:** Gefahren, Risiken, Stolpersteine etc.
- **Fuck-ups:** Was ist schiefgelaufen? Wo gab es Fehler, Versagen, Verletzungen, Missachtungen etc.?
- **Beziehungsebene:** Wie war unsere Zusammenarbeit? Nähe? Abstimmung? Wertschätzung? Umgang mit Unterschieden?
- **Zu kurz gekommen:** Was ist zu kurz gekommen? Aus dem Fokus geraten?

Was bringt's?

Die 5-Finger-Retro sollte erst bei fortgeschrittenen Teams zum Einsatz kommen, die über ein tragfähiges Vertrauensverhältnis verfügen und sowohl über Fuck-ups wie auch über Probleme auf der Beziehungsebene konstruktiv sprechen können. Bei unsicheren oder unreifen Teams ist die Methode nicht zu empfehlen, weil dann schnell Anschuldigungen oder Rechtfertigungen entstehen, die einander eher schwächen als stärken.

Wie läuft es ab?

- Zeichne die fünf Finger auf eine Flipchart o. Ä. oder nutze einfach die fünf Finger der Hand ohne zusätzliche Visualisierung.
- Teile das Team entweder in Kleingruppen oder Paare ein, die sich untereinander nach der Methode Feedback geben, oder wende es direkt als Team-Feedback an. Die fünf Finger stehen für:
  - **Daumen:** Was war top?
  - **Zeigefinger:** Achtung, Gefahr!
  - **Mittelfinger:** Fuck-ups!
  - **Ringfinger:** Beziehungsebene!
  - **Kleiner Finger:** Zu kurz gekommen!

- Achte darauf, zu allen fünf Fragen jeweils konkrete Beispiele zu finden und zu formulieren.

- Lass jeden als Fazit einen Wunsch und einen eigenen Beitrag formulieren:
  - „Was wünsche ich mir von dir/vom Team, um unsere Zusammenarbeit zu stärken?"
  - „Was werde ich konkret dazu beitragen, um unsere Zusammenarbeit zu stärken?"

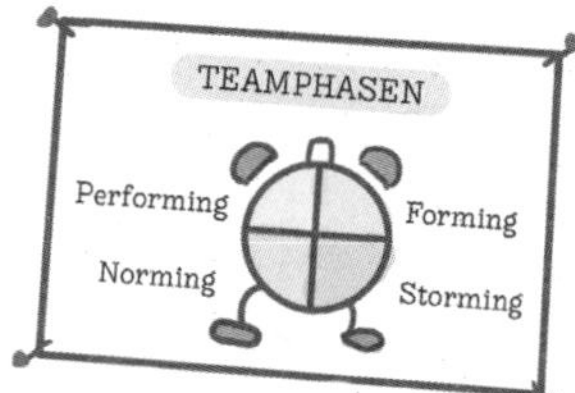

e) Teamphasen-Retro

Die Teamphasen-Retro ist sehr erhellend, um Dynamiken im Team zu verstehen und mit Spannungen besser umgehen zu lernen. Wenn ein Team die typischen Entwicklungsphasen, die Bruce Tuckman schon in den 1960er-Jahren beschrieben hat, versteht, dann werden auch typische Dynamiken und Phänomene verstanden und akzeptiert. Folgende typische Merkmale haben Teams in den vier Phasen:

- **Stufe 1 – Forming**
  - Mäßiger Arbeitseifer bei hohen Erwartungen
  - Ängste: Wo ist mein Platz in der Gruppe? Was wird von mir erwartet?
  - Abtasten der Situation und der Zentralfiguren
  - Abhängigkeit von Autorität und Hierarchie
  - Bedürfnis, sich in der Gruppe einzugliedern und eine bestimmte Position einzunehmen

- **Stufe 2 – Storming**
  - Wahrnehmen der Diskrepanz zwischen Hoffnungen und Realität
  - Unzufriedenheit wegen der eigenen Autoritätsabhängigkeit
  - Frust: Streit um Ziele, Aufgaben und Aktionspläne
  - Gefühle von Verwirrung und Inkompetenz
  - Negative Reaktionen gegenüber Leitern und anderen Teilnehmenden
  - Konkurrenz um Machtpositionen und/oder Aufmerksamkeit
  - Erleben von Polaritäten: Abhängigkeit und Gegen-Abhängigkeit
  - Gruppenentwicklung

- **Stufe 3 – Norming**
  - Abnehmen der Unzufriedenheit
  - Überbrückung der Kluft zwischen Erwartungen und Realität
  - Überwindung von Polarisierungen und Schuldzuweisungen
  - Entwicklung von Übereinstimmung, Vertrauen, Hilfsbereitschaft und Respekt

- Entwicklung von Selbstvertrauen und Zuversicht
- Offener Umgang miteinander und vermehrtes Feedback
- Teilen von Verantwortung und Kontrolle
- Gebrauch einer Teamsprache

- **Stufe 4 – Performing**
  - Freude darüber, im Team mitarbeiten zu können
  - Kooperatives und eng ineinander verzahntes Arbeiten von Plenum und Untergruppen
  - „Gemeinsam sind wir stark"-Erlebnis
  - Selbstbewusstes Herangehen an die Aufgaben
  - Stolz auf erfolgreich gelöste Aufgaben
  - Hohes Leistungsniveau

Was bringt's?

Teams brauchen je nach Phase unterschiedliche Führung und Hilfestellung. In der Teambildungsphase, dem Forming, braucht das Team ausreichend Zeit, um eine stabile Grundlage zu schaffen. Je klarer im Forming für Transparenz der Aufgaben, Rollen und Richtung gesorgt wird, desto schneller wird das Team eigenverantwortlich handeln und entscheiden können. Folgende Themen gilt es zu klären, zu einem gemeinsamen Konsens zu bringen und beispielsweise mit einem Team-Canvas (siehe S. 262 ff.) transparent zu gestalten:

- Auftrag und Beitrag des Teams zur Mission und Vision
- Ziele und Erfolgskriterien (KPIs, OKRs etc.)
- Stärkenorientierte Rollen im Team
- Vereinbarungen zur Zusammenarbeit
- Arbeitsprinzipien und Methoden/Frameworks

In der nachfolgenden Storming-Phase braucht das Team situativ notwendige Führung von oben oder von der Seite. Storming ist wichtig, damit das Team Positionen, Konflikte und Störungen miteinander klären lernt. Das steigert die Problemlösungskompetenz und fördert den konstruktiven Umgang mit Unterschiedlichkeiten. Anschließend sollte aber das hierarchische Führungsverhalten drastisch reduziert werden! Sobald das Team in der Norming-Phase ist und eigene Vereinbarungen trifft, um seine bisherige Performance zu optimieren, arbeitet es ohne Hierarchien effektiver.

Wie läuft es ab?

- Zeichne die Teamphasen auf ein Flipchart.

- Definiere gemeinsam mit dem Team die Phasen und erläutere dazu die entsprechenden Handlungen und Rahmenbedingungen. Lass für jede

Stufe Beispiele finden und erzählt euch untereinander Geschichten zu den verschiedenen Reifegraden. Mache dem Team deutlich, dass einzelne Phasen nicht übersprungen werden können, sondern eine nach der anderen Phase durchlaufen wird. Je nachdem wie gut und schnell die Bedarfe der Phase erfüllt werden, desto schneller kommt das Team voran.

- Anschließend erhält jedes Teammitglied Klebepunkte, um die aktuelle Phase der eigenen Teamentwicklung auf dem Flipchart einzuschätzen.
- Diskutiert anschließend:
  - Wo stehen wir aktuell?
  - Wo können wir uns realistisch im nächsten halben Jahr hin entwickeln?
- Jedes Teammitglied notiert nun für sich konkrete Handlungen als Arbeitspakete.
- Im abschließenden gemeinsamen Austausch entscheidet sich das Team für mindestens eine konkrete Handlung, ein Action-Item, zur Weiterentwicklung, welche bis zur nächsten Retro umgesetzt wird.

3. Themen lösen und entscheiden

Neue Vereinbarungen treffen
Durch die Phase „Themen erheben und Einsichten gewinnen" sind neue Vereinbarungen entstanden oder alte Vereinbarungen müssen überarbeitet werden. Die gilt es zu fixieren.

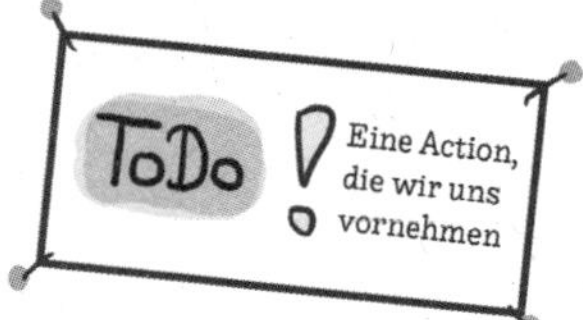

To-do bestimmen
Ein sogenanntes Action-Item – also eine konkrete Handlung – wird aus der vorangegangenen Reflexion abgeleitet und dessen konkrete Umsetzung geplant.

Brainstorming
Das Team macht eine Ideensammlung zu Vorschlägen, wie die Themen gelöst bzw. optimiert werden können, und stimmt ab, welches Vorhaben umgesetzt werden soll.

Priorisierung
Vorschläge werden nach Umsetzbarkeit und Wirksamkeit in einem Diagramm eingeordnet und dadurch priorisiert (siehe auch S. 320 f.).

4. Ausloggen

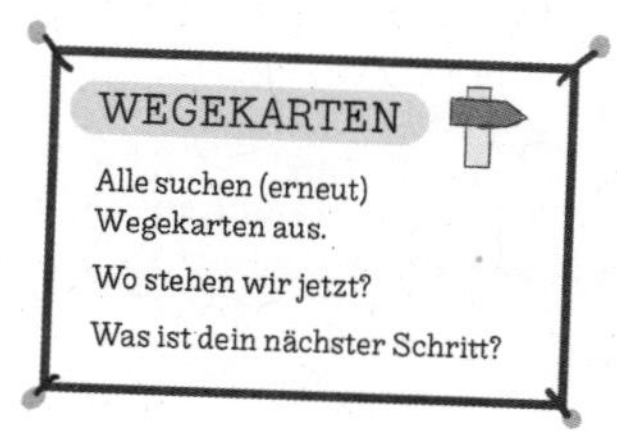

Wegekarten
Lege Bilder von unterschiedlichen Wegen aus und lass jeden Teilnehmenden ein Bild wählen zu den Fragen:

- Wo stehen wir jetzt nach der Retro als Team?
- Was ist dein nächster wichtiger Schritt?

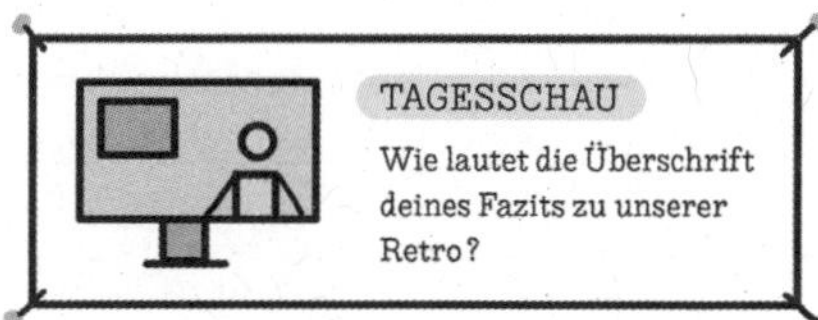

Tageschau
Lass jeden im Team eine reißerische Headline über die Retro für eine imaginäre Nachricht in der Tageschau formulieren.

Wortwolke
Lass das Team mit Mentimeter oder Slido oder auch auf dem Flipchart gemeinsam eine Wortwolke als Fazit zur Retro bilden.

Roti – Return on Time invested
Das Team gibt eine klare Bewertung ab, wie sich die investierte Zeit für die Retro gelohnt hat:

- Fünf Finger = sehr effektiv, hat sich absolut gelohnt
- Vier Finger = überdurchschnittlich gut für die Zeit, wertvoll
- Drei Finger = durchschnittlich effektiv
- Zwei Finger = wenig effektiv, hoher Zeitaufwand bei wenig Nutzen
- Ein Finger = ineffektiv/nutzlos

Bei Wertungen unter zwei solltest du als Moderator nachfragen, was die nächste Retro effektiver machen kann.

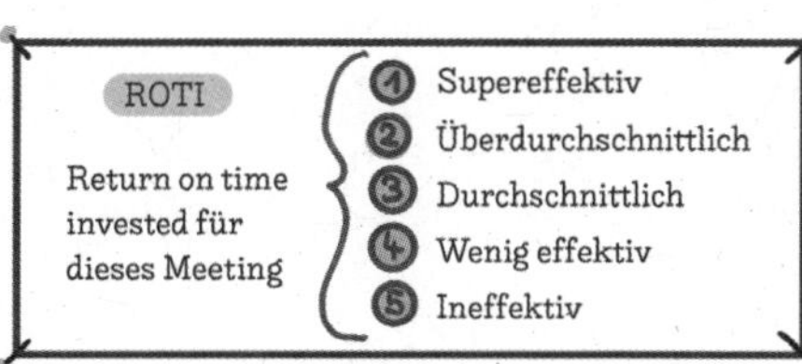

Retro-Tools für die Performing-Phase

1. Einloggen

Typisch ich

Bei „Typisch ich" notiert jeder im ersten Schritt für sich alleine vier typische Beschreibungen über sich selbst im Team oder in einem anderen konkreten Kontext (Zeit: 2 Min.):

- Was ist absolut typisch für mich?
- Mit welchen vier Begriffen würden mich andere beschreiben?
- Was zeichnet mich aus?

Anschließend tauschen sich 2 bis 3 Personen zu ihren Notizen aus mit dem Ziel, zu dem Selbstbild ein Fremdbild durch die Kollegen hinzuzufügen: Was sieht mein Gesprächspartner an typischen Eigenschaften oder Verhaltensweisen? Dabei sollte der Fokus auf Stärken liegen. Dazu bekommen die Partner 4 Minuten Zeit.

Abb. 30: Geeignete Retrospektiven für die Performing-Phase

Nun tauschen sich jeweils Gruppen à 4 bis 6 Personen in gleicher Weise wie im zweiten Schritt miteinander aus. Auch dazu bekommen sie 4 Minuten Zeit.

Die Ergebnisse zu jeder Person werden im Plenum besprochen und visualisiert.

Akku-Ladestand

Beim Akku-Ladestand visualisierst du als Coach einen großen Akku auf dem Boden (mit Klebeband) oder auf einer Flipchart und fragst: *„Wie hoch ist der Ladestand meines inneren Akkus/meiner Batterie zurzeit?"* Nun positionieren sich alle Teilnehmenden entsprechend.

AKKUSTAND
Wie hoch ist mein innerer Akkuladestand?
Was zieht mir Energie?
Was gibt mir Energie?

Anschließend stellst du die Frage: *„Was gibt mir Energie und was raubt mir Energie?"* Alle beantworten die Frage und reflektieren damit ihr eigenes Energiemanagement.

Drei Wahrheiten und eine Lüge

Jedes Teammitglied erzählt drei Wahrheiten und eine Lüge über sich. Die anderen müssen jeweils die Lüge erraten. Das Team lernt sich dadurch untereinander noch besser kennen und erfährt neue, oftmals überraschende Details voneinander.

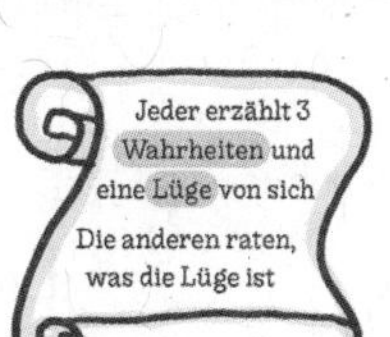

2. Themen erheben und Einsichten gewinnen

a) Skalierung Effektivität

Gute Besprechungen sind zwar der Motor jeder guten Zusammenarbeit, trotzdem würden einige Teilnehmende vermutlich lieber zum Zahnarzt gehen, als so manchem quälenden Meeting beizuwohnen. Meetings sind ein großer Schmerzpunkt in vielen Organisationen. Einer der ersten wirksamen Schritte zur Verbesserung ist die Skalierungs-Methode nach Steve de Shazer.

Was bringt's?

- Die Skalierung hilft dir als Coach und dem gesamten Team, die Meetings zu reflektieren und zu verbessern.
- Skalierungen kommen aus dem lösungsfokussierten Coaching. Sie zeigen die Einschätzung aller Beteiligten zu einem Thema und bringen schnelle Ergebnisse.
- Skalierungen machen Tendenzen sichtbar oder zeigen an, welche Meinung oder welches Wissen bei den Teilnehmenden manifestiert ist.
- Du kannst sie als Coach in verschiedenen Kontexten nutzen, zum Kennenlernen oder zum Einloggen, aber auch, um unterschiedliche An-

sichten und Positionen deutlich zu machen und die Aufmerksamkeit direkt auf die Lösungsfokussierung zu lenken.

Wie läuft es ab?

Beschrifte Moderationskarten mit den Werten von 1 bis 10 und lege sie als Skala auf den Boden. Alternativ genügt auch eine Linie aus Kreppband oder eine klare Definition der Positionen im Raum. Im nächsten Schritt stellst du die Frage: *„Wenn du auf die letzten vier Wochen zurückblickst, als wie effektiv hast du unsere Meetings erlebt?"*

Definiert jetzt die Werte der Skala:
1 = ineffektiv
5 = mittelmäßig effektiv
10 = absolut effektiv

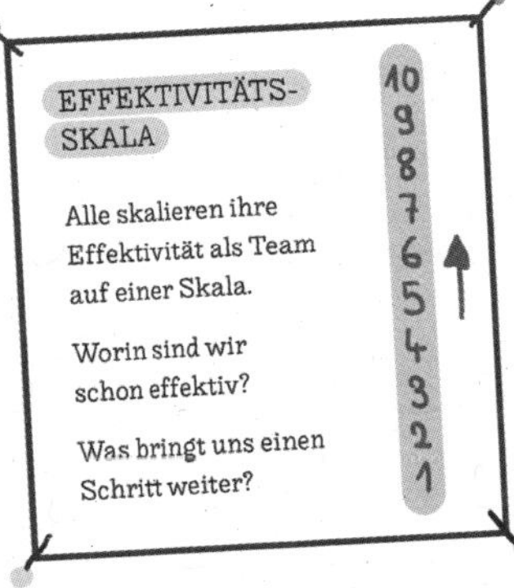

Haben die Teilnehmenden ihre Einschätzung getroffen und auf der Skala positioniert (Tipp: Du kannst jeden seine Zahl vorher aufschreiben lassen, damit nicht der mögliche Gruppendruck die Antwort bestimmt), hinterfragst du wertschätzend, was zur Position geführt hat und was alles an den bisherigen Meetings schon gut gelingt. Diese Punkte werden visualisiert.

Dann lässt du alle auf der Skala einen Wert nach oben rücken und fragst: *„Was muss passieren, damit ihr eure Besprechungen einen Schritt effektiver bewertet? Was ist auf dieser Position anders in euren Meetings?"* Du bekommst durch die Fragestellung automatisch Lösungen bzw. positive Antworten, aus denen ihr gemeinsam Maßnahmen ableiten und umsetzen könnt.

Nach vier Wochen Umsetzungszeit wird die Skalierung wiederholt, um die Effekte nachzuhalten.

b) Undercover Boss

Der Undercover Boss ermöglicht einen Perspektivenwechsel, den du als Coach wirksam für performante Teams nutzen kannst, um blinde Flecken zu identifizieren und aus der Brille des Entscheiders die Zusammenarbeit zu reflektieren. Weil performante Teams bereits einen hohen Leistungsethos haben, aber teilweise schon eingefahren sein können, ist diese Retro eine gute Möglichkeit, neue Erkenntnisse herauszukitzeln.

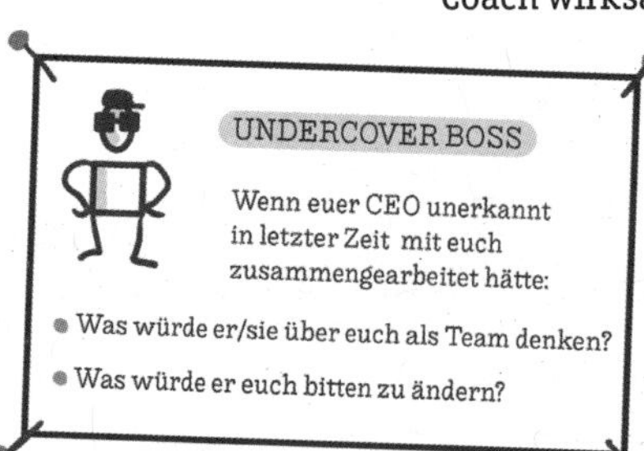

Was bringt's?

Durch die Brille der Geschäftsführerin, des Vorstands oder einfach eines hochrangigen Entscheiders blickt das Team auf sein Miteinander und betrachtet sich mit seinen Werten und Motiven selbst. Wenn du als Coach das Team überzeugend in die Schuhe des Geschäftsführers „hineinhypnotisierst", können sehr erhellende Einsichten entstehen. Vermutlich werden die Effektivität für die gesamte Organisation, die Zielerreichung und das wirtschaftliche Denken dabei im Fokus stehen – und mithin Themen, die das Team sonst in einer gemeinsamen Retro weit weniger intensiv reflektiert.

Wie läuft es ab?

Das Team versetzt sich in die Perspektive einer allen bekannten hochrangigen Führungskraft des Unternehmens. Führe als Coach die Werte und Motive des Entscheiders allen vor Augen. Gib ihnen dann die Zeit, sich vorzustellen, ihr Boss hätte unerkannt in der gesamten letzten Arbeitsphase im Team tagtäglich mitgearbeitet und alles miterleben können. Nun stellst du die Fragen:

- Was würde er/sie über uns als Team denken?
- Was hätte er beobachtet und wahrgenommen?
- Was würde er uns bitten, zu ändern?

Lass alle die Antworten dazu für sich in Stille notieren und tauscht dann die Antworten gemeinsam aus. Leitet ein Fazit und konkrete Handlungen aus den Erkenntnissen ab.

c) Team-SWOT

Die SWOT-Analyse in ihrer ursprünglichen Form ist ein wichtiges Instrument des strategischen Managements und zugleich Grundlage vieler Marketingstrategien. Sie bietet gegenüber den herkömmlichen Stärken-Schwächen-Profilen zwei weitere wichtige Dimensionen: Es werden zusätzlich die Gefahren (Hindernisse, Stolpersteine, externe Einflüsse, ...) betrachtet und eingeschätzt wie auch die Chancen (Möglichkeiten, ungenutzte Potenziale, Entwicklungsfelder, ...) eruiert und bewertet. Daraus ergibt sich eine komplexe und vor allem konstruktive Reflexion. In ihrer Anwendung auf das Team ist sie aber auch ein hervorragendes Tool für Retrospektiven. Das Team erhält damit ein komplexes Eigenbild zu seinen Stärken und Potenzialen im Unternehmen und am Markt. Reflektiert werden Stärken (Strengths), Schwächen (Weaknesses), Gefahren (Threats) und die daraus resultierenden Chancen (Opportunities) des Teams. Das Tool lässt sich bereits in einer fortgeschrittenen Forming-Phase der Teamentwicklung erfolgreich einsetzen.

Was bringt's?

Gerade in der agilen Moderation geht es um eine ständige Reflexion des Teams hinsichtlich seiner Verbesserungspotenziale aus Kundensicht. Team-SWOT ist hierfür besonders geeignet, um in einem gemeinsam Teamprozess über die eigenen Stärken und Potenziale im Unternehmen bzw. am Markt zu reflektieren und daraus resultierende Chancen und Entwicklungsfelder zu erarbeiten. Ablauf und Inhalte des Team-SWOTS

- ermöglichen eine strukturierte Reflexion des Gesamtteams
- stärken die vorhandenen Stärken und öffnen den Blick auf Chancen
- ermöglichen ein gemeinsames Umwandeln der Schwächen und Risiken in Chancen
- machen ungenutzte Potenziale bewusst
- lassen jeden die Relevanz des eigenen Beitrags zum Ganzen erkennen.

Darauf aufbauend wird das Team angeleitet, ein Reframing (Umdeuten) der Schwächen und Risiken in Chancen und Möglichkeiten durchzuführen.

Wie läuft es ab?

Erläutere dem Team die SWOT-Analyse als gängiges betriebswirtschaftliches Verfahren der Unternehmensberatung und dass dieses im Folgenden in abgeänderter Form als komplexes Reflexionstool für das Team genutzt wird. Erkläre die Abkürzungen und definiere gemeinsam mit dem Team die Begriffe Stärken, Schwächen, Gefahren und Chancen.

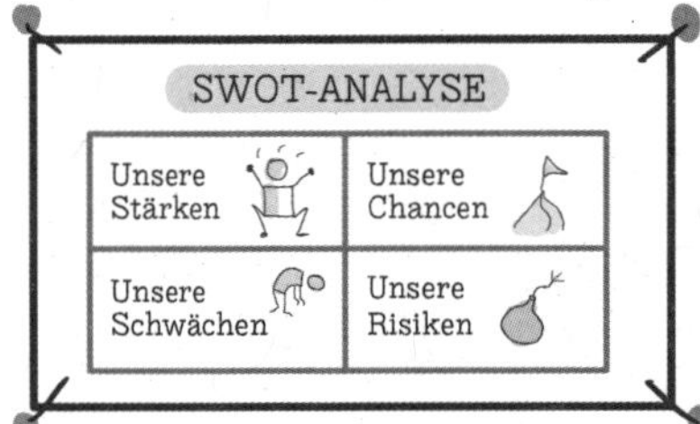

Nach der gemeinsamen Definition der vier Felder der SWOT-Analyse teilst du das Team in Kleingruppen von 4 bis 5 Teilnehmenden auf. Jede Kleingruppe erarbeitet innerhalb von 30 Minuten eine SWOT-Analyse anhand der Definitionen für das Team. Die Ergebnisse der Reflexion zu den vier Feldern werden auf Moderationskarten von jeder Kleingruppe gesammelt.

Nach 30 Minuten bittest du die Gruppen wieder zurück ins Plenum. Die Ergebnisse werden ergänzend präsentiert, d.h., jede Gruppe pinnt nur diejenigen Karten (Ergebnisse/Bewertungen) an die Moderationswand, die von den vorherigen Gruppen noch nicht genannt wurden.

Nachdem alle Gruppen ihre Ergebnisse präsentiert haben, leitest du eine strukturierte Ergebnisbetrachtung an:

- Welche Stärken zeichnen das Team in seinem Umfeld aus?
- Worauf kann sich das Team immer verlassen?
- Was funktioniert besonders gut?
- Worauf sind alle stolz?

Um die Schwächen und Risiken umzudeuten und daraus resultierende Chancen zu erkennen, stellst du dem Team nun folgende Fragen:

- Welche Stärken helfen dem Team bei der Bewältigung der Gefahren?
- Welche Chancen resultieren aus den Schwächen?
- Was für ungenutzte Potenziale verbergen sich in den Schwächen?
- Welche Risiken sind Ziele, die gerade Kopfstand machen?
- Was sind die wichtigsten Entwicklungsfelder, die das Team aktiv optimieren möchte?

Aus den Antworten entstehen potenzielle Handlungs- respektive Entwicklungsfelder des Teams. Die Handlungsfelder werden in einem Aktionsplan festgehalten.

KOPFSTAND

„Was müssen wir tun, um unser Team komplett gegen die Wand zu fahren und die Zusammenarbeit untereinander zum Erliegen zu bringen? Wie könnten wir den Teamgeist töten?

→ Alle sammeln Vorschläge
→ Was davon tun wir bereits?
→ Wie können wir das verbessern?

d) Kopfstand-Methode

Mit der Kopfstand-Methode, auch „Reverse Brainstorming“ genannt, bedienst du dich einer Fähigkeit, die vielen Menschen leichtfällt: in Problemen und Schwierigkeiten zu denken. Anstatt auf das zu schauen, was optimal läuft, und sich das Positive vorzustellen, dürfen alle in Worst-Case-Szenarien denken und diese ins Extreme ausbauen. Das macht Spaß und kann gegenseitig anspornen, es noch mehr zu übertreiben.

Was bringt's?

Oftmals geht uns bei aller Lösungsfokussierung im wahrsten Sinne die Luft aus. Wenn wir über Katastrophen und Horrorszenarien nachdenken dürfen, öffnet das neue Gedankengänge und Vorstellungen. Diese machen wir uns bei der Kopfstand-Methode zunutze und drehen die Ergebnisse dann auf den Kopf, um auf die positiven Ansätze zu kommen bzw. zu erkennen, wie viele destruktive Verhaltensweisen wir bereits an den Tag legen.

Wie läuft es ab?

Stell dem Team eine Herausforderung und lass es brainstormen, wie sich das schlimmste nur denkbare Ergebnis erreichen ließe:

- Wie können wir unsere Kunden unwiderruflich vergraulen?
- Wie können wir unseren Teamgeist töten?
- Was können wir tun, um die Zusammenarbeit komplett gegen die Wand zu fahren?
- Wie können wir es schaffen, kein einziges Arbeitspaket zu erledigen?

Variante Einzelarbeit: Verteile einige Klebezettel und Stifte. Jedes Teammitglied hat nun zehn Minuten Zeit, seine Ideen aufzuschreiben, um eine Herausforderung zum schlimmsten Ergebnis zu führen. Auch hier sind absurde Vorschläge erlaubt! Besprecht danach die Einfälle.

Variante Gruppenarbeit: Alternativ dazu kann man auch eine offene Runde machen, in der eine Person alle Ideen auf einem Flipchart notiert.

Im Anschluss führst du wieder in die lösungsorientierte Perspektive ein und überlegst mit allen, was davon bereits, zumindest ansatzweise, stattfindet und wie sich die erdachten Katastrophen verhindern ließen. Daraus lässt du für das Team relevante Ideen und Handlungen ableiten.

e) Sad – mad – glad

Die „Sad-mad-glad"-Retro ermutigt das Team, Gedanken und Gefühle in drei Kategorien auszudrücken: „sad" (traurig), „mad" (verärgert) und „glad" (freudig).

Was bringt's?

Diese Retro hat Tiefgang und ermöglicht es, auch tieferliegende Probleme in der Zusammenarbeit ans Licht zu bringen. Sie sollte daher auch vom agilen Coach moderiert werden, um sicherzustellen, dass alle ihre Empfindungen teilen können und die psychologische Sicherheit vorhanden ist, um auch kritische Themen auszusprechen.

Wie läuft es ab?

Als Coach erläuterst du vorab dem Team die Bedeutung der drei Kategorien: „sad" für negative Aspekte, „mad" für Frustrationen oder Dinge, die es verärgert, und „glad" für positive Erfahrungen oder Dinge, die es glücklich gemacht haben.

Die Teilnehmenden bekommen Zeit, um in Einzelarbeit ihre Gedanken zu sammeln und auf Karten oder Zetteln ihre „Sad-mad-glad"-Punkte niederzuschreiben. Hierbei geht es darum, ehrliche und offene Rückmeldungen zu sammeln.

Anschließend teilen die Teilnehmenden nacheinander ihre Notizen mit dem Team. Stell dabei sicher, dass alle zu Wort kommen, und frage gegebenenfalls bei Unklarheiten nach.

Nachdem alle Punkte gesammelt wurden, hilfst du als Coach dabei, ähnliche Punkte zu identifizieren und zu gruppieren, um bestimmte Muster und Trends zu erkennen.

Die Gruppe entscheidet gemeinsam, welche Punkte besonders wichtig sind und welche genauer untersucht werden sollten. Die Priorisierung kann durch Abstimmung oder Diskussion erfolgen.

Als Coach solltest du bei der anschließenden Diskussion gezielt Fragen stellen, um die Gruppe dazu anzuregen, tiefer in die Ursachen der genannten Themen einzutauchen. Es geht darum, nicht nur Symptome zu besprechen, sondern auch die zugrunde liegenden Probleme zu verstehen.

Gemeinsam im Team können nun mögliche Lösungsansätze oder Verbesserungsideen für die identifizierten Probleme erarbeitet werden.

3. Themen lösen und entscheiden

Neue Vereinbarungen treffen

Durch die Phase „Themen erheben und Einsichten gewinnen" sind neue Vereinbarungen entstanden oder alte Vereinbarungen müssen überarbeitet werden. Die gilt es zu fixieren.

To-do bestimmen

Ein sogenanntes Action-Item – also eine konkrete Handlung – wird aus der vorangegangenen Reflexion abgeleitet und dessen konkrete Umsetzung geplant.

Brainstorming

Das Team macht eine Ideensammlung zu Vorschlägen, wie die Themen gelöst bzw. optimiert werden können, und stimmt ab, welches Vorhaben umgesetzt werden soll.

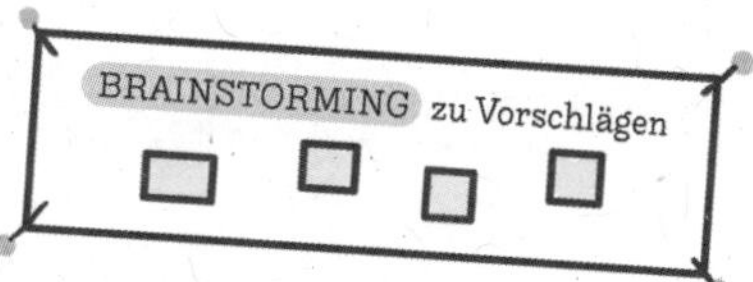

Priorisierung

Vorschläge werden nach Umsetzbarkeit und Wirksamkeit in einem Diagramm eingeordnet und dadurch priorisiert (siehe auch S. 320 f.).

4. Ausloggen

Daumencheck

Der Daumencheck ist eine schnelle Methode, um Feedback sichtbar zu machen. Es geht sogar fast ohne Worte. Du lässt jedes Teammitglied durch die Position des Daumens sein Feedback zur Retro ausdrücken:

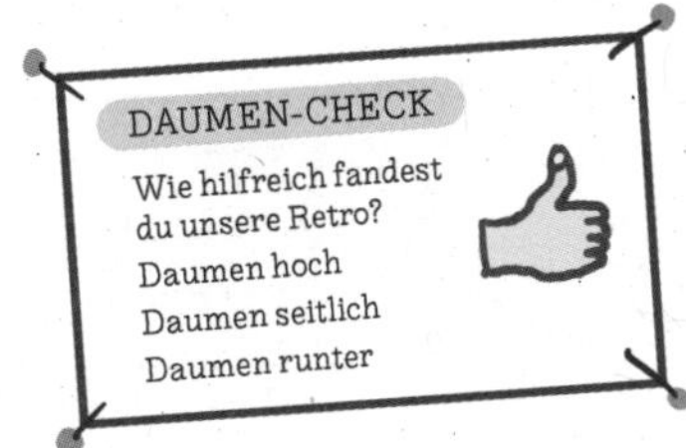

- **Daumen hoch:** super
- **Daumen horizontal:** mittelmäßig
- **Daumen unten:** schlecht

Bei allen mittelmäßigen und schlechten Feedbacks fragst du nach, was den Daumen nach oben gebracht hätte, und notierst die Antworten für die nächste Retro.

Koffer-Metapher

Du zeichnest einen Koffer und fragst, was sich jedes Teammitglied aus der Retro mitnimmt und in seinen Koffer packt. Lass die Themen auf Klebezettel notieren, 2 bis 3 Minuten im Plenum austauschen und anschließend auf den Koffer pinnen.

Feedback-Tür

Bei der Feedback-Tür besprecht ihr das Feedback nicht innerhalb der Retro. Du lässt stattdessen jeden Teilnehmenden beim Rausgehen einen Klebepunkt bei einem der drei Smiley-Kategorien setzen, die auf die Tür geklebt sind.

- **Zufrieden:** lächelnder Smiley
- **Neutral:** neutraler Smiley
- **Enttäuscht:** unzufriedener Smiley

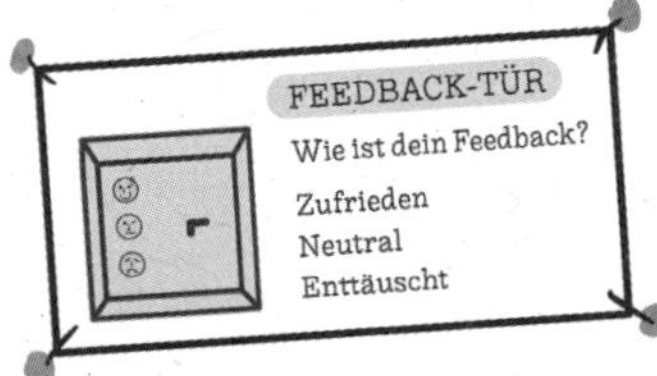

Dadurch kann das Feedback ehrlicher ausfallen, weil es niemand erklären muss. Wichtig für dich als Coach: Greif das Feedback bei der nächsten Retro auf, um Verbesserungen ableiten zu können.

Akku-Ladestand

Zum Abschluss können sich die Teammitglieder auch noch einmal zu ihrem aktuellen persönlichen „Akku-Ladestand" positionieren. Der Akku ist auf dem Boden (mit Klebeband) oder auf einer Flipchart visualisiert. Deine Frage als Coach: *„Wie hoch ist der Ladestand eures inneren Akkus bzw. eurer Batterie am Ende dieser Retro?"* Nun positionieren sich wieder alle Teilnehmenden entsprechend.

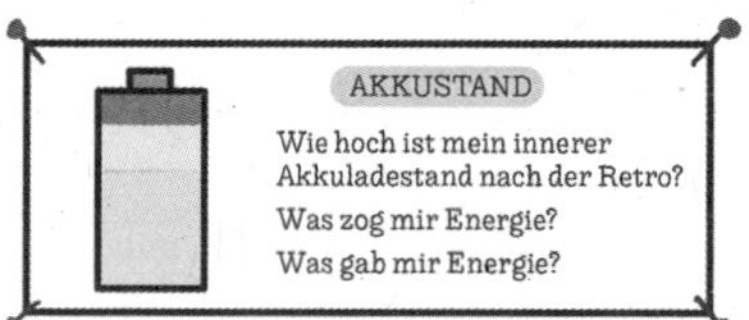

Anschließend stellst du die Frage: *„Was gab mir Energie und was raubte mir Energie?"* Alle beantworten die Frage und reflektieren damit die Retro.

Anhang

Literatur/Quellen

Ella Gabriele Amann: „Resilienz". Haufe, Freiburg 2022.

Don Beck, Christopher Cowan: „Spiral Dynamics: Mastering Values, Leadership and Change". Wiley-Blackwell, Hoboken 2005. (deutsch: Spiral Dynamics – Leadership, Werte und Wandel. Kamphausen, Bielefeld 2007.)

Jens Corssen: „Der Selbstentwickler". Marix Verlag, Wiesbaden 2004.

Mihaly Csikszentmihalyi: „Flow. The Psychology of Optimal Experience". Harper & Row, New York 1990.

Robert Dilts: „Die Veränderung von Glaubenssystemen". Junfermann, Paderborn 1994.

Amy Edmondson: „Die angstfreie Organisation". Franz Vahlen, München 2020.

Boris Gloger: www.borisgloger.com

Adam Grant: „Think Again". Piper, München 2022.

Franziska Gütle: https://we-think-different.de

Bert Hellinger: „Anerkennen, was ist". Arkana TB, München 2006.

Curd-Michael Hockel, Heinz Jiranek: „Coaching lernen". Ernst Reinhardt Verlag, München/Basel 2012.

Svenja Hofert: „Psychologie für Coaches, Berater und Personalentwickler". Beltz, Weinheim 2017.

Adam Horvath, Dianne Symonds: Relation between working alliance and outcome in psychotherapy: A meta-analysis. Journal of Counseling Psychology, 38(2), 139–149. 1991.

Gerald Hüther: „Mit Freude lernen ein Leben lang". Vandenhoeck & Ruprecht, Göttingen 2016.

Daniel Kahneman: „Schnelles Denken, langsames Denken". Penguin, München 2016.

Roswita Königswieser, Martin Hillebrand: „Einführung in die systemische Organisationsentwicklung". Carl Auer, Heidelberg 2011.

Peter Kruse: „Next practice". Gabal, Offenbach 2004.

Patrick Lencioni: „Fünf Dysfunktionen eines Teams". Wiley VCH, Weinheim 2014.

Patrick Lencioni: „Death by Meeting". John Wiley & Sons, Hoboken 2004.

Abraham Maslow: „A Theory of Human Motivation", bnpublishing, Hawthorne 2017.

Davie Orlinsky, Klaus Grawe, Barbara Parks: Process and outcome in psychotherapy: Noch einmal. In A. E. Bergin & S. L. Garfield (Eds.), Handbook of psychotherapy and behavior change (pp. 270–376). John Wiley & Sons, 1994.

Sonja Raddatz: „Einführung in das systemische Coaching". Carl Auer, Heidelberg 2010.

Christopher Rauen: „Coaching". Hogrefe, Göttingen 2014.

Alica Ryba, Daniel Pauw, David Ginati, Stephan Rietmann (Hrsg.): „Professionell coachen". Beltz, Weinheim 2014.

Horst Schuh, Wolfgang Watzke: „Erfolgreich reden und argumentieren". Hueber, München 1994.

Friedemann Schulz von Thun (Hrsg.), Johannes Ruppel, Roswitha Stratmann: „Miteinander reden: Kommunikation für Führungskräfte". Rowohlt, Reinbek, 2000/2003.

Reinhard K. Sprenger: „Mythos Motivation". Campus, Frankfurt 2021.

Claudia Thonet: „Agile Meetings und Workshops. Ein Arbeitsbuch". Franz Vahlen, München 2022.

Claudia Thonet: „Der agile Vertrieb – Transformation in Sales und Service erfolgreich gestalten". Springer Fachmedien, Wiesbaden 2020.

Claudia Thonet, Nils Ristau: „Der agile Sales-Prozess – Stärken Sie Ihre Vertriebsteams in Zeiten des Wandels. Vertriebszeitschrift, Berlin 2023.

Angelika C. Wagner: „Gelassenheit durch Auflösung innerer Konflikte". Kohlhammer, Stuttgart 2007.

Paul Watzlawick, Janet H. Beavin, Don D. Jackson: „Menschliche Kommunikation – Formen, Störungen, Paradoxien". Huber, Bern 1969.

Matthias Wengenroth: „Das Leben annehmen". Huber, Bern 2008.

Chris Wolf, Heinz Jiranek: „Feedback. Nur was erreicht, kann auch bewegen". Business Village, Göttingen 2014.

Marc Zacherl, Dr. Wolfgang Freibichler, Sarah Pannes, Nicole Dersch: „Change Management Kompass". Porsche-Consult-Studie, 2020.

App mit Achtsamkeits-/Entspannungsübungen: https://itunes.apple.com/de/app/die-achtsamkeit-app/id477125362?mt=8

Stichwortverzeichnis

#
7S-System ... 139
12 agile Prinzipien ... 65, 295

A
Abhängigkeiten ... 309
Achiever ... 204
Adjourning-Phase ... 115
Agile Arbeitsweise ... 14, 60, 65
Agile Flughöhe ... 286
Agile Führung ... 198, 199, 203, 292
Agiler Botschafter ... 21
Agiler Coach ... 20, 29
Agiler Kreislauf ... 17, 237, 313
Agiles Grundverständnis ... 12, 60, 65
Agiles Manifest ... 60
Agiles Team (Scrum) ... 26, 245
Agilitätsgrad ... 148, 283, 292
Agilitätsgrad der Führung (Test) ... 293
Agilitätsgrad des Teams (Test) ... 284
Akku-Ladestand ... 361, 368
Akzeptanz ... 96
Anerkennung ... 54, 70, 103
Arbeitsabläufe ... 74, 241
Arbeitsbeziehung Coach–Coachee ... 167
Arbeitstempo ... 73
Architektur & Design ... 76, 135, 278, 281
Artefakte ... 127, 157, 245
Auftragsklärung ... 162, 169, 287
Aufwand-Wirkung-Diagramm ... 320

B
BANI ... 9
Baum der Erkenntnis ... 339, 347
Baum-Metapher ... 235
Beck, Don ... 139
Bedürfnisregulation ... 95
Beidhändige Führung ... 208
Bewahren versus verändern ... 85, 210
Bohm, David ... 133
Business-Coach ... 20
Business-Model-Canvas ... 273

C
Canvas ... 262, 266, 269, 273, 275, 278
Cappuccino-Retro ... 337
Cascio, Jamais ... 9
Coaching-Fragen ... 180
Coaching-Phasen ... 165
Coaching-Themen ... 174
Coaching-Ziele ... 176, 178
Coaching-Prozess ... 165, 195
Co-Creator ... 205
Commitment ... 80
Cowan, Chris ... 139
Cynefin-Framework ... 233

D
Dailies ... 68, 322
Daily Scrum ... 246
Daumencheck ... 367
Delegation Board ... 298
Delegation Poker ... 298
Delegationsstufen ... 298
Demming-Zyklus ... 16, 237
Demotivation ... 70, 87, 122
Dependency Boards ... 309
Design Thinking ... 251
Developer ... 26, 245
Digitalisierung ... 147
Dilemmata ... 207
Dilts, Robert ... 192
Divergenz ... 107, 114
Drei Stufen des Zuhörens ... 177
Drei Wahrheiten und eine Lüge ... 361
Drop-it-Meetings ... 76, 315
Druiden-Retro ... 335
Dualität ... 157
Durchhaltevermögen ... 47
Dweck, Carol ... 37
dynamisches Mindset ... 37
Dysfunktionswiderstand ... 219

E
Edmondson, Amy ... 108
Eidenschink, Klaus ... 109, 111

Einfachheit ... 75, 81
Einwände ... 217
Einwandwiderstand ... 217
Eisbrecher-Frage ... 333
Empathie ... 173
Entscheidungsfindung ... 326
Entscheidungsmatrix ... 301
Entwicklungsteam (Scrum) ... 26, 245
Erwartungsklärung ... 171
Eskalation ... 189, 222, 307
Eskalationsstufen ... 222
Experimente ... 81, 90, 134, 150, 182, 186, 280
Experte ... 21, 203

F
Familiensysteme ... 102
Feedback ... 47, 77, 80, 160, 184, 326
Feedback-Ampel ... 341, 348
Feedback-Tür ... 368
Fehlerkultur ... 119
Fixed Mindset ... 38
Flaschengeist-Retro ... 343
Flow-Zustand ... 73
Flughöhen von Agilität ... 286
Fokus ... 80, 208, 322
Forming-Phase ... 114, 332
Führungs-Dilemmata ... 207
Führungsrolle ... 197, 269
Führungsverhalten ... 197, 199, 203, 292
Fünf-Finger-Retro ... 355
Fünf Stufen der Auftragsbewältigung ... 112

G
Gefühlsbarometer ... 341, 348
Glasl, Friedrich ... 222
Gleichgewicht von Geben und Nehmen ... 104
Good-enough-to-try-Ergebnisse ... 91
Grant, Adam ... 44
Graves, Clare W. ... 139
Graves-Modell ... 139
Growth Mindset ... 37
Grundannahmen ... 49, 127, 131, 278
Guiding ... 210

H
Handlungslogik ... 18, 36, 51, 132, 290
Harvard-Konzept ... 227
Heißluftballon-Retro ... 344
Hellinger, Bert ... 102
Heterogenität ... 200
Hierarchie ... 142, 199, 203, 281, 286
Hindernisse ... 65, 154, 214, 305, 306
Hirnforschung ... 18
Hofert, Svenja ... 130
Höffe, Otfried ... 79

I
Ich-Entwicklung ... 203
Identifikation ... 118, 121
Ignoranz ... 85, 87
Impediment Map ... 306
Impediments ... 306
Implementierung ... 24, 151, 152, 257
Inkongruenzwiderstand ... 220
Inkrement ... 65, 245
Innovationsdruck ... 87
Interessenwiderstand ... 216
Interventionen ... 100, 112, 125, 189
Iterationen ... 16, 148, 246, 251, 329
Iterative Arbeitsweise ... 16

J
Joiner, Bill ... 203
Josephs, Stephen ... 203

K
Kahneman, Daniel ... 160
Kanban ... 241, 318
Kanban Owner ... 28
Katalysatoren ... 204
Koffer-Metapher ... 368
Kommunikation ... 81, 220
Kompetenz ... 106
Kompetenzfelder von Teams ... 117
Komplexität ... 9, 231, 233
Konflikt-Ball ... 341
Konflikte ... 122, 189, 211, 212, 222
Konflikt-Matrix ... 341
Konfliktmoderation ... 227
Konfliktphänomene ... 224
Konfliktstile ... 226
Konsens ... 302
Konsent ... 302

Konsultativer Einzelentscheid ... 302
Kontinuierliche Verbesserung ... 242, 249
Kontrolle ... 99, 201, 208
Kopfstand-Methode ... 365
Krisenintervention ... 189
Kulturebenen d. Organisation ... 139
Kulturwandel ... 124, 146, 278
Kulturwandel-Canvas ... 278
Kulturwandelhaus ... 130
Kundenzentrierung ... 14, 62, 65, 72, 89, 251, 313

L
Laterale Führung ... 21
Leadership-Canvas ... 269
Lebenslinie ... 334
Lencioni, Patrick ... 117
Leopold, Klaus ... 286
Leuchtturmprojekte ... 150
Lebenslanges Lernen ... 18, 37, 50
Lernkultur ... 90
Logische Ebenen ... 192
Loyalität ... 103, 140

M
Maslow, Adam ... 18
Meeting Board ... 316
Meeting-Format ... 312
Meeting-Moderation ... 311
Meetings ... 71, 311
Meeting-Zyklus ... 313
Mehrheitsentscheid ... 302
Mehrwert ... 72
Metakommunikation ... 136, 167, 279, 282
Mindset ... 18, 34, 36, 44, 59, 132, 278, 280
Mut ... 81

N
New Work ... 147
Norming-Phase ... 115, 349

O
Objectives and Key Results (OKRs) ... 27, 255
Offenheit ... 82, 119, 167, 350
OKR Coach ... 27
operative Hektik ... 89, 210
Ordnung ... 101, 142
organisationales Mindset ... 36
Organisationsdesign ... 76, 135, 278, 281
Organisationsdynamiken ... 99
Osterwalder, Alexander ... 273

P
Paradigmenwechsel ... 198
Paradoxon ... 87, 111
Paradoxon der Veränderung ... 87
Perfektionismusfalle ... 67
Performing-Phase ... 115, 360
persönliches Mindset ... 36
Perspektivenvielfalt ... 107, 208
Pigneur, Yves ... 273
Planning Meeting ... 247, 258, 324
Prange, Christiane ... 157
Prinzipien ... 18, 60, 65, 121, 295
Prinzipien-Checkliste ... 295
Priorisierung ... 307
Problemlösung ... 52, 251
Product Backlog ... 25, 245
Product Owner ... 25, 245, 248
Projekt-Framing ... 152
Provokationen ... 189
Psychodynamik ... 94
psychologische Sicherheit ... 108
Push /Pull-Prinzip ... 202, 209, 241
Punktabfragen ... 320

Q
Qualifizierung zum agilen Coach ... 30

R
Radikale Akzeptanz ... 46, 49
Radikalität des Wandels ... 150
Rahmen-Spielfeld-Analyse ... 170
Reflexion ... 37, 77, 132, 160, 187, 210, 290
Reflexion Coaching-Prozess ... 187
Reflexionsbogen Agiles Mindset ... 290
Regeln ... 60, 99, 117, 123
Resilienz ... 45, 159
Respekt ... 81, 103
Ressourcen ... 167
Retrospektiven ... 78, 120, 259, 315, 329
Retro-Tools ... 332, 340, 349, 360
Reviews ... 259, 315, 326
Rituale ... 57, 89

Rogers, Everett M. ... 92
Rolle als agiler Coach ... 49
Rollen-Canvas ... 266
Rollenverständnis ... 266
Roti (Return on Time invested) ... 359

S

Sad-mad-glad ... 366
Safe-to-fail-Experimente ... 90, 151
SAG-ES-Formel ... 224
Scharmer, Claus Otto ... 133
Schein, Edgar ... 127
Scheitern ... 66, 89, 305
Schnelltest Mindset ... 41
Schutzräume ... 91, 150
Scrum ... 147, 245
Scrumban ... 245, 249
Scrum Master ... 24, 245
Seerosenmodell ... 127
Segelboot-Retro ... 345
Selbstüberschätzung ... 44
Selbstüberschätzungszyklus ... 45
Selbstbild-Fremdbild-Abgleich ... 194
Selbstorganisation ... 14, 76, 107, 147, 209, 298, 322
Selbstreflexion ... 37,55, 117
Selbstverantwortung ... 96
Selbstwahrnehmung ... 94
Selbstwert ... 123
Senge, Peter ... 275
Shu-Ha-Ri-Prinzip ... 31
Simon, Fritz B. ... 87
situatives Handeln ... 99
Skalierung Effektivität ... 361
Skillset ... 35
Spiral Dynamics ... 139
Sprenger, Reinhard K. ... 70
Sprint Backlog ... 245
Sprint Review ... 246
Stacey-Matrix ... 231
Stacey, Ralph D. ... 231
Stand-up-Meeting ... 68
Starfish-Retro ... 354
Stärken-stärken-Retro ... 336
statisches Mindset ... 37
Storming-Phase ... 114, 340
Strukturen ... 56, 117, 123
Stufen der Selbstorganisation ... 14, 76, 265
Synergie ... 144
Synergist ... 205
systemische Schleife ... 100

T

Tagesschau ... 350, 359
Teambuilding ... 135, 262
Team-Canvas ... 262
Teamcoach ... 20
Teamcoaching ... 195
Teamdynamiken ... 107
Teamentwicklung ... 68
Teamfunktionen ... 109
Teamgeist ... 117
Teamkonflikte ... 212
Teamkonto ... 352
Teamentwicklungsphasen ... 114
Team-Performance ... 117, 121
Teamphasen-Modell ... 108
Teamphasen-Retro ... 356
Teamrollen ... 245
Teamspiegel ... 333
Team-SWOT ... 363
Themen bearbeiten ... 318, 333, 341, 350, 361
Theorie U ... 133
Think new ... 17, 237, 313
Toolset ... 35
Top-Performer coachen ... 191
TPDCA-Zyklus ... 17, 237, 313
Transaktionale Führung ... 201
Transferunterstützung ... 186
Transformationserfolg ... 12
Transformationsphasen ... 147, 148
Transformationsprozesse ... 152, 154
Transformationsteams ... 149
Transformationstreiber ... 60
Transformative Führung ... 201
Tuckman, Bruce ... 108, 114
Typisch ich ... 360
Typisch wir ... 349
Typisch wir nicht ... 350

U

Überforderung ... 70, 73, 217
Überforderungswiderstand ... 217

Überzeugungen ... 49, 139, 192
Umdenken-Zyklus ... 45
Undercover Boss ... 362
Unsicherheit ... 9, 154, 231
Unternehmenskultur ... 139

V

Veränderungen ... 62, 66
Veränderungstypen ... 92
Veränderungswaage ... 85
Verantwortung ... 47, 106, 117, 120, 122
Verhaltensänderungen ... 56, 134, 187
Vertrauen ... 99, 117, 201, 208
VIR-Regel ... 189
Vision-Canvas ... 275
Visionen ... 136, 193, 275, 278, 282
VUCA ... 9

W

Wahrnehmung ... 44, 55, 94, 173, 184
Weeklies ... 259, 322
Wegekarten ... 350, 359
Werte ... 18, 79, 128, 133, 193
Werte- & Prinzipien-Retro ... 350
Wertschätzende Erkundung ... 342
Wertschätzung ... 58, 103, 333
Wertschätzungskreis ... 333
Wertschöpfung ... 72
Widerstände ... 46, 85, 154, 216,303
Widerstandsabfrage ... 303
Workflow ... 73, 241
Work in Progress ... 241, 249
Wortwolke ... 333, 359
WWW-Regel für Feedback ... 184

Z

Ziele präzisieren ... 176, 178
Zugehörigkeit ... 102, 140
Zwei-Wege-Reflexion ... 347